高等学校计算机教材

Python 实用教程

（含典型案例视频分析）

郑阿奇　主编

電子工業出版社
Publishing House of Electronics Industry
北京 • BEIJING

内容简介

本书共五个部分。第一部分（前 10 章）为基础篇，介绍 Python 概述、语言基础、分支和循环控制、序列（列表、元组、集合、字典）、数组和矩阵、字符串和正则表达式、函数和模块、面向对象编程、文件操作和异常处理等内容。第二部分（后 10 章）为应用篇，介绍二维图表、三维图像、声频、视频；Python 操作的数据库介绍 MySQL、PostgreSQL、SQL Server、Oracle、SQLite、MongoDB 等内容均完成了应用实例；Office 组件介绍 Word、Excel 和 PowerPoint 的内容，并有综合应用实例；介绍在 C++中如何使用 Python，以及在 Python 中如何使用 C++。第三部分为实验。第四部分为习题。第五部分为附录，提供 Python 调试及其实例。

本书将命令和编程结合，编程和常用算法结合，学习和应用结合；配套教程、习题、实验等，并各有侧重、相互配合；提供配套教学视频，分析 Python 典型实例。同时，通过网络配套提供所有实例源程序（.py）及其工程、数据库文件、教学课件，以方便教学和学生模仿。

本书既可作为大学本科和高职高专院校有关课程教材，也可作为 Python 学习、培训讲义。

图书在版编目（CIP）数据

Python 实用教程：含典型案例视频分析 / 郑阿奇主编. —北京：电子工业出版社，2019.3
高等学校计算机教材
ISBN 978-7-121-36161-6

Ⅰ. ①P…　Ⅱ. ①郑…　Ⅲ. ①软件工具－程序设计－高等学校－教材　Ⅳ. ①TP311.561

中国版本图书馆 CIP 数据核字（2019）第 051582 号

策划编辑：程超群
责任编辑：底　波
印　　刷：北京七彩京通数码快印有限公司
装　　订：北京七彩京通数码快印有限公司
出版发行：电子工业出版社
　　　　　北京市海淀区万寿路 173 信箱　邮编　100036
开　　本：787×1 092　1/16　印张：25　字数：672 千字
版　　次：2019 年 3 月第 1 版
印　　次：2020 年 8 月第 3 次印刷
定　　价：69.00 元

凡所购买电子工业出版社图书有缺损问题，请向购买书店调换。若书店售缺，请与本社发行部联系，联系及邮购电话：（010）88254888，88258888。
质量投诉请发邮件至 zlts@phei.com.cn，盗版侵权举报请发邮件至 dbqq@phei.com.cn。
本书咨询联系方式：（010）88254577，ccq@phei.com.cn。

前　言

2017 年，在 *IEEE Spectrum* 杂志发布编程语言排行榜，排在前位的分别为 Python、C、Java 和 C++，这让 Python 粉丝非常兴奋。

2017 年，教育部考试中心发布了《关于全国计算机等级考试（NCRE）体系调整的通知》（教试中心函〔2017〕205 号），决定自 2018 年 9 月起，在全国计算机等级考试（二级）中加入“Python 语言程序设计”科目。与 Python 热对应，关于 Python 的书籍也不少，其中一般专题的书多，国外翻译的书多，但非常适合作为教材的却并不多。根据这个基本情况，为初学者提供一个简单方便的学习讲义，为广大高校师生提供一个教学方便的教程，成为我们努力的目标，这当然需要接受市场的检验。

本书共五个部分。第一部分（前 10 章）为基础篇，介绍 Python 概述、语言基础、分支和循环控制、序列（列表、元组、集合、字典）、数组和矩阵、字符串和正则表达式、函数和模块、面向对象编程、文件操作和异常处理等内容。第二部分（后 10 章）为应用篇，介绍二维图表、三维图像、声频、视频等内容；Python 操作的数据库介绍 MySQL、PostgreSQL、SQL Server、Oracle、SQLite、MongoDB 等内容均完成了应用实例；Office 组件介绍 Word、Excel 和 PowerPoint 的内容，并有综合应用实例；另外，还介绍在 C++中如何使用 Python，以及在 Python 中如何使用 C++的相关内容。第三部分为实验。第四部分为习题。第五部分为附录，提供 Python 调试及其实例。

本书有如下主要特点：

（1）命令和编程结合，编程和常用算法结合。书中每一个命令均在 Python3.x IDLE 环境下执行过，执行结果根据情况直接显示，或者在语句后给出注释。每个程序都在 PyCharm（2018 版）程序设计环境下验证通过，并且一般都包含运行结果的屏幕截图。

（2）学习和应用结合。前 10 章是基础，并内含小应用。后 10 章是应用，为了方便学习，同步介绍了必备知识。这样，读者在学习 Python 的同时可以学到更多应用场景知识和编程方法。

（3）本书配套教程、实验、习题等各有侧重、相互配合，可作为学习、培训讲义，特别方便作为大学本/专科有关课程教材。

（4）配套提供教学视频，通过扫描二维码播放，介绍和分析典型 Python 实例，可更好地理解 Python 及其应用。

（5）提供配套的网络资源，包括本书所有实例源程序（.py）及其工程，并且清楚标注出代码对应的文件名、工程名、目录名，方便读者查找。提供本书操作的数据库文件、所有章节的教学课件，方便教学和学生模仿。

本书配套资源均免费提供，需要者可通过华信教育资源网（www.hxedu.com.cn）免费下载。

本书既可作为大学本科、高职高专院校相关课程的教材和教学参考书，也可供从事 Python 应用系统开发的用户学习和参考。

本书由郑阿奇（南京师范大学）主编，参加编写的还有周何骏、孙德荣、王钢花、刘美芳、卢霞、秦洪林、刘博文、郑博琳、刘忠等，在此一并表示感谢！

由于编者水平有限，疏漏和错误在所难免，敬请广大师生、读者批评指正，意见和建议可反馈至编者电子邮箱 easybooks@163.com。

编　者

本书视频目录

序 号	文 件 名	视频所在章节
1	绘制螺旋曲线实例.mp4	第 11 章
2	演示摆线形成实例.mp4	第 11 章
3	斐波那契法计算黄金分割数.mp4	第 12 章
4	绘制圆柱体.mp4	第 13 章
5	文件载入“小胡巴”.mp4	第 13 章
6	电子衍射图案.mp4	第 14 章
7	模拟穿越虫洞.mp4	第 14 章
8	地月系引力场.mp4	第 14 章
9	蝴蝶效应演示.mp4	第 14 章
10	Python 操作 MySQL.mp4	第 15 章
11	Python 操作 SQLite.mp4	第 15 章
12	Python 操作 MongoDB.mp4	第 15 章
13	Python 操作 PostgreSQL.mp4	第 15 章
14	人员信息管理系统.mp4	第 16 章
15	用 Qt 设计 Python 程序界面.mp4	第 16 章
16	Tkinter 界面呈现 MatPlotLib 图表.mp4	第 16 章
17	爬虫获取天气预报.mp4	第 17 章
18	统计并演示中国高等教育普及率.mp4	第 18 章
19	长白山天池水怪研究.mp4	第 19 章
20	海洋馆潜水员表演视频剪辑.mp4	第 20 章

目　　录

第一部分　基　础　篇

第二部分　应　用　篇

第三部分 实 验

第四部分　习　　题

第五部分　附　　录

第一部分　基　础　篇

第 1 章　Python，掀起你的盖头来

1.1　Python 简介

Python 是一种开放的面向对象的解释型计算机程序设计语言，它的创始人为 Guido van Rossum。在 IEEE 发布的 2017 年编程语言排行榜中，Python 高居首位。

Python 官方网站同时发行和维护着 Python 2.x 和 Python 3.x 两个不同系列的版本，并且每 6 个月左右更新一次小版本号。Python 2.x 和 Python 3.x 之间很多用法是不兼容的，除了基本输入、输出方式有所不同外，很多内置函数和标准库对象的用法也有非常大的区别。Python 3.x 增加了很多新标准库，合并、拆分和删除了一些 Python 2.x 的标准库。适用于 Python 2.x 和 Python 3.x 的扩展库之间差别更大，所以由 Python 2.x 升级到 Python 3.x 比较困难。Python 2.7 将于 2020 年 1 月 1 日终止支持。用户如果想在此之后继续得到与 Python 2.7 有关的支持，则需要付费。

1. Python 的特点

Python 能成为被广泛使用的高级程序设计语言，有如下特点：

（1）简单易学，免费开源。它的关键字比较少，语法有明确定义，代码清晰，源码免费开放。

（2）扩展简单，功能强大。它除了标准库外，还可加入第三方库，扩展能力强大。为了方便使用 Python，Anaconda、Python(x,y)、zwPython 等安装包集成了大量常用的 Python 扩展库，大幅度节约了用户配置 Python 开发环境的时间。

（3）方便嵌入，扬长避短。它可以把多种不同语言编写的程序融合到一起实现无缝拼接，能更好地发挥不同语言和工具的优势，满足不同应用领域的需求。所以，有人喜欢把 Python 称为“胶水语言”。

（4）不同平台，移植应用。它能轻松地在 UNIX、Linux、Windows、Mac OS X 等平台上移植，可以运行在多种硬件平台上，并具有相同的接口。

（5）互动模式，解释运行。它可以从终端输入并获得结果，互动地进行测试和调试。在解释运行时不需要编译这个环节。

除了可以解释执行之外，Python 还支持将源代码伪编译为字节码来优化程序，提高加载和运行速度并对源代码进行保密，也支持使用 py2exe、PyInstaller、cx_Freeze 或其他类似工具将 Python 程序及其所有依赖库打包成为各种平台（如 Windows 平台扩展名为.exe）的可执行程序文件，从而可以脱离

Python 解释器环境和相关依赖库独立运行，并且还支持制作成.msi 安装包。

（6）面向对象编程语言。它的代码以对象进行封装，并采用面向对象的编程技术。

2. Python 的解释器

Python 有多种类型的解释器来支持其广泛应用的工作开发，具体类型如下。

（1）CPython：它是 Python 的官方版本，使用 C 语言实现，应用最为广泛。CPython 能将源文件（py 文件）转换成字节码文件（pyc 文件），然后在 Python 虚拟机上运行。

（2）Jython：它是 Python 的 Java 实现。Jython 能将 Python 代码动态编译成 Java 字节码，然后在 JVM 上运行。

（3）IronPython：它是 Python 的 C#实现。IronPython 能将 Python 代码编译成 C#字节码，然后在 CLR 上运行（与 Jython 类似）。

（4）PyPy：它是 Python 实现的 Python，能将 Python 的字节码再编译成机器码，加快 Python 程序的运行速度。

3. Python 的应用场合

Python 应用在统计分析、移动终端开发、科学计算可视化、逆向工程与软件分析、图形图像处理、人工智能、游戏设计与策划、网站开发、数据爬取与大数据处理、密码学、系统运维、音乐编程、计算机辅助教育、医药辅助设计、天文信息处理、化学、生物学等众多专业和领域。其中，大中型互联网企业在自动化运维、自动化测试、大数据分析、网络爬虫、Web 等方面使用 Python 较为普遍。

1.2 安装 Python 及其扩展库

Python 可应用于多平台，包括 Windows、UNIX、Linux 和 Mac OS X 等。一般的 Linux 发行版本、Mac OS X 等都自带 Python，不需要安装和配置就可直接使用，但自带的 Python 版本不是最新的。用户可以通过终端窗口输入“Python”命令查看本地是否已安装 Python 及其版本。

1.2.1 安装 Python

在 UNIX 和 Linux 平台中安装 Python 的步骤请读者自行参考有关文档。这里仅介绍在 Windows 平台安装 Python 的过程。

1. 下载 python 安装文件

从 Python 官网（https://www.python.org/downloads/windows/python-3.7-amd64.exe）中获取对应的 Python 安装文件，如图 1.1 所示。

2. 在 Windows 平台中安装 Python

（1）要求选择 Windows 7 及以上 64 位操作系统版本。通过浏览器访问 Python 官网，在下载列表中选择 Windows 平台 64 位安装包（Python -XYZ. msi 文件，XYZ 为版本号）。

（2）双击下载包（此处以 Python3.7.exe 为例），打开 Python 安装向导，如图 1.2 所示。勾选下面 2 个选项（其中“Add Python 3.7 to PATH”表示将 Python 安装目录加入 Windows 环境 PATH 变量路径中）。单击“Install Now”按钮（在其下方，系统显示默认的安装目录），系统进入 Python 的正式安装过程，如图 1.3 所示。

安装成功后的界面如图 1.4 所示。

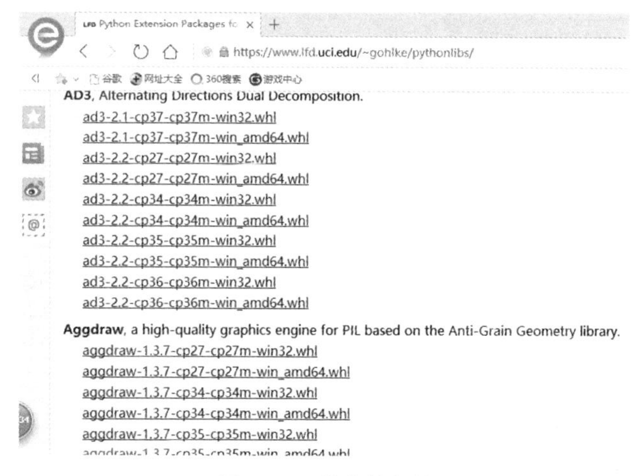

图 1.1　下载安装文件

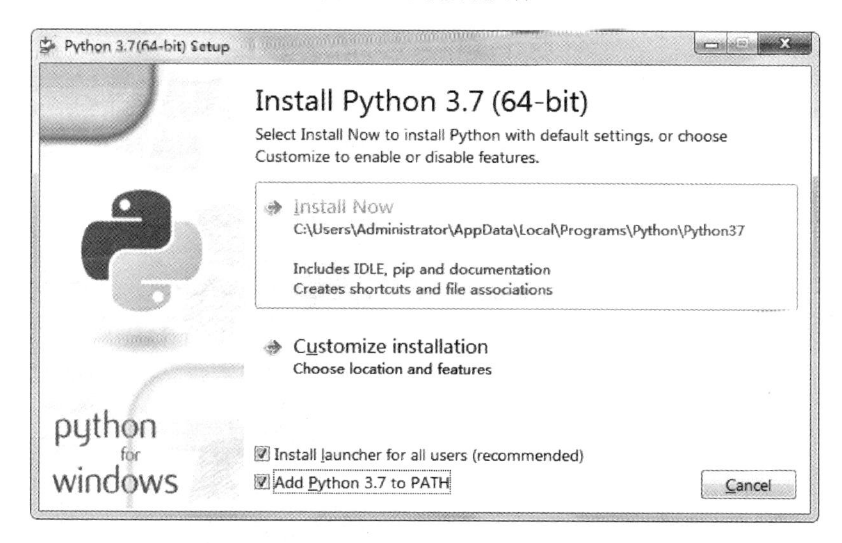

图 1.2　安装向导

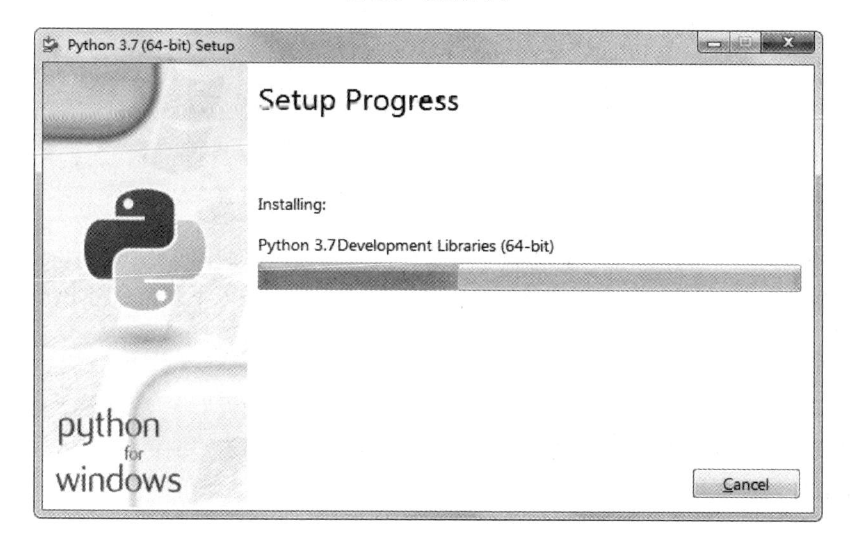

图 1.3　安装过程

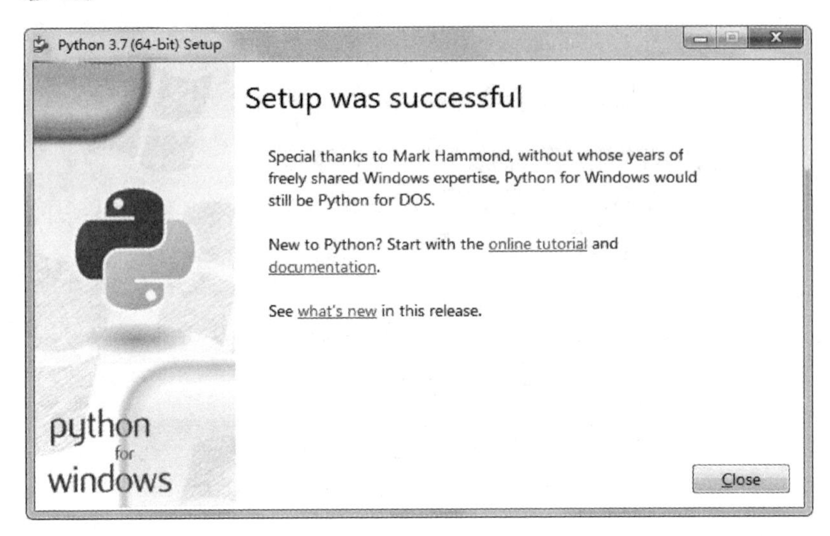

图 1.4 安装完成

此时，Windows 在“开始”菜单栏中就会显示 Python 3.7 的主菜单，如图 1.5 所示。

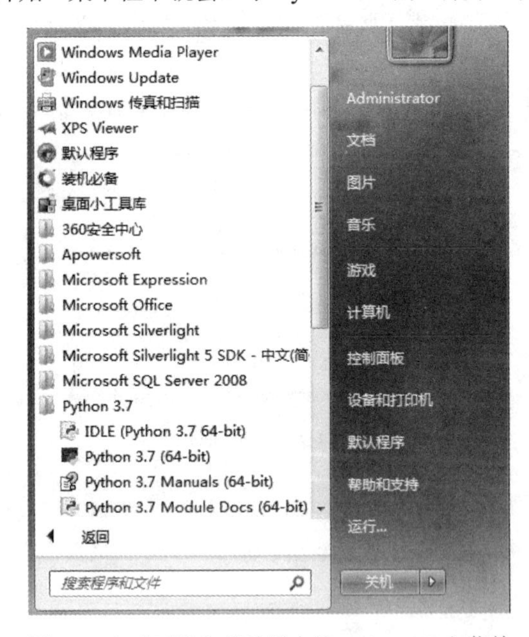

图 1.5 在“开始”菜单栏中的 Python 3.7 主菜单

（3）设置环境变量。如果在安装 Python 的过程中没有勾选图 1.2 中的“Add Python 3.7 to PATH”选项，则需要通过在 Windows 命令提示符框窗口（运行 cmd）中输入下列命令将 Python 目录添加到 PATH 环境变量中：

```
path %path%; <python 安装目录>
```

或者，用鼠标右键单击“计算机”→“属性”→“高级系统设置”→“高级”→“环境变量”，在打开的“环境变量”窗口中选择“PATH”系统环境变量，然后单击“编辑”按钮，将 Python 安装目录添加到 PATH 环境变量中，如图 1.6 所示。

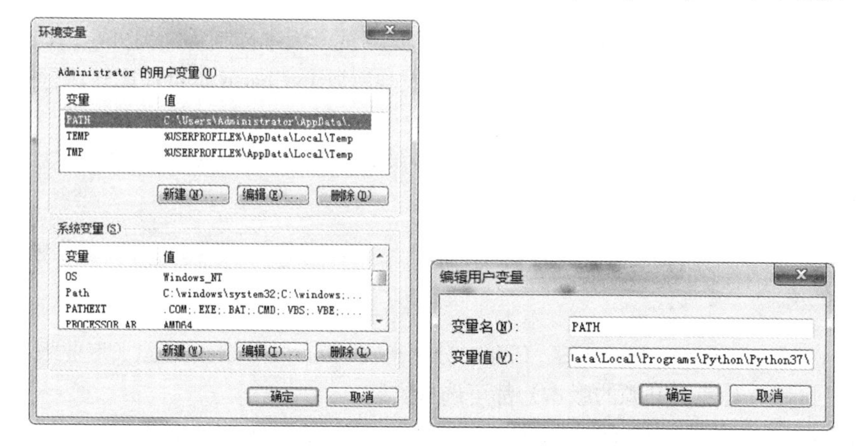

图 1.6　将 Python 安装目录添加到 PATH 环境变量中

1.2.2　Python 集成开发环境——IDLE

对于 Windows 7 操作系统，Python 3.7 安装完成后，在“开始”菜单中加入了“Python 3.7”菜单组的 6 个菜单项，其中包括“IDLE（Python 3.7 32-bit）”“IDLE（Python 3.7 64-bit）”“Python 3.7（32-bit）”和“Python 3.7（64-bit）”等。单击“Python 3.7（64-bit）”或“IDLE（Python 3.7 64-bit）”项，进入 Python 3.7（64-bit）的 IDLE 环境窗口，系统提示符为“>>>”。在 Python IDLE 窗口中可以输入 Python 的命令或者语句，如图 1.7 所示。

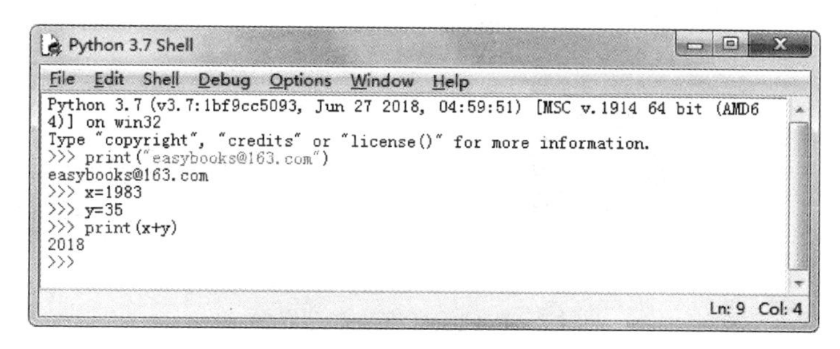

图 1.7　Python IDLE 窗口

说明：

- print("easybooks@163.com")显示字符串“easybooks@163.com”。
- x=1983 和 y=35 分别给变量 x 和 y 赋值。
- print(x+y)显示表达式 x+y 的值。

Python 对于命令（语句的格式）特别严格，“>>>”提示符后面的空格只有一个，多了就会显示错误。

1.3　PyCharm 开发环境的安装和设置

除了 Python 官网提供的 IDLE 开发环境，还有 PyCharm、Wing Python IDE、PythonWin、Eclipse+PyDev、Eric Python IDE。

PyCharm 是由 JetBrains 打造的一款 Python IDE。它具备一般 Python IDE 的功能，如调试、语法高

亮、项目管理、代码跳转、智能提示、自动完成、单元测试、版本控制等。另外，PyCharm 还提供一些出色的功能用于 Django（一个 Web 应用框架）开发。所以 PyCharm 是目前比较流行的 Python 程序开发环境。

注意：前面的 IDLE 是 Python 系统自带的开发环境，一般用于直接执行命令，但就程序开发方便程度而言，大家比较推崇 PyCharm。

1.3.1 PyCharm 的安装

PyCharm 针对 Windows、Mac OS、Linux 分别有 PyCharm Professional（专业版）与 PyCharm Community（社区版，是免费开源的版本）都可选择安装。

以在 Windows 7 中安装 PyCharm Community 为例，简单说明 PyCharm 的安装过程。

（1）从 JetBrains 官网（http://www.jetbrains.com/pycharm/pycharm-community-2018.1.4.exe）中下载 PyCharm Community（社区版）。

（2）双击下载“pycharm-community-2018.1.4.exe”文件，开始安装 PyCharm Community Edition（以下简称 PyCharm），系统显示如图 1.8 所示的欢迎界面，单击“Next”按钮。

图 1.8 PyCharm 安装欢迎界面

（3）系统进入安装路径选择界面，如图 1.9 所示。

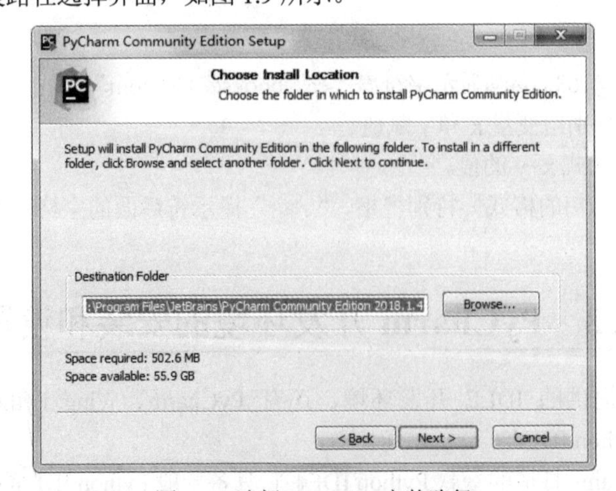

图 1.9 选择 PyCharm 安装路径

单击“Browse”按钮，可以修改系统默认的 PyCharm 安装目录。

（4）单击“Next”按钮，进入安装选项界面，如图 1.10 所示。

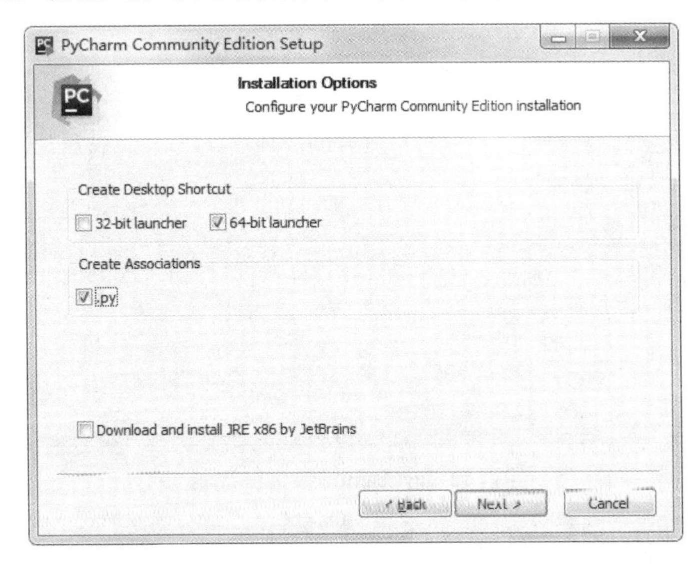

图 1.10　安装选项界面

此处勾选“64-bit launcher”“.py”项，即指定 64 位程序快捷方式；指定与“.py”文件关联。设置完成后单击“Next”按钮。

（5）进入 Windows“开始”菜单设置界面，如图 1.11 所示。用户可在此处输入新的程序组文件夹名，设置完成后单击“Install”按钮。

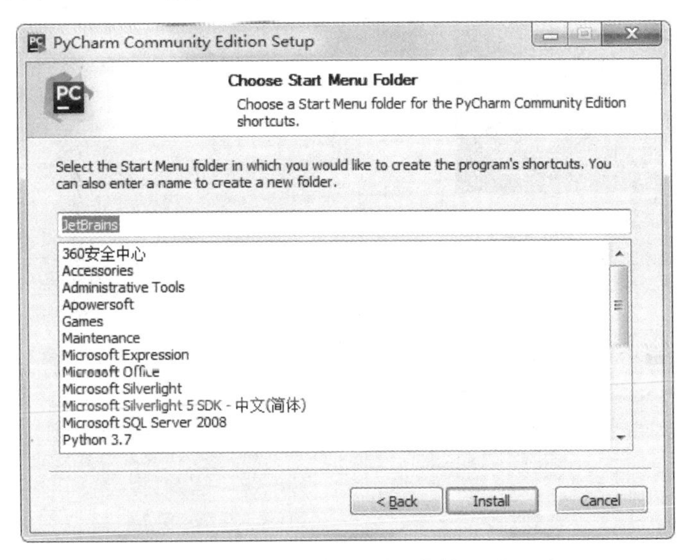

图 1.11　Windows“开始”菜单设置界面

（6）进入安装进程界面，如图 1.12 所示。完成后单击“Next”按钮。

（7）显示 PyCharm 安装完成并可运行，如图 1.13 所示。单击“Finish”按钮则完成安装过程。如果勾选“Run PyCharm Community Edition”项，则会首次运行 PyCharm。

（8）首次运行 PyCharm 时，将提示选择是否指定位置导入扩展库，如图 1.14 所示。

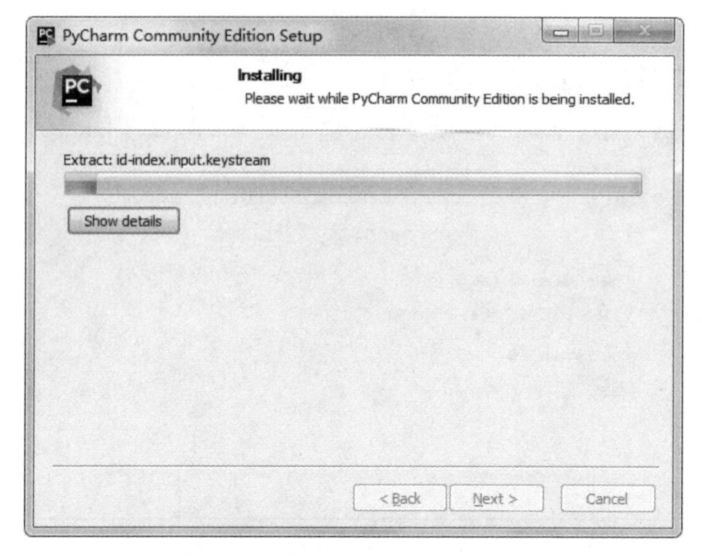

图 1.12 PyCharm 安装进程界面

图 1.13 PyCharm 安装完成界面

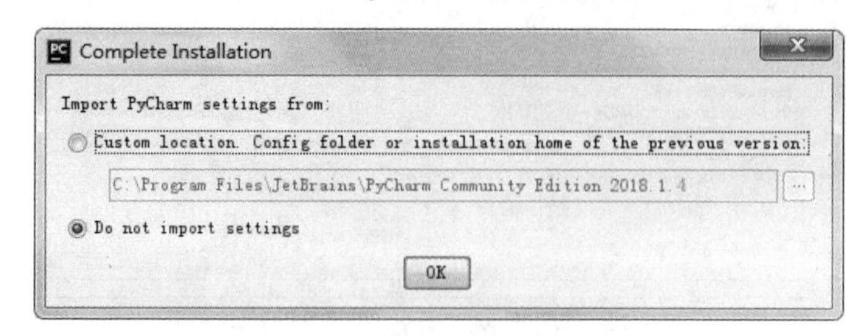

图 1.14 是否指定位置导入扩展库

选择“Do not import settings”项，系统进入 PyCharm 运行效果界面，如图 1.15 所示。

（9）在这里可以进行新建 Python 源程序文件、输入源程序并调试运行等系列操作。

（10）在图 1.15 界面中单击“Skip Remaining and Set Defaults”按钮，进入 PyCharm 程序设计环境。

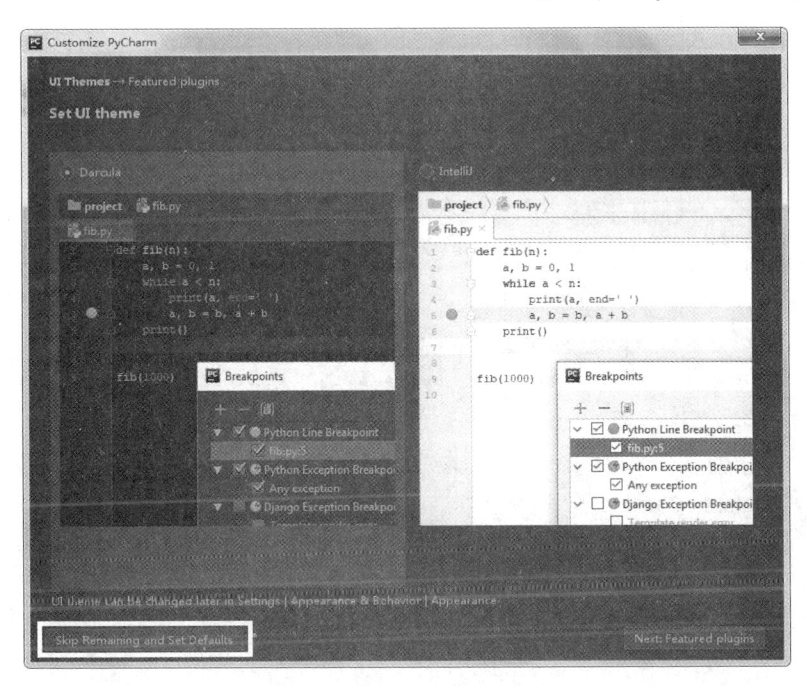

图 1.15　PyCharm 运行效果图

1.3.2　PyCharm 程序设计环境

运行 PyCharm，进入 PyCharm 程序设计环境，如图 1.16 所示。

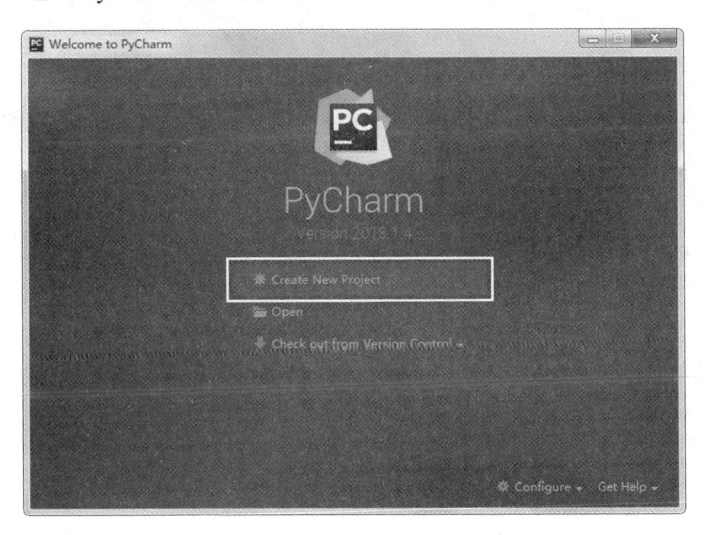

图 1.16　选择工程创建和打开工程

其中，“Create New Project”项表示创建新的工程，“Open”项则表示打开已有的工程。

工程是 Python 组织文件的工具，必须先创建工程，然后在工程中建立、运行 Python 文件。一般来说，使用 Python 解决一个应用问题，需要多个文件配合才能完成，如菜单、窗口、图片、多个 Python 文件等，这些文件都是通过工程组织起来的。

选择“Create New Project”项，系统进入如图 1.17 所示界面，在这里指定当前创建工程的保存目录。不同工程应保存在不同的目录，用户可根据实际情况进行选择。例如，修改当前创建工程的存储目录为“C:\Users\Administrator\PycharmProjects\LovePython”，单击“Create”按钮，系统进入如图1.18所示界面。

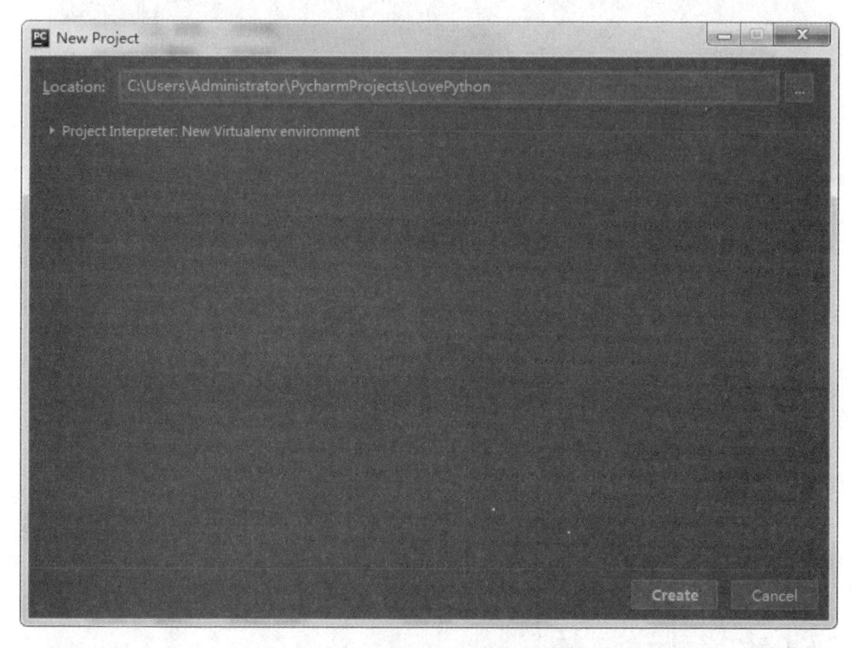

图1.17 确定工程存放目录

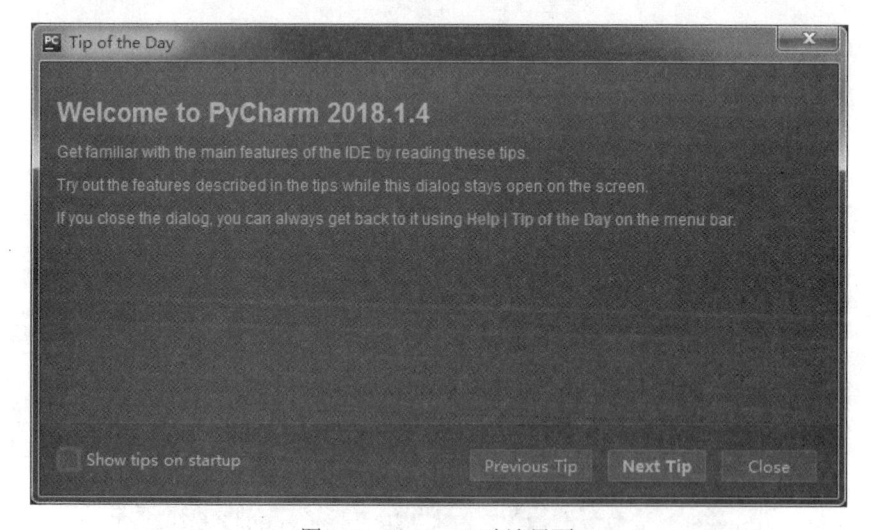

图1.18 PyCharm欢迎界面

系统进入PyCharm欢迎界面。单击“Close”按钮，进入PyCharm当前创建工程的开发环境，如图1.19所示。

该页面背景颜色太深，用户可对其进行调整。选择“File”→“Settings”→“Appearance & Behavior”→“Appearance”，系统显示界面如图1.20所示。

在“Theme”列表中选择“IntelliJ”项后单击“OK”按钮，界面背景颜色就变成了浅灰色和白色。

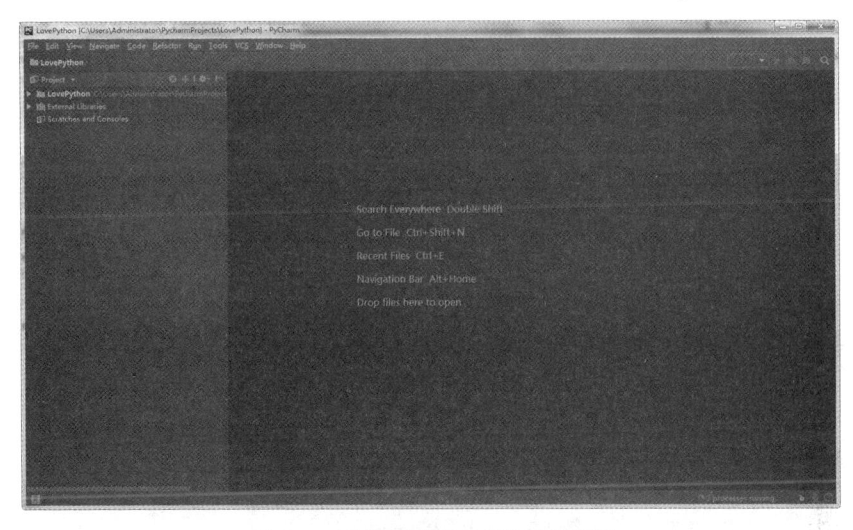

图 1.19　当前创建的工程的开发环境

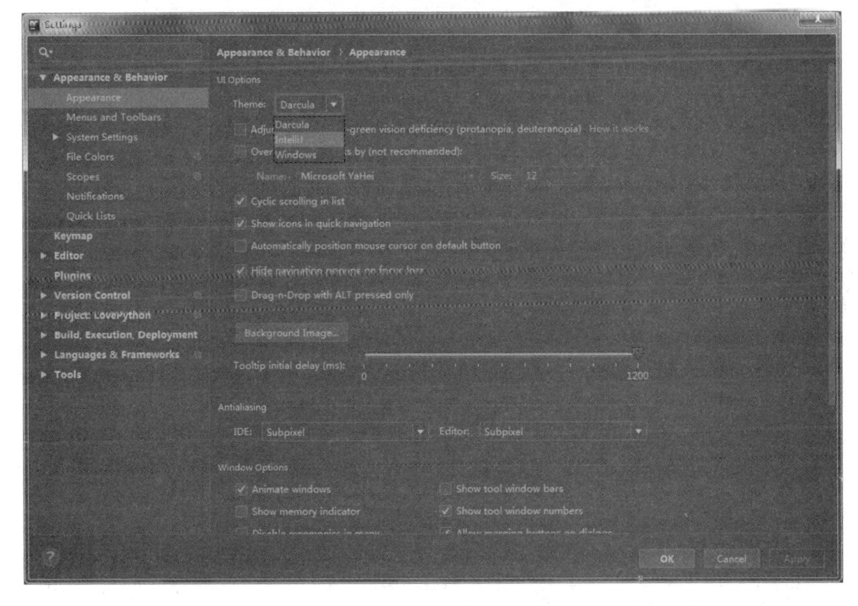

图 1.20　环境设置

1.3.3　一个简单的程序实例

在当前创建工程（目录为“C:\Users\Administrator\PycharmProjects\LovePython”）中，将前面在 IDLE 环境下输入的几条语句作为 Demo 程序，演示操作过程。

创建 Python 程序文件：选择“LovePython”工程名并单击鼠标右键，在弹出的快捷菜单中选择“New”→“Python File”，如图 1.21 所示。

系统打开“New Python file”对话框，如图 1.22 所示。输入“Demo”作为 Python 文件名。单击“OK”按钮，系统进入 Demo 程序编辑选项卡，对应的文件为 Demo.py，py 是 Python 源程序的扩展名。

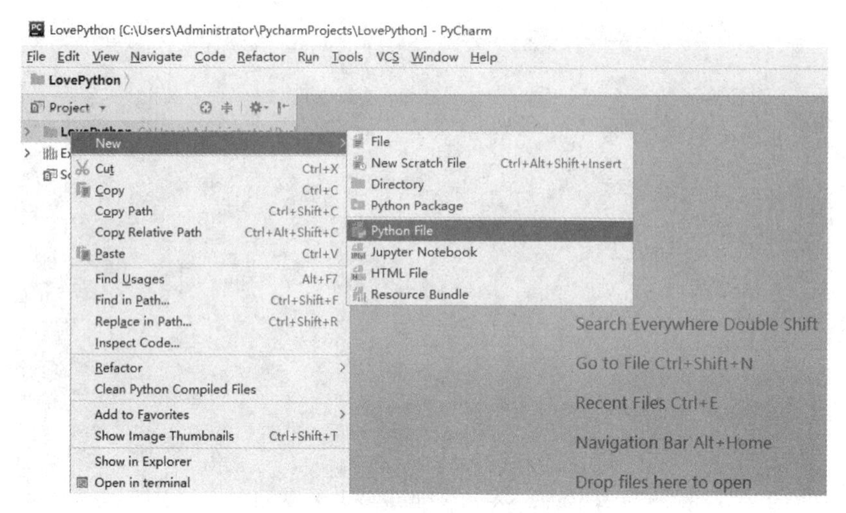

图 1.21 创建 Python 程序文件

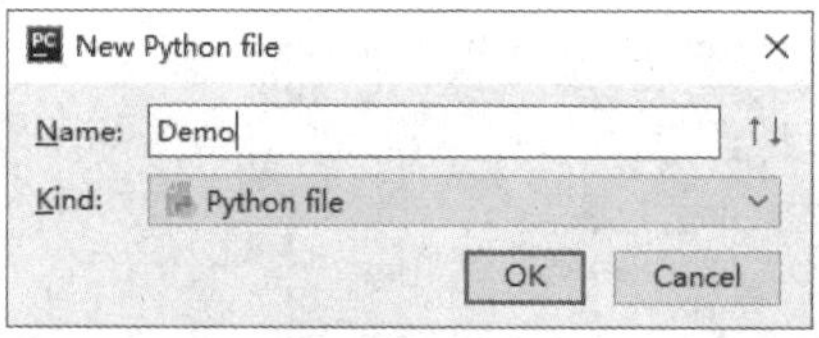

图 1.22 新建 Python 文件对话框

如图 1.23 所示，输入 Python 演示程序代码：

```
print("easybooks @ 163.com")
x=1983
y=35
print(x+y)
```

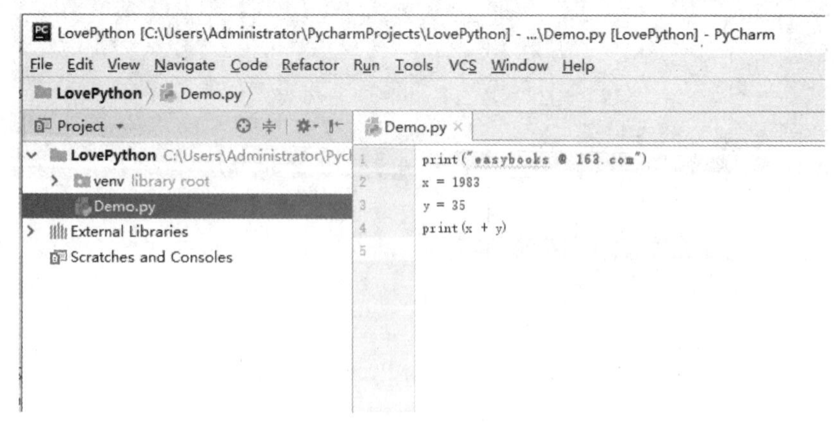

图 1.23 编辑程序

运行程序：在“Demo.py”上单击鼠标右键，选择“Run Demo”命令，结果如图 1.24 所示。

Python 将.py 文件视为模块，如果一个应用需要若干个模块来完成，那么这些模块中有一个主模块，它就是程序运行的入口。

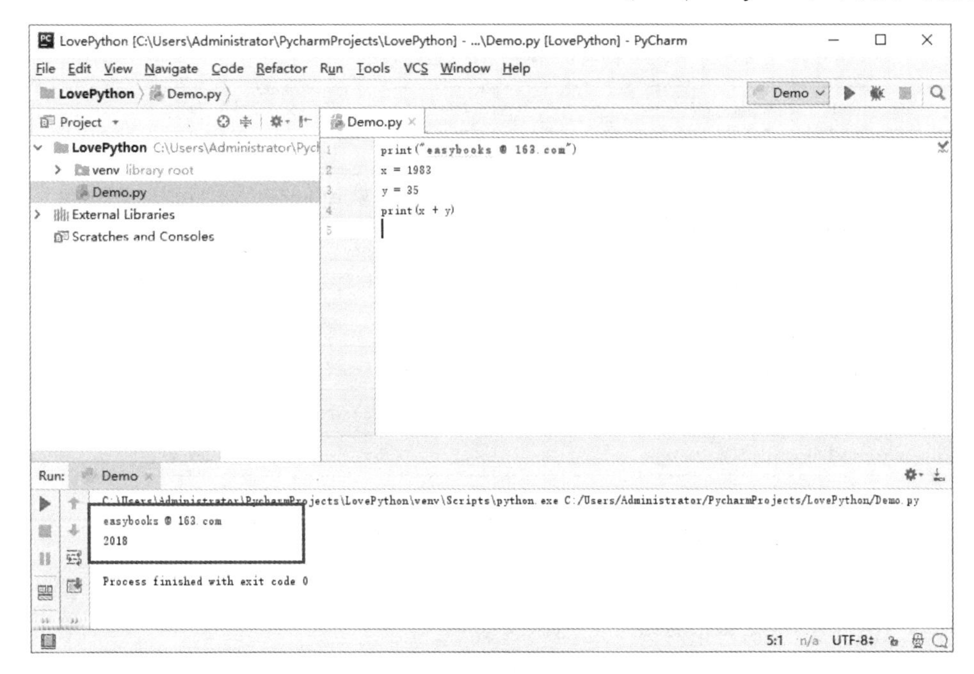

图 1.24　运行程序结果

1.4　扩展库的安装和使用

1.4.1　扩展库的安装

安装 Python 后，系统的基本功能和基本模块均已装入系统，需要时可在 Python 命令提示符状态下通过 import 命令导入。

例如，在开平方根函数 sqrt()时需要导入 math 模块，就可使用 math 前缀，其代码如下：

```
>>>import math
>>>x=9
>>>math.sqrt(x+16)
5.0
```

此外，Python 配套了许多扩展库，可根据需要在 Windows 命令状态下进行安装，然后在 Python 中采用 import 命令导入即可。

1．下载扩展库文件

从 LFD 网站（https://www.lfd.uci.edu/~gohlke/pythonlibs/）中获取对应的扩展库文件。例如，计算和可视化绘图要用到 numpy 扩展库，需要在网上找到并下载与当前 Python 配套的扩展库文件即可，如 numpy-1.14.6+mkl-cp37-cp37m-win_amd64.whl。

扩展库可以使用源码和二进制安装包安装，但 easy_install 和 PIP 工具已经成为管理 Python 扩展库的主要方式，其中 PIP 工具用得更多一些。

使用 PIP 工具管理 Python 扩展库需要保证计算机联网，通过输入命令进行。常用 PIP 工具命令的使用方法如表 1.1 所示。

表 1.1 常用 PIP 工具命令

PIP 工具命令的示例	说 明
pip download SomePackage[= = version]	下载扩展库的指定版本，不安装
pip freeze	以 requirements 格式列出已安装的模块
pip list	列出当前已安装的所有模块
pip install SomePackage[= = version]	在线安装 SomePackage 模块的指定版本
pip install SomePackage. whl	通过 whl 文件离线安装扩展库
pip install packagel package2···	依次（在线）安装 packagel、package2 等扩展模块
pip install -r requirements. txt	安装 requirements.txt 文件中指定的扩展库
pip install --upgrade SomePackage	升级 SomePackage 模块
pip uninstall SomePackage[= = version]	卸载 SomePackage 模块的指定版本

2. PIP 工具安装扩展库

在 Windows 命令提示符窗口执行 PIP 工具的安装命令。

（1）进入 Windows 命令提示符窗口。

（2）因为 numpy 扩展库前面已经安装，此处将演示安装 Bottleneck-1.2.1-cp36-cp36m-win_amd64.whl 扩展库的操作过程，如图 1.25 所示。

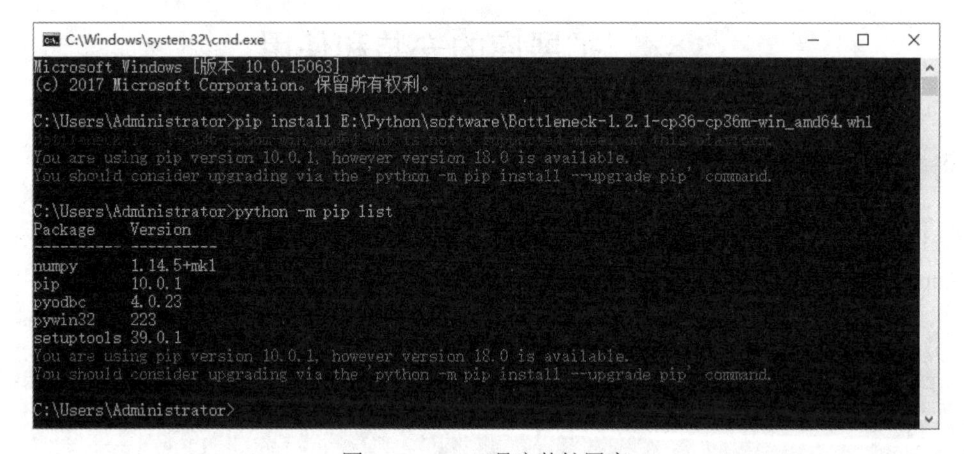

图 1.25 PIP 工具安装扩展库

其中，"python –m pip list"命令显示为当前已经安装的扩展库。从图 1.25 中可以看出，numpy 扩展库已经安装，扩展库文件对应 setuptools 扩展模块。

使用 PIP 工具不仅可以查看本机已安装的 Python 扩展库列表，还支持对 Python 扩展库的安装、升级和卸载等操作。

3. 其他安装说明

在 Python 官网（https://pypi.python.org/pypi）中可以获得一个 Python 扩展库的综合列表，用户可根据需要下载源码进行安装或者使用 pip 工具进行在线安装。一般使用 pip 工具在线安装时系统会自动选择扩展库的最新版本，但有时也会出现新版本与其他扩展库不兼容的情况，这时可以明确指定扩展库的版本。例如：

```
pip install requests==版本
```

如果需要安装的扩展库比较多，并且对版本要求严格，可以使用类似于"pip install-r

requirements.txt”命令从 requirements.txt 文件中读取所需安装的扩展库信息并自动安装。requirements.txt 文件可以手工编辑，也可以使用“pip freeze>requirements.txt”命令将本机已安装模块的信息快速生成为 requirements.txt 文件。

在 Windows 命令提示符环境中直接执行 PIP 工具的命令可以查看其他子命令，然后执行 PIP 工具的子命令“-h”可以查看子命令的详细用法。

1.4.2 扩展库的导入和使用

Python 默认安装仅包含基本模块，在使用前需要显式导入和加载标准库及第三方扩展库。系统标准库可以直接导入，第三方扩展库则需要先安装再导入。

导入模块有下列三种方法。

1. import 模块名[as 别名]

使用这种方式导入时需要在对象前加上模块名作为前缀。如果为导入的模块设置一个别名，则采用“别名.对象名”的方式来使用其中的对象，模块中包含的对象在输入“模块名.”后系统自动列出。例如：

```
>>>import math                          # 导入标准库 math
>>>x=9
>>>math.sqrt(x+16)
5.0
>>> import random as r
>>> n1= r.random()                      # 导入标准库 random，别名 r
>>> n1
0.658688675779171
>>> import os.path as path              # 导入标准库 os.path，别名 path
>>> import numpy as np                  # 导入扩展库 numpy，别名 np
```

2. from 模块名 import 对象名[as 别名]

使用这种方式仅能导入明确指定的对象，并且可以指定别名。因为该方式导入的部分，可以提高访问速度，使用时不需要将模块名作为前缀。例如：

```
>>> from math import sqrt               # 只导入模块中的指定对象
>>> sqrt(25)
5.0
>>> from math import sqrt as 开根       # 只导入模块中的指定对象
>>> 开根(25)
5.0
```

3. from 模块名 import *

使用这种方式可一次导入模块中通过__all__变量指定的所有对象，并可直接使用模块中的所有对象而不需要使用模块名作为前缀。例如：

```
>>> from math import *                  # 导入标准库 math 中的所有对象
>>> sin(1)
>>> pi
3.141592653589793
>>> e
2.718281828459045
>>> sqrt(25)
5.0
```

这种方式虽然简单，但会降低代码的可读性，很难将自定义函数和从模块中导入的函数进行区分，导致命名空间的混乱。如果多个模块中有同名的对象，只有最后导入模块的对象是有效的，其他模块的同名对象都无法访问。

1.4.3 编程环境同步

扩展库安装后，在 IDLE 环境中就可以通过 import 命令直接导入使用，因为 IDLE 是在安装 Python 时同时安装的。

如果在安装的 PyCharm 环境中无法找到系统模块和安装的扩展模块，就需要在 PyCharm 环境中进行相关设置。

选择“File”→“Settings”，在“Project LovePython”窗口中选择“Project Interpreter”项，单击“Reset”按钮，选择 Python 的安装目录，系统就会显示出当前 Python 已经安装的扩展库，如图 1.26 所示。

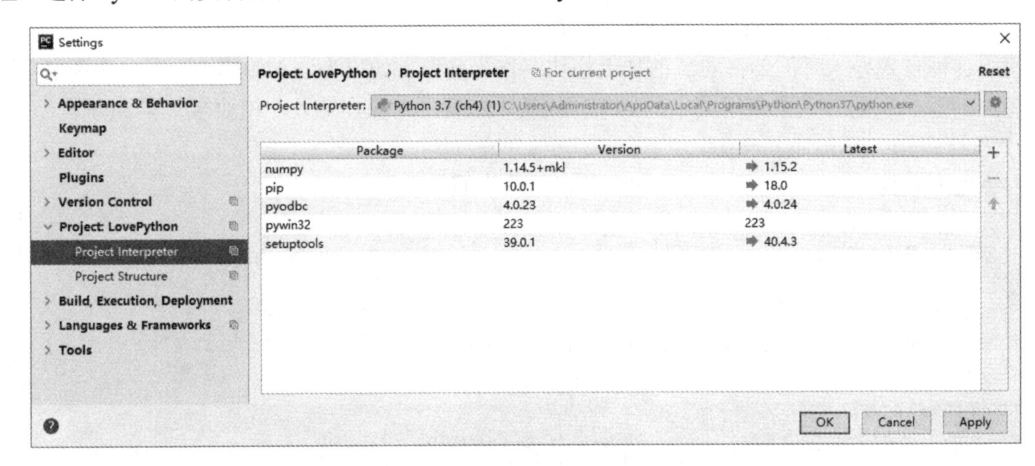

图 1.26 Python 已经安装的扩展库

单击“Apply”按钮后，再单击“OK”按钮，PyCharm 就会将 Python 安装的扩展库保存到自己的环境中，此后在 PyCharm 中编程就可以导入这些扩展库，并可直接使用“help(模块名)”命令查看该模块的帮助文档，如“help('numpy')”。

1.5 Python 说明

1.5.1 程序语法规则

本节将介绍 Python 的语法规则。

1. Python 标识符

在 Python 语言中，变量名、函数名、对象名等都是通过标识符来命名的。标识符第一个字符必须是字母表中的字母或下画线，其他的部分由字母、数字和下画线组成。Python 中的标识符是区分大小写的。在 Python 3.x 中，非 ASCII 标识符也是允许的，如 data_人数=100，其中“data_人数”为含有汉字的标识符，但一般不推荐这样用。

2. Python 保留字

保留字即 Python 关键字。Python 关键字是用来表达特定语义的，不允许通过任何方式改变其含义，也不能用来作为变量名、函数名或类名等标识符。Python 关键字的含义如表 1.2 所示。

表 1.2　Python 关键字的含义

关 键 字	含　义
false	常量，逻辑假
none	常量，空值
true	常量，逻辑真
and	逻辑与运算符
as	在 import 或 except 语句中给对象起别名
assert	断言，用来确认某个条件必须满足，可帮助调试程序
break	用在循环中，提前结束 break 所在层次的循环
class	用来定义类
continue	用在循环中，提前结束本次循环
def	用来定义函数
del	用来删除对象或对象成员
elif	用在选择结构中，表示 else if 的意思
else	用在选择结构、循环结构和异常处理结构中
except	用在异常处理结构中，可以捕获特定类型的异常
finally	用在异常处理结构中，表示无论是否发生异常都会执行的代码
for	构造 for 循环，用来迭代序列或可迭代对象中的所有元素
from	明确指定从哪个模块中导入什么对象，如 from math import sin；还可以与 yield 一起构成 yield 表达式
global	定义或声明全局变量
if	用在选择结构中
import	用来导入模块或模块中的对象
in	成员测试
is	同一性测试
lambda	用来定义 lambda 表达式，类似于函数
nonlocal	用来声明 nonlocal 变量
not	逻辑非运算
or	逻辑或运算
pass	空语句，执行该语句时什么都不做，常用作占位符
raise	用来显式抛出异常
return	在函数中用来返回值，如果没有指定返回值，表示返回空值 none
try	在异常处理结构中用来限定可能会引发异常的代码块
while	用来构造 while 循环结构，只要条件表达式等价于 true 就重复执行限定的代码块
with	上下文管理，具有自动管理资源的功能
yield	在生成器函数中用来返回值

3. 行与缩进

特别需要注意的是，Python 使用缩进表示代码块，而不使用大括号（{}）。像 if、while、def 和 class 这样的复合语句，首行以关键字开始，冒号（:）结束，该行之后的一行或多行代码构成代码块。将首行及后面的代码块统称为一个子句（clause）。

代码块缩进的空格数是可变的，但是同一个代码块的语句必须包含相同的缩进空格数。例如：

```
n=int(input('n='))
if n>=0:
        print( " True" )
else:
        print( " False" )
```

因此，在 Python 的代码块中必须严格使用相同数目的行首缩进空格数才行。

4. 多行语句

在 Python 语句中，一般用换行符作为语句的结束符。但是用户也可以使用反斜杠（\）将一行的语句分为多行显示。例如：

```
item1="one"; item2="two"; item3="three"
total = item1+ ','+\
        item2+ ','+\
        item3
print(total)
```

语句中包含[]、{}或()括号就不需要使用多行连接符。例如：

```
days = [ 'Monday' , 'Tuesday', ' Wednesday' ,
'Thursday ' , ' Friday ' ]
print(days)
```

5. 同一行显示多条语句

Python 可以在同一行中使用多条语句，语句之间使用英文分号（;）分隔。例如：

```
import sys;   x=int(input('x='));   print('x*2=',x*2)
```

6. 空行

函数之间或类的方法之间用空行分隔，表示一段新代码的开始。类和函数入口之间也用一行空行分隔，以突出函数入口的开始。空行与代码缩进不同，空行并不是 Python 语法的一部分。因此，书写时不插入空行，Python 解释器运行也不会出错。空行的作用在于分隔两段不同功能或含义的代码，便于日后代码的维护或重构。

7. Python 注释

Python 中单行注释采用#开头，可以用在语句或表达式行末。块注释（多行注释）也可采用多行#开头来表示。Python 中的多行注释，也可用 3 个单引号（'''）或 3 个双引号（"""）将注释括起来。例如：

```
"""     本程序先输入数值，
                然后根据算法进行计算，
                最后输出结果     """
a, b, c = input().split()                       # 同一行输入 3 个字符串，用空格分隔
# 模拟一个算法
d= a+b+c
if len(d) >= 10:
        print('d=',d)
else:
        print("串长小于 10!")
```

8. 数字中间使用单个下画线

Python 支持在数字中间位置使用单个下画线作为分隔来提高数字的可读性，类似于数学上使用逗号作为千位分隔符。在 Python 数字中，单个下画线可以出现在中间任意位置，但不能出现在开头和结尾位置，也不能使用多个连续的下画线。例如：

```
>>> 1_000_000
1000000
```

```
>>> 1_2_3_4
1234
>>> (1_2+3_4j )
 (12+34j)
```

9. 内置函数

内置函数（Built-In Functions，BIF）是 Python 内置对象类型之一，可直接使用。这些内置对象都封装在内置模块__builtins__之中，具有非常快的运行速度，应该优先使用。使用内置函数 dir()可以查看所有内置函数和内置对象：

```
>>> dir (__builtins__)
```

使用 help(函数名)可以查看指定函数的用法。

1.5.2　Python 语言的执行

Python 语言与 Perl、C 和 Java 等语言有许多相似之处，但也存在一些差异。Python 程序可以交互命令式解释执行或脚本式解释运行。

1. 交互命令式解释执行

在 Python“>>>”提示符右边输入以下命令，按回车键即可。例如：

```
>>> print("Hello, Python! ")
```

输出结果：

```
Hello, Python!
```

2. 脚本式解释运行

通过脚本源程序文件调用解释器执行脚本代码，直到脚本执行完毕。当脚本执行完成后，解释器不再有效。所有 Python 程序文件将以“.py”为扩展名。

1.5.3　name 属性的作用

任何 Python 程序文件除了可以在开发环境或命令提示符环境中直接运行，也可以作为模块导入并使用其中的对象，使用户编程代码可以复用。

每个 Python 脚本在运行时都会有一个__name__属性，如果脚本作为模块被导入，则其__name__属性值被自动设置为模块名。如果脚本作为程序直接运行，则其__name__属性值被设置为字符串__main__。Python 通过程序的__name__属性可以识别程序的使用方式，编程时运用不同方式执行不同代码。

例如，testname.py 代码如下：

```
def myFunc():                                   # def 定义函数
    if __name__=='__main__':                    # 判断直接运行方式
        print ( '直接运行... ' )
    elif __name__=='testname':                  # 判断模块运行方式
        print ('作为模块运行... ')
myFunc()                                        # 调用定义的函数
```

运行结果：

```
直接运行…
```

第2章 Python虽神，语言基础并不特别

Python 语言的基本数据类型、数据运算符和表达式，以及 Python 语言的基本输入、输出功能，是学习、理解和编写 Python 语言程序的基础。

2.1 数据类型

Python 3.x 的主要内置数据类型包括数值（number）、字符串（string）、列表（list）、元组（tuple）、集合（set）和字典（dictionary），数值类型包括 int（整型）、float（浮点型）、bool（布尔型）、complex（复数型）等。

2.1.1 数值

在 Python 中，内置数值类型有整数、实数和复数，借助于标准库对象可以实现分数及其运算，还可进行更高精度的运算。

Python 支持任意大的数字，具体可以大到什么程度仅受内存大小的限制。由于精度的问题，对于实数运算可能会有一定的误差，应尽量避免在实数之间直接进行相等性测试，而应以两者之差的绝对值是否足够小作为两个实数是否相等的依据。

1. 整型

Python 3.x 可使用或支持任意大小的整型数。

十进制整型常量：十进制整型常量没有前缀，其数码为 0～9。例如，-135、57232。

八进制整型常量：必须以 0O 或 0o 开头（第 1 位是数字 0；第 2 位是字母 O，大小写均可），数码为 0～7。八进制数通常是无符号数。例如，0O21 对应十进制数为 17。

十六进制整型常量：前缀为 0X 或 0x（第 1 位是数字 0；第 2 位是字母 X，大小写均可），其数码为 0～9、A～F 或 a～f(代表 10～15)。例如，0X2A 对应十进制数为 42，0XFFFF 对应十进制数为 65535。

二进制整型常量：前缀为 0B 或 0b（第 1 位是数字 0；第 2 位是字母 B，大小写均可），其数码为 0 和 1。例如，0b1101 对应十进制数为 13。

例如：

```
>>> 10+2
12
>>> 0O10+2
10
>>> 0X10+2
18
>>>101*100 //2
5050
>>> 0b1101+100
113
```

2. 浮点型

浮点型常量是带小数点的实数，可包含指数表示。例如，158.20、-2.9、2.3E18 是浮点型数；345（无小数点，是整型数）、E-19（阶码标志 E 之前无数字）、2.1E（无阶码）等都不是正确的浮点型常量。

Python 3.x 浮点数的表达精度、范围等技术信息，可以从 sys.float_info 中获取。

例如：

```
>>>0.3 + 1.21                    # 1.51
>>> 0.4 - 0.1                    # 0.30000000000000004
>>> 0.4 -0.1 == 0.3              # False
>>> abs(0.4 - 0.1 - 0.3)<1e-6    # True
>>> 158.20+-2.9+2.3E18           # 2.3000000000000003e+18
>>>import sys                    # 导入 sys 模块
>>> sys.float_info. dig          # 15  浮点数的最大精度
>>> sys.float_info. epsilon      # 2.220446049250313e-16  最小间隔值
>>> sys.float_info.min           # 2.2250738585072014e-308    最小浮点数
>>> sys.float_info.max           # 1.7976931348623157e+308   最大浮点数
```

3. 复数型

复数有实部和虚部，它们都是浮点数。例如，5.8+6j，4.5+3e-7j。用 complex(a[,b])可创建 a+bj 复数。

从复数中提取其实部和虚部，可使用“复数.real”“复数.imag 方式”。

内置函数 abs(复数)可用来计算复数的模，“复数.conjugate()”得到共轭复数。

Python 支持复数之间的加、减、乘、除，以及幂乘等运算。

例如：

```
>>>x=3+4j
>>> x.real                       # 3.0
>>> x.imag                       # 4.0
>>>abs(x)                        # 5.0
>>> x.conjugate()                # (3-4j)
>>>y=-5+6.2j
>>>x+y                           # (-2+10.2j)
>>>x*y                           # (-39.8-1.3999999999999986j)
```

4. 分数

Python 标准库 fractions 中的 fraction 对象支持分数运算，“分数.numerator”得到分子，“分数.denominator”得到分母，fraction(实数)可将实数转换成分数。另外，还提供了用于计算最大公约数的函数 gcd()和高精度实数 Decimal 类。

例如：

```
>>> from fractions import Fraction
>>> x=Fraction (3,4)
>>> x.numerator              # 3
>>> x.denominator            # 4
>>> x ** 2                   # Fraction(9, 16)
>>> y=Fraction (2,5)
>>> x-y                      # Fraction(7, 20)
>>> x * y                    # Fraction(3, 10)
>>> x / y                    # Fraction(15, 8)
>>> a=Fraction (3.2)
>>> a                        # Fraction(3602879701896397, 1125899906842624)
```

5. 高精度实数

标准库 fractions 和 decimal 中提供的 Decimal 类实现了更高精度的运算。

例如：

```
>>> from fractions import Decimal
>>> 2/11                          # 0.18181818181818182
>>> Decimal( 2/11 )
Decimal('0.181818181818181823228286475568893365561962127685546875')
>>>Decimal (2/11) + Decimal (1/3 )
Decimal('0.5151515151515151380579027318')
```

6. 布尔常量

布尔常量只有两个：真（True）和假（False）。

任何对象都可以用来判断其真假而用于条件、循环语句或逻辑运算中。对象判断中的 None、False、0 值（0、0.0、0j）、空的序列值（''、[]、()）、空的映射值（{}）都为假（False）值，其他对象值都为真（True）值。

2.1.2　字符串与字节串

1. 字符集

Python 2.x 的默认编码是 ASCII，不能识别中文字符，需要显式指定字符编码；Python 3.x 的默认编码为 Unicode，可以识别中文字符。

2. 字符串

字符串是一系列的字符序列，Python 中用单引号（' '）、双引号（" "）、3 个单引号（''' '''）或 3 个双引号（""" """）来表示字符串常量。不同定界符之间可互相嵌套。以字母 r 或 R 引导的表示原始字符串。

例如：

```
>>> 'This is a String! '              # 'This is a String! '
>>> "这是一个字符串"                  # "这是一个字符串"
>>>"""1 line
two line
      三  Line"""                     # '1 line\n\ttwo line\n      三  Line'
>>> '''Tom said, "Let's go." '''      # 'Tom said, "Let\'s go." '
>>> r'a string'                       # 'a string'
```

3. 字节串

Python 除了支持 Unicode 编码的字符串类型之外，还支持字节串类型。在定界符前加上字母 b 表示字节串。

对字符串调用 encode()方法进行编码得到字节串，对字节串调用 decode()方法并指定正确的编码格式则得到字符串。

例如：

```
>>> str1='学习 python'
>>> type(str1)                    # <class 'str'>
>>> byte1=str1.encode('utf-8')
>>> type(byte1)                   # <class 'bytes'>
>>> byte1                         # b'\xe5\xad\xa6\xe4\xb9\xa0python'
>>> byte2=str1.encode('gbk')
>>> byte2                         # b'\xd1\xa7\xcf\xb0python'
```

```
>>> str2=byte2.decode('gbk')
>>> str2                              # '学习 python'
```

2.1.3　数据类型转换

在数字的算术运算表达式求值时会进行隐式的类型转换，如果存在复数则都变成复数，如果没有复数但是有实数就都变成实数，如果都是整数则不进行类型转换。

显式数据类型转换时将数据类型作为函数名即可。如表 2.1 所示的内置函数可以执行数据类型之间的转换，当这些函数返回一个新的对象时，表示转换的值。

表 2.1　类型转换函数

函　数	说　明
int(x[,base])	将 x 转换为一个整数
long(x[,base])	将 x 转换为一个长整数
float(x)	将 x 转换到一个浮点数
str(x)	将对象 x 转换为字符串
repr(x)	将对象 x 转换为表达式字符串
eval(s)	计算在字符串 s 中的有效表达式并返回一个对象
chr(x)	将整数转换为一个字符
unichr(x)	将整数转换为 Unicode 字符
ord(x)	将字符转换为其整数值
hex(x)	把整数转换为十六进制字符串
oct(x)	把整数转换为八进制字符串
bin(x)	把整数转换为二进制串
ascii(x)	把对象 x 转换为 ASCII 码表示形式
bytes(x[,code])	把对象 x 转换为特定编码（code）的字节串
type(x), isinstance(x,type)	判断 x 是否是 type 数据类型

1. 进制转换

内置函数 bin(x)、oct(x)、hex(x)将整数(x)转换为二进制、八进制和十六进制形式。

例如：

```
>>> bin(193)            # '0b11000001'
>>> oct(193)            # '0o301'
>>> hex(193)            # '0xc1'
```

2. 其他形式数值转换

（1）int(x [,base])：将整数、实数、分数或合法的数字字符串转换为整数，当参数为数字字符串时，还允许指定第 2 个参数 base 用来说明数字字符串的进制。Base=0 或 2～36 的整数，其中 0 表示按隐含的进制转换。

例如：

```
>>> int(-13.26)         # -13
>>> from fractions import Fraction, Decimal
>>> x= Fraction(2,11)
>>> int(x)              # 0
```

```
>>> x= Fraction(23,11)
>>> int(x)                     # 2
>>> x= Decimal (23/11)
>>> x
Decimal('2.090909090909090828347416390897706151008605957031 25')
>>> int(x)                     # 2
>>> int('0b11000001',2)        # 193
>>> int('0xc1',16)             # 193
```

（2）float(x)：将其他类型数据转换为实数，complex()可以用来生成复数。

例如：

```
>>> float(-12)                 # -12.0
>>> float('-12.5')             # -12.5
>>> x=complex(3)
>>> x                          # (3+0j)
>>> x=complex(3,4)
>>> x                          # (3+4j)
>>> float('nan')               # nan非数字
>>> complex('inf')             # (inf+0j)无穷大
```

（3）eval(s)：用来计算字符串 s 的值。eval()也可以对字节串进行求值，还可以执行内置函数 compile()编译生成的代码对象。

例如：

```
>>> eval(b'3+5-12.5')                                          # -4.5
>>> eval (compile('print( 3+5-12.5) ', 'temp .txt','exec'))    # -4.5
>>> eval('126')                                                # 126
>>> eval('0126')                                               # 不允许以 0 开头的数字,出错
>>> int('0126')                                                # 126
```

3. 字符和码值转换

ord(x)得到单个字符 x 的 Unicode 编码，而 chr(x)得到 Unicode 编码 x 对应的字符，str(x)则直接将任意类型参数 x 转换为字符串。

例如：

```
>>> ord('A')                                   # 65
>>> chr(65)                                    # A
>>> ord('汉')                                  # 27721
>>> ' '.join(map(chr,(27721,27722,27723)))     # 汉 汊 汋
>>> str(-126)                                  # -126
>>> str(-12.6)                                 # -12.6
```

4. 字符和字节

（1）ascii(x)：把对象 x 转换为 ASCII 码表示形式，使用转义字符来表示特定的字符。

例如：

```
>>> ascii('A')                 # 'A'
>>> ascii('汉字输入')          # '\\u6c49\\u5b57\\u8f93\\u5165'
```

（2）bytes(x, [code])：把对象 x 转换为特定编码的字节串，code 为编码名称。

例如：

```
>>> bytes()                    # 空串
>>> bytes(6)                   # b'\x00\x00\x00\x00\x00\x00'     6 个空字符
>>> bytes('汉字输入','gbk')    # b'\xba\xba\xd7\xd6\xca\xe4\xc8\xeb'
>>> bytes('汉字输入','utf-8')  # b'\xe6\xb1\x89\xe5\xad\x97\xe8\xbe\x93\xe5\x85\xa5'
>>> _.decode()                 # '汉字输入'
```

5. 判断数据类型

type(x)用来判断 x 的数据类型，返回<class '类型名'>，用于避免错误的类型导致函数崩溃或意料之外的结果。isinstance(x,type)判断 x 是否为 type 数据类型，返回逻辑值。

例如：

```
>>> type(-12)                  # <class 'int'>
>>> type(--2.6)                # <class 'float'>
>>> type('python')             # <class 'str'>
>>> isinstance(-12,int)        # 判断-12 是否为 int 类型
True
```

2.1.4 类型变量

变量可以存储规定范围内的值，而且值可以改变。变量命名应符合标识符命名的规定。对于 Python 而言，一切变量都是对象。

Python 中的变量不需要声明，变量可以指定不同的数据类型，在不同时候可以存储整数、浮点数或字符串等。

1. 变量名

在 Python 中定义变量名时，需要注意以下问题。

（1）变量名必须以字母开头。虽然变量名也可以下画线开头，但以下画线开头的变量在 Python 中有特殊含义，所以普通变量应该避免使用。

（2）变量名中不能有空格或标点符号（括号、引号、逗号、斜线、反斜线、冒号、句号、问号等）。

（3）不能使用关键字（Python 内部使用）作为变量名，随着 Python 版本的变化，关键字列表可能会有所变化。

（4）不建议使用系统内置的模块名、类型名或函数名，以及已导入的模块名、其成员名作为变量名，这会改变其类型和含义，甚至会导致其他代码无法正常执行。可以通过 dir(__builtins__)查看所有内置对象名称。

（5）变量名对英文字母的大小写敏感，如 my 和 My 是不同的变量。

2. 变量赋值

每个变量在使用前都必须赋值，变量赋值以后该变量才会被创建。一个变量可以通过赋值指向不同类型的对象。

等号（=）用来给变量赋值。等号（=）运算符左边是一个变量名，右边是存储在变量中的值。每个变量包括变量的唯一标识 Id、名称和数据值。一次新的赋值，将创建一个新的变量，即使变量的名称相同，变量的标识也不同。

例如：

```
>>> x=1                          # 变量赋值定义一个变量 x
>>> print(id(x), x)              # 显示变量 x 的 Id 和值
1818609328 1
>>> x=2.0                        # 变量再赋值定义一个新变量 x
>>> print(id(x), x)
1681132038880 2.0
>>> x='python'                   # 变量继续赋值再定义一个新变量 x
>>> print(id(x), x)
1681170424136 python
>>>
```

3. 多个变量同时赋值

Python 可以同时为多个变量赋值。

例如：

```
>>> a,b,c=1,2.0,'python'
>>> print(a,b,c)
1 2.0 python
>>> a=b=c=3
>>> print(a,b,c)
3 3 3
>>> yz=(1,2,3)                    # 创建一个元组
>>> a,b,c=yz
>>> print(a,b,c)
1 2 3
>>>
```

4. 下画线开始的特殊变量

Python 用下画线作为变量前缀和后缀指定特殊变量。

（1）_xxx：xxx 变量被看作是“私有的”，在模块外不可使用。在类中，“单下画线”开始的成员变量或类属性叫作保护变量，只有类对象和子类对象自己能访问到这些变量。

（2）__xxx：xxx 变量是类中的私有变量。“双下画线”开始的是私有成员变量，只有类对象自己能访问，连子类对象也不能访问。

（3）__xxx__：xxx 为系统定义名字。以“双下画线”开头和结尾的，代表 Python 特殊方法专用的标识。

关于类将在后面的相关章节进行介绍。

2.2 运算符与表达式

在 Python 中一切都是对象，对象由数据和行为两部分组成，而行为主要通过方法来实现，通过一些特殊方法的重写，可以实现运算符重载。运算符也是表现对象行为的一种形式，不同类的对象支持的运算符有所不同，同一种运算符作用于不同的对象时也可能会表现出不同的行为，这正是“多态”的体现。

Python 语言支持以下类型的运算符：算术运算符、比较（关系）运算符、赋值运算符、逻辑运算符、位运算符、成员运算符、身份运算符。

由不同运算符连接起来的设置对应相应的表达式。常量和单独变量是最简单的表达式。

2.2.1 算术运算符及其表达式

算术运算符如表 2.2 所示。

表 2.2 算术运算符

名称	运算符	说明
加	+	两个对象相加
减	-	得到负数或是一个数减去另一个数
乘	*	两个数相乘或是返回一个被重复若干次的字符串
除	/	x/y 表示 x 除以 y

续表

名　　称	运　算　符	说　　明
模	%	返回除法的余数
幂	**	x**y 表示返回 x 的 y 次幂
整除	//	返回商的整数部分

例如：

```
>>>a=10
>>>b=26
>>>b / a                    # 2.6
>>>b //a                    # 2
>>>b % a                    # 6
>>>a ** 2                   # 100
>>> pow(2,3,5)              # 相当于 2**3%5
3
```

标准库 operator 中提供了大量运算操作，可以用函数方式实现运算功能。

例如：

```
>>> import operator
>>> operator.add (2, -6)    # -4
>>> operator.mul (2, -6)    # -12
```

2.2.2　关系运算符及其表达式

关系（比较）运算符如表 2.3 所示。

表 2.3　关系运算符

名　　称	运　算　符
等于	==
不等于	!=
大于	>
小于	<
大于或等于	>=
小于或等于	<=

注意：所有关系运算符返回 1 表示真，返回 0 表示假。这与特殊的变量 True 和 False 等价。

例如：

```
>>>1<3<5                        # 等价于 1<3 and 3<5
True
>>>1> 6<math.sqrt(9)            # False 惰性求值或者逻辑短路
>>> 'Hello'>'world'             # False 比较字符串的大小
```

注意：操作数之间必须可比较大小，把一个字符串和一个数字进行大小比较是错误的。

2.2.3　位运算符及其表达式

位运算符先将整数转换为二进制数，然后右对齐，必要时左侧补 0，按位进行运算，最后再把计算结果转换为十进制数字返回。

设 a 为 15(00001111)，b 为 202(11001010)，按位运算及其举例如表 2.4 所示。

表 2.4 位运算符

名 称	运 算 符	位运算表达式	结果二进制（十进制）
位与	&	a&b	00001010（10）
位或	|	a|b	11001111（207）
位异或	^	a ^ b	11000101（197）
位取反	~	~a	11110000（240）
左移动	<<	a<<2	00111100（60）
右移动	>>	a>>2	00000011（3）

其中，

- 位与运算规则为：1&1=1，1&0=0，0&1=0，0&0=0；
- 位或运算规则为：1|1=1，1|0=1，0|1=1，0|0=0；
- 位异或运算规则为：1^1=0，0^0=0，1^0=0，0^1=1。

左移位时右侧补 0，每左移一位相当于乘以 2；右移位时左侧补 0，每右移一位相当于整除以 2。例如：

```
>>>a=15
>>>b=202
>>>a & b                    # 10
>>>a | b                    # 207
>>>a ^ b                    # 197
>>>~a                       # -16
>>>a << 2                   # 60
>>>a >> 2                   # 3
```

其中，存放整型变量 a=15 实际上是 16 位二进制数，那么，对应的二进制数是 a=0000000000001111；~a 是对每一位取反，对应的二进制为~a=1111 1111 1111 0000，这是二进制补码，表示的数值为-16。

对上例而言，其他运算符不管采用多少位存放，结果都是正数。

2.2.4 逻辑运算符及其表达式

逻辑运算符 and、or、not 常用来连接条件表达式，构成更加复杂的条件表达式，并且 and 和 or 具有惰性求值或逻辑短路的特点，当连接多个表达式时只计算必须计算的值。

逻辑运算符如表 2.5 所示。

表 2.5 逻辑运算符

名 称	运 算 符	说 明
布尔与	e1 and e2	e1 为 False，返回 False，否则返回 e2 的计算值
布尔或	e1 or e2	e1 为 True，返回 True，否则返回 e2 的计算值
布尔非	not e1	e1 为 True，返回 False，否则返回 True

说明：

- 表达式 e1 and e2 等价于 e1 if not e1 else e2；
- 表达式 e1 or e2 等价于 e1 if e1 else e2。

注意：运算符 and 和 or 并不一定会返回 True 或 False，而是得到最后一个被计算表达式的值，但是运算符 not 一定会返回 True 或 False。

例如：

```
>>> e1=5
>>> e2=20
>>> e1>e2 and e2>e1          # False
>>> e1>e2 and e2             # False
>>> e2>e1 and e1             # 5
>>> e1>e2 or e2>e1           # True
>>> e2>e1 or e1              # True
>>> e1>e2 or e2              # 20
>>> not e1>e2                # True
>>> not e1                   # False
>>> not 0                    # True
```

又如：

```
>>> True+1                   # Truc 系统认为 1
2
>>> False*2                  # False 系统认为 0
0
```

例如，判断某年是否为闰年。

条件：能被 4 整除，但不能被 100 整除，或者能被 400 整除。

说明：对于 x 能被 y 整除，则余数为 0，即 x%y==0。

条件表达式如下：

y%4==0 and y%100 !=0 or y%400==0 或 not(y%4 and y%100) or not y%400

```
>>> y=2018
>>> y%4==0 and y%100 !=0 or y%400==0
False
>>> y=2000
>>> y%4==0 and y%100 !=0 or y%400==0
True
```

2.2.5　字符串基本运算及其表达式

字符串基本运算符包括以下 3 种。

（1）+：字符串连接；

（2）*：重复；

（3）in/not in：是否成员，或者是否不是成员。

例如：

```
>>> a="String";   b="test!"
>>> a+' '+b              # 'String test!'
>>> a*2                  # 'StringString'
>>> 'test' in b          # True
>>> int('1'*10,2)        # 1023
>>> "Abc">"abc"
False                    # 因为 ASC 码 A<a
```

其中，'1'*10='1111111111'，该字符串对应的二进制值是 1023。

例如：

```
>>> s= 'this is 带一个汉字 string'
>>> s
'this is 带一个汉字 string'
>>> s= 'this is \u4e00\u662f\u6216\u4e0d string'     # 用编码表示的汉字
>>> s
'this is 一是或不是 string'
```

标准库 operator 中提供了大量运算操作，可以用函数方式实现运算功能。operator.add 除了可以进行算术运算，如果参与的是字符串，则实现字符串连接功能。

例如：

```
>>> import operator
>>> operator.add ('a','bc')              # abc
```

Python 的字符串处理功能很强大，这里介绍的是基本功能，后续将进行详细介绍。

2.2.6 赋值运算符

赋值运算符如表 2.6 所示。

表 2.6 赋值运算符

运 算 符	说 明	等 效 性
=	赋值	c= a+b
+=	加法赋值	c+=a 等效于 c=c+a
-=	减法赋值	c-=a 等效于 c=c-a
*=	乘法赋值	c*=a 等效于 c=c*a
/=	除法赋值	c/=a 等效于 c= c/a
%=	取模赋值	c%=a 等效于 c=c%a
** =	幂赋值	c**=a 等效于 c=c**a
//=	取整除赋值	c//=a 等效于 c=c//a

Python 不支持++和--运算符。

例如：

```
>>> a=10
>>> a+=10
>>> a
20
>>> b=-10
>>> -b
10
>>> --b
-10
>>> b**=3
>>> b
-1000
>>> x,y,z=1,2,3                # 同时给多个变量赋值
>>> x,y,z
(1, 2, 3)
```

```
>>> x
1
>>> 2--6
8
>>> 2+-6
-4
例如：
m,n = 3,2
>>> m
3
>>> n
2
```

2.2.7　与同性判断运算符

1. 成员判断运算符：in

元素 in 对象：如果元素在对象中，返回 True，否则返回 False。

例如：

```
>>> 2 in range(1,10)
True
>>> 'abc' in 'abBcdef'
False
```

2. 同值判断运算符：is

对象 is 对象：如果对象值相同，返回 True，否则返回 False。

例如：

```
>>> x=10;y=10
>>> x is y
True
>>> r=range(1,10)
>>> r[0] is r[1]
False
>>> r1=r                          # r1 并没有复制，而仅仅指向存放数据的同一个位置
>>> r is r1
True
>>> r2=range(1,10)
>>> r1 is r2
False
```

2.3　基本输入和输出

完整的程序一般都要用到输入和输出功能。

2.3.1　输出到屏幕

print(表达式 1, 表达式 2 , … , sep=' ', end= '\n' , file= sys.stdout, flush= False)：用于输出信息到标准控制台或指定文件。其中，sep 之前为输出的内容，sep 参数用于指定数据之间的分隔符，默认为空格；end 指定 print 语句结束后输出的控制字符，不指定则会回车换行，如果不希望 print 后回车换行就可以指定其

他字符；file 参数用于指定输出位置，默认为标准控制台，也可以重定向输出到文件。

（1）直接输出。用 print 加上字符串，就可以向屏幕上输出指定的文字。print 语句也可以输出多个字符串或表达式，用逗号“,”隔开，就可以连成一串输出。

例如：

```
>>> a="one"
>>> b=-5
>>> print( a,'two','three',b+9)
one two three 4
>>> print( a,'two','three',b+9, sep='\t')
one    two    three  4
```

又如：

```
>>> for i in range(10):                  # 每个输出后不换行
        print (i, end=',')
0,1,2,3,4,5,6,7,8,9,
>>> with open('temp.txt','a+') as fp:
    print('输出测试！ ',file=fp)            # 重定向，将内容输出到 temp.txt 文件中
```

（2）格式化输出。格式化输出控制符号如表 2.7 所示。

表 2.7 格式化输出控制符号

符 号	说 明
%d,%i	格式化整数
%u	格式化无符号整型
%o	格式化无符号八进制数
%x, %X	格式化无符号十六进制数（%X 为大写）
%f, %F	格式化浮点数字，可指定小数点后的精度
%e	用科学计数法格式化浮点数
%E	作用同%e，用科学计数法格式化浮点数
%g,%G	根据值的大小决定使用%f 或%e
%%	输出%字符
%p	用十六进制数格式化变量的地址
%c	单字符（接受整数或者单字符字符串）
%s	使用 str()转换任意 Python 对象
%r	使用 repr()转换任意 Python 对象
%a	使用 ascii()转换任意 Python 对象

格式化操作符辅助指令如表 2.8 所示。

表 2.8 格式化操作符辅助指令

符 号	说 明
*	定义宽度或者小数点精度
-	左对齐
+	在正数前面显示加号（+）
<sp>	在正数前面显示空格
#	在八进制数前面显示零“0”，在十六进制数前面显示“0x”或者“0X”（取决于用的是“x”还是“X”）

续表

符　号	说　明
0	显示的数字前面应填充“0”而不是默认的空格
%	“%%”输出一个单一的“%”
(var)	映射变量（字典参数）
m.n	m 显示的是最小总宽度，n 显示的是小数点后的位数（如果可用的话）

例如：

```
>>> a=12
>>> print("int=%d"%a)              # int=12
>>> print("int=%6d"%a)             # int=     12
>>> b1=28.3
>>> print("%6.2f"%b1)              # 28.30
>>> b2=2.6e-4
>>> print("%6.2f"%b2)              # 0.00
>>> print("%10.4f"%b2)             # 0.0003
>>> c='python'
>>> print("%10s\n"%c)              # python
```

可同时输出多个表达式。例如：

```
>>> print("a,b1,b2,c=",a,b1,b2,c)
a,b1,b2,c= 12 28.3 0.00026 python
>>> print("a=%x,b1=%f6.2f,b2=%f,c=%10s"%(a,b1,b2,c))
a=c,b1=28.3000006.2f,b2=0.000260,c=     python
```

2.3.2 键盘输入

input 内置函数，可以从标准输入设备（如键盘）进行输入或读取。用户可以输入数值或字符串，并存放到相应的变量中。

变量=input([提示串])：Python 交互式命令行等待用户的输入，可以输入任意字符，然后按“Enter”键后完成输入。输入的内容就存放到变量中。

1. 直接输入字符串

例如：

```
>>> n=input("num=")
num= 23,-4
>>> n
23, -4'
>>> n=int(input("num="))           # num=-23
>>> n                              # -23
```

例如：

```
s=input('请输入一个 3 位数: ')
a,b,c=map(int,s)                   # 数字字符串拆分
print (a,b,c)
```

运行结果：

```
请输入一个 3 位数：586
5 8 6
```

2. 同时输入多个数

例如：

```
a, b, c = input().split()                # 同一行输入 3 个字符串，用空格分隔
print(a+'',b+'',c)
```

运行结果：

```
one two three
one two three
```

例如：

```
a, b, c = map(int, input().split(','))    # 同一行输入 3 个字符串，用逗号分隔
print(a,b,c)
```

运行结果：

```
123, 456, 789
123 456 789
```

例如：

```
b, c = map(int, input("b,c=").split(','))
```

运行结果：

b, c= 16, 3

2.4 综合应用实例

【例 2.1】 用户输入一个 3 位自然数，计算并输出其百位、十位和个位上的数字。

代码如下（ch2, cal3n.py）：

```
s=input('请输入一个 3 位数: ')
n=int (s)
n1 = n // 100
n2 = n // 10 % 10
n3 = n % 10
print(n1,n2,n3)
```

运行结果：

```
请输入一个 3 位数: 268
2 6 8
```

下列代码也能实现上述功能：

```
n=int(input('请输入一个 3 位数: '))
a, b= divmod(n,100)                # n%100→b, a= n//100
b, c = divmod (b, 10)              # b%10→c ,b=b//10
print(a, b,c)
```

运行结果：

```
请输入一个 3 位数: 268
2 6 8
```

第 3 章 这样就能控制：分支和循环

Python 中的控制语句包括选择语句、循环语句等类型。选择语句使得程序在执行时可以根据条件表达式的值，有选择地执行某些语句或不执行另一些语句。循环语句是程序中一种很重要的控制结构，它充分发挥了计算机擅长自动重复运算的特点，使计算机能反复执行一组语句，直到满足某个特定的条件为止。循环语句最能体现程序的功能魅力，能正确、灵活、熟练、巧妙地掌握和运用程序设计的基本要求。

在介绍本章内容前，先介绍以下两个基础知识。

（1）<条件表达式>：结果是逻辑值，对应可以是关系表达式、逻辑表达式。

（2）<语句块>：包括一条或者一条以上语句。当为单个语句时可直接放冒号“:”后成一行。

3.1 选择结构

用 if 语句可以构成选择结构，根据条件进行判断，以决定执行某个分支程序段。Python 语言的 if 语句有三种基本形式。

3.1.1 if 语句的三种形式

1. If 语句（单分支）

```
if  <条件表达式>:
    <语句块>
```

说明：如果<条件表达式>的值为真，则执行其后的<语句块>，否则不执行该<语句块>。if 语句的执行过程如图 3.1 所示。

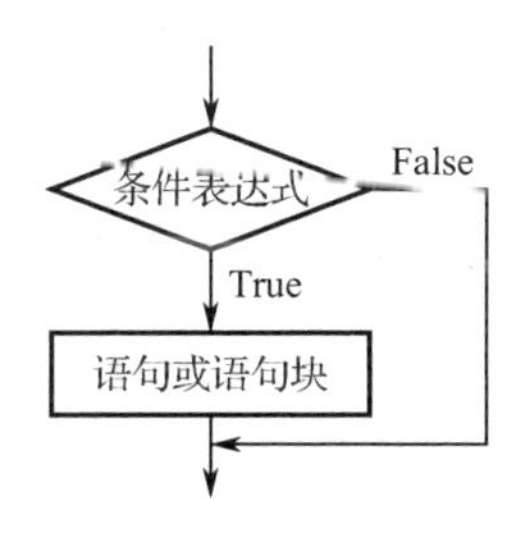

图 3.1　if 语句的执行过程

【例 3.1】 输入两个整数，输出其中较大的值。

代码如下（ch3, cmpab1.py）：

```
a=int( input( "a=" ))
b=int( input( "b=" ))
big=a                                # a 值放入 big=中
if big<=b:                           # 如果 big=（a 值）小于 b 值
```

```
    big= b;                     # b 值放入 big 中
print("big=", big)              # 输出 big 中的值（a 和 b 中的较大值）
```

运行结果：

```
ex_big1 ×
G:\Python实用教程\ch3\venv\Scripts\python.exe G:/Python实用教程/ch3/ex_big1.py
a=1
b=2
big= 2

Process finished with exit code 0
```

2. if-else 语句（双分支）

```
if  <条件表达式>:
    <语句块 1>
else:
    <语句块 2>
```

说明：如果<条件表达式>值为真，则执行<语句块 1>，否则执行<语句块 2>。if-else 语句的执行过程如图 3.2 所示。

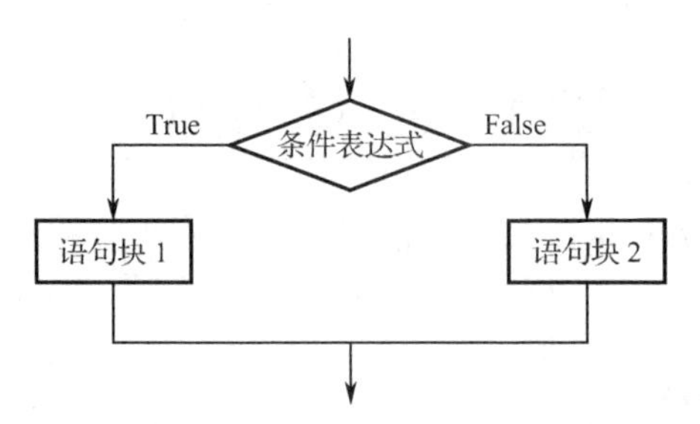

图 3.2 if -else 语句的执行过程

【例 3.2】 输入两个整数，输出其中较大的值。

代码如下（ch3, cmpab2.py）：

```
a=int( input( "a= " ))
b=int( input( "b=" ))
if  a<b:                        # 如果 a 值小于 b 值
    big= b;                     # b 值放入 big 中
else:
    big=a                       # a 值放入 big 中
print("big=", big);             # 输出 big 中的值（a 和 b 中的较大值）
```

简化程序：

```
a,b= map( int, input("Input a,b:").split(','))    # (1)
print ("big=",a)   if a>b else print("big=",b)    # (2)
```

说明：

（1）同时输入两个整数，整数之间用“,”分隔。

（2）a>b 执行前面的 print()，否则执行后面的 print()。

3. if-elif-else（多分支）

当有多个分支选择时，可采用 if-elif-else 语句。

```
if  <条件表达式 1>:
     <语句块 1>;
```

```
elif  <条件表达式 2> :
      <语句块 2>;
elif  <条件表达式 3> :
      <语句块 3>;
…
else:
      <语句块 n+1>;
```

依次判断<条件表达式 *i*>（*i*=1, 2, 3, …, *n*）值，当某个<条件表达式>值为真时，则执行其对应的语句块，然后跳到整个 if 语句之后继续执行程序；如果所有的<条件表达式>均为假，则执行 else 后对应的<语句块 *n*+1>，然后继续执行后续程序。if-elif-else 语句的执行过程如图 3.3 所示。

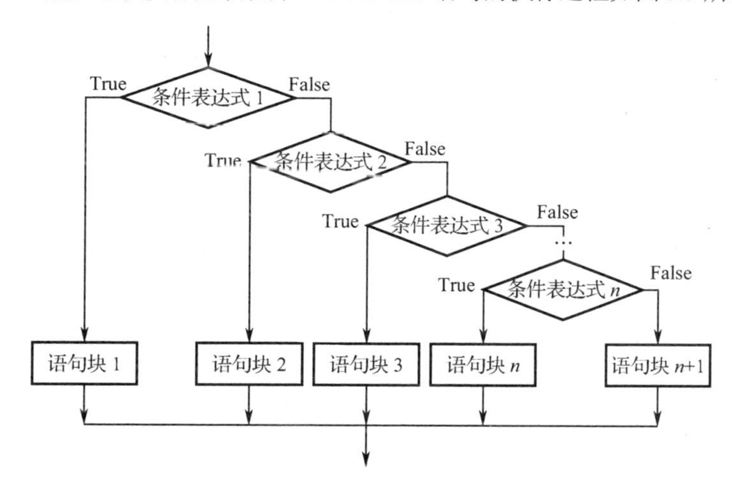

图 3.3　if-elif-else 语句的执行过程

【例 3.3】　比较并显示两个整数的大小关系。

代码如下（ch3, cmpab3.py）：

```
a=int( input( " a=" )) ;   b =int( input(" b=" ))
if a==b: print( "a=b!\n" )
elif a>b: print( "a>b!\n" )
else:    print( " a<b!\n" )
```

说明：上面的程序判断处理了 3 种情况（a=b、a>b、a<b）。

【例 3.4】　将成绩从百分制变换为等级制。

代码如下（ch3, grade.py）：

```
score=int( input( "成绩= " ))
if score>=90 and score <=100:
    grade='A'
elif score >=80:
    grade='B'
elif score >=70:
    grade='C'
elif score >=60:
    grade='D'
elif score>=0:
    grade='E'
print( score,"等级为", grade, "\n" )
```

3.1.2 if 语句的嵌套

当 if 语句中的语句块也是 if 语句时，则构成了 if 语句嵌套。

设<if-3 语句> 为 if/if-else/if-elif-else 语句，则 if 语句的嵌套形式表示如下。

```
if   <条件表达式>:
        <if-3 语句>
[ elif <条件表达式>:
        <if-3 语句>]
[ else
        <if-3 语句>]
```

在嵌套内的“if-3 语句”可能又是<if-3 语句>，这将会出现多个 if 重叠的情况，这时要特别注意通过缩进来体现 if-elif-else 的配对关系。

另外，[ ]表示可有也可以没有该语句。

【例 3.5】 比较并显示两个数的大小关系（以 if-else 形式实现）。

代码如下（ch3, cmpab4.py）：

```
a=int( input( "a=" )) ; b=int( input( "b=" ))
if a!=b:
    if a>b:
        print( "a>b" )
    else:
        print( "a<b" )
else:
    print( "a=b" )
```

说明：本例中 if 语句 a!=b 条件成立，则进入 if-else 语句，if 语句形成嵌套结构。

采用嵌套结构实质上是为了进行多分支选择，但这里用 if-elif-else 语句实现程序更加清晰。

将上例嵌套结构变成多分支选择，代码如下：

```
a=int( input( "a=" )) ; b=int( input( "b=" ))
if a!=b and a>b:
    print( "a>b" )
elif a!=b and a<b:
    print( "a<b" )
else:
    print( "a=b" )
```

3.2 循环结构

循环结构是程序中一种很重要的结构。它的特点是在给定条件成立时，反复执行某程序段，直到条件不成立为止。给定的条件称为循环条件，反复执行的程序段称为循环体。Python 语言提供了两种循环语句：while 循环语句和 for 循环语句。

3.2.1 循环语句

循环语句用于在满足某个条件下循环执行某段程序，以处理需要重复的任务。循环语句包括 while

循环语句和 for 循环语句。

1. while 循环语句

while 循环语句的一般形式。

while <条件表达式>:

　　<语句

[else:

　　<语句块 2>]

说明：<条件表达式>为真（True），执行循环体<语句块 1>，一旦循环体语句执行完毕，就重新计算<条件表达式>的值，如果还是为真，循环体将会再次执行，这样一直重复下去，直至<条件表达式>中的值为假（False）时，循环结束。

当 while 语句有 else 子句时，<条件表达式>为假（False），就会执行<语句块 2>，然后循环结束。

while 循环语句的执行过程如图 3.4 所示。

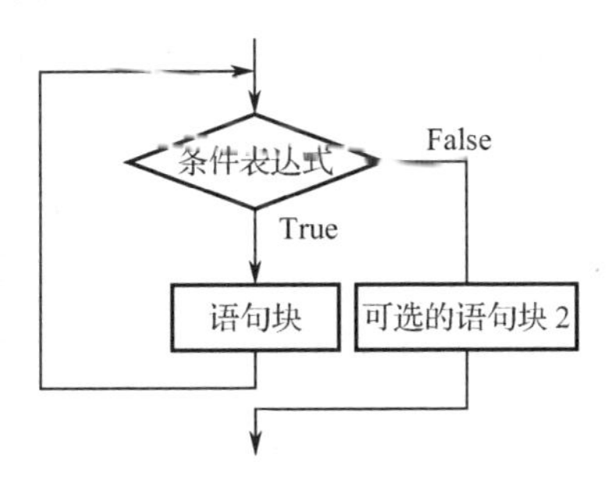

图 3.4　while 循环语句的执行过程

【例 3.6】　输入两个正整数，得到最大公约数和最小公倍数。

代码如下（ch3, calmn.py）。

```
m=int(input("m="))
n=int(input("n="))
p=m * n
while m% n != 0 :
    m,n = n,m % n
print(n, p//n)
```

运行结果：

```
m=6
n=8
2 24
```

2. for 循环语句

for 循环语句的一般形式。

for　<变量>　in　<序列>:

　　<语句块 1>

[else:

　　<语句块 2>]

说明：for 循环语句可以遍历任何序列中的项目，如一个列表或者一个字符串等，来控制循环体的执行。

当 for 语句有 else 子句时，<序列>为空就会执行<语句块 2>，然后循环结束。

for 循环语句的执行过程如图 3.5 所示。

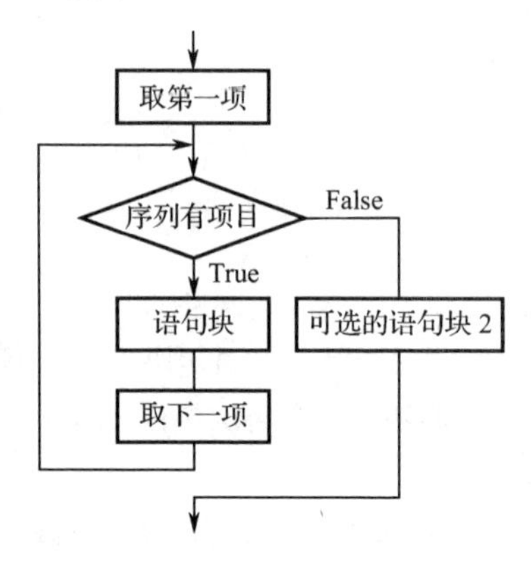

图 3.5 for 循环语句的执行过程

【例 3.7】 计算 1+2+3+…+*n* 的值。

代码如下（ch3, fact.py）。

（1）while 实现。程序代码：

```
n=int( input( "n=" ))
sum=0;   i=1
while i<=n:
      sum= sum+i;
      i+=1
print( "1+2+3…+%d =%d"   %(n,sum))
```

运行结果：

```
n=10
1+2+3...+10 =55
```

下列程序执行效果相同，区别在于前者 print 不属于循环体，后者 print 属于循环语句的一部分，是循环条件不满足时执行的语句。

```
n=int( input( "n=" ))
sum=0;   i=1
while i<=n:
      sum= sum+i;
      i+=1
else:
      print( "1+2+3…+%d =%d"   %(n,sum))
```

（2）for 实现。代码如下：

```
n=int( input( "n=" )) ;
sum=0
for i in range (1,n+1) :
      sum= sum+i
print( "1+2+3…+%d =%d"   %(n,sum))
```

3.2.2 循环控制语句

循环控制语句可以更改语句执行的顺序。Python 共支持 3 种循环控制语句。

1. break 语句和 continue 语句

break 语句用来跳出整个循环，即循环条件没有 False 或者序列还没被完全递归完，用来控制提前结束循环语句。

continue 语句用来跳过本次循环尚未执行的语句，然后继续进行下一轮循环。

例如：

```
for letter in  'ABCDEF':
    if letter == 'D' :
        break
    print(letter, end= ', ')
```

输出结果：

A, B, C,

例如：

```
for letter in  'ABCDEF':
    if letter == 'D' :
        continue
    print(letter, end= ', ')
```

输出结果：

A, B, C, E, F,

2. pass 语句

pass 是空语句，在为了保持程序结构的完整性时使用。

例如：

```
for letter in  'ABCDEF':
    if letter == 'D' :
        pass
    else:
        print(letter, end= ', ')
```

输出结果：

A, B, C, E, F,

3. 无限循环

如果条件判断语句永远为 True，循环将会无限地执行下去。

例如：

```
v=1
while v==1:                              # 条件永远为 True，循环将无限地执行
    num= input( "in: " )
    print ( "out: " , num)
print( " Good bye ! " )
```

执行程序，等待输入，输入结束，输出、输入数据，一直重复这个过程。不会输出“Good bye !”。

3.2.3 循环嵌套

Python 语言允许在一个循环体中嵌入另一个循环。循环中包含循环称为循环嵌套。如果使用嵌套循环，break 语句将只停止其所处层的循环，转到该循环后语句执行。

while 循环可以嵌套 while 循环，for 循环可以嵌套 for 循环，也可以在 while 循环中嵌入 for 循环，或者在 for 循环中嵌入 while 循环。

【例 3.8】 找出 10～100 中的所有素数。

代码如下（ch3, prime1.py）：

```
from math import sqrt
print('10~100 之间的素数是： ')
for i in range(10,100) :
    flag=0
    for j in range(2,int(sqrt(i))+1):
        if i%j==0:
            flag=1
            break
    if flag==0:
        print(i, ',')
```

说明：

（1）对于一个数 n，如果从 2～$\sqrt{n}$ 的数都不能整除，那么 n 就是素数。

（2）因为 0 对应的布尔值为 False，i%j==0 条件也可以写成 not(i%j)。

（3）因为需要用到开平方根函数，所以需要加载 math 模块 sqrt()函数。

【例 3.9】 解方程：

$$\begin{cases} x + y + z = 200 \\ 5x + 3y + z = 300 \end{cases}$$

分析：此问题可以根据实际应用，设置一些基本数据（如为非负整数），用穷举法求解。使用多重循环组合出各种可能的 x、y 和 z 值，然后进行测试。

代码如下（ch3, fxyz.py）：

```
for x in range( 1,300) :
    for y in range( 1,300) :
        z=200-x-y
        if ( 5*x+2*y+z== 300) :
            print("x=%d,y=%d,z=%d"%(x,y,z))
```

运行结果：

```
x=1, y=96, z=103
x=2, y=92, z=106
x=3, y=88, z=109
x=4, y=84, z=112
x=5, y=80, z=115
x=6, y=76, z=118
x=7, y=72, z=121
......
```

3.3 范围和迭代器

3.3.1 范围

使用系统函数 range()可以给编程带来很多方便，因此，在这里进行重点介绍。

range (结束) 或 range (起始, 结束 [,步长])：返回一个左闭右开的序列数。

其中，步长默认为 1，起始默认为 0。

如果步长>0，则最后一个元素（起始+步长）< 结束。

如果步长<0，则最后一个元素（起始+步长）>结束。

否则抛出 ValueError 异常。

例如：

```
>>>r1=range(6)
>>>r1
range(0, 6)                        # 0,1,2,3,4,5
>>>range(1,6)                      # 1,2,3,4,5
>>>range(1,6,2)                    # 1,3,5
>>>range(0,-6, -1)                 # 0, -1, -2, -3, -4, -5
>>>r=range(0,10,2)
>>>r[1]
2                                  # 第 1 个元素是 2，因为第 0 个元素是 0
>>>3 in r
False                              # 3 不在生成的范围列表中
>>> r.index(6)
3                                  # 元素 6 是第 3 个元素
>>>r==range(0,12,2)
False                              # 范围元素不同
>>>range(0)                        # 空
>>>range(2, -3)                    # 空，默认步长=1，右数>左数
```

3.3.2　迭代器

迭代器类似于一个游标，Python 中经常使用 for 语句来对某个对象进行遍历，此时被遍历的这个对象就是可迭代对象。可以用 iter()方法生成迭代对象，通过调用__next()__方法返回下一个元素，没有下一个元素时则返回一个 StopIteration 异常。

例如：

```
s='ABC';   its=iter(s)
print(its)
its.__next__()                     # A
its.__next__()                     # B
its.__next__()                     # C
its.__next__()                     # StopIteration 异常
```

如果通过 for 循环来控制使用迭代器，程序如下：

```
s = 'ABC 123' ;
its = iter(s) ;
for x in its :
    print( x, end=',')
```

运行结果：

```
A, B, C,  , 1, 2, 3,
```

3.4　综合应用举例

【例 3.10】　随机出 5 个两整数相加题，统计出答题正确的题数和用时多少。

代码如下（ch3, rand.py）：

```
import time,random
t1= time.time()                    # 取当前时间
```

```
jok=0;                                    # 记录正确答题数
for i in range( 0,5) :
    n1=random.randint(1,10)               # 产生两个随机数
    n2= random.randint(1,10)
    sum=n1+n2;
    print( " %d+%d = " %( n1,n2))
    mysum= int( input())                  # 输入答案
    if( mysum<0):
        break                             # 输入负值中途退出
    elif mysum== sum:
     jok=jok+1
if ( mysum<0) :
    print("你中途退出！");
else:
    t2 = time.time();
    t=float(t2-t1)                        # 计算用时
    print('5 题中，你答对%d 题, 用时%5.2f 秒'  %(jok, t))
```

运行结果：

```
 10+7 =
17
 2+6 =
8
 7+9 =
15
 6+3 =
9
 3+5 =
8
5题中，你答对4题, 用时24.35秒
```

说明：

（1）rand 和 random 的区别就是返回类型时整型和长整型不同。

（2）如果每次希望同样的随机数，则可以在生成前采用下列语句。

```
random.seed(n)
```

其中，n=1, 2, 3……n=1 和 n=2 时产生的随机数是不一样的。但 n=1 时，每次产生的随机数是一样的。

【例 3.11】 快速判断一个数是否为素数。

分析：前面已经介绍求素数的方法，但算法效率较低。实际上，对于 n>1 的整数，6n+2、6n+3、6n+4 不是素数，这样就可以简化算法。

代码如下（ch3, prime2.py）：

```
n=int(input ("n= "))
if n<=5:
    if n==2 or n==3 or n==5:
        prime=True
    else:
        prime=False
elif n % 2==0 :                            # >2 的偶数不是素数
    prime=False
else:
```

```
    m=n % 6
    if not(m==1 or m==5):                    # 或者条件“m!=1 and m!=5”
        prime=False
    else:
        prime = True
        for i in range (3,int (n**0.5)+1, 2) :
            if n % i == 0 :
                prime=False
                break
if prime:
    print(n,"是素数！")
else:
    print(n,"不是素数！")
```

运行结果：

```
n= 19
19 是素数！
```

第 4 章 序列是什么：列元字集

序列（Sequence）是指成员有序排列，并且可以通过下标偏移量访问其成员类型的统称。序列中的每个元素被分配一个序号，即元素的位置，也称为索引。从前向后排列（称为前面的序号），第一个索引是 0，第二个则是 1，以此类推。从后向前排列（称为后面的序号），序列中的最后一个元素标记为-1，倒数第二个元素为-2，以此类推。下标为空，表示取到头或尾。

列表、元组、字典和集合是 Python 中常用的序列类型，很多复杂的业务逻辑最终还是由这些基本数据类型来实现的。如表 4.1 所示比较了这几种结构的区别。

表 4.1 列表、元组、字典、集合的对比

比 较 项	列 表	元 组	字 典	集 合
类型名称	list	tuple	dict	set
定界符	方括号[]	圆括号()	大括号{}	大括号{}
是否可变	是	否	是	是
是否有序	是	是	否	否
是否支持下标	是（使用序号作为下标）	是(使用序号作为下标）	是（使用“键”作为下标）	否
元素分隔符	逗号	逗号	逗号	逗号
对元素形式的要求	无	无	键：值	必须可哈希
对元素值的要求	无	无	“键”必须可哈希	必须可哈希
元素是否可重复	是	是	“键”不允许重复，“值”可以重复	否
元素查找速度	非常慢	很慢	非常快	非常快
新增和删除元素速度	尾部操作快，其他	不允许	快	快

这里主要对列表（list）、元组（tuple）、字典（dict）、集合（set）的数据类型进行介绍，然后介绍 numpy 模块中的数组和矩阵。

4.1 列表：list

列表是方括号（[]）中用逗号分隔开的元素列表。列表中元素的类型可以不相同，它支持字符、数字、字符串，甚至可以包含列表（所谓嵌套）。列表是 Python 最通用的复合数据类型。

4.1.1 创建列表

列表可以通过多种方式创建。

例如：

```
>>>list1=[ -23, 5.0, 'python', 12.8e+6]              # 列表包含不同类型数据
```

```
>>>list2=[ list1, 1,2,3,4,5 ]               # 列表中包含列表
>>>print( list2)                            # [[-23, 5.0, 'python', 12800000.0], 1, 2, 3, 4, 5]
>>>list2=[1]*6                              # 产生 6 个全为 1 的数组
```

4.1.2　索引和切片

1. 索引和切片

序列中所有的元素都是有编号的，从 0 开始递增。可以通过编号分别对序列的元素进行访问。Python 的序列也可以从右边开始索引，最右边的一个元素的索引为-1，向左开始递减。

例如：

```
>>> lst=['A','B','C','D','E','F','G','H']
```

前面序列索引号为 0，1，2，3，4，5，6，7。

后面序列索引号为-8，-7，-6，-5，-4，-3，-2，-1。

列表中值的切片可以用“列表变量[头下标:尾下标:步长]”来截取相应的列表，列表被分片后返回一个包含所有元素的新列表。

例如：

```
>>>lst[ 2: ]                    # 从 2（包括）开始到结尾切片
['C', 'D', 'E', 'F', 'G', 'H']
>>> lst[ :-3]                   # 从-3（不包括）开始到最前切片
['A', 'B', 'C', 'D', 'E']
>>> lst[ 2: -3]                 # 切从 2（包括）开始到-3（不包括）结束
['C', 'D', 'E']
>>>lst[3::2]                    # 从 3（包括）到最后, 其中分隔为 2
['D', 'F', 'H']
>>>lst[::2]                     # 从整列表中切出,分隔为 2
['A', 'C', 'E', 'G']
>>>lst[3::]                     # 从 3 开始到最后，没有分隔
['D', 'E', 'F', 'G', 'H']
>>> lst[3:: -2]                 # 从 3 开始，往回数第 2 个，因为分隔为-2
['D', 'B']
>>> lst [-1]                    # 切出最后一个
'H'
>>>lst[::-1]                    # 此为倒序
['H', 'G', 'F', 'E', 'D', 'C', 'B', 'A']
>>> lst[ 0:8:2]                 # 步长为 2（默认为 1,）
['A', 'C', 'E', 'G']
>>> lst[ 8:0: -1]               # 步长是负数,第一个索引要大于第二个索引
['H', 'G', 'F', 'E', 'D', 'C', 'B']
```

2. 运算符

（1）加（+）是列表连接运算符。

例如：

```
>>>lst+[1,2,3]                  # ['A', 'B', 'C', 'D', 'E', 'F', 'G', 'H',1,2,3]
```

（2）乘（*）是重复操作。

例如：

```
>>> lst*2
# ['A', 'B', 'C', 'D', 'E', 'F', 'G', 'H', 'A', 'B', 'C', 'D', 'E',
'F','G','H']
```

（3）成员资格：[not] in。

可以使用 in 运算符来检查一个值是否在序列中，如果在其中，则返回 True；如果不在，则返回 False。not in 与 in 功能相反。

例如：

```
>>> 'E' in lst                # True
>>> 'X' not in lst            # True
```

另外，可以用 not in，就不是成员。

（4）存储单元是否相同：is [not]。

用来测试两个对象是否为同一个，如果是就返回 True，否则返回 False。如果两个对象是同一个，两者应具有相同的内存地址。

例如：

```
>>>x=[1,2,3]
>>>x[0] is x[1]               # False
>>>c = x
>>> x is c                    # True
>>>y=[1,2,3]
>>> x is y                    # False
>>>x[0] is y[0]               # True
```

3. 内置函数

除了列表对象自身方法之外，很多 Python 内置函数也可以对列表进行操作。

例如：

```
>>>list3=[ 1,2,3 ,4,5,6,7,8,9,10]
>>>len( list3 )               # 10
>>>min( list3 )               # 1  最小值
>>>max( list3 )               # 10 最大值
```

4.1.3 列表的基本操作

1. 更新列表：元素赋值

例如：

```
>>>list3=[ 1,2,3 ,4,5,6,7,8,9,10]
>>>list3[0]='one'                        # 元素赋值改变
>>>list3[1:4]=['two','three','four']     # [1:3]区段赋值改变
>>>list3
```

['one', 'two', 'three', 'four', 5, 6, 7, 8, 9, 10]

```
>>>str =list( 'python' )
>>>str                        # ['p', 'y', 't', 'h', 'o', 'n']
>>>str[2:]=list('THON')       # 对 2 的元素和以后的元素进行赋值
>>>str                        # ['p', 'y', 'T, H', 'O', 'N']
>>>list1=[ 1,2,3,4,5,6]
>>>list1a=list1               # 直接赋值，list1 和 list1a 引用同一个列表
>>>list1b= list1[:]           # 整个列表切片后再赋值得到一个列表的副本
>>>list1[2]= 'C'              # 修改第 3 个元素
>>>list1                      # [1, 2, 'C', 4, 5, 6]
```

```
>>>list1a                          # [1, 2, 'C', 4, 5, 6]
>>>list1b                          # [1, 2, 3, 4, 5, 6]
```

2. 删除元素：使用 del 语句

```
>>>list4=[ 1,2,3 ,4,5,6,7,8,9,10]
>>>del list4[1]                    # 删除列表第 1 个元素 2
>>>list4[0:5]=[]                   # [0:4]]区段删除
>>>list4                           # [7, 8, 9, 10]
>>>del list4[ : ]                  # 清空列表, list4 列表变量还在
>>>list4                           # []
>>>del list4                       # 删除实体变量 list4
```

4.1.4 列表方法

1. 常用方法

列表. append（元素）：用于在列表末尾追加新的元素。

列表.extend（序列）：可以在列表末尾一次性追加另一个序列中的多个值。

列表.count（元素）：统计某个元素在列表中出现的次数。

列表.index（元素）：从列表中找出某个值第一个匹配项的索引位置。

列表.insert（索引: 元素）：将对象插入到指定序号的列表中。

列表.pop（[索引]）：移除列表中的一个元素（默认是最后一个），并且返回该元素的值。

列表.remove（元素）：移除列表中某个值的第一个匹配项。

列表.reverse()：将列表中元素顺序全部反向。

例如：

```
>>>a =[ 1,2,1,2,3,4,2,5 ]
>>>a.append(6)                     # 直接追加新的列表元素
>>>a                               # [1, 2, 1, 2, 3, 4, 2, 5, 6]
>>>a.count(2)                      # 元素“2”出现 3 次
>>>b=[7,8]
>>>a.extend( b )
>>>a                               # [1, 2, 1, 2, 3, 4, 2, 5, 6, 7, 8]
>>>a.index( 2                      # 1
>>>a.insert(0,'begin')             # 在 0 位置插入 begin
>>>a                               # ['begin', 1, 2, 1, 2, 3, 4, 2, 5, 6, 7, 8]
>>>x=a.pop()                       # 移除最后一个元素，并返回该元素的值
>>>x                               # 8
>>>a                               # ['begin', 1, 2, 1, 2, 3, 4, 2, 5, 6, 7]
>>>a.remove(2)                     # 移除第一个匹配到“2”的元素
>>>a                               ['begin', 1, 1, 2, 3, 4, 2, 5, 6, 7]
>>>a.reverse( )                    # 反向排列
>>>a                               # [7, 6, 5, 2, 4, 3, 2, 1, 1, 'begin']
```

比较列表的大小：

```
>>>[1,2,3]<[1,2,4]                 # True
```

【例 4.1】 输出列表中的所有非空元素。

代码如下（ch4, enum.py）：

```
List1= [ 'one ' , 'two', '    ',' four', 'five ' ]
for i,v in enumerate(List1) :             # enumerate 枚举列表所有元素
    if v!='    ':
```

```
        print('List(', i, ')= ', v)
```

运行结果：

```
List( 0 )=  one
List( 1 )=  two
List( 3 )=   four
List( 4 )=  five
```

【例 4.2】 列表前移 n 位。

方法一代码（ch4, leftMove1.py）：

```
lst=[1,2,3,4,5,6,7,8,9,10]
n=3
for i in range(n) :
    lst.append (lst.pop(0))
print(lst)
```

运行结果：

```
[4, 5, 6, 7, 8, 9, 10, 1, 2, 3]
```

方法二代码（ch4, leftMove2.py）：

```
lst=[1,2,3,4,5,6,7,8,9,10]
n=3
a=lst [: n]
b=lst [n: ]
lst=b + a
print(lst)
```

【例 4.3】 将第 1 个列表和第 2 个列表中的所有数据组合成一个新列表。

代码如下（ch4, lstComb.py）：

```
List1= [ 'A ' , 'B ' , ' C' , 'D' ];    List2 = [ 1 ,2];    List3 = [ ]
for i in List1:
    for j in List2:
        List3.append( [ i, j] )
print ( List3)
```

运行结果：

```
[['A ', 1], ['A ', 2], ['B ', 1], ['B ', 2], [' C', 1], [' C', 2], ['D', 1], ['D', 2]]
```

【例 4.4】 判断今天是今年的第几天。

代码如下（ch4, todayn.py）：

```
import time
curdate= time.localtime()                                        # 获取当前日期
year,month,day= curdate[ : 3 ]
day30= [ 31, 28, 31, 30, 31, 30, 31, 31, 30, 31, 30, 31]
if year% 400==0 or (year% 4==0 and year% 100 !=0):               # 判断是否为闰年
    day30[1] =29
if month ==1:
    print(day)
else :
    print( year,'年',month,'月',day, '日是今年',sum ( day30[:month - 1] ) + day,'天' )
```

运行结果：

```
2018 年 10 月 3 日是今年 276 天
```

2. 排序

排序方法：列表.sort([参数])，对原列表进行排序，并返回空值。指定的参数对列表进行排序方式控制。

（1）默认排序。

例如：

```
>>>a=[ 7,0,6,4,2,5,1,9]
>>>x=a.sort()                    # 对列表 a（从小到大）排序，返回值（空值）赋给 x
>>>a                             # [0, 1, 2, 4, 5, 6, 7, 9]
```

（2）控制排序。

如果不想按照 sort 默认的方式进行排序，可以指定参数 cmp、key、reverse。

例如：

```
>>>a=[ 7,0,6,4,2,5,1,9]
>>>b=['student', 'is', 'the', 'most']
>>>b.sort( key=len)
>>>b                             # ['is', 'the', 'most', 'student']
>>>a.sort( reverse=True)         # 对列表 a 从大到小排序
>>>a                             # [9, 7, 6, 5, 4, 2, 1, 0]
```

（3）多维列表。

多维列表就是列表的数据元素本身也是列表。

为了引用二维列表中的一个数据值，需要两个索引号，一个是外层列表的，另一个是元素列表的。

例如：

```
>>> list2=[[1,2,3],[4,5,6],[7,8,9]]
>>> list2[0][1]                  # 2
>>> list2[2][1]                  # 8
```

例如：

```
>>> list3=[[['000','001','002'],['010','011','012']],[['100','101','102'],['110','111','112']],
[['200','201','202'],['210','211','212']]]
>>> list3[2][1][0]               # 210
```

例如：

```
>>> List4=[ [ i*j for i in range(1,10)]for j in range(1,10)]
>>> List4
```

[[1, 2, 3, 4, 5, 6, 7, 8, 9], [2, 4, 6, 8, 10, 12, 14, 16, 18], [3, 6, 9, 12, 15, 18, 21, 24, 27], [4, 8, 12, 16, 20, 24, 28, 32, 36], [5, 10, 15, 20, 25, 30, 35, 40, 45], [6, 12, 18, 24, 30, 36, 42, 48, 54], [7, 14, 21, 28, 35, 42, 49, 56, 63], [8, 16, 24, 32, 40, 48, 56, 64, 72], [9, 18, 27, 36, 45, 54, 63, 72, 81]]

【例 4.5】 输入 20 个分数，找出其中的最高分数、平均分数，并对其进行从大到小排序。

代码如下（ch4, lstMAS.py）：

```
sum = 0
list1=[]
for i in range(0,6):
    n = int(input("n="))
    sum = sum + n
    list1.append(n)
print("最高分数为: ",max(list1))
print("平均分数为: %6.2f" %(sum/len(list1)))
list1.sort(reverse =True )
print(list1)
```

运行结果：

```
n=89
n=96
n=76
n=86
n=60
n=82
最高分数为: 96
平均分数为: 81.50
[96, 89, 86, 82, 76, 60]
```

思考：

（1）如果需要记住最高分的位置，将如何修改程序？

（2）如果输入学号和成绩，找出其中的最高分数、平均分数，并且对成绩从大到小排序，将如何修改程序？

3. 遍历列表元素

for k, v in enumerate（列表）:

    print(k, v)

例如：

```
>>>list1=[ -23, 5.0, 'python', 12.8e+6]          # 列表包含不同类型数据
>>>list2=[ list1, 1,2,3,4,5,[61,62],7,8 ]         # 列表包含列表
>>> for k, v in enumerate(list2):
    print(k, v)
0 [-23, 5.0, 'python', 12800000.0]
1 1
2 2
3 3
4 4
5 5
6 [61, 62]
7 7
8 8
```

4.1.5 列表推导式

列表推导式（解析式）可以使用非常简洁的方式对列表或其他可迭代对象的元素进行遍历、过滤或再次计算，快速生成满足特定需求的新列表，可读性强。由于 Python 的内部对列表推导式做了大量优化，所以运行速度快，它是推荐使用的一种技术。

列表推导式的语法：

```
[<表达式> for <表达式 1>  in  <序列 1>  if  <条件 1>
              for <表达式 2>  in  <序列 2>  if  <条件 2>
                              ⋮
```

列表推导式在逻辑上等价于一个循环语句，只是形式更加简洁。

例如：

```
lst= [x*x for x in range (n)]
```

等价于:

```
lst=[]
for x in range (n) :
    lst.append (x*x)
```

下面对它的应用进行简单说明。

1. 嵌套列表平铺

例如：

```
>>> lst=[[1,2,3],[4,5,6],[7,8,9]]
>>> [exp for elem in lst for exp in elem]
[1, 2, 3, 4, 5, 6, 7, 8, 9]
```

等价于下面的代码：

```
>>> list1=[[1,2,3],[4,5,6],[7,8,9]]
>>> list2=[]
>>>
for elem in list1:
    for num in elem:
        list2.append(num)
>>> list2
[1, 2, 3, 4, 5, 6, 7, 8, 9]
```

2. 元素条件过滤

使用 if 子句可以对列表中的元素进行筛选，保留符合条件的元素。

例如：

```
>>> lst=[1,-2,3,-4,5,-6,7,-8,9,-10]
>>> [i  for  i  in  lst  if  i+2>=0]                    # 筛选条件：元素+2>=0
[1, -2, 3, 5, 7, 9]
>>> m=max (lst)
>>> m
9
>>> [index for index,value in enumerate(lst) if value==m]    # 找最大元素的所有位置
[8]
```

【例 4.6】 接收一个所有元素值都不相等的整数列表 x 和一个整数 n，要求将值为 n 的元素作为支点，将列表中所有值小于 n 的元素全部放到其前面，所有值大于 n 的元素放到其后面。

代码如下（ch4, lstInfer.py）：

```
lst=[0,1,-2,3,-4,5,-6,7,-8,9,-10]
n=0
lst1= [ i for i in lst if i<n]
lst2= [ i for i in lst if i>n]
lst=lst1+[n]+lst2
print(lst)
```

运行结果：

```
[-2, -4, -6, -8, -10, 0, 1, 3, 5, 7, 9]
```

3. 同时遍历多个列表或可迭代对象

例如：

```
>>> list1=[1,2,3]
>>> list2=[1,3,4,5]
>>> [ (x,y) for x in list1 for y in list2 if x==y]          #（1）
```

```
[(1, 1), (3, 3)]
>>> [ (x,y) for x in list1 if x==1 for y in list2 if y!=x]   #（2）
[(1, 3), (1, 4), (1, 5)]
```

其中：

（1）两个列表元素同时遍历时根据元素条件筛选。

（2）两个列表元素同时遍历时用两个元素条件筛选。

4. 复杂的条件筛选

当然，在列表推导式中使用函数或复杂表达式。

（1）推导式为复杂表达式。

例如：

```
lst=[1,-2,3,-4]
print( [val+2 if val%2==0 else val+1 for val in lst if val> 0] )
[2, 4]
```

其中，列表推导式为“val+2 if val%2==0 else val+1”。

（2）if 判断条件为复杂条件表达式。

下列语句能够生成 2～20 之间的素数。

例如：

```
>>> import math
>>> [num for num in range (2,20)   if 0 not in [num%g for g in range (2,int(math.sqrt(num))+1) ] ]
[2, 3, 5, 7, 11, 13, 17, 19]
```

4.2 元组：tuple

元组与列表一样，也是一种序列，唯一不同的就是元组不能修改。创建元组只需用逗号隔开一些值，就自动创建了元组，元组一般使用圆括号括起来。

4.2.1 元组的基本操作

1. 元组的基本介绍

（1）元组中不包含任何元素时，创建空元组，例如：tl=()。

（2）元组中只包含一个元素时，需要在元素后面添加逗号，例如：t2=(6,)。

（3）元组下标索引从 0 开始时，可以进行截取、组合等操作。

（4）无关闭分隔符的对象时，以逗号隔开，默认为元组。

例如：

```
>>>t1= 1,2,3,'four',5.0, 3+4.2j, -1.2e+26          # 创建元组
>>> t1
(1, 2, 3, 'four', 5.0, (3+4.2j), -1.2e+26)
>>> tup1=('python',3.7,True)
>>> x,y,z=tup1                                     # 同时给多个变量赋值
>>> x
'python'
>>> tup1[1]                                        # 得到第 1 个元素
3.7
```

（5）元组运算符（+，*）函数与列表函数基本一样。

例如：

```
>>>t1= 1,2,3,'four',5.0, 3+4.2j, -1.2e+26
>>>t2=t1+(5,6)                          # 元组连接
>>>t2                                   # (1, 2, 3, 'four', 5.0, (3+4.2j), -1.2e+26, 5, 6)
>>>len(t2)                              # 元素个数，结果为 9
>>>4 in t2                              # 元素 4 是否存在于元组中，结果为 False
```

（6）以一个序列作为参数并将其转换为元组，如果参数是元组，那么就会原样返回该元组。

```
>>>tuple([1,2,3])                       # 参数是列表，转换为元组 (1,2,3)
>>>tuple('ABC')                         # 参数是字符串，转换为元组 ('A', 'B', 'C')
>>>tuple((1,2,3))                       # 参数为元组，转换为元组 (1, 2, 3)
```

2. 元组的操作注意

（1）修改元组。

元组中的元素值是不允许修改的，但用户可以对元组进行连接组合。

例如：

```
>>>tup1 ,tup2 = ( 1,2,3) , ( 'four' , 'five' )  # 同时赋值
>>>tup3=tup1+tup2                       # 连接元组
>>>tup3                                 # (1, 2, 3, 'four', 'five')
>>>tup2[1]='two'                        # 错误
```

（2）删除元组。

元组中的元素值是不允许删除的，但可以使用 del 语句来删除整个元组。

例如：

```
>>>del tup2
```

3. 枚举

enumerate()函数用来枚举可迭代对象中的元素，返回可迭代的 enumerate 对象，其中每个元素都是包含索引和值的元组。

例如：

```
>>>list(enumerate('python')) #[(0, 'p'), (1, 'y'), (2, 't'), (3, 'h'), (4, 'o'), (5, 'n')]
>>>list(enumerate(['python','c 语言']))      #[(0, 'python'), (1, 'c 语言')]
```

例如：

```
for index, value in enumerate(range(10, 15)):
        print((index, value), end=' ')
```

运行结果：

```
(0, 10) (1, 11) (2, 12) (3, 13) (4, 14)
```

4. 使用 tuple 的好处

（1）tuple 比 list 操作速度快。如果定义了一个值的常量集，并且唯一不断地遍历它，请使用 tuple 代替 list。

（2）如果对不需要修改的数据进行"写保护"，可以使代码更安全。

（3）tuples 可以在字典中用于 key，但是 list 不行。因为字典的 key 必须是不可变的。

4.2.2 生成器推导式

生成器推导式与列表推导式的用法相似，但生成器推导式使用圆括号作为定界符，且结果是一个生成器对象。生成器对象类似于迭代器对象，具有惰性求值的特点，只在需要时生成新元素，比列表推导式具有更高的效率，空间占用非常少，尤其适合大数据处理的场合。

当需要使用生成器对象的元素时，可以转化为列表或元组，或者使用生成器对象的__next__()方法，或者 Python 内置函数 next()进行遍历，或者直接使用 for 循环遍历。注意，只能从前往后正向访问其中的元素，当然也不能使用下标访问其中的元素。不能访问已访问过的元素，如果需要重新访问，必须重新创建该生成器对象。

例如：

```
>>> gen=( (j+1)*3 for j in range (6))        # 创建生成器对象
>>> gen
<generator object <genexpr> at 0x000001A8656EA570>
>>> gen.__next__()                           # 使用生成器对象的__next__ ()方法获取元素
3
>>> gen.__next__()                           # 获取下一个元素
6
>>> tuple(gen)                               # 将生成器对象转换为元组
(9, 12, 15, 18)
>>> tuple(gen)                               # 生成器对象已遍历结束,没有元素了
()
>>> gen=( (j+1)*3 for j in range (6))
>>> list(gen)                                # 将生成器对象转换为列表
[3, 6, 9, 12, 15, 18]
>>>for item in gen:                          # 使用循环直接遍历生成器对象中的元素
   print(item, end=' ' )
3 6 9 12 15 18
```

【例 4.7】 将指定元组中元素大于平均值的数组成新元组。

代码如下（ch4, tupInfer.py）：

```
tup1=(1,2,3,-4,5, -6,7,8, -9,10)
avg= sum (tup1) /len (tup1)                  # 平均值
lst=[ x for x in tup1 if x>avg]              # 列表推导式
tup2=tuple(lst)
print(tup2)
```

运行结果：

```
(2, 3, 5, 7, 8, 10)
```

4.3 集合：set

集合是一组无序的不同元素集合，它有可变集合（set）和不可变集合（frozenset）两种。集合常用于：成员测试、删除重复值及计算集合并、交、差和对称差等数学运算。对可变集合有添加元素、删除元素等可变操作。

4.3.1 集合的创建与访问

非空集合可以把逗号分隔的元素放在一对大括号中创建，如{'jack','sjoerd'}。

集合元素必须是可哈希的、不可改变的，如 str、tuple、frozenset、数字等。set 得到一个空的集合。例如：

```
>>>set1 = set( )
>>>set2 = { 1,2,3 }                  # { 1,2,3 }
```

```
>>>set3 = set( [ 1 ,2,3] )          # { 1,2,3 }
>>>set4 = set( 'abc' )              # {'b','a ','c'}
```

集合是无序不重复的，例如：

```
>>>list1= [ 1,2,1,3]
>>>set5= set(list1)
>>>print(set5)                      # { 3,1,2}
```

4.3.2　集合的基本操作符

集合支持 x in set、len(set)和 for x in set 等表达形式。集合类型是无序集，为此，集合不会关注元素在集合中的位置、插入顺序，集合也不支持元素索引、切片或其他序列相关的行为。

集合 set 是可改变、可修改的。

下面是集合提供的基本操作。

1．元素操作

（1）增加元素：集合.add（元素）。

（2）增加多个元素：集合.update（列表）。

（3）删除元素：集合.remove（元素）或 集合.discard（元素）。若元素不存在，集合.remove（元素）会报错，而集合.discard（元素）不会。

（4）清空集合：集合.clear()，清空集合的所有元素。

例如：

```
>>>set2 = { 1,2,3 }                 # { 1,2,3 }
>>>set2. add(5)                     # { 1,2,3,5}
>>>set2. update( [5,7,8] )          # { 1,2,3 ,5,7,8 }
>>>set2. remove (2)                 # { 1,3,5 ,7, 8 }
```

元素都为不可变类型，无法直接修改元素，但可以通过先删除再添加来改变元素。

例如：

```
>>>set2. discard(8)
>>>set2. add ( 9)
>>>set2                             # { 1,3,5 ,7, 9 }
>>>set2. clear( )                   # { }
```

2．逻辑操作

（1）与操作：集合 1&集合 2 或 集合 1.intersection 集合 2，返回一个新的 set 包含集合 1 和集合 2 中的公共元素。

（2）集合或操作：集合 1、集合 2 或集合 1.union 集合 2，返回一个新的 set 包含集合 1 和集合 2 中的每一个元素。

（3）集合与非操作：集合 1 ^ 集合 2 或 集合 1.symmetric_difference 集合 2，返回一个新的 set 包含集合 1 和集合 2 中不重复的元素。

（4）集合减操作：集合 1-集合 2 或 集合 1.difference 集合 2，返回一个新的 set 包含集合 1 中有但是集合 2 中没有的元素。

例如：

```
>>>a={1,2,4,5,6 }
>>>b={1,2,3,5,6 }
>>>a & b                            # {1, 2, 5, 6 }
>>>a.intersection(b)                # {1, 2, 5, 6 }
```

```
>>>a | b                          # {1, 2, 3, 4, 5, 6 }
>>a.union(b)                      # {1, 2, 3, 4, 5, 6 }
>>>a ^ b                          # {3, 4 }
>>>a – b                          # { 4 }
```

3. 查找和判断

（1）查找元素：集合虽然无法通过下标索引来定位查找元素，但可以通过 x in set 来判定是否存在 x 元素。x not in 集合：判定集合中是否不存在 x 元素。

例如：

```
>>> set3={'one','two','three','four','five','six'}
>>> 'TWO' in set3                 # Flase
```

（2）比较。

```
>>>{1,2,3} < {1,2,3,4}            # True     测试是否子集
>>>{1,2,3} == {3,2,1}             # True     测试两个集合是否相等
>>>{1,2,4} > {1,2,3}              # False    集合之间的包含测试
```

（3）判断是否是子集（包含）或超集()：集合 1.issubset 集合 2 或集合 1.issuperset 集合 2。

例如：

```
>>> set3={'one','two','three','four','five','six'}
>>> set4={'two','six'}
>>> set4.issubset(set3)           # True
>>>set4.issuperset(set3)          # Flase
>>>set3.issuperset({'two','six'}) # True
```

4. 其他

（1）转变成列表或元组：list（集合）或 tuple（集合）。

例如：

```
>>>set2 = { 1,2,3 }               # { 1,2,3 }
>>>list(set2)                     # [1,2,3 ]
>>>tuple(set2)                    # （1,2,3 )
```

（2）得到集合元素个数：len（集合）。

集合弹出（删除）元素：集合.pop()，从集合中删除并返回任意一个元素。

例如：

```
>>>set2 = { 1,2,3 }               # { 1,2,3 }
>>>x=set2.pop()
>>>print(x,len(set2))             # 1 2
```

集合的浅复制：集合.copy()，返回集合的一个浅复制。

例如：

```
>>>set3={'one','two','three','four','five','six'}
>>>set5 = set3. copy( )
>>>set5== set3                    # True
>>>set3.remove ( 'one')
>>>set5== set3                    # Flase
```

【例 4.8】 生成 20 个 1~20 之间的随机数，统计出重复个数。

代码如下（ch4, setRand.py）：

```
import random
myset= set()
n=0
while n <20:
    element= random. randint ( 1, 20 )
```

```
        myset.add (element)
        n= n + 1
print(myset, '重复',20 -len(myset))
```

运行结果：

```
{3, 4, 7, 9, 10, 11, 13, 18, 20} 重复 11
```

4.4　字典：dict

字典也称关联数组或哈希表，它是由一对大括号括起来，项之间用逗号（,）隔开的。

字典中的值并没有特殊的顺序，键（key）可以是数字、字符串或者元组等可哈希数据。通过键就可以引用对应的值。字典中的键是唯一的，而值并不一定唯一。

只有字符串，整数或其他对字典安全的 tuple 才可以用作字典的 key。

4.4.1　字典的基本操作符

1. 创建字典

（1）直接创建。

例如：

```
>>>dict1 = { 1: 'one ' , 2 : 'two' , 3: 'three' }
```

其中，键是数字，值是字符串。

```
>>>dict1a = {'a': 100, 'b': 'boy', 'c': [1, 2, 'AB']}
```

其中，键是字符，值是数值、字符串、列表。

（2）通过 dict 函数建立字典。

例如：

```
>>> list1=[(1,'one'),(2,'two'),(3,'three')]
>>> dict2=dict(list1)                          # 通过 dict 函数建立映射关系
>>> dict2                                      # {1: 'one', 2: 'two', 3: 'three'}
>>> dict3=dict(one=1,two=2,three=3)            # {'one': 1, 'two': 2, 'three': 3}
>>> dict(zip(['one', 'two', 'three'],[1,2,3])) # {'one': 1, 'two': 2, 'three': 3}
```

（3）两个列表合成字典。

例如：

```
>>> lstkey = ['a', 'b', 'c']
>>> lstval = [1, 2, 3]
>>> dict1 = dict(zip(lstkey, lstval))
>>> dict1
{'a': 1, 'b': 2, 'c': 3}
```

2. 基本操作

（1）得到字典中项（键: 值对）的个数：len (字典)。

（2）得到关联键的值：字典[键]。

例如：

```
>>>dict1 = { 1: 'one ' , 2 : 'two' , 3: 'three' }
>>> print( len(dict1) )              # 3
>>> print( 1, dict1[1])              # 1   one
>>> print('one',dict3['one'])        # one   1
```

如果使用字典中没有的键访问值，则会出错。

（3）字典项添加修改：字典[键]=值。

例如：

```
>>>dict1[1]='壹'; dict1[2]='贰'
>>>dict1[4]='肆'                    # 键不存在，添加新的项
>>>dict1                            # {1: '壹', 2: '贰', 3: 'three', 4: '肆'}
```

（4）删除字典项：del 字典[键]。

能删单一的元素也能清空字典，清空只需一项操作。

例如：

```
>>>del dict1[3]                     # 删除 dict1 键是 3 的项
>>>dict1.clear()                    # 清空 dict1 字典所有条目
>>>del dict1                        # 删除字典 dict1
```

（5）判断是否存在键项：键 not in 字典。

例如：

```
>>>dict1 = { 1: 'one ' , 2 : 'two' , 3: 'three' }
>>>3 in dict1                       # True
>>>4 not in dict1                   # True
```

（6）字典转换为字符串：str（字典）。

例如：

```
>>>dict1 = { 1: 'one ' , 2 : 'two' , 3: 'three' }
>>>str1= str( dict1)
>>>str1                             # "{1: 'one ', 2: 'two', 3: 'three'}"
```

4.4.2 字典方法

1. 访问字典项

（1）字典.get（键 [, 默认值]）。

例如：

```
>>>d1['id']=['one','two']           # {'id': ['one', 'two']}
>>> print(d1['name'])               # 打印字典中没有的键则会报错
>>>print(d1.get('id'))              # ['one', 'two']
>>>print(d1.get('name'))            # None  用 get 方法就不会报错
>>>d1.get( 'name','N/A')            # 'N/A'#取代默认的 None，用 N/A 来替代
```

（2）字典.setdefault（键[，默认值]）：在字典不含给定键的情况下设定相应的键值。

例如：

```
>>>d1={}
>>>d1.setdefault('name','N/A')      # 'N/A' 如果不设定值，默认是 None
>>>d1                               # {'name':'N/A'}
>>>d1['name']= '周'                 # {'name': '周'}
>>>d1.setdefault('name','N/A')      # '周'  当键为'name'的值，不会空返回对应的值
```

（3）字典.items()：将所用的字典项以列表方法返回，这些列表项中的每一项都来自（键,值），但是并没有特殊的顺序。

（4）字典.keys()：将字典中的键以列表形式返回。

（5）字典.values()：以列表的形式返回字典中的值。

例如：

```
>>>dict1 = { 1: 'one ' , 2 : 'two' , 3: 'three' }
>>>dict1.items( )             # dict_items([(1, 'one '), (2, 'two'), (3, 'three')])
```

```
>>>dict1.keys()                # dict_keys([1, 2, 3])
>>>dict1.values()              # dict_values(['one ', 'two', 'three'])
```

（6）iter（字典）：在字典的键上返回一个迭代器。

例如：

```
>>>dict1 = { 1: 'one ' , 2 : 'two' , 3: 'three' }
>>> iterd =iter(dict1)
>>> iterd                # <dict_keyiterator object at 0x0000027C8BE6CA48>
```

2. 修改删除

（1）字典 1.update（[字典 2]）：利用字典 2 项更新字典 1，如果没有相同的键，会添加到旧的字典中。

```
>>>dict1 = { 1: 'one ' , 2 : 'two' , 3: 'three' }
>>>dict2 = { 2 : 'two' , 4: 'four' }
>>>dict1.update(dict2)
>>>dict1                 # {1: 'one ', 2: 'two', 3: 'three', 4: 'four'}
```

（2）字典.pop（键[,默认值]）：获得对应于给定键的值，并从字典中移除该项。

```
>>>dict1 = { 1: 'one ' , 2 : 'two' , 3: 'three' }
>>>print(dict1.pop(1))          # one
>>>dict1                        # {2: 'two', 3: 'three'}
```

（3）字典.popitem()：pop()方法会弹出列表的最后一个元素，但 popitem 会弹出随机的项，因为字典并没有顺序和最后的元素。

```
>>>dict1 = { 1: 'one ' , 2 : 'two' , 3: 'three' }
>>>print(dict1.pop(1))          # one
>>>dict1                        # {2: 'two', 3: 'three'}
>>>print(dict1.popitem())
```

（4）字典.clear()：清除字典中所有的项。

```
>>>x={ 1: 'one ' , 2 : 'two' , 3: 'three' }
>>>y=x
>>>x={}                                   # x 字典清空，y 不变
>>>x={ 1: 'one ' , 2 : 'two' , 3: 'three' }
>>>y=x
>>>x.clear()                              # x 和 y 都字典清空
```

3. 复制

（1）浅复制：字典.copy()。

浅复制值本身就是相同的，而不是得到副本。

例如：

```
>>>d1={ 'xm' : '王一平' , 'kc' : ['C 语言' , '数据结构' , '计算机网络' ] }
>>>d2=d1.copy()                           # 浅复制
>>>d2['xm']= '周婷'                        # 修改字典'xm'对应的值
>>>d2['kc'].remove('数据结构')             # 删除字典的某个值
>>>d1                                     # {'xm': '王一平', 'kc': ['C 语言', '计算机网络']}
>>>d2                                     # {'xm': '周婷', 'kc': ['C 语言', '计算机网络']}
```

其中，修改的值对原字典没有影响，删除的值对原字典有影响。

（2）深复制：deepcopy（字典）。

为避免上面浅复制带来的影响，可以用深复制。

```
>>> from copy import deepcopy             # 导入函数
>>>d1={ }
>>>d1['id']=['one','two']                 # {'id': ['one', 'two']}
```

```
>>>d2=d1.copy()                  # 浅复制
>>>d3=deepcopy(d1)               # 深复制
>>>d1['id'].append('three')      # {'id': ['one', 'two', 'three']}
>>>d2                            # {'id': ['one', 'two', 'three']}
>>>d3                            # {'id': ['one', 'two']}
```

其中，浅复制的新字典也随着原字典修改了，深复制的新字典没有改变。

另外，dict2 = dict1 仅仅是生成一个字典别名。

4. 遍历字典

对字典对象迭代或者遍历时默认遍历字典中的键。如果需要遍历字典的元素必须使用字典对象的items()方法明确说明，如果需要遍历字典的“值”则必须使用字典对象的values()方法明确说明。当使用内置函数及in运算符对字典对象进行操作时也是一样。

例如：

```
dict1 = { 1: 'one ' , 2 : 'two' , 3: 'three' }
for item in dict1:              # 遍历元素键，for item in dict1.keys()等价
    print(item, end=' ')
print()
for item in dict1.items():      # 遍历元素
    print(item, end=' ')
print()
for item in dict1.values():     # 遍历元素值
    print(item, end=' ')
print()
```

5. 使用给定键建立新的字典

fromkeys（seq [,值]）：使用给定键建立新的字典，每个键默认对应的值为None。

例如：

```
>>> {}.fromkeys ( [ 'oldname' , 'newname' ] ) # {'oldname': None, 'newname': None}
>>> dict.fromkeys(['oldname' , 'newname'])     # {'oldname': None, 'newname': None}
>>> dict.fromkeys(['oldname' , 'newname'],'zheng')
```

不用默认的None，自己提供默认值zheng。

{'oldname': 'zheng', 'newname': 'zheng'}

4.5 序 列

4.5.1 序列间的转换

Python字典和集合都使用哈希表来存储元素，元素查找速度非常快，关键字in作用于字典和集合时比作用于列表要快得多。不同功能采用不同序列，频繁使用先转换再操作。

list()、tuple()、dict()、set()、frozenset()用来把其他类型的数据转换成为列表、元组、字典、可变集合和不可变集合，或者创建空列表、空元组、空字典和空集合。

1. 字符串、列表和元组的转换

Python列表、元组和字符串，它们之间的互相转换使用了3个函数，即str()、tuple()和list()。

例如：

```
>>>str="python"
>>>list(str)                    # ['p', 'y', 't', 'h', 'o', 'n']
```

```
>>>tuple(str)                 # ('p', 'y', 't', 'h', 'o', 'n')
>>>tuple(list(str))           # ('p', 'y', 't', 'h', 'o', 'n')
>>> str([1,2,3])              # '[1, 2, 3]'
>>> str((1,2,3))              # '(1, 2, 3)'
>>> str({1,2,3})              # '{1, 2, 3}'
```

【例 4.9】 统计一个字符串中大写字母、小写字母、数字、其他字符个数，然后将其组成一个新元组，前面元素包含统计个数，然后将字符串作为元素。

代码如下（ch4, strCont.py）：

```
'''统计一个字符串中小写字母、大写字母、数字、其他字符个数
   然后将其组成一个新元组'''
str1=input("str=")
cont= [0,0,0,0]
for ch in str1:
    if ch.islower():
        cont[0] +=1
    elif ch.isupper() :
        cont[1] += 1
    elif ch.isnumeric():
        cont[2] += 1
    else:
        cont[3] += 1
cont.append(str1)
mytup=tuple(cont)
print("小写字母=%d, 大写字母=%d,  数字=%d, 其他字符=%d"%(mytup[0], mytup[1], mytup[2], mytup[3]))
```

2. 列表转换为字符串

列表和元组通过 join 函数转换为字符串。

例如：

```
>>> list1=['a','b','c']
>>> "".join(list1)
```

3. 其他相互转换

例如：

```
>>>dict1 = { 1: 'one ' , 2 : 'two' , 3: 'three' }
>>>list1=['a','b','c']
>>>tup1=tuple(dict1)          # (1, 2, 3)   字典 key 组成的 tuple
>>>set(list1)                 # {'c', 'a', 'b'}
>>>set(tup1)                  # {1, 2, 3}
```

例如：

```
>>> list(range(5))                # 把 range 对象转换为列表
[0, 1, 2, 3, 4]
>>> tuple(_)                      # 一个下画线(_)表示上一次正确的输出结果
(0, 1, 2, 3, 4)
>>> dict(zip('1234', 'abcde'))    # 两个字符串转换为字典
{'1': 'a', '2': 'b', '3': 'c', '4': 'd'}
>>> set('aacbbeeed')              # 创建可变集合，自动去除重复
{'a', 'c', 'b', 'e', 'd'}
>>> _.add('f')
```

```
>>> _                              # 上一次正确的输出结果
{'a', 'c', 'b', 'e', 'f', 'd'}
>>> frozenset('aacbbeeed')         # 创建不可变集合，自动去除重复
frozenset({'a', 'c', 'b', 'e', 'd'})
```

注意：不可变集合 frozenset 不支持元素添加与删除。

4.5.2 常用内置函数

内置对象都封装在内置模块__builtins__之中，具有非常快的运行速度。使用内置函数 dir()可以查看所有内置函数和内置对象：

```
>>> dir (__builtins__)
```

使用 help(函数名)可以查看指定函数的用法，也可以不导入模块而直接使用 help(模块名)查看该模块的帮助文档，如 help('math')。

1. 范围

range 函数。

range (结束) 或 range (起始, 结束 [,步长])：返回一个左闭右开的序列数。

其中：

步长默认为 1，起始默认为 0。

如果步长>0，则最后一个元素（ 起始+步长）< 结束。

如果步长<0，则最后一个元素（ 起始+步长）>结束。

否则抛出 VauleError 异常。

例如：

```
list1=['A','B','C','D','E','F']
for i in range( len(list1)):
        print(list1[i],end=',')
```

运行结果：

```
A, B, C, D, E, F,
```

range 函数还可以对范围对象进行包含测试、元素索引查找、支持负索引、分片操作及用 ==或!=来比较等。例如：

```
>>>r=range(0,10,2)
>>>3 in r
False                      # 3 不在范围元素中
>>>r[1]                    # 第 1 个元素
2
>>>r.index(2)              # 元素 2 的位置
1
>>>r= =range( 0,12,2)      # 比较两个范围元素是否相等
False
>>>r= =range(0,8,2)        # 后面范围包含认为相等
True
```

2. 最值与求和

max(x [,默认值, 键])、min(x[,默认值, 键])：计算列表、元组或其他包含有限个元素的可迭代对象 x 中所有元素最大值、最小值。

其中，default 参数用来指定可迭代对象为空时默认返回的最大值或最小值，而 key 参数用来指定

比较大小的依据或规则，可以是函数或 lambda 表达式。

sum（x [开始位置]）：计算列表、元组或其他包含有限个元素的可迭代对象 x 中所有元素之和，start 参数控制求和的初始值。

len()：得到列表所包含元素的数量。

enumerate()：得到包含若干下标和值的迭代对象。

all()：测试列表中是否所有元素都等价于 True。

any()：测试列表中是否有等价于 True 的元素。

例如：

```
>>> from random import randint
>>> L1= [randint (1,100)    for i in range (10)]
>>> L1                                  # [99, 48, 42, 87, 16, 61, 71, 73, 88, 46]
>>> print (max(L1) ,min(L1),sum(L1)/len(L1))  #99 16 63.1
```

例如：

```
>>> max(['2','11'])                     # '2'
>>> max(['2','11'],key=len)             # '11'
>>> max([],default=None)                # 空
>>> from random import randint
>>> L2=[ [randint (1,50) for i in range (5)]for j in range (6)]
>>> L2                                  # 包含 6 个子列表的列表
[[4, 40, 43, 48, 29], [32, 38, 23, 30, 17], [39, 15, 36, 45, 32], [16, 39, 34, 47, 45], [7, 41, 19, 10, 18], [28, 4, 45, 50, 38]]
>>> max(L2,key=sum)                     # 返回元素之和最大的子列表
[16, 39, 34, 47, 45]
>>> max(L2,key=lambda x:x[1])           # 返回所有子列表中第 2 个元素最大的子列表
[7, 41, 19, 10, 18]
```

例如：

```
>>> sum(2**i for i in range(10))        # 2^0+2^1+2^2+2^3+2^4+...，对应二进制 10 个 1
1023
>>> int('1'*10,2)                       # '1111111111'，二进制 10 个 1=1023
1023
>>> sum([[1,2],[3], [4]],[])
[1, 2, 3, 4]
```

例如：

```
>>> x= [2, 3, 1, 0, 4, 5]
>>> all(x)                              # 测试是否所有元素都等价于 True
False                                   # 因为包含 0 元素
>>> any(x)                              # 测试是否存在等价于 True 的元素
True                                    # 因为只有一个 0 元素，其他均非 0
>>> list(enumerate (x))                 # 枚举元素 enumerate 对象转换为列表
[(0, 2), (1, 3), (2, 1), (3, 0), (4, 4), (5, 5)]
```

3. 函数式编程

（1）内置函数 map（函数,序列）：把 map 对象中每个元素（原序列中元素）经过“函数”处理后返回。map()函数不对原序列或迭代器对象做任何修改。函数可以是系统函数，也可以是用户自定义函数，函数只能带一个参数。

例如：

```
>>> list(map(str, range(1,6)))          # 把数字元素转换为字符串列表
['1', '2', '3', '4', '5']
```

```
>>>def add (val):                     # 定义单参数（val）函数 add
    return val+1
>>> list(map (add,range(1,6)))
[2, 3, 4, 5, 6]
```

（2）标准库 functools 函数 reduce（函数,序列）：将接收两个参数的函数以迭代累积的方式从左到右依次作用到一个序列或迭代器对象的所有元素上，并且允许指定一个初始值。

例如：

```
>>> from functools import reduce
>>> def addxy(x,y):                   # 定义双参数（x,y）函数 addxy
     return x+y
>>> list1=[1, 2, 3, 4, 5]
>>> reduce(addxy,list1)               # 15
```

其中，reduce 执行过程如下：

x=1, y=2, addxy(x,y)=1+2；

x=3, y=3, addxy(x,y)=3+3；

x=6, y=4, addxy(x,y)=6+4；

x=10, y=5, addxy(x,y)=10+5；

如果把 addxy 函数换成乘（*），则上述过程就能够实现计算 5！

如果把 addxy 函数换参数变成字符串，则上述过程就能够实现列表所有字符串元素连接。

（3）内置函数 filter(函数,序列)：将单参数函数作用到一个序列上，返回函数值为 True 的 filter 对象；如果函数为 None，则返回序列中等价于 True 的元素。

例如：

```
>>> list1=['abc','123','+-*/','abc++123']
>>> def   isAN (x):                   # 自定义函数 isAN(x)，测试 x 是否为字母或数字
    return x.isalnum()
>>> filter(isAN, list1)
<filter object at 0x000002641C30ACC0>
>>> list(filter(isAN, list1))         # ['abc', '123']
```

（4）元素压缩。

zip(x)：它把多个序列或可迭代对象 x 中的所有元素左对齐，然后往右拉，把所经过的每个序列中相同位置上的元素都放到一个元组中，只要有一个序列中的所有元素都处理完，就会返回包含到此为止元组。

例如：

```
>>> x=zip ('abcd',[1,2,3])           # 压缩字符串和列表
>>> list(x)
[('a', 1), ('b', 2), ('c', 3)]
>>> list(x)
[]                                   # zip 对象只能遍历一次
```

例如：

```
>>> x=list(range(6))
>>> x
 [0, 1, 2, 3, 4, 5]
>>> random.shuffle (x)               # 打乱元素顺序
>>> x
 [2, 3, 1, 0, 4, 5]
>>> list(zip(x,[1]*6))               # 多列表元素重新组合
```

```
[(2, 1), (3, 1), (1, 1), (0, 1), (4, 1), (5, 1)]
>>> list(zip(['a', 'b', 'c'],x))              # 两个列表不等长以短的为准
 [('a', 2), ('b', 3), ('c', 1)]
```

注意：enumerate、filter、map、zip 等对象只能从前往后正向访问其中的元素，没有任何方法可以再次访问已访问过的元素，也不支持使用下标访问其中的元素。当所有元素访问结束以后，如果需要重新访问其中的元素，则必须重新创建该生成器对象。

例如：

```
>>> n= filter (None,range (10))
>>> n
<filter object at 0x000001A865660588>
>>> 1 in n
True
>>> 2 in n
True
>>> 2 in n
False                    # 元素 2 已经访问
>>> s=map (str,range (10))
>>> '2'in s
True
>>> '2'in s
False                    # 元素 2 已经访问
```

4.6　综合应用实例

【例 4.10】 判断一个数是否为水仙花数。

在数论中，水仙花数（Narcissistic Number）是指一个 n 位数，其各个位数的 n 次方之和等于该数。例如，153 是 3 位数，因为有 $153=1^3+5^3+3^3$，所以 153 是一个水仙花数。

因为 n 是一个不确定位数数字，用一个列表存放。

代码如下（ch4, narc.py）：

```
n=int( input("n= "))
list1=[]
num=n
while( num ):
    ni=num%10
    num=num//10
    list1.append(ni)
s=0
bits=list1.__len__()
for i in range(0,bits):
    s=s+list1[i]**bits
    print(list1[i])
if s==n:
    print(n,"是水仙花数！ ")
else:
    print(n,"不是水仙花数！ ")
```

运行结果：

```
n= 153
3
5
1
153 是水仙花数!
```

【例 4.11】 冒泡法数据排序。

算法：每次把列表中起始位置和结束位置之间的最小元素移到最前面，然后将起始位置后移一个元素。

代码如下（ch4, dataSort.py）：

```
import random
list1=[]
# 生成 10 个 0~100 之间的随机整数
for i in range( 0,10) :
    num=random. randint(0,100)
    list1.append(num);
print(list1)
# 对 10 个随机整数进行排序
for j in range( 0, 9):
    for i in range(j+1,10):
        if list1[j] > list1[i]:
            list1[i], list1[j]=list1[i], list1[i]     # 交换数据
# 输出排序结果
print(list1)
```

运行结果：

```
[79, 86, 67, 6, 21, 0, 5, 77, 37, 65]
[0, 5, 6, 21, 37, 65, 67, 77, 79, 86]
```

【例 4.12】 对 10 个 10~100 随机整数进行因数分解。显示分解结果，并验证分解式子是否正确。利用列表推导式生成随机整数计算素数。

代码如下（ch4, randDec.py）：

```
from random import randint
from math import sqrt
lst= [randint(10,100) for i in range(10) ]
maxNum=max(lst)                                          # 随机数中的最大数
# 计算最大数范围内所有素数
primes= [ p for p in range (2,maxNum) if 0 not in
        [ p%d for d in range (2,int (sqrt (p))+1 ) ]]
for num in lst:
    n=num
    result=[ ]                                           # 存放所有因数
    for p in primes:
        while n!=1:
            if n%p==0:
                n= n/p
                result.append(p)
            else:
                break
        else:
```

```
            result= '*'.join (map (str, result))          #（1）
            break
    print (num, '= ',result, num==eval(result))          #（2）
```

其中：

（1）生成分解式子。

（2）num==eval(result)：将分解的式子转换为数值，看是否相等。

运行结果：

```
67 =  67 True
98 =  2*7*7 True
28 =  2*2*7 True
52 =  2*2*13 True
25 =  5*5 True
100 =  2*2*5*5 True
29 =  29 True
76 =  2*2*19 True
50 =  2*5*5 True
68 =  2*2*17 True
```

第5章 又是数组，又是矩阵

在 Python 中，大家对数组的说法不太相同。有的将列表看作数组，而 Python 的标准模块中包含 array 模块，看上去是数组，实际上 array 模块功能相当有限，只能是同类型一维的。

在 Python 中，真正作为数组的是 numpy 模块中的数组和在数组基础上的矩阵。

5.1 数 组

数组就是由若干个相同类型的元素组成，采用相同的名字，用下标引用的元素。数组可以是一维、二维，或者是多维的。这里介绍的数组是在 numpy 模块中定义的，所以在使用前需要导入这个模块。np 是它的别名。

import numpy as np

或者

from numpy import *

5.1.1 创建数组

创建数组采用下列形式：

数组=np.array(初始化数据)

数组可以是一维、二维和多维的。在创建数组后就可用数组的属性和方法对其进行操作。

例如：

```
>>> import numpy as np
>>> a1 = np.array([[1,2],[3,4],[5,6]])        # 创建 3 行 2 列二维数组
>>> a1
array([[1, 2],
       [3, 4],
       [5, 6]])
>>> a2 = np.zeros(6)                          # 创建长度为 6 元素都是 0 的一维数组
>>> a2
array([0., 0., 0., 0., 0., 0.])
>>> a3 = np.ones((2,3))                       # 创建 3 行 2 列元素都是 1 的二维数组
>>> a3
array([[1., 1., 1.],
       [1., 1., 1.]])
>>> a4 = np.empty((2,3))                      # 创建 3 行 2 列未初始化的二维数组
>>> a5 = np.arange(6)                         # 创建长度为 6 元素（0～5）的一维数组
>>> a5
array([0, 1, 2, 3, 4, 5])
>>> a6 = np.arange(0,6,1)                     # 结果与 np.arange(6)一样
>>> a7 = np.linspace(0,10,7)                  # 创建首位是 0，末位是 10，含 7 个数的等差数列
```

```
>>> a7 = np.linspace(1,10,5)             # 创建首位是 1，末位是 10，含 5 个数的等差数列
>>> a7
array([ 1. ,   3.25,   5.5 ,   7.75, 10.   ])
>>> a8 = np.logspace(0,2,5)              # 创建首位是 10⁰，末位是 10⁴，含 5 个数的等比数列
>>> a8
array([   1. , 3.16227766, 10. ,    31.6227766 ,
       100.          ])
```

5.1.2　元素的增加、查询、修改、删除

1. 增加元素

可以在创建数组包含的元素基础上增加元素，增加元素的方式有多种，通过 hstack 函数能将两个多维数组在水平方向上堆叠，通过 vstack 函数能将两个多维数组在垂直方向上堆叠。

例如：

```
>>> import numpy as np
>>> a = np.array([[1,2],[3,4],[5,6]])
>>> b = np.array([[-1, -2],[ -3, -4],[ -5, -6]])
>>> c=np.vstack((a,b))
>>> c
array([[ 1,   2],
       [ 3,   4],
       [ 5,   6],
       [-1, -2],
       [-3, -4],
       [-5, -6]])
>>> d=np.hstack((a,b))
>>> d
array([[ 1,   2, -1, -2],
       [ 3,   4, -3, -4],
       [ 5,   6, -5, -6]])
>>> a1 = np.array([[1],[2]])
>>> a1                          # 一个 2 行列向量
array([[1],
       [2]])
>>> b1=[10,20,30]               # 一个 3 列行向量
>>> a1+b1                       # 生成 2 行 3 列矩阵
array([[11, 21, 31],
       [12, 22, 32]])
```

2. 查询

已经创建的数组及其元素可以进行查询。

（1）元素查询。

```
>>> a
array([[1, 2],
       [3, 4],
       [5, 6]])
>>> a[0]                   # 第 0 行所有元素
array([1, 2])
>>> a[1]                   # 第 1 行所有元素
array([3, 4])
```

```
>>> a[0][1]          # 第 0 行 1 列元素
2
>>> a[:2]            # 第 0 到 2 行所有元素
array([[1, 2],
       [3, 4]])
>>> b = np.arange(6)
>>> b
array([0, 1, 2, 3, 4, 5])
>>> b[1:3]           # 第 1 到 3（不含）元素
array([1, 2])
>>> b[:3]            # 第 0 到 3（不含）元素
array([0, 1, 2])
>>> b[0:4:2]         # 第 0 到 4（不含）间隔为 2 元素
array([0, 2])
```

（2）属性查询。

数组常用属性包括数组维数、元素个数、元素类型等。

例如：

```
>>> a = array([[1,2],[3,4],[5,6]])
>>> a.ndim                 # 数组维数
2
>>> a.size                 # 元素个数
6
>>> a.dtype                # 元素类型
dtype('int32')
```

3. 修改

可以根据需要修改已经创建的数组元素值。

例如：

```
>>> a = np.array([[1,2],[3,4],[5,6]])
>>> a[0] = [11,22]                 # 修改第 1 行为[11,22]
>>> a
array([[11, 22],
       [ 3,  4],
       [ 5,  6]])
>>> a[0][0] = 100                  # 修改第 1 个元素
>>> a
array([[100,  22],
       [  3,   4],
       [  5,   6]])
```

4. 删除

可以根据需要删除已经创建的数组元素。

例如：

```
>>> a = np.array([[1,2],[3,4],[5,6]])
>>> np.delete(a,1,axis = 0)        # 删除 a 的第 2 行
array([[1, 2],
       [5, 6]])
>>> np.delete(a,(1,2),0)           # 删除 a 的第 2、3 行
array([[1, 2]])
>>> np.delete(a,1,axis = 1)        # 删除 a 的第 2 列
array([[1],
```

```
        [3],
        [5]])
```

5.1.3　分割切片

数组可以把它看作序列，对其进行分割切片操作。

例如：

```
>>> a = np.array([[1,2],[3,4],[5,6]])
>>> np.hsplit(a,2)                    # 水平分割
[array([[1],
        [3],
        [5]]), array([[2],
        [4],
        [6]])]
>>> np.split(a,2,axis = 1)            # 与 np.hsplit(a,2)效果一样
>>> c=np.vsplit(a,3)
>>> c
[array([[1, 2]]), array([[3, 4]]), array([[5, 6]])]
>>> c[0]
array([[1, 2]])
```

5.1.4　运算

对数组进行运算是程序设计中应用数组时经常进行的操作，下面进行说明。

（1）+-*/**常数，对所有元素一一进行运算。

例如：

```
>>> a = np.array([[1,2],[3,4],[5,6]])
>>> a
array([[1, 2],
       [3, 4],
       [5, 6]])
>>> a+1                               # 所有元素+1
array([[2, 3],
       [4, 5],
       [6, 7]])
>>> a**3
array([[   1,    8],
       [ 27,   64],
       [125, 216]], dtype=int32)
```

（2）比较运算，对所有元素一一进行比较运算，结果为 True 和 False。

例如：

```
>>> a = np.array([[1,2],[3,4],[5,6]])
>>> a>2
array([[False, False],
       [ True,  True],
       [ True,  True]])
```

（3）数组与行向量运算，每行分别进行运算。数组与列向量运算，每列分别进行运算。

例如：

```
>>> a = np.array([[1,2],[3,4],[5,6]])
>>> b1= np.ones((2))
>>> b1
array([1., 1.])
>>> a - b1
array([[0., 1.],
       [2., 3.],
       [4., 5.]])
>>> b2= np.array([[10],[20],[30]])
>>> b2
array([[10],
       [20],
       [30]])
>>> a+b
array([[11, 12],
       [23, 24],
       [35, 36]])
```

（4）数组和数组运算大小必须相同，否则出错。

例如：

```
>>> b2 = np.ones((2,3))
>>> a+b2                        # 行、列不同不能运算，错误
Traceback (most recent call last):
  File "<stdin>", line 1, in <module>
ValueError: operands could not be broadcast together with shapes (3,2) (2,3)
>>> b3 = np.ones((3,2))
>>> a+b3
array([[2., 3.],
       [4., 5.],
       [6., 7.]])
```

5.1.5 条件函数

where 函数可以对数组进行条件操作。

np.where(condition, x, y)：condition 为一个布尔数组，x 和 y 参数既可以是标量也可以是数组。

例如：

```
>>> cond = np.array([True,False,True,False])
>>> a = np.where(cond,'A','B')
>>> a
array(['A', 'B', 'A', 'B'], dtype='<U1')
>>> cond = np.array([1,2,3,4])
>>> a = np.where(cond>2,20,10)
>>> a
array([10, 10, 20, 20])
>>> b1 = np.array(['A','B','C','D'])
>>> b2 = np.array(['a','b','c','d'])
>>> a = np.where(cond>2,b1,b2)
>>> a
array(['a', 'b', 'C', 'D'], dtype='<U1')
```

5.2 矩　阵

矩阵是特殊的数组，类型为 matrix，对应的别名为 mat。通过下列命令导入。

```
>>>from numpy import *
```

或者

```
>>> import numpy as np
```

5.2.1 创建矩阵

创建矩阵有多种方法。

1. 直接创建

直接创建就是采用 matrix 或者 mat 创建。

例如：

```
>>> import numpy as np
>>> m=np.mat('4 3; 2 1')
>>> m
matrix([[4, 3],
        [2, 1]])
```

2. 通过序列和数组转换

可以把已经存在的序列作为矩阵的初始值。

例如：

```
>>> lst=[1,2,3]                              # 列表
>>> lst
[1, 2, 3]
>>> m1 = mat(lst)                            # 列表转换为矩阵
>>> m1
matrix([[1, 2, 3]])
>>> a2 =random.randint(10,size=(3,2))        # 生成元素为 10 以内的 3*2 数组
>>> a2
array([[4, 3],
       [5, 4],
       [8, 7]])
>>> m2 = mat(a2)                             # 数组转换为矩阵
>>> m2
matrix([[4, 3],
        [5, 4],
        [8, 7]])
```

说明：这里的 random 使用的是 numpy 中的 random 模块，random.rand(3,2)创建的是一个二维数组。如果 random.randint(10,20,size=(5,8))：数组为 5*8，元素为 10 ~ 20 之间。

然后用 matrix（或者 mat）将其转换成矩阵。

3. 函数生成

通过函数可以生成具有一定规律的矩阵元素。

例如：

```
>>> m3 =mat(ones((3,2), dtype=int))          # 生成一个 3*2 的 1 矩阵
>>> m3
```

```
matrix([[1, 1],
        [1, 1],
        [1, 1]])
```

说明：默认是浮点型的数据，使用 dtype=int 参数得到 int 类型。

```
>>> m3 =mat(eye(2,2,dtype=int))          # 生成一个 2*2 的对角矩阵
>>> m3
matrix([[1, 0],
        [0, 1]])
>>> m3 = mat(diag(a1))                   # 生成一个对角线为 1、2、3 的对角矩阵
>>> m3
matrix([[1., 1.]])
```

5.2.2 常用的矩阵运算

矩阵运算是程序设计中经常使用的操作，对 numpy 模块的矩阵运算有很多，这里将分类介绍常用的矩阵运算。

1. 矩阵相乘、矩阵点乘、乘数

矩阵相乘有好几种，它们的功能有很大不同。

例如：

```
>>> m1=mat([1,2])             # 1 行 2 列
>>> m1
matrix([[1, 2]])
>>> m2=mat([[3],[4]])         # 2 行 1 列
>>> m2
matrix([[3],
        [4]])
>>> m3 = m1 * m2              # 矩阵相乘
>>> m3
matrix([[11]])                # 1 行 1 列
>>> m4=multiply(m1,m2)        # 矩阵点乘
>>> m4
matrix([[3, 6],
        [4, 8]])
>>> m1 * 2                    # 各元素*2
matrix([[2, 4]])
>>> m2 * 2                    # 各元素*2
matrix([[6],
        [8]])
```

2. 矩阵求逆、转置

matrix 加.T 可得到转置，加.H 可得到共轭矩阵，加.I 可得到逆矩阵。

例如：

```
>>> m1=mat(eye(2,2)*0.5)
>>> m1
matrix([[0.5, 0. ],
        [0. , 0.5]])
>>> m2=m1.I
>>> m2
matrix([[2., 0.],
```

```
        [0., 2.]])
>>> m1=mat([[1,2],[3,4],[5,6]])
>>> m1
matrix([[1, 2],
        [3, 4],
        [5, 6]])
>>> m2= m1.T
>>> m2
matrix([[1, 3, 5],
        [2, 4, 6]])
```

5.2.3 常用的矩阵求值

矩阵求值就是得到矩阵已经存在的内容，下面介绍 3 种常用的方法。

1. 求矩阵元素

例如：

```
>>> m1=mat([[1,2],[3,4],[5,6]])
>>> m1
matrix([[1, 2],
        [3, 4],
        [5, 6]])
>>> m1[0,0]              # 1 行 1 列元素值
1
>>> m1[2,1]              # 3 行 2 列元素值
6
```

2. 求矩阵对应行列的最小值和最大值

（1）求和。

例如：

```
>>> m1=mat([[1,2],[3,4],[5,6]])
>>> m1
matrix([[1, 2],
        [3, 4],
        [5, 6]])
>>> m2=m1.sum(axis=0)       # 列和，这里得到 1*2 的矩阵
>>> m2
matrix([[ 9, 12]])
>>> m3=m1.sum(axis=1)       # 行和，这里得到 3*1 的矩阵
>>> m3
matrix([[ 3],
        [ 7],
        [11]])
>>> n=sum(m1[1,:])          # 计算第 1 行所有列的和
>>> n
7
```

（2）求最大值。

例如：

```
>>> from numpy import *
>>> m1=mat([[1,2],[3,4],[5,6]])
>>> n=m1.max()              # 得到 m1 矩阵中所有元素的最大值
```

```
>>> n
6
>>> n=max(m1[:,1])          # 得到第 2 列的最大值，它是一个 1*1 的矩阵
>>> n
matrix([[6]])
>>> m1[1,:].max()           # 得到第 2 行的最大值
4
>>> np.max(m1,0)            # 得到所有列的最大值，使用 numpy 中的 max 函数
Traceback (most recent call last):
  File "<pyshell#10>", line 1, in <module>
    np.max(m1,0)
NameError: name 'np' is not defined
>>> import numpy as np
>>> np.max(m1,0)            # 得到所有列的最大值，使用 numpy 中的 max 函数
matrix([[5, 6]])
>>> np.max(m1,1)            # 得到所有行的最大值，得到一个矩阵
matrix([[2],
        [4],
        [6]])
>>> np.argmax(m1,0)         # 得到所有列的最大值对应在该列中的索引
matrix([[2, 2]], dtype=int64)
>>> np.argmax(m1[1,:])      # 计算第 2 行中最大值对应在该行的索引
1
```

3. 矩阵维度

shape 函数的功能是读取矩阵的长度。

例如：

```
>>> m=mat([[1,2],[3,4],[5,6]])
>>> m
matrix([[1, 2],
        [3, 4],
        [5, 6]])
>>> m.shape
(3, 2)
```

5.2.4 矩阵的分隔和合并

矩阵的分隔和合并，同列表和数组的分隔一致。

（1）分隔。

例如：

```
>>> a=mat(ones((3,3)))
>>> a
matrix([[1., 1., 1.],
        [1., 1., 1.],
        [1., 1., 1.]])
>>> b=a[1:,1:]          # 分割出第 2 行和第 2 列以后的所有元素
>>> b
matrix([[1., 1.],
        [1., 1.]])
```

（2）合并。

例如：

```
>>> a=mat(ones((2,2)))
>>> a
matrix([[1., 1.],
        [1., 1.]])
>>> b=mat(eye(2))
>>> b
matrix([[1., 0.],
        [0., 1.]])
>>> c=vstack((a,b))            # 按列合并，增加行数
>>> c
matrix([[1., 1.],
        [1., 1.],
        [1., 0.],
        [0., 1.]])
>>> d=hstack((a,b))            # 按行合并，扩展列数
>>> d
matrix([[1., 1., 1., 0.],
        [1., 1., 0., 1.]])
```

5.2.5 矩阵和数组

1. 矩阵和数组的区别

矩阵必须是二维的，但是 arrays 可以是一维、二维、多维的。matrix 是 array 的一个小的分支，包含于 array。所以 matrix 拥有 array 的所有特性。

matrix 的主要优势：

（1）相对简单的乘法运算符号。

例如，a 和 b 是两个矩阵，那么 a*b 就是矩阵积。

（2）matrix 和 array 加.T 得到其转置，matrix 还可以加.H 得到共轭矩阵, 加.I 得到逆矩阵。arrays 遵从逐个元素的运算，数组 c*d 运算相当于对应的元素相乘。

（3）**运算符的作用不一样：因为 a 是 matrix，所以 a**2 返回的是 a*a，相当于矩阵相乘。而 c 是 array，c**2 相当于 c 中的元素逐个求平方。

2. 列表、数组和矩阵之间的转换

列表、数组和矩阵之间可以方便地进行转换，这使 Python 的功能更强大。

例如：

```
>>> a1=[[1,2],[3,4],[5,6]]     # 列表
>>> a1
[[1, 2], [3, 4], [5, 6]]
>>> a2=array(a1)               # 将列表转换成二维数组
>>> a2
array([[1, 2],
       [3, 4],
       [5, 6]])
>>> a3=mat(a1)                 # 将列表转化成矩阵
>>> a3
```

```
matrix([[1, 2],
        [3, 4],
        [5, 6]])
>>> a4=array(a3)              # 将矩阵转换成数组
>>> a4
array([[1, 2],
       [3, 4],
       [5, 6]])
>>> a41=a3.getA()             # 将矩阵转换成数组
>>> a41
array([[1, 2],
       [3, 4],
       [5, 6]])
>>> a5=a3.tolist()            # 将矩阵转换成列表
>>> a5
[[1, 2], [3, 4], [5, 6]]
>>> a6=a2.tolist()            # 将数组转换成列表
>>> a6
[[1, 2], [3, 4], [5, 6]]
```

说明：列表、数组和矩阵之间的转换是非常简单的，但当列表是一维的时候，将它转换成数组和矩阵后，再通过 tolist()转换成列表结果是不相同的。

例如：

```
>>> a1=[1,2,3]                # 列表
>>> a2=array(a1)              # 列表转换为数组
>>> a3=mat(a1)                # 列表转换为矩阵
>>> a4=a2.tolist()            # 数组转换为列表
>>> a4
[1, 2, 3]
>>> a5=a3.tolist()            # 矩阵转换为列表
>>> a5
[[1, 2, 3]]
>>> a6=(a4==a5)               # 比较列表 a4 和 a5
>>> a6
False                         # 不同
>>> a7=(a4==a5[0])            # 比较列表 a4 和 a5[0]
>>> a7
True                          # 相同
```

5.3 array 模块数据库基本概念

在 Python 中，列表是一个动态的指针数组，而 array 模块所提供的 array 对象则是保存相同类型数值的动态数组。array 模块用于容纳字符串、整型、浮点型等基本类型，可用于二进制缓冲区、流的操作。

array 模块容纳数据类型及其类型码如表 5.1 所示，array 模块已导入。

```
import array
```

表 5.1　数据类型及其类型码

类型码	类　型	最小字节
'b'	int	1
'B'	int	1
'u'	unicode character	2
'h'	int	2
'H'	int	2
'i'	int	2
'I'	int	2
'l'	int	4
'L'	int	4
'q'	int	8
'Q'	int	8
'f'	float	4

1. array 模块初始化

array 实例化可以提供一个参数来描述允许的数据类型，还可以有一个初始的数据序列存储在数组中。

数组配置包含一个字节序列，使用一个简单的字符串初始化。

class array.array(typecode[, initializer])

其中，typecode 为元素类型代码，initializer 为初始化器。若数组为空，则省略初始化器。

例如：

```
>>> import array
s = 'This is the array.'
a = array.array('u', s)
>>> a
array('u', 'This is the array.')
```

2. 数组对象属性

类型代码字符：array.typecode。

一个元素的字节长度：array.itemsize。

3. 数组对象方法

将一个新值附加到数组的末尾：array.append(x)。

获取数组在存储器中地址、元素的个数，以元组形式（地址，长度）：array.buffer_info()。

获取某个元素在数组中出现的次数：array.count(x)。

将可迭代对象的元素序列附加到数组的末尾：array.extend(iterable)。

将列表中的元素追加到数组后面：array.fromlist(list)。

返回数组中 x 的最小下标：array.index(x)。

在下标 i（负值表示倒数）之前插入值 x：array.insert(i,x)。

删除索引为 i 的项并返回：array.pop(i)。

删除第一次出现的元素 x：array.remove(x)。

反转数组中元素的顺序：array.reverse()。

将数组转换为具有相同元素的列表：array.tolist()。

例如：

```
>>> import array
>>> arr = array.array('i',[0,1,1,2,3])
>>> arr
array('i', [0, 1, 1, 2, 3])
>>> arr.typecode
'i'
>>> arr.itemsize
4
>>> arr.append(4)
>>> arr
array('i', [0, 1, 1, 2, 3, 4])
>>> arr.count(1)  # 元素 1 个数=2
2
>>> lst1 = [5,6,7]
>>> arr.extend(lst1)
>>> arr
array('i', [0, 1, 1, 2, 3, 4, 5, 6, 7])
>>> arr.index(2)  # 元素 2 的位置为 3
3
>>> arr.insert(1,0)
>>> arr
array('i', [0, 0, 1, 1, 2, 3, 4, 5, 6, 7])
>>> arr.index(2)  # 元素 2 的位置为 4
4
>>> lst2 = arr.tolist()
>>> lst2
[0, 0, 1, 1, 2, 3, 4, 5, 6, 7]
>>> for x in lst1: arr.append(x)
>>> arr
array('i', [0, 0, 1, 1, 2, 3, 4, 5, 6, 7, 5, 6, 7])
```

第 6 章　虽是字符串，还要正则表达式

在 Python 中，字符串属于不可变有序序列，使用单引号、双引号、三单引号或三双引号作为定界符，并且不同的定界符之间可以互相嵌套。

例如：

"Let's go! "

'He is a student. '

'''python' 是一门语言！"

"""one line

　　two line

　　three line """

字符串的常用运算符包括：+（连接）、*（复制）、[not] in（包含）。

6.1　基 本 说 明

6.1.1　字符串编码

最早的字符串编码是美国标准信息交换码，ASCII 码采用一个字节对字符进行编码，基本 ASCII 码用 7 位二进制表示，可表达 128 个字符。用一个字节存放时，其最高位为 0，如图 6.1 所示。

ASCII表

(American Standard Code for Information Interchange　美国标准信息交换代码)

高四位		ASCII控制字符											
		0000						0001					
		0						1					
低四位		十进制	字符	Ctrl	代码	转义字符	字符解释	十进制	字符	Ctrl	代码	转义字符	字符解释
0000	0	0		^@	NUL	\0	空字符	16	►	^P	DLE		数据链路转义
0001	1	1	☺	^A	SOH		标题开始	17	◄	^Q	DC1		设备控制 1
0010	2	2	☻	^B	STX		正文开始	18	↕	^R	DC2		设备控制 2
0011	3	3	♥	^C	ETX		正文结束	19	‼	^S	DC3		设备控制 3
0100	4	4	♦	^D	EOT		传输结束	20	¶	^T	DC4		设备控制 4
0101	5	5	♣	^E	ENQ		查询	21	§	^U	NAK		否定应答
0110	6	6	♠	^F	ACK		肯定应答	22	▬	^V	SYN		同步空闲
0111	7	7	•	^G	BEL	\a	响铃	23	↨	^W	ETB		传输块结束
1000	8	8	◘	^H	BS	\b	退格	24	↑	^X	CAN		取消
1001	9	9	○	^I	HT	\t	横向制表	25	↓	^Y	EM		介质结束
1010	A	10	◙	^J	LF	\n	换行	26	→	^Z	SUB		替代
1011	B	11	♂	^K	VT	\v	纵向制表	27	←	^[	ESC	\e	溢出
1100	C	12	♀	^L	FF	\f	换页	28	∟	^\	FS		文件分隔符
1101	D	13	♪	^M	CR	\r	回车	29	↔	^]	GS		组分隔符
1110	E	14	♫	^N	SO		移出	30	▲	^^	RS		记录分隔符
1111	F	15	☼	^O	SI		移入	31	▼	^-	US		单元分隔符

高四位		ASCII打印字符												
		0010		0011		0100		0101		0110		0111		
		2		3		4		5		6		7		
低四位		十进制	字符	十进制	字符	十进制	字符	十进制	字符	十进制	字符	十进制	字符	Ctrl
0000	0	32		48	0	64	@	80	P	96	`	112	p	
0001	1	33	!	49	1	65	A	81	Q	97	a	113	q	
0010	2	34	"	50	2	66	B	82	R	98	b	114	r	
0011	3	35	#	51	3	67	C	83	S	99	c	115	s	
0100	4	36	$	52	4	68	D	84	T	100	d	116	t	
0101	5	37	%	53	5	69	E	85	U	101	e	117	u	
0110	6	38	&	54	6	70	F	86	V	102	f	118	v	
0111	7	39	'	55	7	71	G	87	W	103	g	119	w	
1000	8	40	(	56	8	72	H	88	X	104	h	120	x	
1001	9	41	)	57	9	73	I	89	Y	105	i	121	y	
1010	A	42	*	58	:	74	J	90	Z	106	j	122	z	
1011	B	43	+	59	;	75	K	91	[	107	k	123	{	
1100	C	44	,	60	<	76	L	92	\	108	l	124	|	
1101	D	45	-	61	=	77	M	93	]	109	m	125	}	
1110	E	46	.	62	>	78	N	94	^	110	n	126	~	
1111	F	47	/	63	?	79	O	95	_	111	o	127	⌂	^Backspace 代码：DEL

注，表中的ASCII字符可以用“Alt + 小键盘上的数字键”方法输入

图 6.1　基本 ASCII 码

扩展 ASCII 码采用 8 位二进制编码，除了基本 ASCII 码，还包含 128 个扩展字符，这样共表示 256 个符号。

我国主要的编码包括 GB2312、GBK 等。GB2312 使用一个字节表示英文，2 个字节表示中文；GBK 是 GB2312 的扩充，而 CP936 是微软公司在 GBK 基础上开发的编码方式。GB2312、GBK 和 CP936 都是使用 2 个字节表示中文。

随着信息技术的发展和互联网信息交换的需要，各国的文字都需要统一进行编码，不同的应用领域和场合对字符串编码的要求也略有不同，于是又分别设计了多种不同的编码格式。Uncode 编码对全世界所有国家需要用到的字符进行了编码，它有两种常用的编码方案，一种是 UTF-8 编码格式，以 1 个字节表示英文字符（兼容 ASCII 编码），以 2 个字节表示拉丁、希腊、阿拉伯等文字，以 3 个字节表示中日韩（CJK）字符，还有些语言的符号使用 4 个字节。另一种是 UTF-16 编码格式为双字节可变长编码。

Python 3.x 完全支持中文字符，默认使用 UTF-8 编码格式，无论是一个数字、英文、字母还是一个汉字，都按一个字符对待和处理，甚至可以使用中文作为变量名、函数名等标识符。

例如：

```
>>> import sys
>>> sys.getdefaultencoding()                        # 'utf-8'
>>> str1='He is a student. '
>>>字符串 1='''python' 是一门语言！ ''
>>> len(str1)                                       # 17
>>> len(字符串 1)                                   # 15
>>> str2="""one line
        two line
        three line """                              # 'one line\n        two line\n        three line '
>>> len(str2)                                       # 43
>>> str3= 'this is \u4e00\u662f\u6216\u4e0d string'  # 用编码表示的汉字
>>> str3
'this is 一是或不 string'
```

6.1.2 转义字符

由于 Python 本身使用以下字符表达特殊意义，但用户有时又需要使用这些字符，通常会用以下两种方法。

（1）采用转义字符。

转义字符是指在字符串中某些特定的符号前加一个斜线，该字符将被解释为另外一种含义，不再表示本来的字符。Python 常用的转义字符如表 6.1 所示。

表 6.1 Python 常用的转义符

转义序列	说明	注意事项
\newline	反斜线且忽略换行	
\\	反斜线（\）	
\'	单引号（'）	
\\"	双引号（"）	
\a	ASCII Bell（BEL）	
\b	ASCII 退格（BS）	
\f	ASCII 换页符（FF）	

续表

转义序列	说　明	注意事项
\n	ASCII 换行符（LF）	
\r	ASCII 回车符（CR）	
\t	ASCII 水平制表符（TAB）	
\v	ASCII 垂直制表符（VT）	
\ooo	八进制值为 ooo 的字符	至多 3 位，在字节文本（二进制文件）中，八进制转义字符表示给定值的字节数值。在字符串文本中，这些转义字符表示给定值的 Unicode 字符
\xhh	十六进制值为 hh 的字符	只能 2 位，在字节文本（二进制文件）中，十六进制转义字符表示给定值的字节数值。在字符串文本中，这些转义字符表示给定值的 Unicode 字符
\N{name}	Unicode 数据库中以 name 命名的字符	Python 3.6 增加了对别名的支持

例如：

```
>>>print('\123')                      # (大写字母) S
>>>print('\x0d')                      # ASCII 码 13 对应的回车
>>>print('\n')                        # ASCII 码回车换行
>>>print("\N{SOLIDUS}")               # 斜杠符 /
>>> print(' Hello World, \n 大家\u65e9\u6668\u597d\uff01')
 Hello World,
 大家早晨好!
```

例如：

```
>>>print('\u0020’)                    # Unicode 字符：空格
>>> print('\u3168')                   # 中日韩字符集字符
>>> print('\U0000597d')               # 好
```

其中：

引号前小写的“u”表示一个 Unicode 字符串。如加入一个特殊字符，可以使用 Python 的 Unicode-Escape 编码（字符的 Unicode 编码格式）。

\uxxxx：4 个十六进制字符值（xxxx），表示为构成代理的单个代码单元编码。

\Uxxxxxxxx：8 个十六进制字符值（xxxxxxxx），表示任何 Unicode 字符都可以采用这样的编码方式。

（2）采用原始字符串。

为了避免对字符串中的转义字符进行转义，可以在字符串前面加上字母 r 或 R 表示原始字符串，其中的所有字符都表示原始的含义而不会进行任何转义，常用在文件路径、URL 和正则表达式等场合。

```
>>> myfile1= 'e:\mypython\net\data\byteFile.bin'
>>> myfile2= r'e:\mypython\net\data\byteFile.bin'
>>> print(myfile1)
e:\mypython
et\datayteFile.bin
>>> print(myfile2)
e:\mypython\net\data\byteFile.bin
```

6.1.3 字符串常量

Python 标准库 string 模块提供了英文字母大小写、数字字符、标点符号等常量，可以直接使用。

下面的代码实现了随机密码生成功能，string 模块中的字符串常量如表 6.2 所示。

表 6.2 字符串常量

常 量 名	说 明
string. digits	包含数字 0~9 的字符串
string. ascii_letters	包含所有字母（大写或小写）的字符串
string. ascii_lowercase	包含所有小写字母的字符串
string. printable	包含所用可打印字符的字符串
string. punctuation	包含所有标点的字符串
string. ascii_uppercase	包含所有大写字母的字符串
string. hexdigits	包含数字 0～9a-fA-F 的十六进制数字字符串
string. octdigits	包含数字 0～7 的八进制数字字符串
string. whitespace	包含全部空白的 ASCII 字符串'\t\n\r\x0b\x0c'

字母字符串常量具体值取决于 Python 所配置的字符集，如果可以确定自己使用的是 ASCII，那么可以在变量中使用 ascii_前缀，例如 string. ascii_letters。

例如：

```
>>> import string
>>> x= string.digits + string.ascii_letters + string.punctuation
>>> x
'0123456789abcdefghijklmnopqrstuvwxyzABCDEFGHIJKLMNOPQRSTUVWXYZ!"#$%&\'()*+,-./:;
<=>?@[\\]^_`{|}~'
```

6.2 字符串格式化

6.2.1 用%符号进行格式化

Python 支持格式化字符串的输出。尽管这样可能会用到非常复杂的表达式，但最基本的用法是将一个值插入到另一个有格式符%s 的格式字符串中。

使用%符号进行字符串格式化的形式如图 6.2 所示，格式运算符%之前的部分为格式字符串，之后的部分为需要进行格式化的内容。

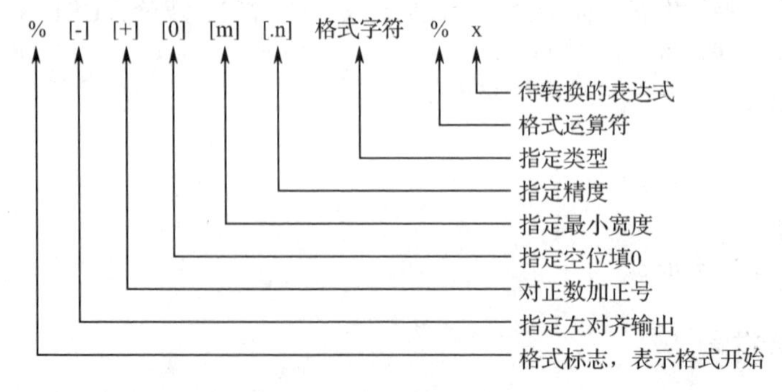

图 6.2 字符串格式化的形式

Python 支持大量的格式字符，如表 6.3 所示列出了比较常用的一部分。

表 6.3　格式字符

格式字符	说　明	格式字符	说　明
%s	字符串（采用 str()显示）	%x	十六进制整数
%r	字符串（采用 repr()显示）	%e	指数（基底写为 e）
%c	单个字符	%E	指数（基底写为 E）
%%	字符%	%f、%F	浮点数
%d	十进制整数	%g	指数（e）或浮点数（根据显示长度）
%i	整数	%G	指数（E）或浮点数（根据显示长度）
%o	八进制整数		

格式化操作符辅助指令如表 6.4 所示。

表 6.4　格式化操作符辅助指令

符　号	说　明
*	定义宽度或小数点精度
-	左对齐
+	在正数前面显示加号（+）
<sp>	在正数前面显示空格
#	在八进制数前面显示零（'0'），在十六进制前面显示'0x'或者'0X'（取决于用的是'x'还是'X'）
0	显示的数字前面填充'0'而不是默认的空格
%	'%%'输出一个单一的'%'
(var)	映射变量（字典参数）
m.n	m 是显示的最小总宽度，n 是小数点后的位数（如果可用的话）

使用这种方式进行字符串格式化时，要求被格式化的内容和格式字符之间必须一一对应。

例如：

```
>>> n=97
>>> s1="%o"%n
>>> s1                          # 141
>>> print("%x"%(n+100))         # c5
>>> print("%e"%n)               # 9.700000e+01
>>> "%s,%c"%(n,n)               # 97,a
>>> '%s' %[1, 2, 3]             # [1, 2, 3]
>>> '%s' %{1, 2, 3}             # {1, 2, 3}
```

6.2.2　用 format()方法格式化

除了字符串格式化外，更推荐使用 format()方法进行格式化，它不仅可以位置进行格式化，还支持关键参数格式化和序列解包格式化字符串，使用更加方便。

format()中格式主要包括 b（二进制格式）、c（把整数转换成 Unicode 字符）、d（十进制格式）、o（字母，八进制格式）、x（小写十六进制格式）、X（大写十六进制格式）、e/E（科学计数法格式）、f/F

（固定长度的浮点数格式）、%（固定长度浮点数显示百分数）。字符串格式化方法 format()也提供了对下画线分隔数字的支持。

例如：

```
>>> print('{0:.3f}'.format (2/11))        # 0.182          3 位小数
>>> '{0:%}'.format(0.182)                 # '18.200000%'   百分数
>>> '{0:_},{0:_x}'.format(65000)          # '65_000,fde8'  十六进制
>>> '{0:_},{0:_x}'.format(6500012)        # '6_500_012,63_2eac'     带下画线
>>> str1= "{0}语言{1}函数"
>>> str1.format("Python", "format")
'Python 语言 format 函数'
```

例如（ch6, form1.py）：

```
lst=[[1,'孙玉真',25, '1999-09-02',True],
     [2,'黄一升',26, '1998-10-30',True],
     [3,'赵新红',19, '2000-05-06',False]]
print("序号    姓名      学分    出生时间   是本省")
print("----------------------------------------")
for i in lst:
    print("{0:^6}{1:<6}{2:<6}{3:^12}{4:^6}".format(i[0],i[1],i[2],i[3],i[4]))
```

运行结果：

```
序号   姓名      学分    出生时间   是本省
------------------------------------------
  1   孙玉真    25      1999-09-02   1
  2   黄一升    26      1998-10-30   1
  3   赵新红    19      2000-05-06   0
```

例如：

```
>>> print('{name}考了{score}分'.format(name='孙婷婷',score=89 ))     # 通过名称
孙婷婷考了 89 分
>>> d1 = {'name' : '周和林', 'score': 90}
>>> print('{name}考了{score}'.format(**d1))                       # 用字典关键字传入值在字典前加**
周和林考了 90
```

6.2.3 格式化的字符串常量

格式化的字符串常量称为 Formatted String Literals，其含义与字符串对象的 format()方法类似，但其形式更加简洁。

例如：

```
>>> name='Join'
>>> age=28
>>> str=f'My Name is {name},and I am {age} years old.'
>>> print(str)            # My Name is Join,and I am 28 years old.
```

例如：

```
>>>数值=11/3
>>> width=6
>>> precision=3
>>> f'格式结果：{数值:{width}.{precision}}'         # '格式结果：3.67'
```

6.2.4　用 template 模板格式化

Python 标准库 string 还提供了用于字符串格式化的模板类 template，可以用于大量信息的格式化，尤其适用于网页模板内容的替换和格式化。

代码如下（ch6,tmpl.py）：

```
from string import Template
水果= []
水果.append(dict(item='苹果',price=8,qty= 12))
水果.append(dict(item='葡萄',price=15,qty=6))
水果.append(dict(item='香蕉',price = 1,qty =4))
TL = Template("$qty * $item = $price")
total = 0
print( "数量   单价   元   ")
for data in 水果:
    print(TL.substitute(data))
    total += data["price"]
print("总计: %s"%(total,))
```

运行结果：

```
数量  单价  元
12 * 苹果 = 8
6 * 葡萄 = 15
4 * 香蕉 = 1
总计: 24
```

6.3　字符串常用操作

字符串是 Python 中最常用的数据类型。与元组一样，字符串是不可变的序列。

字符串内置函数实现了 string 模块的大部分方法。目前字符串内建支持的方法都包含了对 Unicode 的支持，有一些甚至是专门用于 Unicode 的。

字符串除了支持序列通用操作（双向索引、比较大小、计算长度、元素访问、切片、成员测试等）以外，还支持如字符串格式化、查找、替换、排版等。但由于字符串属于不可变序列，不能直接对字符串对象进行元素增加、修改、删除等操作，对字符串切片、排版等也不是对原字符串直接进行修改替换，而是需要返回一个新字符串作为结果。

6.3.1　字符串创建和访问

1. 字符串创建

创建字符串只要为变量使用引号（单引号或双引号）分配一个字符串即可。Python 不支持单字符类型，单字符也是作为一个字符串使用的。

Python3.x 的默认编码为 Unicode，可以识别中文字符。

例如：

```
>>> str1= 'first python!'
>>> str2= "第二  python!"
>>>print( str1[0], str1[1:6] )                # f irst
```

2. 字符串查找

（1）字符串. find(子字符串[,开始位置[,结束位置]])：查找一个字符串在另一个字符串指定范围（默认是整个字符串）中首次出现的位置，如果不存在则返回-1。

（2）字符串. rfind(子字符串[,开始位置[,结束位置]])：查找一个字符串在另一个字符串指定范围（默认是整个字符串）中最后一次出现的位置，如果不存在则返回-1。

（3）index()方法和 rindex()方法的功能和参数与 find()方法和 rfind()方法相同，但如果不存在则抛出异常。

（4）count()方法用来返回一个字符串在另一个字符串中出现的次数，如果不存在则返回 0。

例如：

```
>>> str1 = "python is a language , python is a strings!"
>>> str1.find('python')                    # 0
>>> str1.rindex('python')                  # 23
>>> str1.find('python',10)                 # 23
>>> str1.find('python',10,20)              # -1
>>> str1.index('python',10,20)
Traceback (most recent call last):
  File "<pyshell#154>", line 1, in <module>
    str1.index('python',10,20)
ValueError: substring not found
>>> str2='python'
>>> str1.count(str2)                       # 2
```

3. 字符串添加

字符串.join(列表)：用来将列表中多个字符串进行连接，并在相邻两个字符串间插入指定字符，返回新字符串。

例如：

```
>>>str1="+"
>>>list1=['one', 'two', 'three', 'four', 'five']
>>>str1.join(list1)                        # 'one+two+three+four+five'
>>>pdir1=' ',' C:',' Program Files ',' Python36'   # pdir 赋值后为元组
>>>pdir2='/'.join( pdir1 )
>>>print("%s"%(pdir2))                     # / C:/ Program Files / Python36
```

4. 字符串分隔

（1）字符串.split(分隔符[sep=None, maxsplit=-1])：用来将字符串从左端分隔成序列，是 join 方法（添加）的逆方法。

例如：

```
>>>str1="+"
>>>list1=['1', '2', '3', '4', '5']
>>>str1.join(list1)                 #'1+2+3+4+5'
>>>pdir2='/ C:/ Program Files / Python36'
>>>pdir2.split ( '/' )              #[' ', ' C:', ' Program Files ', ' Python36']
```

字符串.rsplit(分隔符[sep=None,maxsplit=-1])方法分别用来以指定字符为分隔符，从字符串右端开始将其分隔成多个字符串，并返回包含分隔结果的列表。

（2）对于 split()方法和 rsplit()方法，如果未指定分隔符，则字符串中的任何空白符号（空格、换行符、制表符等）的连续出现都将被认为是分隔符，返回包含最终分隔结果的列表。

另外，split()方法和 rsplit()方法允许采用 maxsplit 参数指定最大分隔次数。

例如：

```
>>> str1= 'Hello \n\nMr.Zhang,  喂  张先生'
>>> str1.split()
['Hello', 'Mr.Zhang,', '喂', '张先生']
>>> str1.split(maxsplit=2)
['Hello', 'Mr.Zhang,', '喂  张先生']
```

（3）字符串.partition 方法和字符串.rpartition 方法以指定字符串为分隔符将原字符串分隔为 3 部分，即分隔符之前的字符串、分隔符字符串和分隔符之后的字符串。如果指定的分隔符不在原字符串中，则返回原字符串和两个空字符串。如果字符串中有多个分隔符，那么 partition()方法把从左往右遇到的第一个分隔符作为分隔符，rpartition()方法把从右往左遇到的第一个分隔符作为分隔符。

例如：

```
>>> str1="one,two,three,four,five,six"
>>> str1.partition(',')                    # 从左侧使用逗号进行切分
('one', ',', 'two,three,four,five,six')
>>> str1.rpartition(',')                   # 从右侧使用逗号进行切分
('one,two,three,four,five', ',', 'six')
>>> str1.rpartition('three')               # 使用字符串'three'作为分隔符
('one,two,', 'three', ',four,five,six')
```

6.3.2　字符串操作和判断

1. 大小写转换

字符串.lower()：字符串转换为小写。

字符串.upper()：字符串转换为大写。

字符串.capitalize()：字符串首字母变为大写。

字符串.title ()：每个单词的首字母变为大写。

字符串.swapcase ()：大小写互换。

它们均生成新字符串，不对原字符串做任何修改。

例如：

```
>>> s1="What time is it? "
>>> print(s1.lower(),'\n',s1.title(),'\n',s1.swapcase())
what time is it?
 What Time Is It?
 wHAT TIME IS IT?
```

2. 替换、生成字符串

（1）字符串. replace(原来,新的[,个数])：返回字符串的所用匹配项均被替换之后得到的字符串。

例如：

```
>>>str1="13851861863"
>>>str1.replace( '18' , '要发' )            # 1385 要发 6 要发 63
>>>str1                                     # 13851861863
```

（2）空串.maketrans(原字符,新字符)：生成字符映射表。字符串.translate(映射表)根据映射表中定义的对应关系转换字符串，并替换其中的字符。

使用上述两种方法的组合可以同时处理多个不同的字符。

例如：创建映射表，将字符"123456"一一对应地转换为"ABCDEF"

```
>>> myt=' '.maketrans( '123456','ABCDEF' )
```

```
>>> mys='1-p,2-y,3-t,4-h,5-o,6-n'
>>> mys.translate(myt)
'A-p,B-y,C-t,D-h,E-o,F-n'
```

【例 6.1】 使用 maketrans() 和 translate()方法对字符串加密，把每个英文字母移动 2 个位置。

```
>>>import string
>>> def StrTrans(mystr,j) :
        lower= string.ascii_lowercase          # 所有小写字母
        upper= string.ascii_uppercase          # 所有大写字母
        str1=string.ascii_letters
        str2=lower [j: ] +lower [ :j] +upper [j: ] +upper [ :j]
        mytable=' '.maketrans (str1,str2)      # 创建映射表
        return mystr.translate (mytable)       # 转换
>>> mystr1='python is a language!'
>>> mystr2=StrTrans(mystr1,2)                  # 字母后移动 2 个位置
>>> mystr2
'ravjqp ku c ncpiwcig!'
>>> StrTrans(mystr2,-2)                        # 字母前移动 2 个位置
'python is a language!'
```

上例代码可以作为对文本内容的加密和解密。对原字符串移动 *n* 个位置后就无法阅读，只要对加密的字符串反向移动 *n* 个位置后就能解密。

3. 删除端空或指定字符

字符串.strip([字符])、字符串.rstrip([字符])、字符串.lstrip([字符])：删除两端、右端或左端连续的空白字符或指定字符。

例如：

```
>>>str1 = "   ==python strings==   "
>>>str1=str1.strip()                           # '==python strings=='
>>>str1=str1.lstrip( '=')                      # 'python strings=='
>>>str1=str1.rstrip( '=')                      # 'python strings'
>>>str1=str1.strip('ngs')                      # ' python stri'
```

注意：指定的字符串并不作为一个整体对待，而是在原字符串的两端、右端、左端删除参数字符串中包含的所有字符，一层一层地从外往内进行。

4. 判断开始字符

字符串.startswith([字符, 起始，结束])和字符串.endswith([字符, 起始，结束])：分别用来判断字符串是否以指定的字符串开始或结束，可以接收两个整数参数来限定字符串的检测范围。

例如：

```
>>> s1='*1234abcd#'
>>> s1.startswith('*1')                        # True
>>> s1.startswith('*1',2)                      # False
```

另外，这两个方法还可以接收一个字符串元组作为参数来表示前缀或后缀。例如，下面的代码可以列出指定文件夹下所有扩展名为 bmp、jpg 或 gif 的图片。

```
>>>import os
>>> [ filename for filename in os .listdir ( r'D:\\') if filename.endswith (( '.bmp','.jpg','.gif'))]
```

5. 判断字符串

字符串.isalnum()、字符串.isalpha(s)、字符串.isdigit()、字符串.iisdecimal()、字符串.iisnumeric ()、字符串.iisspace ()、字符串.iisupper()、字符串.iislower()：分别用来测试字符串是否为数字或字母、是否为字母、是否为数字字符、是否为空白字符、是否为大写字母及是否为小写字母。

例如：

```
>>> s1='1234abcd'
>>> s1.isalnum()        # True
>>> s1.isalpha()        # False
```

说明：

isnumeric()方法支持汉字数字（一、二、三、四、五、六、七、八、九、十），isnumeric() 方法支持罗马数字（Ⅰ、Ⅱ、Ⅲ、Ⅳ、Ⅴ、Ⅵ、Ⅶ、Ⅷ、Ⅸ、Ⅹ、Ⅺ、Ⅻ）。

6.3.3 字符串排版和切片

1. 字符串进行排版

字符串.center(宽度 [,填充字符])、字符串.ljust(宽度 [,填充字符]))、字符串. rjust(宽度[,填充字符])): 返回指定宽度的新字符串，原字符串居中、左对齐或右对齐出现在新字符串中，如果指定的宽度大于字符串长度，则使用指定的字符（默认是空格）进行填充。

字符串.zfill(字符数)：返回指定宽度的字符串，在左侧以字符 0 进行填充。

例如：

```
>>> str1='Python Strings 排版编辑'
>>> str1.center(30)
'       Python Strings 排版编辑        '
>>> str1.rjust(30, '-')
'-----------Python Strings 排版编辑'
>>> str1.zfill(30)
'00000000000Python Strings 排版编辑'
```

2. 字符串对象的切片操作

切片也适用于字符串，但仅限于读取其中的元素，不支持字符串修改。

例如：

```
>>> str1='Python Strings 排版编辑'
>>> str1[ : 8 ]          # 'Python S'
>>> str1[ : 6 ]          # 'Python'
>>> str1[ 8: 16 ]        # 'trings 排'
```

6.3.4 综合应用实例

【例 6.2】 计算两个字符串匹配的准确率。

代码如下（ch6, strMatch.py）：

```
s1="1234-abcd=+-*/"
s2="1234-Abcd=+-*/"
if not (isinstance (s1,str) and isinstance (s2,str)):
    print ('两个必须都是字符串！ ')
else:
    right= sum ((1 for c1,c2 in zip (s1,s2) if c1==c2))
    rate=round ( right/len(s1) ,2)
    print("rate=", rate*100,"%")
```

运行结果：

```
rate= 93.0 %
```

【例 6.3】 对输入字符串循环使用，指定密钥，采用简单的异或算法加密。

代码如下（ch6, strXor.py）：

```
from itertools import cycle
sourceStr=input("原字符串：")
result=''
keyStr= cycle( "encrypt string" )                          # 生成加密字符串
for ch in sourceStr :
    result= result + chr(ord (ch) ^ ord (next(keyStr)))    # ASCII 码异或运算
print ( '加密后字符串：' + result)
```

运行结果：

```
原字符串：123ABcd
加密后字符串：T\P3;
```

【例 6.4】 判断输入字符串作为密码的安全等级。

代码如下（ch6, pwdGrade.py）：

```
import string
passWord = input("密码：")
if len(passWord) < 8:                                  # 密码必须至少包含 8 个字符
    print('密码长度不够！')
else:
    yes = [0] * 4                                      # 记录是否包含字符种类列表的初始化
    for ch in passWord:
        if not yes[0] and ch in string.digits:         # 判断是否包含数字
            yes[0] = 1
        elif not yes[1] and ch in string.ascii_lowercase:  # 判断是否包含小写字母
            yes[1] = 1
        elif not yes[2] and ch in string.ascii_uppercase:  # 判断是否包含大写字母
            yes[2] = 1
        elif not yes[3] and ch in '+-*<>=&^%':         # 判断是否包含指定的标点符号
            yes[3] = 1
gradeDict = {1: '弱', 2: '较弱', 3: '一般', 4: '强'}   # 密码等级与包含字符种类的对应关系
print(gradeDict.get(sum(yes), 'error'))                # 累加包含的字符种类，查找对应密码等级
```

运行结果：

```
密码：abc123*+
一般
```

6.4 正则表达式

正则表达式是字符串处理的有力工具。它使用预定义的模式去匹配一类具有共同特征的字符串，可以快速、准确地完成复杂的查找、替换等处理要求，比字符串自身提供的方法功能更强大。

6.4.1 正则表达式元字符

正则表达式由元字符及其不同组合构成，通过构造正则表达式可以匹配任意字符串，完成查找、替换等复杂的字符串处理任务。常用的正则表达式元字符如表 6.5 所示。

表 6.5　常用的正则表达式元字符

元字符	功能说明
.	匹配除换行符以外的任意单个字符
*	匹配位于*之前的字符或子模式的 0 次或多次出现
+	匹配位于+之前的字符或子模式的 1 次或多次出现
-	在[]之内用来表示范围
|	匹配位于|之前或之后的字符
^	匹配行首，匹配以^之后字符开头的字符串
$	匹配行尾，匹配以$之前字符结束的字符串
?	匹配位于?之前的 0 个或 1 个字符。当此字符紧随任何其他限定符（*、+、?、{n}、{n,}、{n,m}）之后时，匹配模式是“非贪心的”。“非贪心的”模式匹配搜索到的为尽可能短的字符串，而默认“贪心的”模式匹配搜索到的为尽可能长的字符串。例如，在字符串“oooo”中，“o+?”只匹配单个“o”，而“o+”匹配所有“o”
\	表示位于\之后的为转义字符
\num	此处的 num 是一个正整数，表示子模式编号。例如，“(.)\1”匹配两个连续的相同字符
\f	换页符匹配
\n	换行符匹配
\r	匹配一个回车符
\b	匹配单词头或单词尾
\B	与\b 含义相反
\d	匹配任何数字，相当于[0-9]
\D	与\d 含义相反，等效于[^0-9]
\s	匹配任何空白字符，包括空格、制表符、换页符，与 [\f\n\r\t\v] 等效
\S	与\s 含义相反
\w	匹配任何字母、数字及下画线，相当于[a-zA-Z0-9_]
\W	与\w 含义相反，与[^A-Za-z0-9_]等效
()	将位于()内的内容作为一个整体来对待
{m,n}	将{}前的字符或子模式重复至少 *m* 次，至多 *n* 次
[]	表示范围，匹配位于[]中的任意一个字符
[^xyz]	反向字符集，匹配除 x、y、z 之外的任何字符
[a-z]	字符范围，匹配指定范围内的任何字符
[^a-z]	反向范围字符，匹配除小写英文字母之外的任何字符

如果以\开头的元字符与转义字符相同，则需要使用\\，或者使用 r/R 打头的原始字符串。

注意：正则表达式只是进行形式上的检查，并不保证其内容一定正确。

6.4.2　正则表达式模块 re

Python 标准库 re 提供了正则表达式操作所需要的功能，既可以直接使用 re 模块中的方法处理字符串，也可以将模式编译成正则表达式对象再使用，如表 6.6 所示。

表 6.6 re 模块方法

方　法	功 能 说 明
compile(p [, flags])	创建模式对象
escape(s)	将字符串中所有特殊正则表达式字符转义
findall(p, s [,flags])	返回包含字符串中所有与给定模式匹配项的列表
finditer(p, s, flags=0)	返回包含所有匹配项的迭代对象，其中每个匹配项都是 match 对象
fullmatch(p, s, flags =0)	把模式作用于整个字符串，返回 match 对象或 None
match(p, s [,flags])	从字符串的开始处匹配模式，返回 match 对象或 None
purge()	清空正则表达式缓存
search(p, s [,flags])	在整个字符串中寻找模式，返回 match 对象或 None
split(p, s [, maxsplit=0])	根据模式匹配项分隔字符串
sub(p, repl, s [, count=0])	将字符串中所有与 p 匹配的项用 repl 替换，返回新字符串。repl 可以是字符串或返回字符串的可调用对象，作用于每个匹配的 match 对象
subn(p, repl, s[, count=0])	将字符串中所有的 p 匹配项用 repl 替换，返回包含新字符串和替换次数的二元元组。repl 可以是字符串或返回字符串的可调用对象，作用于每个匹配的 match 对象

其中 s 为操作字符串；p 为匹配模式字符串；flags：re.I（re.I：忽略大小写、re.L：支持本地字符集的字符、re.M：多行匹配模式）、re.S：使元字符“.”匹配任意字符包括换行符、re.U：匹配 Unicode 字符、re.X：忽略模式中的空格并可使用#注释。

下面介绍一些常用的正则表达式方法：

match(字符串 [,起始位置 [,结束位置]])：在字符串开头或指定位置进行搜索，模式必须出现在字符串开头或指定位置。

search(字符串 [,起始位置 [,结束位置]])：在整个字符串或指定范围中进行搜索。

findall(字符串 [,起始位置 [,结束位置]])：在字符串中查找所有符合正则表达式的字符串并以列表形式返回。

Sub(正则表达式, 字符串[,count＝0]) 和 subn(正则表达式，字符串[,count＝0])：实现字符串替换功能，其中参数 repl 可以为字符串或返回字符串的可调用对象。

Split(字符串 [,maxsplit＝0])：实现字符串分隔。

例如：

```
>>>import re                          # 导入 re 模块
>>> str1='one.two...three four'
>>> re.split('[\.]+',str1)            # 使用指定分隔符进行分隔
['one', 'two', 'three four']
>>> re.split('[\.]+',str1,maxsplit=1) # 最多分隔 1 次
['one', 'two...three four']
>>> paz='[a-zA-Z]+'
>>> re.findall(paz,str1)              # 查找所有单词
['one', 'two', 'three', 'four']
>>> str2='My name is {name}.'
>>> re.sub(pname,'Join',str2)
'My name is Join.'
```

```
>>> str3='1 一 壹'
>>> re.sub('1|一|壹','one',str3)                              # 返回替换新字符串
'one one one'
>>> str4='Word 排版软件可以拷贝字符串，拷贝方法：先选择拷贝的字符串，然后...'
>>> re.subn('拷贝','复制',str4)                               # 返回替换新字符串和替换次数
('Word 排版软件可以复制字符串，复制方法：先选择复制的字符串，然后...', 3)
>>> print(re.search('Copy|复制',str4))                         # 没有匹配
None
>>> print(re.search('拷贝|复制',str4))
<_sre.SRE_Match object; span=(10, 12), match='拷贝'>           # 匹配'拷贝'
```

删除字符串中多余的空格、连续多个空格，只保留一个空格，可以有多种方法。

例如：

```
>>>import re
>>> str5='one two   three    four     five
>>> ' '.join(str5.split())                  # 直接使用字符串对象的方法
'one two three four five'
>>> ' '.join(re.split('\s+',str5))          # 字符串方法中使用 re 模块
'one two three four five '
>>> ' '.join(re.split('\s+',str5.strip()))  # 同时使用 re 模块函数和字符串对象方法
'one two three four five'
>>> re.sub('\s+', ' ',str5.strip())         # 直接使用 re 模块的字符串方法
'one two three four five'
```

其中：strip()方法删除字符串两侧的所有空白字符。

使用下面的代码删除字符串中指定的内容。

例如：

```
>>> str6='What time is it now?'
>>> post= re.search ("now",str6)
>>> post
<_sre.SRE_Match object; span=(16, 19), match='now'>
>>> str6[:post.start()]+str6[post.end():]          # 字符串切片
'What time is it ?'
>>> re.sub('now', '',str6)                         # re 方法
'What time is it ?'
>>> str6.replace('now','')                         # 字符串对象方法
'What time is it ?'
```

下面的代码使用以\开头的元字符实现字符串的特定搜索。

例如：

```
>>> import re
>>> str7="What time is it now? It's six p.m. now."
>>> re.findall('\\bi.+?\\b',str7)                  # 以字母 i 开头的完整单词
['is', 'it']
>>> re.findall('\\bi.+\\b',str7)                   # 以字母 i 开头字符串
["is it now? It's six p.m. now"]
>>> re.findall (r'\b\w.+?\b', str7)                # 查所有单词
['What', 'time', 'is', 'it', 'now', 'It', 's ', 'six', 'p.', 'm. ', 'now']
>>> str8='IP 地址: 192.168.1.102, 网关: 192.168.1.1'
>>> re.findall('\d+\.\d+\.\d+\.\d+',str8)          # 查找并返回 x.x.x.x 形式数字
['192.168.1.102', '192.168.1.1']
```

6.4.3 match 对象和正则表达式子模式

正则表达式模块或正则表达式对象的 match()方法和 search()方法匹配成功后都会返回 match 对象。match 对象的主要方法如下。

group()：返回匹配的一个或多个子模式内容。

groups()：返回一个包含匹配的所有子模式内容的元组。

groupdict()：返回包含匹配的所有命名子模式内容的字典。

start()：返回指定子模式内容的起始位置。

end()：返回指定子模式内容结束位置的前一个位置。

span()：返回一个包含指定子模式内容起始位置和结束位置前一个位置的元组。

正则表达式使用圆括号“()”表示一个子模式，圆括号内的内容作为一个整体对待。使用子模式扩展语法可以实现更加复杂的字符串处理功能，常用的子模式扩展语法如表 6.7 所示。

表 6.7 常用的子模式扩展语法

语 法	功 能 说 明
(?P<groupname>)	为子模式命名
(?iLmsux)	设置匹配标志，可以是几个字母的组合，每个字母的含义与编译标志相同
(?:...)	匹配但不捕获该匹配的子表达式
(?P=groupname)	表示在此之前的命名为 groupname 的子模式
(?#...)	表示注释
(?<=…)	用于正则表达式之前，表示如果<=后的内容在字符串中不出现则匹配，但不返回<=之后的内容
(?=…)	用于正则表达式之后，表示如果=后的内容在字符串中出现则匹配，但不返回=之后的内容
(?<!...)	用于正则表达式之前，表示如果<!后的内容在字符串中不出现则匹配，但不返回<!之后的内容
(?!...)	用于正则表达式之后，表示如果!后的内容在字符串中不出现则匹配，但不返回!之后的内容

6.4.4 综合应用实例

【例 6.5】 把字符串分成中文和英文两个部分。

代码如下（ch6, decChnEng.py）：

```
str='Python 就像 C++一样是一门 language,列表 list 元组 tuple 集合 set 字典 dict 是序列。'
cWordLst=[ ]; eWordLst=[ ]                    # 分别存放中英文词（分段子字符串）
eWord=''; cWord=''
for ch in str:
    if 'a'<=ch<='z'or'A'<=ch<='Z':            # 英文字符范围
        if cWord:
            cWordLst.append(cWord)
            cWord=''
        eWord += ch
    if 0x4e00 <= ord(ch) <= 0x9fa5:           # 中文 Uncode 编码范围
        if eWord:
            eWordLst.append(eWord)
```

```
            eWord=''
        cWord += ch
if eWord:                          # 处理最后的分段子字符串
    eWordLst.append(eWord)
    eWord=''
if cWord:
    cWordLst.append(cWord)
    cWord=''
print(cWordLst)
print(eWordLst)
```

运行结果：

```
['就像', '一样是一门', '列表', '元组', '集合', '字典', '是序列']
['Python', 'C', 'language', 'list', 'tuple', 'set', 'dict']
```

注意：处理后非英文 ASCII 码被忽略。

【例 6.6】 在公司联系方式字符串中得到固定电话号码。

代码如（ch6, findTel.py）下：

```
import re
info= '''本公司的联系方式：
            固定电话：025-85412391,
            移动电话：13851516136,
            QQ:958456961
             泰州分公司：0523-6612315.'''        # 多行字符串
print(info)
pattern=re.compile(r'(\d{3,4})-(\d{7,8})')           # 匹配正则表达式
index=0
while True:
    result= pattern.search( info,index)            # 从指定位置开始匹配
    if not result:
        break
    print ( '匹配内容 :',result.group(0) , \
           ' 在 ', result.start(0) , \
          ' 和 ',result.end (0) , \
          '之间 :', result.span (0))                 # 多行语句代码
    index=result.end(2)                            # 指定下次匹配的起始位置
```

运行结果：

```
本公司的联系方式：
            固定电话：025-85412391,
            移动电话：13851516136,
            QQ:958456961
        泰州分公司：0523-6612315.
匹配内容 :  025-85412391  在  28  和  40 之间 :  (28, 40)
匹配内容 :  0523-6612315  在  110  和  122 之间 :  (110, 122)
```

其中：

匹配结果.group(0)是(\d{3,4})-(\d{7,8})：匹配数字字符串；

匹配结果..start(0)

匹配结果..end(0)

第 7 章 代码重用和共享：函数和模块

当复杂的大问题直接解决比较困难时，通常会把它分解成一系列的小问题，然后再将小问题继续划分成更小的问题。当问题细化为足够简单时，就可以通过编写函数、类等来分而治之了。这就是所谓的模块化程序设计。

7.1 Python 程序结构

1. 包、模块、函数和类

Python 的程序由包（对应文件夹）、模块（一个 Python 文件）、函数和类（在 Python 文件中）等组成。包是由一系列模块组成的集合，模块是处理某一类问题的函数和类等的集合，如图 7.1 所示。

注意：包中必须至少含有一个__init__. py 文件，该文件的内容可以为空，用于标识当前文件夹是一个包。

2. 程序的构架

将 Python 一个程序分割为源代码文件的集合，及将这些部分连接在一起的方法。Python 程序的构架如图 7.2 所示。

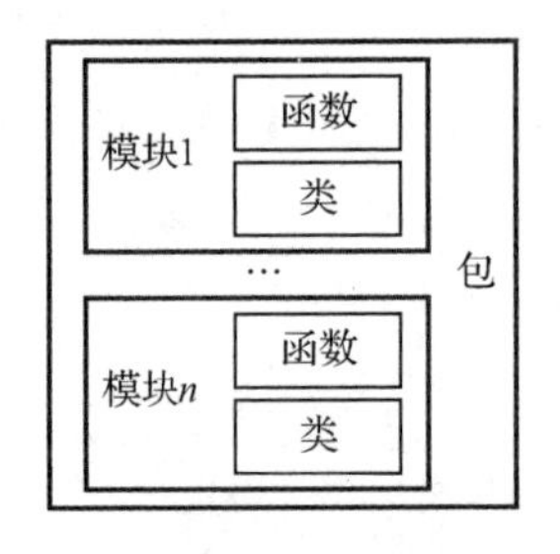

图 7.1　Python 包的构架示意

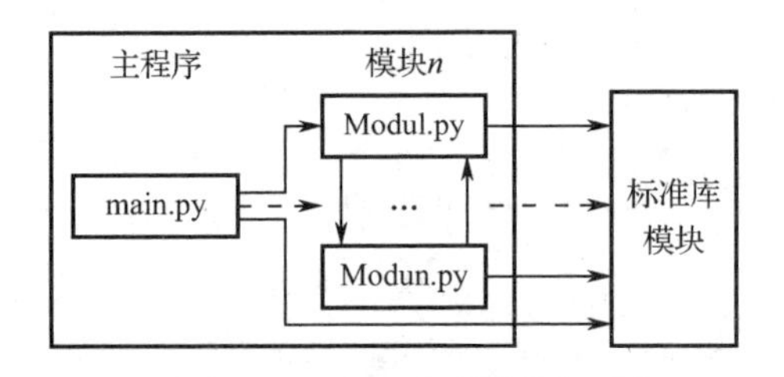

图 7.2　Python 程序的构架示意

一个 Python 程序就是模块的系统。它是由一个顶层文件及多个模块文件组成的。

说明：标准库模块是 Python 中自带的模块，也称为标准链接库。Python 大约有 200 多个标准模块，包含与平台不相关的常见程序设计任务，如操作系统接口、对象永久保存、文字匹配模式、网络和 Internet 脚本、GUI 建构等。Python 除了关键字、内置的类型和函数外，更多的功能是通过模块提供的。

3. 模块

模块将包含变量、函数、类等程序代码和数据封装起来以便重用的文件。以"py"为扩展名的 Python 文件都是模块。

Python 中，程序是作为一个主体、顶层文件来构造的，配合有零个或多个支持的文件，而后者这些文件都可以称为模块。顶层文件包含程序主要的控制流程，也就是启动应用的文件，如图 7.3 所示。

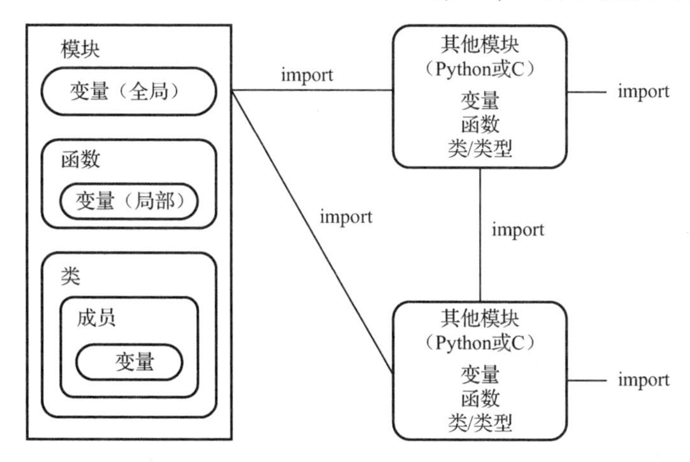

图 7.3　模块及其交互示意

Python 将*.py 文件视为模块，这些模块中有一个主模块，也就是程序运行的入口。

7.2 用户编写函数

函数是组织好、可重复使用实现单一或相关联功能的代码段。函数能提高应用的模块性和代码的重复利用率。Python 提供了许多内建函数，如 input()、print()。在没有合适的内建函数时，只能自己创建函数（用户自定义函数）。

7.2.1 函数定义与调用

1. 定义一个函数

定义一个函数语句如下：

```
def 函数名([参数 1,参数 2,…,参数 n]):
"注释"
函数体（语句块）
 [ return[表达式]]
```

其中：

函数代码块以 def 关键词开头，后接函数标识符名称和圆括号()，圆括号之间可以用于定义参数。

注释用于函数说明。

函数内容以冒号起始，并且统一缩进。

return[表达式]结束函数，选择性地返回一个值给调用方，可以将函数作为一个值赋值给指定变量。不带表达式的 return 相当于返回 None。

2. 函数调用

定义一个函数就是给其取一个名称，用户可以通过函数名来调用执行，也可以直接从 Python 提示符中执行。

例如：

```
>>> def addxy(x,y):                # 定义双参数(x,y)函数 addxy
        return x+y
>>> addxy(-12.6,5)                 # 调用 addxy 函数，没有赋值
-7.6                               # 函数返回结果
>>> sum=addxy(-12.6,5)             调用 addxy 函数，赋值给 sum 变量
```

```
>>> sum
-7.6
```

3. 返回结果

return 语句可以返回表达式的值，当 return 语句不带任何参数时，则返回 None。

注意：返回的表达式可以是列表、元组、集合、多个值。

```
>>> def divide( a,b) :
        n1=a//b;n2=a-n1*b
        return n1,n2
>>> x,y=divide( 123,5)
>>> x,y
(24, 3)
```

7.2.2 函数嵌套定义

Python 允许函数的嵌套定义，也就是在自定义函数内部再定义另外一个函数。

例如，

代码如下（ch7, funNest.py）：

```
def myOP(optab, opc, opval):                    # 自定义函数
    if opc not in '+-*/':
        return 'OP Err!'
    def OP(opitem):                             # 自定义函数
        return eval(repr(opitem)+opc+repr(opval))
    return map(OP, optab)                       # 使用在函数内部定义的函数
print(list(myOP(range(6), '+', 2)))             # 调用 myOP 实现[0,1,2,3,4,5]+2
print(list(myOP(range(6), '/', 2)))             # 调用 myOP 实现[0,1,2,3,4,5]/2
```

运行结果：

```
[2, 3, 4, 5, 6, 7]
[0.0, 0.5, 1.0, 1.5, 2.0, 2.5]
```

7.2.3 修饰器

修饰器是函数嵌套定义的一个重要应用。修饰器本质上也是一个函数，只不过这个函数接收其他函数作为参数，并对其进行一定的改造之后返回新函数。

代码如下（ch7, funEmb.py）：

```
def funbefore (func):                           # 定义修饰器 Before
    def test(*args1,**args2):
        print ( 'Before')                       # （1）
        result=func(*args1, **args2)            # （2）
        return result
    return test
def funafter (func):                            # 定义修饰器 After
    def test(*args1,**args2):
        result= func(*args1,**args2)            # （1）
        print ( 'After' )                       # （2）
        return result
    return test
@funbefore                                      # 修饰
```

```
@funafter                                    # 修饰
def myp(x):
    print(x)
myp(123)
myp('abc')
```

运行结果：

```
Before
123
After
Before
abc
After
```

说明：修饰器的使用，令自定义的其他函数调用之前或之后可需要执行的通用代码，提高代码的复用度。

7.2.4 列表推导式

列表推导式可以使用函数，这样就可以根据用户要求进行推导。

例如（ch7, funInfer.py）：

```
lst=[1,-2,3,-4]
def func(val):
    if val% 2== 0:
        val= val*2
    else:
        val= val*3
    return val
print( [func(val)+1 for val in lst   if val>0] )                    #
```

运行结果：

```
[4, 10]
```

7.3 参数传递

函数定义时表达的是形参，调用时参数就是实参。例如，def addxy(x,y)中 x,y 是形参，addxy(-12.6,5)中的-12.6,5 就是实参。

实参传给形参有两种方式：传址和传值。传值方式就是传入一个参数的值，传址方式就是传入一个参数的地址，也就是内存的地址。它们的区别是如果函数中对传入的参数赋值，函数外用传值方式传入的参数是不会改变的，而用传址方式传入就会改变。

Python 是不允许程序员选择传值方式还是传址方式的，而是采用“传对象引用”的方式，传值方式和传址方式是根据传入参数的类型来选择的。

如果函数收到的是一个可变对象（如字典或者列表）的引用，就能修改对象的原始值。如果函数收到的是一个不可变对象（如数字、字符串或者元组）的引用，就不能直接修改原始对象。

例如：

```
>>> def add1(x,y):
        x=x+y
        return x
```

```
>>> x=-12.6;    y=5
>>> add(x,y)
-7.6
>>> x
-12.6
```

其中，因为 x 是数字类型，所以是传值方式，函数外的 x 值不变。

例如：

```
>>> def add2(x):
        x[0]=x[0]+x[1]
        return x[0]
>>> lst=[10,20]
>>> add2(lst)
30
>>> lst[0]
30
```

其中，因为 x 是列表类型，所以是传址方式，lst[0]的值会改变。

7.3.1 定长参数

调用函数时参数包括位置参数、参数名、默认值参数、不定长参数。

位置参数实参须以形参相同的顺序传入函数，参数名参数（或关键字）使用参数名确定传入的参数对应关系。用户可以跳过不传的参数或者乱序传参。如果没有传入参数的值，则认为是默认值。

例如：

```
>>> def pout(a,b,c=3):
        print(a,b,c)
>>> pout(10,20,30)                        # 位置参数
10 20 30
>>> pout(b=123,a="abc",c=[4,5,6])         # 参数名参数，b 在 a 之前不影响对应关系
>>> pout(1,2)                             # 默认值参数，c 采用默认值
1 2 3
```

【例 7.1】 定义函数，实现可变个数的数值相加。

代码如下（ch7,argsSum.py）：

```
def mysum(*args):
    sum=0
    for x in args:
        sum+=x
    return sum
print(mysum(1,2,3,4,5,6))
print(mysum(1,2))
print(mysum(2))
```

运行结果：

```
21
3
2
```

7.3.2 可变长度参数

可变长度参数在定义函数时主要有两种形式：*参数和 aaaaaa。

“*参数”用来接收任意多个实参并将其放在一个元组中；“**参数”用来接收类似于参数名参数，将将其放入字典中。

例如：

```
def poutx (*x) :
        print (x)
>>> poutx(1,2,3)
(1, 2, 3)
>>> poutx(1,2,3,4,5,6)
(1, 2, 3, 4, 5, 6)
例如:
>>> def poutkx(**x):
        for item in x.items() :
                print(item)
>>> poutkx(a=1,b–2,c=3)
('a', 1)
('b', 2)
('c', 3)
```

注意：尽管 Python 可以同时使用位置参数、关键参数、默认值参数和可变长度参数，但只能在必要时使用，否则代码的可读性会变差。

7.3.3　序列解包

序列作为实参，解包也有*和**两种形式。

1. 一个星号*形式

调用含有多个参数的函数时，可以使用 Python 列表、元组、集合、字典，以及其他可迭代对象作为实参，并在实参名前加一个星号*。Python 解释器将自动进行解包，然后把序列中的值分别传递给形参。

例如：

```
>>> def drt(a,b,c):
            d=b*b-4*a*c
            return d
>>> lst= [1, 2 , 3]
>>> print( drt(*lst) )              # 对列表进行解包
-8
>>> dic={1: 'a',2: 'b',3: 'c'}
>>> print( drt(*dic) )              # 用字典键值传递
-8
```

对于采用元组和集合与列表方式相同。

如果执行：

```
>>> print( drt(*dic.values()) )
```

就会出现错误。

2. 两个星号**形式

如果实参是字典，可以使用两个星号**对其进行解包，并要求实参字典中的所有键必须是函数的形参名称，或者与函数中两个星号的可变长度参数相对应。

例如：

```
>>> def dout(**d):
        for item in d.items():
            print(item)
>>> d={'one':1, 'two':2, 'three':3}
>>> dout(**d)
('one', 1)
('two', 2)
('three',3)
```

3. 多种形式接收参数

如果函数需要以多种形式接收参数，定义时一般按照：位置参数→默认值参数→一个星号的可变长度参数→两个星号的可变长度参数。调用函数时，一般也按照这个顺序进行参数传递。

调用函数时，如果对实参使用一个星号*进行序列解包，那么解包后的实参将会被当作普通位置参数对待，并且会在关键参数和使用两个星号**进行序列解包的参数之前进行处理。

例如：

```
>>> def pout(a,b,c=3):
        print (a,b,c)
>>> pout(*[1,2,3])                      # 列表解包
1 2 3
>>> pout(1,*(2,),3)                     # 位置参数和元组解包
1 2 3
>>> pout(1,*(2,3))                      # 元组解包相当于位置参数
1 2 3
>>> pout(*(3,),**{ 'c':1, 'b':2})       # 元组解包，字典对应名字
3 2 1
```

7.4 函数嵌套与递归

假设一个函数 A，在它的函数体中又调用 A，这样自己调用自己，自己再调用自己……，当某个条件得到满足时就不再调用了，然后再一层一层地返回，直到该函数的第一次调用，如图 7.4 所示。

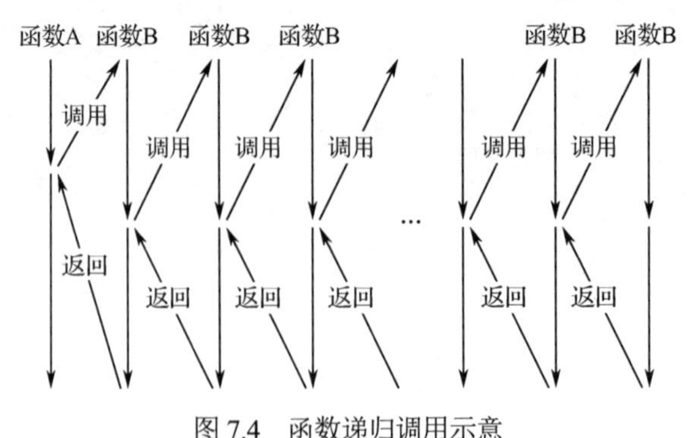

图 7.4 函数递归调用示意

【例 7.2】 利用递归求阶乘 n!。

（1）普通方法：n!=1*2*3*…*(n−2)*(n−1)*n

代码如下（ch7, funNest.py）：

```
def fact1( n):
    s=1
    for i in range(1,n):
        s=s*i
    print('s=', s)
    return s
num = int(input("n="))
print(num, '!=', fact1(num))
```

运行结果：

```
n=6
s= 120
6 != 120
```

（2）递归方法：

$$n!=\begin{cases}1 & \text{当 } n=0\\ n*(n-1)! & \text{当 } n>0\end{cases}$$

代码如下：

```
def fact2(n) :
    if n == 0:   s = 1
    else:
        s=n * fact2(n-1)
    print('s=', s)
    return s
num=int(input("n="))
print(num, '!=',fact2(num))
```

运行结果：

```
n=5
s= 1
s= 1
s= 2
s= 6
s= 24
s= 120
5 != 120
```

7.5 变量作用域

在函数外部和内部定义的变量，其作用域是不同的，函数内部定义的变量一般为局部变量，在函数外部定义的变量为全局变量。不管是局部变量还是全局变量，其作用域都是从定义的位置开始的，在此之前无法访问。

7.5.1 局部变量

在函数内定义的局部变量只在该函数内可见，当函数运行结束后，在其内部定义的所有局部变量将被自动删除而不可访问。

但是，在函数内部使用 global 定义或者声明变量就是全局变量，当函数结束后仍然存在并且可以访问。应注意如下情况。

（1）一个变量已在函数外定义，如果在函数内需要修改这个变量的值，并将修改的结果反映到函数之外，可以在函数内用关键字 global 明确声明要使用已定义的同名全局变量。

（2）在函数内部直接使用 global 关键字将一个变量定义为全局变量，如果在函数外没有定义该全局变量，在调用这个函数之后，会创建新的全局变量。

（3）在函数内如果只引用某个变量的值而没有为其赋新值，该变量为全局变量。如果在函数内为变量赋值，该变量就被认为是局部变量；如果在函数内赋值操作之前用关键字 global 进行了声明，那么就认为是全局变量。

例如：

代码如下（ch7, funLocal.py）：

```
sum1=0                                  # sum 全局变量
sum2=0
def addxy( x, y):
    global sum2
    s= x + y                            # s 局部变量
    sum1=s                              # sum1 局部变量
    sum2=s                              # sum2q 全局变量
    print("s=",s)
    return
addxy( -12.6, 8)                        # 调用 addxy 函数
print("sum1=",sum1)                     # 显示原来值
print("sum2=",sum2)                     # 显示相加值
```

运行结果：

```
s= -4.6
sum1= 0
sum2= -4.6
```

7.5.2 全局变量

在 Python 中，全局变量一般有以下两种定义与使用方式。

（1）直接在当前的模块中定义，本模块中定义的函数通过 global 声明使用。

（2）在一个单独的模块中定义好全局变量，在需要使用的全局变量的模块中将定义的全局变量模块导入。

7.6 lambda 表达式

lambda 表达式常用来声明匿名函数，在临时需要用函数表达但又不想真正定义函数的场合使用。lambda 表达式只能包含一个表达式，但在表达式中可以调用函数。lambda 表达式计算结果相当于函数的返回值。

需要注意如下情况。

（1）它能接收任何数量的参数，但只能返回一个表达式的值。

（2）不能直接调用 print，因为 lambda 需要一个表达式。

（3）它拥有自己的名字空间，但不能访问自有参数列表之外或全局名字空间里的参数。

（4）只包含一个语句。

lambda [参数] : 表达式。

实际上 lambda 表达式相当于 return 表达式语句。

下面分别进行说明。

1. 一个 lambda 表达式

例如：

```
>>>tmpfun= lambda x,y,z=3: (x+y)*z              # lambda 表达式名字 tmpf，参数 x,y,z，z 默认=3
>>>print(tmpfun(1,2))                           # 以函数方式使用 lambda 表达式
9
```

2. 一个 lambda 表达式多个参数

例如：

```
>>> addxy= lambda x,y: x+y
>>> addxy(1,2)
3
>>> xadd= [ lambda x:x,lambda x:x+1,lambda x:x+2,lambda x:x+3 ]
>>> xadd[0](2),xadd[1](2),xadd[2](2),xadd[3](2)
(2, 3, 4, 5)
>>> for i in xadd:print(i(3),end=' ')
3 4 5 6
```

3. 同时定义多个 lambda 表达式

例如：

```
>>> f= [ (lambda x: x+1) ,(lambda x: x+2) , (lambda x: x+3) ]
>>> f[0](6),f[1](6),f[2](6)
(7, 8, 9)
```

同时定义多个用名字调用：

```
>>> fun= { 'f1':(lambda x: x+1) ,'f2':(lambda x: x+2) , 'f3':(lambda x: x+3) }
>>> fun['f1'](6),fun['f3'](6)
(7, 9)
```

说明：lambda 表达式以字典定义多个表达式。

4. lambda 表达式作为函数参数

```
def drt(a,b,c) :
    return b*b-4*a*c
drt(1,2,3)
lst= [1,2,3,4,5,6]
print(list(map(lambda x: drt(x,x+1,x-1),lst)))      # 在 lambda 表达式中调用函数
```

运行结果：

```
[4, 1, -8, -23, -44, -71]
```

5. 使用 lambda 表达式指定排序规则

```
>>> lst=list(range (1,20))
>>> lst
[1, 2, 3, 4, 5, 6, 7, 8, 9, 10, 11, 12, 13, 14, 15, 16, 17, 18, 19]
>>> random.shuffle(lst)                                  # 打乱顺序
>>> lst
[8, 12, 4, 14, 2, 6, 13, 19, 9, 15, 11, 18, 16, 1, 5, 7, 3, 17, 10]
>>> lst.sort( key= lambda x: len (str (x)),reverse=True)        # 作为函数参数
```

```
>>> lst
[12, 14, 13, 19, 15, 11, 18, 16, 17, 10, 8, 4, 2, 6, 9, 1, 5, 7, 3]
```

需要说明的是，虽然 lambda 表达式可灵活地定义一些小函数，但实际应用时应该尽量使用标准库 operator 中提供的函数，那样执行效率更高。

7.7 成器函数设计

如果用户定义的函数中包含 yield 语句称为生成器函数。yield 语句与 return 语句的作用相似，都是用来从函数中返回值。但 return 语句一旦执行会立刻结束函数的运行，而每次执行到 yield 语句返回一个值之后会暂停或挂起，它后面的代码暂时不会执行，等到下次通过生成器对象的__next__()方法、内置函数 next()、for 循环遍历生成器对象元素或其他方式显示获取数据时就会恢复暂停程序继续执行。

下面的代码使用生成器来生成斐波那契数列（ch7, yieldFibon.py）。

```
def Fibonacci():
    n1,n2=1,1                           # 赋初值
    while True:
        yield n1                        # 暂停执行返回 n1,
        n1,n2=n2,n1+n2                  # 继续生成新元素
a=Fibonacci()                           # 创建生成器对象
for i in range(10):
    print(a.__next__() ,end=' ')        # 得到斐波那契数列中前 10 个元素
print()
for i in Fibonacci():
    if i>100:
        print (i, end=' ')              # 遍历斐波那契数列获取第一个大于 100 的元素
        break
```

运行结果：

```
1 1 2 3 5 8 13 21 34 55
144
```

下面介绍使用 yield 表达式创建生成器。

例如：

```
>>> def fun():
    yield from ['one','two','three']
>>> s=fun()
>>> next(s)
'one'
>>> next(s)
'two'
>>> s
<generator object fun at 0x0000016268F9D750>
>>> s=fun()
>>> for item in s:                      # 输出 s 中的所有元素
    print (item, end=' ')
one two three
```

顺便说一下，Python 标准库 itertools 提供了一个 count(初值,步长)函数，用来连续不断地生成无穷个数，使用生成器可以实现这个功能。

7.8 模　块

模块能够组织用户的 Python 代码段，把相关的代码存放到一个模块可方便管理、共用。模块就是一个保存 Python 代码的文件，其扩展名为“.py”。模块既能定义函数、类和变量，也能包含可执行的代码。Python 标准库采用的也是这种方法。

1. 导入模块

（1）import 语句。

使用 Python 源文件中的资源，只需执行 import 语句导入模块。

import　模块名 1l [,模块名 2 [,⋯,模块名 *n*]

这种方式引用的模块函数前需要加模块名。

（2）from 模块名 import 语句。

Python 的 from 语句让用户从模块中导入一个指定的部分到当前命名空间中。

from 模块名 import 函数名 1[,函数名 2],⋯,函数名 *n*]]

这种方式引用的模块函数前不要加模块名。

（3）from 模块名 import　*。

这种方式引用的模块函数前也不要加模块名。这是导入一个模块中所有项目的简单方法，然而这种声明不能过多使用，因为不使用的那部分也一直占用系统资源。

不管执行了多少次 import，一个模块只会被导入一次。

例如：

myfunc. py 内容：

```
def myadd( x,y):
    s= x + y
    return s
def mymul( x,y):
    s= x * y
    return s
```

把该文件存放到指定目录下，如果没有权限加入文件，则加入权限，以让模块文件能够放入。模块文件不能与已经存在的文件重名。

如果把该文件存放到指定的目录下，则需要把该目录告诉 Windows 系统（加入 path 环境变量中）或者 python 系统。

mytest.py 内容：

```
import myfunc
sum=myfunc.myadd(2,6)
print(sum, ex_myfunc.mymul(2,6))                # 8 12
```

注意：引用的模块函数前需要加模块名。

```
from myfunc import myadd,mymul
sum=myadd(2,6)
print(sum, mymul(2,6))                          # 8 12
```

其中，函数前不要加模块名。

2. 模块定位

当用户导入一个模块，Python 解析器先搜索当前目录，然后搜索在 shell 变量 PY_THONPATH 下的每个目录。

注意：在 Windows 系统和在 UNIX 系统会有所不同。

Python 模块搜索路径存储在 sys 模块的 sys.path 变量中。变量里包含当前目录、PY-THONPATH 和由安装过程决定的默认目录。

在交互式解释器中，输入以下代码：

```
>>> import sys
>>> sys.path                    # 输出模块搜索路径
['', 'C:\\Program Files\\Python36\\Lib\\idlelib', 'C:\\Program Files\\Python36\\python36.zip', 'C:\\Program Files\\Python36\\DLLs', 'C:\\Program Files\\Python36\\lib', 'C:\\Program Files\\Python36', 'C:\\Program Files\\Python36\\lib\\site-packages']
```

在 Windows 命令窗口中，也可以执行.py 模块。

例如：

```
C:\Program Files\Python36>python lib\ex_mytest.py
8 12
```

3. 引入模块部分语句不执行

一个模块被另一个程序第一次引入时，其主程序将运行。如果想在模块被引入时，模块中的某一程序块不执行，可以用__name__属性来使该程序块仅在该模块自身运行时执行。

```
# myname. py
If __name__=='__maln__':
    print('模块自己运行')
else:
    print('另一个模块调用')

Windows 窗口运行：
C:\Program Files\Python36>python    myname. py
    模块自己运行
python 中导入：
>>> import myname
    另一个模块调用
```

7.9 命名空间

命名空间（Namespace）是从名字到对象的一个映射。大部分命名空间都是按 Python 中的字典来实现的。在程序执行期间，会有多个名空间同时存在。不同命名空间的创建和销毁时间也不同。此外，两个不同命名空间中相同名字的变量之间没有任何联系。

7.9.1 命名空间的分类

在一个 Python 程序运行中，至少有 4 个命名空间是存在的。直接访问一个变量会在这 4 个命名空间中逐一搜索。

（1）Local（Inner Most）包含局部变量，如一个函数/方法的内部。

（2）Enclosing 包含了既非局部（Non-Local）也非全局（Non-Global）的变量。如两个嵌套函数，内层函数可能搜索外层函数的命名空间，但该命名空间对内层函数而言既非局部也非全局。

（3）Global（Next-To-Last）当前脚本的最外层，如当前模块的全局变量。

（4）Built-in（Outter Most）Python__builtin__模块，包含了内建的变量/关键字等。

7.9.2　命名空间的规则

1. 命名空间与变量作用域

变量作用域可以简单理解为变量可直接访问的程序范围。Python 作用域的搜索顺序：Local→Enclosing→Global→Built-ino。如果最终也没有搜索到，Python 会抛出一个 NameError 异常。作用域可以嵌套，如模块导入时，使用“from a_module import *”导入的变量可能被当前模块覆盖。

变量是拥有匹配对象的名字（标识符）。命名空间是一个包含了变量名称（键）和它们各自相应对象（值）的字典。

一个 Python 表达式可以访问局部命名空间和全局命名空间的变量。如果一个局部变量和一个全局变量重名，则局部变量会覆盖全局变量。

每个函数都有自己的命名空间。类方法的作用域规则通常和函数是一样的。

Python 会智能地猜测一个变量是局部的还是全局的，它假设任何在函数内赋值的变量都是局部的。如果在函数中没有在访问前声明局部变量，结果就会出现一个 UnboundLocalError 的错误。

因此，如果要给全局变量在一个函数里赋值，必须使用 global 语句。

2. dir()函数

dir()函数的作用是给出一个排好序的字符串列表，内容是一个模块里定义过的名字。返回的列表容纳了在一个模块里定义的所有模块、变量和函数。

例如：

```
import math
content = dir( math );    print ( content ) ;
```

这里，特殊字符串变量__name__指向模块的名字，__file__指向该模块的导入文件名。如果没有给定参数，那么 dir()函数会罗列出当前定义的所有名称。

3. globals()和 locals()函数

根据调用位置的不同，globals()和 locals()函数可被用来返回全局和局部命名空间里的名字。如果在函数内部调用 locals()，返回的是所有能在该函数里访问的命名。如果在函数内部调用 globals()，返回的是所有在该函数里能访问的全局名字。

两个函数的返回类型都是字典，所以可用 keys()函数获取名字。

4. reload()函数

当一个模块被导入到一个脚本时，模块顶层部分的代码只会执行一次。如果想重新执行模块里顶层部分的代码，就可以用 reload()函数。该函数会重新导入之前导入过的模块。

reload (模块名)

7.10　包

包是一个分层次的文件目录结构，它定义了一个由模块和子包，以及子包下的子包等组成的Python 应用环境。

7.10.1 包介绍

包是一种管理 Python 模块命名空间的形式，采用“包.模块名称”。就好像采用“点.模块名称”这种形式不用担心不同库之间模块重名的情况。

目录中只有包含一个名为__init__.py 的文件才会被认作是一个包，这样主要是为了搜索有效模块时，能减少搜索一些无效路径。既可以放一个空的文件，也可以包含一些初始化代码或者为__all__变量赋值。__all__变量是一个字符串元素组成的 list 变量，定义了使用 from <模块> import *导入某个模块时能导出的符号（变量、函数、类等）。

例如，

在 Phone 目录下的 pots.py 文件，源代码如下：

```
def Pots( ) :
        print( "I 'm Pots Phone" )
```

在 Phone/lsdn. py 含有函数 Isdn()，在 Phone/G3. py 含有函数 G3()。

在 Phone 目录下创建文件：__init__.py：Phone/__init__.py。当导入 Phone 时，为了能够使用所有函数，用户需要在__init__.py 使用显式导入语句：

```
from Pots import Pots
from Isdn import Isdn
from G3 import G3
```

当把这些代码添加到__ini__.py 之后，执行：

```
import Phone                    # 导入包 Phone
Phone. Pots( )                  # I 'm Pots Phone
Phone. Isdn( )                  # I 'm ISDN Phone
Phone. G3( )                    # I 'm 3G Phone
```

既可以放置许多函数，也可以在这些文件中定义 Python 的类，然后为这些类创建一个包。

7.10.2 包管理工具

Python 的包管理工具有 distutils、setuptools、distribute、setup.py、easy_install 和 PIP 等。这里简单介绍一下 setuptools、easy_install 和 PIP。

在 Python 中，easy_install 和 PIP 都是用来下载安装一个公共资源库 PyPI 的相关资源包。但 easy_install 有很多不足：安装事务是非原子操作，只支持 svn，没有提供卸载命令；安装一系列包时需要写脚本等。而 PIP 是 easy_install 的一个替换品，很好地解决了以上问题，其目标也非常明确：取代 easy_install。

1. 安装

安装 setuptools 后可以直接使用 easy_install。

利用 python ez_setup. py 实现安装。

2. easy_install 安装

利用 python ez_setup. py 实现安装。

3. PIP 安装

安装 PIP 的前提条件是要安装 distribute，利用 python setup. py install 实现安装。

- 使用 PIP 的 install 命令安装一个指定的软件包：pip install 包。
- 升级安装包，指定--upgrade 参数：pip install --upgrade 包。

- 指定软件包版本：pip install SomePackage == 版本。
- PIP 指定安装包的路径：pip install 本地地址/包；
  pip install 包所在网址/包。
- 卸载包：pip uninstall 包。
- 查询包（使用 search 命令进行查询）：pip search "包"。

7.11 综合应用实例

【例 7.3】 递归函数实现斐波那契数列。

$$f(n) = \begin{cases} 0 & \text{当 } n = 0 \text{ 时} \\ 1 & \text{当 } n = 1 \text{ 或 } 2 \text{ 时} \\ f(n-1)+f(n-2) & \text{当 } n > 2 \text{ 时} \end{cases}$$

代码如下（ch7, nestFibon1.py）：

```
def fib(n):
    if n==0: return 0
    elif n==1: return 1
    else: return fib(n-2)+ fib(n-1)
num=int(input("n="))
print('sum=',fib(num))
```

运行结果：

```
n=10
sum= 55
```

用集合记录中间运算结果，可以修改程序如下（ch7, nestFibon2.py）：

```
fset={0,1}
def fib(n):
    if n==0: return 0
    elif n==1: return 1
    else: s= fib(n-2)+ fib(n-1); fset.add(s);return s
num=int(input("n="))
print('sum=',fib(num))
print(fset)
```

运行结果；

```
n=10
sum= 55
{0, 1, 2, 3, 34, 5, 8, 13, 21, 55}
```

其中：

（1）集合是无序的，不要认为上述输出顺序是斐波那契数列的生成顺序。

（2）集合是地址引用，所以在自定义函数中可以操作函数外的集合。

另外，函数递归可以把一个大型的复杂问题层层转化，最终只需要很少的代码就可以描述过程中的大量重复计算。

【例 7.4】 列表平铺。

对于列表包含多级嵌套或者不同子列表嵌套深度不同，就可以使用函数递归实现平铺。

代码如下（ch7,lstFlat.py）：

```
def flatList (mylst):
    lst=[]                                  # 存放结果列表
    def nested(mylst):                      # 函数嵌套定义
        for item in mylst:
            if isinstance (item,list):
                nested (item)               # 递归子列表
            else:
                lst.append (item)           # 扁平化列表
    nested (mylst)                          # 调用嵌套函数
    return lst                              # 返回结果
list1=[[1,2,3],[4,[5,6]],[7,[8,[9]]]]
list2=flatList (list1)
print(list2)
```

运行结果：

```
[1, 2, 3, 4, 5, 6, 7, 8, 9]
```

第 8 章　对象需要谈一谈：面向对象编程

Python 语言支持面向对象程序的设计，该设计最基本的内容是类和对象，包括类的声明、对象的创建与使用等。通过利用继承不仅使代码的重用性得以提高，还可以清晰描述事物间的层次分类关系。通过继承父类，子类可以获得父类所拥有的方法和属性，并可以添加新的属性和方法来满足新事物的需求。多态性是指不同类型的对象可以响应相同的消息。由此可见，Python 语言中可谓是一切皆对象。

8.1　类

8.1.1　基本概念

1. 类

自然界中的各种事物都可以分类，例如，星球、动物、房子、学生、汽车等。类包含属性、事件和方法。类通过属性表示其特征，通过方法实现其功能，并通过事件作出响应。

类可以派生形成子类（派生类），派生子类的类称为父类。对应一个系统最基本的类称为基类，一个基类可以有多个派生类，从基类派生出的类（子类）还可以进行派生。举例如下。

基类：汽车类。

汽车类子类：卡车、客车、轿车等。

汽车类属性：车轮、方向盘、发动机、车门等。

汽车类方法：前进、倒退、刹车、转弯、听音乐、导航等。

汽车类事件：车胎漏气、油用到临界、遇到碰撞等。

对象是类的具体化，是具有属性和方法的实体（实例）。对象通过唯一的标识名以区别于其他对象，对象有固定的对外接口，它是对象与外界通信的通道。如汽车类对象：荣威 Ei5、奥迪 A6L 等。

2. 对象

对象是面向对象技术的核心，是构成系统的基本单元，所有面向对象的程序都是由对象组成的。

类是在对象之上的抽象，它为属于该类的全部对象提供了统一的抽象描述。所以，类是一种抽象的数据类型，是对象的模板；对象则是类的具体化，是类的实例。

类与对象的关系如图 8.1 所示。

例如，“荣威 Ei5”是轿车类的一个实例。如果把荣威 Ei5 作为一个轿车类的子类，你购买的一辆“荣威 Ei5”车就是荣威 Ei5 的一个实例。

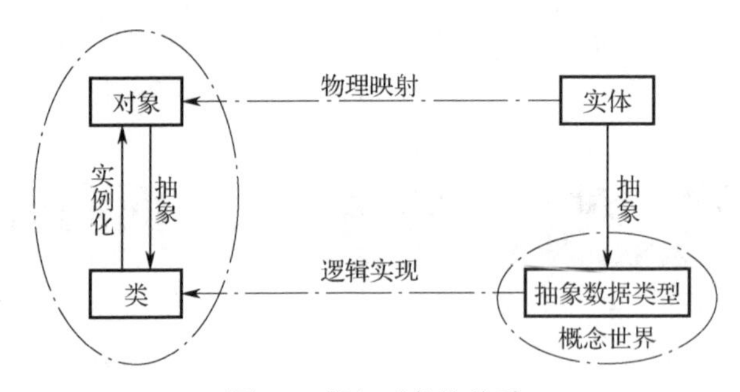

图 8.1 类与对象的关系

8.1.2 类的定义与使用

先看一个简单的例子（ch8,class1.py）。

```
class Student:
    depart="计算机"
    def __init__( self, name ,sex='男', score=0) :
        self.name = name
        self.sex=sex
        self.score = score
    def display( self) :
        print(self.name,end=' ')
        print(self.sex,end=' ')
        print(self.depart,end=' ')
        print(self.score)
stu1=Student("周俊","女",1)
stu2=Student("王一平")
stu2.depart='软件工程'
print(stu1.name)
stu1.display()
stu2.note='备注'
stu2.score=stu2.score + 4
stu2.display()
print(stu2.note)
del stu2.note
```

运行结果：

```
周俊
周俊 女 计算机 1
王一平 男 软件工程 4
备注
```

下面进行说明。

1. 类定义

```
class 类名[ (基类 1,基类 2,…) ] :
    类体
```

使用 class 关键字来定义类，后面是类的名字，如果派生自其他基类则需要把所有基类放到一对括号中并使用逗号分隔，然后是一个冒号，最后换行并定义类的内部实现。类名的首字母一般要大写。类体由类成员、方法、数据属性等组成。

注意：通常用户需要在单独的文件中定义一个类。

例如，Student 不派生自其他基类：

```
class Student:
```

__init__(参数)方法称为类的构造函数或初始化方法，创建这个类的实例时就会调用该方法。参数名称就是类的属性，可以包含默认值。__init__()方法不是必需的。

2. 实例化对象

定义了类之后，就可以用下列方法对类创建实例化对象。

对象=类([参数 1,参数 2,…])

例如：

```
stu1=Student("周俊","女",1)
stu2=Student("王一平")
```

在实例化对象时，__init__(参数)方法自动执行，用实际的参数值为定义相应的属性赋值。省略参数，就采用默认值。

例如：

```
def __init__( self, name ,sex='男', score=0) :
```

3. 访问、 添加、删除、修改类的属性

上面的 Student 类中包含 name、scx、score 和 deport 数据成员和 display()成员方法。可以通过“对象名.成员”的方式来访问其中的数据成员或成员方法。

例如：

```
stu2.depart='软件工程'          # 修改 deport 数据成员
print(stu1.name)               # 访问 stu1 对象 name 数据成员
stu1.display()                 # 访问成员方法 display()
stu2.note='备注'                # 添加 note 作为对象 stu2 数据成员
stu2.score=stu2.score + 4      # 修改 stu2 对象 score 数据成员
stu2.display()
print(stu2.note)
del stu2.note                  # 删除 stu2 对象 note 数据成员
```

4. 测试实例化对象是否属于指定类

可以使用内置函数 isinstance（对象实例,类）来测试一个对象是否为某个类的实例，或者使用内置函数 type（对象实例）查看对象的类。

例如：

```
>>>isinstance (stu1, Student)
True
>>>isinstance (stu2, list)
False
>>> type (stu1)
< class . main .Student'>
```

8.1.3　数据成员

创建类时用变量形式表示对象特征的成员称为数据成员（attribute），用函数形式表示对象行为的成员称为成员方法（method），数据成员和成员方法统称为类的成员。

1. 数据成员按使用权限分类

数据成员包括公有成员、保护成员、私有成员和系统特殊成员。

在 Python 中，以下画线（_）开头的变量名和方法名有其特殊的含义，尤其是在类的定义中。

公有成员是公开的，既可以在类的内部进行操作，也可以在类的外部进行操作。

例如：

name、sex、score、deport 属于公有成员。

以一个下画线（_xxx）开头的变量为保护成员，只有类对象和子类对象可以访问这些成员，在类的外部一般不建议直接访问。

以两个或更多下画线开头（_ _xxx）变量为私有成员，一般只有类对象自己能访问，子类对象也不能访问该成员，但在对象外部可以通过“对象名._ _类名_ _xxx”这样的特殊方式来访问。

以两个或更多下画线开头和（_ _xxx_ _）两个或更多下画线结束的变量为系统定义的特殊成员。

在模块中使用一个或多个下画线开头的成员不能用“'from module import*”导入，除非在模块中使用_ _all_ _变量明确指明这样的成员可以被导入。

2. 数据成员按类和实例分类

数据成员大致分为两类：属于对象的数据成员和属于类的数据成员。

属于对象的数据成员一般在构造方法_ _init_ _ ()中定义，当然也可以在其他成员方法中定义，在定义和实例方法中访问数据成员时以 self 作为前缀。同一个类的不同对象（实例）的数据成员之间互不影响。

属于类的数据成员是该类所有对象共享的，不属于任何一个对象，在定义类时这类数据成员一般不在任何一个成员方法的定义中。

在主程序中或类的外部，对象数据成员属于实例（对象），只能通过对象名访问；而类数据成员属于类，则可以通过类名或对象名访问。

例如：

name、sex、score 属于对象的数据成员；deport 属于类的数据成员。

3. 数据成员的访问

圆点“.”是成员访问运算符，可以用来访问命名空间、模块或对象中的成员，在 IDLE、PyCharm 等其他 Python 开发环境中，在对象或类名后面加上一个圆点“.”，都会自动列出其所有的公开成员。如果在圆点“.”后面再加一个下画线，则会列出该对象或类的所有成员，包括私有成员。也可以使用内置函数 dir()来查看指定对象、模块或命名空间的所有成员。

8.1.4 方法

方法一般指与实例对应的类绑定函数，是类的成员，所以称为成员方法。通过对象调用方法时，对象本身将被作为第一个参数自动传递过去，而普通函数并不具备这个特点。

Python 中类的构造方法是_ _init_ _()，用来为数据成员设置初始值或进行其他必要的初始化工作，在实例化对象时被自动调用和执行。如果用户没有设计构造方法，Python 会提供一个默认的构造方法用来进行必要的初始化工作。Python 中类的析构方法是_ _del_ _()，一般用来释放对象占用的资源，在 Python 删除对象和收回对象空间时被自动调用和执行。如果用户没有编写析构方法，Python 将提供一个默认的析构方法进行必要的清理工作。

一般成员方法可分为公有方法、私有方法、静态方法、类方法和抽象方法。

先看一个演示例子（ch8,method.py）。

```
# 定义类
class Test:
    __cnt = 0
    def __init__(self, value):                    # 构造方法
```

```
        self.__value = value
        Test.__cnt += 1
    def disp1(self):                        # 公有方法访问私有数据成员
        print('value:', self.__value)
        print('Test Num:', Test.__cnt)
    @classmethod                            # 类方法声明（修饰器）
    def disp2 (cls):                        # 类方法
        print('cls:',cls.__cnt)
    @staticmethod                           # 静态方法声明（修饰器）
    def disp3():                            # 静态方法
        print('stat:',Test.__cnt)           # 构建对象实例和操作对象
test1 = Test(100)                           # 构建 Test 类实例 test1，value=100
test1.disp1()                               # 公有方法访问成员
test1.disp2()                               # 通过对象来调用类方法
test2 = Test(-200)                          # 构建 Test 类实例 test2, value=-200
test2.disp1()                               # 通过普通实例方法访问实例成员
test2.disp3 ()                              # 通过对象来调用静态方法
```

运行结果：

```
value: 100
Test Num: 1
cls: 1
value: -200
Test Num: 2
stat: 2
```

公有方法、私有方法、抽象方法和某些特殊方法为对象的实例方法。

1. 类方法

静态方法和类方法不属于任何实例，只能访问属于类的成员，可以通过类名和对象名调用。类方法定义时一般以 self 作为第一个参数表示该类自身，在调用类方法时不需要为该参数传递值。静态方法则可以不接收任何参数。

类方法用@classmethod 修饰器标识，静态方法用@staticmethod 修饰器标识。

2. 实例方法

每个对象都有自己的公有方法和私有方法，都可以访问属于类和对象的成员。公有方法可以通过对象名直接调用，私有方法只能在其他实例方法中通过前缀 self 进行调用或在外部通过特殊方法来调用。

Python 类中两侧各有两个下画线（_ _×_ _）的特殊方法，往往与某个运算符或内置函数相对应。它们是对象的实例方法。

所有实例方法中第一个 self 参数代表当前对象，访问实例成员时需要以 self 为前缀，但在外部通过对象名调用对象方法时，并不需要传递这个参数。如果在外部通过类名调用属于对象的公有方法，需要显式为该方法 self 参数传递的一个对象名，用来明确指定访问哪个对象的成员。

3. 用公有方法对私有数据成员进行操作

在 Python 3.x 中，公有数据成员可以在外部访问和修改，从而方便了对数据的操作。但如果数据需要符合一定的要求时，则需要在访问公有数据成员程序时自己解决，否则，数据合法性可能被破坏。先将其定义为私有数据成员，然后再用设计公有方法对私有数据成员读取和修改，在修改私有数据成员之前可以对值进行合法性检查，也就是将其封装在内部。

例如：

```
    def disp1(self):                                    # 公有方法访问私有数据成员
        print('value:', self.__value)
        print('Test Num:', Test.__cnt)
```

完成公有方法 disp1()读取私有数据成员__value 和__cnt 值。

8.1.5 属性

属性是一种特殊形式的成员方法，结合了公开数据成员和成员方法的优点，既可以像成员方法那样对值进行必要的检查及全面的保护，又可以像数据成员一样灵活地访问。属性用@property 修饰器。

例如（ch8, property.py）：

```
class Circle(object):
    def __init__( self, radius) :
        self.__radius = radius
    def area (self):
        return 3.14 * self.__radius ** 2
    def setradius(self,vradius):
        self.__radius=vradius
    def Cout(self):
        print(self.__radius)
c=Circle(1.0)
c.setradius(3.0)
c.Cout()                    # 3.0 修改了私有数据成员值
print(c.area)               # 28.26
print(c.radius)             # 不能显示
c.radius=4.0                # 不能修改
```

（1）设置属性为只读。

例如（ch8, readProp.py）：

```
class Circle(object):
    def __init__( self, radius) :
        self.__radius = radius
    def area (self):
        return 3.14 * self.__radius ** 2
    @property
    def radius (self):                      # 只读，无法修改和删除
        return self.__ radius
c=Circle(3.0)
print(c.area())                             # 28.26
print(c.radius)                             # 3.0
c.radius=4.0                                # 不能修改
```

（2）把属性设置为可读、可修改，但不允许删除。

例如（ch8, modiProp.py）：

```
class Circle(object):
    def __init__( self, radius) :
        self.__radius = radius
    def area (self):
        return 3.14 * self.__radius ** 2
    def __get(self):                        # 读取私有数据成员的值
```

```
        return self.__radius
    def __set(self, radius):                 # 修改私有数据成员的值
        self.__radius = radius
    radius = property(__get, __set)          # 可读/写属性，指定相应的读/写方法
c=Circle(3.0)
print(c.area())
print(c.radius)                              # 3.0
c.radius=4.0                                 # 能修改
print(c.radius)                              # 4.0
```

（3）将属性设置为可读、可修改、可删除。

例如：

```
def __del(self):                             # 删除对象的私有数据成员
    del self.__radius
value=property(__get, __set, __del)          # 可读、可写、可删除的属性
    del c.radius                             # 删除
```

8.1.6　动态性

在 Python 中类与对象具有动态性、混入机制。动态性可以动态为自定义类及其对象增加新的属性和行为，称为混入机制。

（1）动态地为自定义类和对象增加数据成员。

例如（ch8, dynamic.py）：

```
class Student:
    depart="计算机"
    def __init__( self, name ,sex='男', score=0) :
        self.name = name
        self.sex=sex
        self.score = score
    def display( self) :
        print(self.name,end=' ')
        print(self.sex,end=' ')
        print(self.depart,end=' ')
        print(self.score)
stu1=Student("周俊","女",1)
stu2=Student("王一平","男",2)
stu1.display()
stu2.display()
Student.depart='软件工程'                      # 修改类数据成员
Student.inst='信息学院'                        # 增加类数据成员
stu1.display()
stu2.display()
print(stu1.inst,stu2.inst)
```

运行结果：

```
周俊 女 计算机 1
王一平 男 计算机 2
周俊 女 软件工程 1
王一平 男 软件工程 2
信息学院 信息学院
```

（2）动态地为自定义类和对象增加成员方法。

例如（ch8, dynamicAdd.py）：

```
class Circle(object):
    def __init__( self, radius) :
        self.radius = radius
    def area (self):
        return 3.14 * self.radius ** 2
import types
def perimeter(self):
    return 2 * 3.14 * self.radius
c1=Circle(1.0)
c2=Circle(3.0)
print("r=1.圆面积",c1.area())
print("r=3.0 圆面积",c2.area())
c2.perimeter=types.MethodType(perimeter,c2)          # 动态增加对象成员方法
print("r=3.0 圆周长",c2.perimeter())                 # 调用增加成员方法
```

8.2 继承、多态

8.2.1 继承

继承是用来实现代码复用机制，是面向对象程序设计的重要特性之一。如果编写的类是另一个已有类的特殊情况，可使用继承。原有的类称为父类（基类），新类称为子类（派生类）。子类继承了父类的所有属性和方法，同时还可以定义自己的属性和方法。

派生类可以继承父类的公有成员，但是不能继承其私有成员。如果需要在派生类中调用基类的方法，可以使用内置函数 super()或者通过“基类名.方法名()”。

例如（ch8, inherit.py）：

```
#===基类继承于 object===
class Person(object):
    def __init__(self, name, sex= '男'):
        # 调用方法初始化，以便对实参值合法性进行控制
        self.setName(name)
        self.setSex(sex)
    def setName(self,name) :
        if not isinstance(name, str) :
            raise Exception ('姓名只能是字符串!')
        self.__name=name
    def setSex (self,sex) :
        if sex not in ('男', '女') :
            raise Exception ('性别只能为男或者女！ ')
        self.__sex=sex
    def disp(self):
        print (self.__name, self.__sex, sep=' ' )
#===派生类继承于 Person===
class Student(Person) :
    def __init__( self, name, sex='男', score=0, depart= '计算机' ):
        Person.__init__( self,name, sex)                # 初始化基类的私有数据成员
```

```
            # 初始化派生类的数据成员
            self.setScore(score)
            self.__depart = depart
        def setScore(self,score) :
            if type(score)!=int   or score<0   or score>50:
                raise Exception('学分不符合要求！')
            self.__score = score
        def disp(self) :
            super (Student,self) .disp()
            print(self.__score, self.__depart,sep=' ')
if __name__=='__main__':
        stua= Person ('Person-A','男' )                    # 创建基类对象
        stua.disp ()
        stu1= Student( '李红' , '女' ,2, '软件工程' )          # 创建派生类对象
        stu1.setScore(3)                                  # 修改学分
        stu1.disp()
```

运行结果：

```
Person-A 男
李红 女
2 软件工程
李红 女
3 软件工程
```

注意：通过 raise 语句显式地引发异常，程序中如果没有编写异常处理程序，程序只能终止运行。如果程序中编写异常处理程序（try: … except …），输入不合法导致程序出错可以采取正常控制的动作。

8.2.2　多重继承

多重继承是指 Python 的类可以有两个以上父类。如有类 A、类 B、类 C，类 C 同时继承类 A 与类 B，类 C 中可以使用类 A 与类 B 中的属性与方法。如果类 A 与类 B 中具有相同名字的方法（如 funab），多继承中基类的寻找顺序按照广度优先算法（C3 算法），会先找到靠近类 C 的基类 A，在类 A 中找到 funab 方法之后，就直接返回了，基类 B 中 funab 方法不会被引用。

例如（ch8, mInherit.py）：

```
import time
# Person 类定义
class Person:
    # 定义基本属性
    name =''
    sex =1
    # 定义私有属性
    __age =0
    # 定义构造方法
    def __init__(self,name,sex,age):
        self.name = name
        self.sex = sex
        self.__age = age
    def speak(self):
        print(self.name,self.age)
# course 类定义
class Course():
```

```
    name = ''
    topic =''
    def __init__(self,name,topic):
        self.name = name
        self.topic = topic
    def speak(self):
        print(self.name,self.topic)
# student 子类: 单继承 Person
class Student(Person):
    score =''
    def __init__(self,name,sex,age,score):
        # 调用父类的构函
        Person.__init__(self,name,sex,age)
        self.score = score
    # 覆盖父类的方法
    def speak(self):
        print(self.name,self.sex,self.score)
# sample 子类: 多重继承 course,student
class Sample(Course,Student):
    stime =''
    def __init__(self,name1,name2,sex,age,score,topic):
        Student.__init__(self,name1,sex,age,score)
        Course.__init__(self,name2,topic)
        self.stime=time.ctime(time.time())
    def pout(self):
        print(self.name,self.topic,self.stime)

samp1 = Sample("王平","Python",1,25,4,"多继承")
# 调用方法名同：排前的父类方法
samp1.speak()
samp1.pout()
```

运行结果：

```
Python 多继承
Python 多继承 Thu Sep 27 08:46:51 2018
```

8.2.3 多态

多态（Polymorphism）是指基类的同一个方法在不同派生类对象中具有不同的表现和行为，可能增加某些特定的行为和属性，也可能会对继承的某些行为进行一定的改变。

例如（ch8,poly1.py）：

```
class Parent(object):
    def disp(self):
        print("This is Parent-disp")
class Sub1(Parent):
    def disp(self):
        super(Sub1,self).disp()
        print("This is Sub1-disp")
class Sub2(Parent):
    def disp(self):
```

```
        super(Sub2 ,self).disp()
        print("This is Sub2-disp")
p=Parent()
s1=Sub1()
s2=Sub2()
p.disp()
s1.disp()
s2.disp()
```

运行结果：

```
This is Parent-disp
This is Parent-disp
This is Sub1-disp
This is Parent-disp
This is Sub2-disp
```

抽象方法一般定义在抽象类中并且要求派生类必须重新实现，否则不允许派生类创建实例。抽象方法用@abc.abstractmethod 修饰器标识。

例如（ch8,poly2.py）：

```
import abc
class MyA(metaclass=abc.ABCMeta):              # 抽象类
    def func1(self):                           # 实例方法
        print("func1 Demo!")
    @abc.abstractmethod                        # 抽象方法
    def func2(self):
        print("func2 A-Demo!")
class MyB(MyA):                                # 定义 MyB 类，其基类 MyA
    def func2(self):                           # 重新实现基类中的抽象方法
        print("func2 B-Demo!")
mb = MyB()
mb.func2()                                     # func2 B-Demo!
```

Python 大多数运算符可以作用于多种不同类型的操作数，并且对于不同类型的操作数往往有不同的表现，这本身就是多态，是通过特殊方法与运算符重载实现的。

8.3 运算符重载

Python 类有大量的特殊方法支持运算符重载。在自定义类时如果重写了某个特殊方法即可支持对应的运算符或内置函数，它的功能可以由程序员根据实际需要来定义。

Python 运算符重载调用的方法如下：

方　法	运 算 符	重　载
__add__	+	X+Y, X+=Y
__sub__	-	X-Y, X-=Y
__or__	|	X|Y,X|=Y
__repr__	打印转换	print X,repr(X)
__str__	打印转换	print X,str(X)
__call__	调用函数	X()

续表

方　法	运 算 符	重　载
__getattr_	限制	X.undefine
__setattr__	取值	X.any=value
__getitem__	索引	X[key]
__len__	长度	len(X)
__cmp__	比较	X==Y,X<Y
__lt__	小于	X<Y
__eq__	等于	X=Y
__radd__	Right-Side +	+X
__iadd__	+=	X+=Y
__iter__	迭代	For In

例如：

```
class Number:
    def __init__(self, start):
        self.data = start
    def __sub__(self, scend):              # _方法
        return Number(self.data - scend)
number = Number(12)
y = number-6                               # __sub__ 方法
```

第 9 章 信息永久保存：文件操作

程序运行时变量、序列、对象等数据暂时存储在内存中，当程序终止时数据就会丢失。为了能够永久地保存程序相关的数据，就需要将其存储到磁盘或光盘的文件中。这些文件可以传送，也可以后续被其他程序使用。文件是计算机程序、数据的永久存在形式，对文件数据的输入/输出操作是信息管理不可或缺的基本要求。

9.1 文件及其操作

9.1.1 文件类型

数据在操作系统是以文件形式存在的。

按数据的组织形式，可以把文件分为文本文件和二进制文件两大类。

1. 文本文件

文本是指书面语言的表现形式，从文学角度说，通常是具有完整、系统含义的一个句子或多个句子的组合。一个文本可以是句子、段落或者篇章。

在计算机中构成一个文本最基本的元素是字符，如英文字母、汉字、数字字符串等。这些字符在计算机中保存的是其编码，英文字母、数字等符号最常见的是使用 ASCII 编码，表达汉字常见的为 GBK 编码，还有微软的 CP936 编码。CP936 编码其实就是 GBK 编码，IBM 在发明 Code Page 的时候将 GBK 编码放在了第 936 页，所以叫 CP936 编码。Unicode 编码能够把全世界的符号一起进行编码，UTF-8 编码是一种针对 Unicode 的可变长度字符编码，又称万国码，它用 1～6 个字节编码 Unicode 字符。在网页上可以同一页面显示中文简体/繁体及其他语言（如英文、日文、韩文）。

从计算机的角度看，由若干个字符组成的一个句子就是字符串。

文本文件存储的是由常规字符串组成的文本行，每行以换行符结尾。常规字符串是指记事本之类的文本编辑器能正常显示、编辑，并能够直接阅读和理解的字符串，不包括基本的 ASCII 编码中前面那部分字符，在 Windows 平台中，文本文件扩展名为 txt、log、ini 的文件都属于文本文件。

注意： *如果文件采用 GBK 编码写入，采用 Uncode 编码方式读取，结果肯定是乱码。*

2. 二进制文件

常见的二进制文件有图形图像文件、音/视频文件、可执行文件、资源文件、各种数据库文件、各类 Office 文件等。

二进制文件把信息以字节串（bytes）形式进行存储，根据存储的信息不同可能包含所有组合，所以，一般无法用记事本或其他普通文字处理软件直接进行编辑和阅读，而需要使用对应的软件操作。一个经过编译形成的二进制文件，可以直接执行。

使用 HexEditor、UltraEdit 等十六进制编辑器可打开二进制文件进行查看和修改。

9.1.2 文件的打开和关闭

无论是文本文件还是二进制文件，其操作流程基本都是一致的。首先打开文件并创建文件对象，然后通过该文件对象对文件内容进行读取、写入、删除、修改等操作，最后关闭并保存文件内容。

1. 打开文件：open()方法

open()函数可以用指定模式打开指定文件并创建文件对象，如表 9.1 所示。

表 9.1 文件打开模式

模 式	说 明
r	以只读方式打开文件，文件的指针将会放在文件的开头。这是默认模式
rb	以二进制格式打开一个文件用于只读，文件指针将会放在文件的开头。这是默认模式
r+	用于读/写，文件指针将会放在文件的开头
rb+	以二进制格式打开一个文件用于读/写，文件指针将会放在文件的开头
w	只用于写入。如果该文件已存在，则将其覆盖；如果该文件不存在，则创建新文件
wb	以二进制格式打开一个文件只用于写入。如果该文件已存在，则将其覆盖；如果该文件不存在，则创建新文件
w+	打开一个文件用于读/写。如果该文件已存在，则将其覆盖；如果该文件不存在，则创建新文件
wb+	以二进制格式打开一个文件用于读/写。如果该文件已存在，则将其覆盖；如果该文件不存在，则创建新文件
a	打开一个文件用于追加。如果该文件已存在，文件指针将会放在文件的结尾。也就是说，新的内容将会被写入已有内容之后。如果该文件不存在，则创建新文件进行写入
ab	以二进制格式打开一个文件用于追加。如果该文件已存在，文件指针将会放在文件的结尾。也就是说，新的内容将会被写入到已有内容之后。如果该文件不存在，则创建新文件进行写入
a+	打开一个文件用于读/写。如果该文件已存在，文件指针将会放在文件的结尾，文件打开时是追加模式。如果该文件不存在，则创建新文件用于读/写
ab+	以二进制格式打开一个文件用于追加。如果该文件已存在，则文件指针将会放在文件的结尾；如果该文件不存在，则创建新文件用于读/写

文件对象=open(文件名,mode='r',buffering=-1,encoding=None,errors=None,newline=None,closefd=True,opener=None)

说明：

（1）文件名指定要打开（文件已经存在）或创建（文件不存在）的文件名称，如果该文件不在当前目录中，可以使用相对路径或绝对路径的原始字符串表达，因为文件路径分隔符需要转义字符（/）。

（2）mode 指定打开文件后的处理方式。如“只读”“只写”“读写”“追加”“二进制只读”“二进制读写”等，一般默认为“文本只读模式”。以不同方式打开文件时，文件指针的初始位置略有不同。以“只读”“只写”模式打开时，文件指针的初始位置是文件头；以“追加”模式打开时，文件指针的初始位置为文件尾。以“只读”方式打开的文件无法进行任何写操作，反之亦然。

如果执行正常，open()函数返回一个可迭代的文件对象，通过该文件对象可以对文件进行读/写操作，如果指定文件不存在、访问权限不够、磁盘空间不够或其他原因导致创建文件对象失败则抛出异常。

（3）如果 buffering 的值设为 0，就不会有缓存。如果 buffering 的值设为 1，访问文件时会缓存行。如果 buffering 设为>1 的整数，这就是缓存区的缓冲大小。如果 buffering 为负值（默认为-1），则采用系统默认缓冲大小。

2. 文件对象的属性：文件对象.属性

文件被打开后，有一个文件对象，通过它可以得到如表9.2所示的相关信息。

表9.2　文件对象的相关属性

属　性	说　明
文件对象. closed	如果文件已被关闭，则返回True，否则返回False
文件对象. mode	返回被打开文件的访问模式
文件对象. name	返回文件的名称

3. 关闭文件：文件对象.close()方法

将close()方法刷新缓冲区中还没写入文件的信息存放到文件，并关闭该文件。当一个文件对象的引用被重新指定给另一个文件时，就会关闭之前的文件。

9.2 文件操作

文件对象提供了一系列方法，能让文件访问更轻松。下面介绍使用read()和write()方法来读取和写入文件。

9.2.1 写入方法

1. 写入字符串：文件对象. write(字符串,encoding="utf-8")

write()方法可将任何字符串（包括二进制数据）写入一个打开的文件，该方法不在字符串的结尾添加换行符('\n')。

例如（ch9, writeFile.py）：

```
fo= open("FileTest1.txt","w+")                    # 打开一个文件
fo.write("Test 1 Line \n")
fo.write("Test 2 Line ")
print( "name 属性：",fo.name)                      # name 属性：FileTest1.txt
fo.close()                                        # 关闭打开的文件
```

运行结果，在当前目录下用记事本打开FileTest1.txt，内容如图9.1所示。

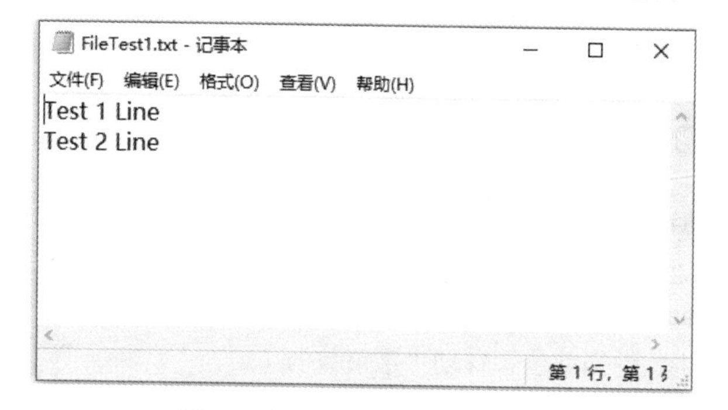

图9.1　打开FileTest1.txt记事本

2. 写入序列：文件对象. Writelines (序列)

writelines()把序列的内容多行一次性写入文件，不会在每行后面加上任何内容。

例如：

```
fo= open("FileTest2.txt","w+")
list1 = [ 'one ' , 'two ' ,'three ']
fo.writelines(list1)
fo.close()
```

9.2.2 读取操作方法

1. 读取指定个数（字节）字符串：文件.read([个数])

read()方法从一个打开的文件中开头读取一个字符串（或者二进制数据），参数是要从已打开文件中读取的字节计数。如果没有“个数”参数，它会尝试尽可能多地读取更多的内容，直到文件的末尾。

例如：

```
fo= open("FileTest2.txt","r+")
str1=fo.read(20)
print(str1)                    # one two three
fo.close()
```

2. 读取一行：文件对象.readline([个数])

readline()会从文件中读取单独的一行，换行符为“'\n'”。如果返回一个空字符串，说明已经读取到最后一行。如果包括“个数”参数，则读取一行中指定个数的部分。

例如：

```
fo= open("FileTest1.txt","r+")
str1=fo.readline()
str2=fo.readline()
print(str1)           # Test 1 Line
print(str2)           # Test 2 Line
fo.close()
```

3. 读取到列表：文件对象.readlines([长度])

readlines()将返回该文件中包含的所有行，并把文件每一行作为一个 list 的成员，并返回这个 list。如果提供“长度”参数表示读取内容的总长，那就是说可能只读到文件的一部分。

例如：

```
fo= open("FileTest1.txt","r+")
list1=fo.readlines()
print(list1)          # ['Test 1 Line \n', 'Test 2 Line ']
fo.close()
```

9.2.3 定位与移动

1. 获取当前位置：tell()

tell()方法给出文件的当前位置（字节数），下一次的读/写会从该位置开始。

2. 文件定位方法：seek(字节数[,参考位置])

按照“参考位置”，将文件当前位置移动“字节数”。

如果参考位置=0，使用文件的开头作为参考位置；

如果参考位置=1，使用当前的位置作为参考位置；

如果参考位置=2，使用文件的末尾作为参考位置。

例如（ch8, fileSeek.py）：

```
fo= open("FileTest3.txt","wb+")                          #（1）
fo.write(bytes("01 是二进制符号\n",encoding='utf-8'))        #（2）
fo.write(bytes("01234567 是八进制符号\n",encoding='utf-8'))
fo.write(bytes("0123456789abcdef 是十六进制符号\n",encoding='utf-8'))
fo.seek(0,0)                                             #（3）
print(fo.readline(),fo.tell())                           #（4）
print(fo.readline(),fo.tell())
print(fo.readline(),fo.tell())
fo.seek(-38,2)                                           #（5）
print(fo.readline(),fo.tell())
fo.close()
```

运行结果：

```
b'01\xe6\x98\xaf\xe4\xba\x8c\xe8\xbf\x9b\xe5\x88\xb6\xe7\xac\xa6\xe5\x8f\xb7\n' 21
b'01234567\xe6\x98\xaf\xe5\x85\xab\xe8\xbf\x9b\xe5\x88\xb6\xe7\xac\xa6\xe5\x8f\xb7\n' 48
b'0123456789abcdef\xe6\x98\xaf\xe5\x8d\x81\xe5\x85\xad\xe8\xbf\x9b\xe5\x88\xb6\xe7\xac\xa6\xe5\x8f\xb7\n' 86
b'0123456789abcdef\xe6\x98\xaf\xe5\x8d\x81\xe5\x85\xad\xe8\xbf\x9b\xe5\x88\xb6\xe7\xac\xa6\xe5\x8f\xb7\n' 86
```

说明：

（1）以二进制格式打开一个文件（FileTest3.txt）用于读/写（wb+）；

（2）字节串采用 UTF-8 编码，写入前需要采用 bytes(字符串,encoding='utf-8')函数把字符串变成字节串；

（3）fo.seek(0,0)定位到文件头 0 字节处；

（4）从当前位置读一行后，位置=2+6*3+1=21，一个汉字保存 3 个字节；

（5）从文件末尾定位，从后面数位置=-(1+3*7+16)=-38。

9.2.4　文件设备

从操作系统看，设备也是文件。设备文件是指与主机相连的各种外部设备，如显示器、打印机、键盘等。把设备看作文件是为了方便管理，把它们的输入、输出等同于对磁盘文件的读和写。为此，Python 逻辑上也是把外部设备看作文件操作的。

通常把显示器定义为标准输出文件，文件名为 sys. stdout，一般情况下在屏幕上显示有关信息就是向标准输出文件。如前面经常使用的 print 函数就是这类输出。

键盘通常被指定为标准输入文件，文件名为 sys. stdin，用键盘输入就是从标准输入文件上输入数据。input 函数就属于这类输入。

标准错误输出也是标准设备文件，文件名为 sys. stderr。

例如（ch8, fileDev.py）：

```
import sys
sys.stdout.write("输入字符串：\n")          # 相当于 print（"输入字符串：\n"）
str1=sys.stdin.readline()                # 相当于 str1=input()
sys.stdout.write("输入字符串为："+str1)     # print（"输入字符串为："+str1）
```

运行结果：

```
输入字符串：
This is stdin string!
输入字符串为：This is stdin string!
```

9.2.5 上下文管理语句

with 是关键字，加在原来的 open 语句上就可以自动管理资源，不管是什么原因导致跳出 with 块，总能保证文件被正确关闭。可以在代码块执行完毕后自动还原。

with 用于文件内容读/写时，可以采用 with open (filename, mode, encoding) as 文件对象: 然后通过文件对象读/写文件内容。

例如（ch8, with.py）：

```
with open("E:\python\FileTest4.txt","wb+")as myf:
    myf.write(bytes("with Test\n",encoding='utf-8'))
    myf.seek(0, 0)
    print(myf.readline(),myf.tell())
    myf.close()
pass
```

说明：使用 with 关键字是非常好的方式，比 try-finally 语句块要简单，有些情况还可以进一步简化代码的编写。

例如：

```
with open( 'FileTest3.txt', 'r', encoding='utf-8') as src,    open ('FileTest3.bak', 'w',encoding='utf-8') as dst:
    dst.write (src.read ())
```

9.3 序列化和反序列化

Python 的 pickle 模块实现了基本的数据序列化和反序列化。通过 pickle 模块的序列化操作能够将程序中运行的对象信息永久保存到文件中。通过 pickle 模块的反序列化操作，能够从文件中创建上一次程序保存的对象。

基本接口：pickle. dump(obj ,文件对象 [,protocol]）

通过 pickle 将文件对象以读取的形式打开：x=pickle.load(文件对象)。从文件对象中读取一个字符串，并将它重构为原来的 Python 对象。

使用 pickle 模块将数据对象保存到文件。

代码如下（ch8, pickle.py）：

```
import pickle, pprint
fpick=open( 'FileTest5.pkl' ,'wb+' )
dict1 = { 1: 'one ' , 2 : 'two' , 3: 'three' }
list1=[ -23, 5.0, 'python', 12.8e+6]
pickle.dump(dict1,fpick)                # Pickle 字典使用默认的 0 协议
pickle.dump(list1,fpick, -1)            # Pickle 列表使用最高可用协议
fpick.seek(0,0)
dict1= pickle.load( fpick)              # 反序列化对象到 dict1
list1= pickle.load( fpick)              # 反序列化对象到 list1
pprint.pprint(dict1)                    # 输出数据对象 dict1
pprint.pprint(list1)                    # 输出数据对象 list1
fpick.close ( )                         # 关闭保存的文件
```

运行结果：

```
{1: 'one ', 2: 'two', 3: 'three'}
[-23, 5.0, 'python', 12800000.0]
```

9.4 文件和文件夹的操作

9.4.1 文件操作

Python 对文件或文件夹操作时经常要用到 os 模块、os. path 模块或 shutil 模块。

1. 复制文件方法：shutil.copyfile（“原文件”“新文件”）

Python 的 shutil 模块提供了执行文件或目录操作的方法。要使用这个模块，必须先导入它，然后可以调用相关的各种功能。

例如：

```
import shutil
shutil.copyfile( 'FileTest3.txt' ,'FileTest3.bak' )          # 复制文件
```

2. 重命名文件方法：os. rename（“原文件”“新文件”）

Python 的 os 模块提供了帮助执行文件处理操作的方法，如重命名和删除文件。

例如：

```
import os
os.rename( 'FileTest3.bak' ,'FileTest3.tmp' )
```

3. 删除文件方法：os. Remove（“文件”）

例如：

```
import os
os.remove('FileTest3.tmp' )
```

9.4.2 目录操作

os 模块或 shutil 模块有许多方法创建、更改和删除目录。

1. 创建新的目录：os.mkdir（“新目录”）方法

用户可以使用 os 模块的 mkdir()方法在当前目录下创建新的目录。用户需要提供一个包含要创建目录名称的参数。

例如：

```
import os;
os.mkdir("mytest")                                  # 在当前目录下创建子目录 cmytest
```

2. 改变当前的目录：os.chdir（“目录”）方法

用户可以用 chdir()方法来改变当前的目录。

3. 获得当前目录：os.getcwd()方法

getcwd()方法获得当前的工作目录。

例如：

```
import os
os.chdir( "G:\Python 实用教程\ch8\mytest")            # 修改当前目录
print(os.getcwd())                                  # G:\Python 实用教程\ch8\mytest
```

4. 参数指定目录：os.rmdir（“目录”）方法，shutil. rmtree（“目录”）

用 rmdir()方法删除目录，目录名称以参数传递。在删除这个目录前，目录应该是空的。但 shutil. rmtree()方法删除目录前可以是不空的，则会删除目录及目录下的所有内容。

5. 文件的状态信息

os.stat 属性包含文件的状态信息，其中 os.stat.st_ctime 是文件创建时间。

例如（ch8, fileState.py）：

```
import os,time
# 得到文件的状态
fState=os.stat(r"e:\python\第 01 章 Python，掀起你的盖头来.doc")
print(fState)
# 显示文件创建的时间
print(time.localtime( fState.st_ctime))
```

第10章 野马不会脱缰：异常处理

一个程序运行需要接受输入的数据，但程序员无法提前预见代码运行时可能会遇到的所有情况，所以程序出现错误就难以避免。如果错误得不到正确的处理将会导致程序崩溃并终止运行，异常处理结构则可以避免特殊情况下软件的崩溃。

Python 提供了异常处理与断言两个功能来处理 Python 程序在运行中出现的异常和错误。

10.1 异常的产生

一般来说，如果程序存在语法错误，解释器就会指出错误，当然就不能继续运行程序了。

即使 Python 程序语法是正确的，在运行时，也有可能发生错误。这种在运行时检测到的错误称为异常。程序运行时引发错误的原因有很多，包括除零、下标越界、文件不存在、网络异常等。

逻辑错误是由不完整或者不合法的输入导致的，或者是逻辑错误或考虑不周而存在的问题。当解释器无法继续执行下去时，就会抛出异常。

异常是一个事件，该事件会在程序执行过程中发生，从而影响了程序的正常执行。异常也是 Python 对象，表示一个错误。一般情况下，在 Python 无法正常处理程序时就会发生一个异常。

10.2 内置异常类

在 Python 内置异常类中，BaseException 是所有内置异常类的基类。异常类按照层次分类继承，在使用异常类处理结构捕获和处理时，应尽量采用较低层次，以明确指定要捕获和处理哪一类异常。先尝试捕获派生类，再捕获基类，应尽量避免直接捕获 Exception 或 BaseException。

内置异常类层次继承如下。

- BaseException：所有异常的基类。
  - SystemExit：解释器请求退出。
  - KeyboardInterrupt：用户中断执行（通常是输入^C）造成的。
  - GeneratorExit：生成器（Generator）发生异常时通知退出。
  - Exception：常规错误的基类。
    - StopIteration：迭代器没有更多的值。
    - StandardError：所有内建标准异常的基类。
      - BufferError：缓存错误。
      - ArithmeticError：所有数值计算错误的基类。
        - FloatingPointError：浮点计算错误。
        - OverflowError：数值运算超出最大限制。
        - ZeroDivisionError：除（或取模）零（所有数据类型）。
      - AssertionError：断言语句失败。

AttributeError：对象没有这个属性。
EnvironmentError：操作系统错误的基类。
IOError：输入/输出操作失败。
OSError：操作系统错误。
WindowsError：系统调用失败。
VMSError：虚拟机系统调用失败。
EOFError：没有内建输入，到达 EOF 标记。
ImportError：导入模块/对象失败。
LookupError：无效数据查询的基类。
IndexError：序列中没有此索引（index）。
KeyError：映射中没有这个键。
MemoryError：内存溢出错误（对于 Python 解释器不是致命的）。
NameError：未声明/初始化对象（没有属性）。
UnboundLocalError：访问未初始化的本地变量。
ReferenceError：弱引用试图访问已经垃圾回收了的对象。
RuntimeError：一般的运行错误。
SyntaxError：Python 语法错误。
IndentationError：缩进错误。
TabError：Tab 和空格混用。
SystemError：一般的解释器系统错误。
TypeError：对类型无效的操作。
ValueError：传入无效的参数。
UnicodeError：Unicode 相关的错误。
UnicodeDecodeError：Unicode 解码时错误。
UnicodeEncodeError：Unicode 编码时错误。
UnicodeTranslateError：Unicode 转换时错误。
Warning：警告的基类。
DeprecationWarning：关于被弃用特征的警告。
PendingDeprecationWarning：关于特性将会被废弃的警告。
RuntimeWarning：可疑运行时行为（runtime behavior）的警告。
SyntaxWarning：可疑语法的警告。
UserWarning：用户代码生成的警告。
FutureWarning：关于构造将来语义会有改变的警告。
ImportWarning：导入警告。
UnicodeWarning：Unicode 警告。
BytesWarning：字节警告。

10.3 异常处理结构

Python 提供了多种不同形式的异常处理结构，它先尝试运行代码，如果没有问题就正常执行，如果发生了错误就尝试去捕获和处理，最后实在没办法了才会崩溃。从这个角度来看，不同形式的异常处理结构也属于选择结构的变形。

1．try … except …

结构描述如下。

```
try：
      # 正常程序代码块（Block-A）（可能抛出异常）
except Exception [ as reason] :
      #  抛出异常并被 except 捕捉执行的代码
      #  异常程序代码块（Block-B）
Block-C
```

其中，

可以看作是一种特殊的单分支选择结构，try(if)　Block-A（有异常，if 条件为 True），（if 为 True）执行的语句：except …Block-B。

说明：

（1）Block-A 代码块就是平常的程序，也就是不考虑异常时的程序代码。但 Block-A 包含可能会引发异常的语句。如果代码块 Block-A 没有出现异常就继续往下执行 Block-C 代码。

例如（ch10,try1py）：

```
x = int(input ( 'x= ' ))
y = int(input ( 'y= ' ))
try:
      print("x/y=%8.2f"   %(x/y))          # Block-A
except Exception as e:
      print ( '程序捕捉到异常！ ')          # Block-B
pass                                      # Block-C
```

运行结果：

```
x= 1
y= 2
x/y=     0.50
```

（2）except 子句用来捕捉相应的异常。如果 Block-A 中的代码引发异常并被 except 子句捕捉，就执行 except 子句的代码块 Block-B。

重新运行：

```
x= 1
y= 0
程序捕捉到异常!
```

（3）如果 Block-A 中的代码引发异常并没有被 except 捕获，则继续往外层抛出；如果所有层都没有捕获并处理该异常，则程序崩溃并将该异常呈现给最终用户。

```
try：
      …
      try:
            …
            try:
                  …
            except
                  …
            …
      except
            …
```

```
    …
except
    …
```

例如，上面代码接收用户输入，要求用户必须输入整数，不接收其他类型的输入。如果输入非整数，则会出现异常。

重新运行：

```
x= 1A
Traceback (most recent call last):
  File "G:/Python实用教程/ch9/ex_test1.py", line 1, in <module>
    x=int(input ('x=' ))
ValueError: invalid literal for int() with base 10: '1A'
```

因为，输入语句：

```
x = int(input ('x=' ))
y = int(input ('y=' ))
```

不在 try 内，也就是不属于 Block-A，所以程序不能捕获异常，只能程序终止，显示系统提示消息。

如果希望输入非整数也可控，则在其外面再加 try…except…结构。

例如（ch10, try2.py）：

```
try:
    x = int(input ('x=' ))
    y = int(input ('y=' ))
    try:
        print("x/y=%8.2f"   %(x/y))
    except Exception as e1:
        print ( '程序捕捉到异常 2！ ')
    pass
except Exception as e2:
    print('程序捕捉到异常 1！ ')
pass
```

运行结果：

```
x= 1A
程序捕捉到异常1!
```

2. try … except … else …

带有 else 子句的异常处理结构可以看作是一种特殊的双分支选择结构。

结构描述如下：

```
try:
    # 正常程序代码块：Block-A（可能抛出异常）
except Exception [ as reason] :
    # 处理异常的代码：Block-B1
else:
    # 没有引发异常执行的代码：Block-B2
```

说明：如果 try 中的代码抛出了异常，except 语句捕捉到异常，则执行相应的异常处理代码，此时就不会执行 else 中的代码（Block-B1）；如果 try 中的代码没有引发异常，则执行 else 块的代码（Block-B2）。

例如（ch10, try3.py）：

```
x = int(input ( 'x= ' ))
y = int(input ( 'y= ' ))
try:
        z = x / y
except Exception as e1:
        print ( '程序捕捉到异常！ ')
else:
        print("x/y=%8.2f"%z)
pass
```

3. 可以捕捉多种异常的处理结构

在实际开发中，try 代码可能包含若干条语句，会抛出多种异常。因此，在异常处理时，需要针对不同的异常类型进行相应的处理。

为了支持多种异常的捕捉和处理，Python 提供了带有多个 except 的异常处理结构。该结构类似于多分支选择结构，

结构描述如下。

```
try：
        # 可能会引发异常的代码
except Exceptionl:
        # 处理异常类型 1 的代码
except Exception2 :
        # 处理异常类型 2 的代码
except Exception3:
        # 处理异常类型 3 的代码
```

一旦 try 子句中的代码抛出了异常，就会按顺序依次检查与哪一个 except 子句匹配。如果某个 except 捕捉到了异常，其他的 except 子句将不会再尝试捕捉异常。

例如（ch10, try4.py）：

```
while True:                # （1）
        try:
                x = int(input ( 'x= ' ))
                y = int(input ( 'y= ' ))
                z = x / y
        except ValueError:
                print('输入不是整数类型！ ')
        except ZeroDivisionError:
                print('除数不能为零')
        except Exception as e:
                print('程序捕捉到其他异常！ ')
        else:
                print("x/y=%8.2f"   %z )
                break
pass                       # （2）
```

运行结果：

```
x= 1a
输入不是整数类型!
x= 1
y= 0
除数不能为零
x= 1
y= 2
x/y=     0.50
```

其中：除了 ValueError（数值错误号）和 ZeroDivisionError（除数为零错误号）以外的其他错误均被 except Exception as e:捕捉。

4. try … except … finally …

结构描述如下：

```
try:
    # 可能会引发异常的代码
except Exception [ as reason] :
    # 处理异常的代码
finally:
    # 无论 try 子句中的代码是否引发异常，都会执行代码
```

说明：在这种结构中，无论 try 中的代码是否发生异常，也不管抛出的异常有没有被 except 语句捕获，finally 子句中的代码总会得到执行。所以，finally 中的代码常用来做一些清理工作，如释放 try 子句中代码申请的资源。

例如：

```
while True:              # （1）
    try:
    …
pass                     # （2）
finally:
    …                    # 释放 try 子句中代码申请的资源语句
```

需要注意的是，finally 子句中的代码也可能会引发异常。如在 try 中打开文件失败，那么在 finally 子句中关闭文件就会再次引发异常。

10.4 抛出异常

抛出异常是在程序指定情况下，引发执行异常处理代码的行为。这样，程序就能继续执行发生错误处的代码，而不会因发生错误而跳出这个程序。

Python 使用 raise 语句抛出一个指定的异常。

raise [<表达式 1> [from <表达式 2>]]

其中：

参数<表达式 1>指定了被抛出的异常，它必须是一个异常的实例或者是异常的类（也就是 Exception 的子类）。异常 Exception 类（如 NameError）的参数是一个异常参数值，该参数是可选的，如果不提供，异常的参数是“None”。

from 子句用于异常链， 如果是给定的，<表达式 2>必须是另一个异常类或实例。

例如（ch10, try5.py）：

```
x = int(input ( 'x= ' ))
y = int(input ( 'y= ' ))
try:
    print("x/y=%8.2f"   %(x/y))
except Exception as ex:
    raise ZeroDivisionError("发生了除数为 0") from ex
```

说明：如果输入 x=1，y=0，系统就会抛出 ZeroDivisionError 异常，提示显示包含“发生了除数为 0”。

10.5 自定义异常

可以通过创建一个新的 Exception 类来拥有自己的异常。它继承自 Exception 类，或者直接继承，或者间接继承。

例如（ch10, defExcept.py）：

```
class myInputException(Exception):
    '''自定义异常类'''
    def __init__(self, length, least):
        self.length = length
        self.least = least
try:
    str1 = input('输入字符串：')
    if len(str1) < 6:
        raise myInputException(len(str1), 6)
except myInputException as ex:
    print('输入长度是%s,长度至少是%s' %(ex.length, ex.least))
else:
    print('nothing...')
```

运行结果：

```
输入字符串：abcd
输入长度是4，长度至少是6
```

10.6 断言语句

断言语句 assert 也是一种比较常用的技术，常用来在程序的某个位置确认某个条件必须满足。断言语句 assert 仅当脚本的__debug__属性值为 True 时有效，一般只在开发和测试阶段使用。当使用优化选项-o 或-oo 把 Python 程序编译为字节码文件时，assert 语句将被删除。

例如（ch10, assert1.py1）：

```
try:
    x = int(input ( 'x= ' ))
    y = int(input ( 'y= ' ))
    assert x <= y, ' x  必须小于等于  y  ！'
    z = x / y
except Exception as ex:
    print('程序捕捉到异常:',ex.args)
else:
    print("x/y=%8.2f"   %z )
pass
```

执行结果：

```
x= 2
y= 1
程序捕捉到异常：(' x 必须小于等于 y！',)
```

例如（ch10, assert2.py）：

```
from random import sample
lst= sample(range (10, 100) ,10)          # 方便测试
print(lst)
while True:
    x=input('输入一个 2 位数: ')
    try:
        assert len(x)==2, '长度必须为 2'
        x=int(x)
        break
    except:
        pass
if x in lst:
    print('元素{0}在列表中索引为：{1} '.format(x,lst.index(x)))
else:
    print('列表中不存在该元素!')
```

运行结果：

```
[32, 29, 96, 63, 33, 72, 24, 53, 17, 35]
输入一个2位数：63
元素63在列表中索引为：3
```

第二部分 应 用 篇

第 11 章 拿起一支笔画来画去：二维图表实例

MatPlotLib 是 Python 支持的一个 2D 绘图库，它提供了与 MatLab 类似的一整套接口，可以帮助用户快速地绘制出多种形式的交互式图表，能可视化地展示出各个领域的数据模型。本章将通过几个实例介绍 MatPlotLib 绘图的基础知识，以及用 Python 做数据处理和科学数值。

11.1 单幅图表：绘制螺旋曲线实例

【例 11.1】 用 MatPlotLib 的 pyplot 子库可以十分方便地绘制出一个平面直角坐标的二维图表，单幅图表上可用不同颜色和线型描绘出不同的函数曲线，并可为曲线加上名称标注。

11.1.1 背景知识

螺旋线是平面几何中最富有自然美的曲线，在大千世界中其无处不在：蜗牛贝壳上的螺纹、老树的年轮、野兽的毛旋、原生动物砂盘虫的外壳、人类 DNA 分子结构等，无不呈现出螺旋线的形状，如图 11.1 所示。

图 11.1 大自然中的螺旋线

早在 2000 多年前，古希腊数学家阿基米德（前 287—前 212 年）就对螺旋线进行了系统的描述，后世很多数学家如笛卡尔、伯努利等人也都对这类曲线产生过浓厚兴趣，通过深入研究发现了不少奇妙的类型，如阿基米德螺线、费马螺线、双曲螺线、柯奴螺线、欧拉螺线等。本实例主要绘制其中的两种：阿基米德螺线和双曲螺线。

1. 阿基米德螺线

阿基米德螺线（等速螺线）是一个点匀速离开一个固定点的同时又以固定的角速度绕该固定点转动而产生的轨迹。

阿基米德螺线在笛卡尔坐标系中的方程为：

$$\begin{cases} x=(a+bt)\cos t \\ y=(a+bt)\sin t \end{cases}$$

其中，a、b 均为实数，而 t 决定了螺线绕旋的总角度（圈数）。一个典型的阿基米德螺线图案如图 11.2 所示。

2. 双曲螺线

阿基米德螺线的相邻两个螺旋之间是等距（均匀）的，但是在自然界中还存在着大量非等距的螺旋曲线，例如，陨落的彗星运动轨迹会随时间推移加速地坠入引力中心，双曲螺线就很好地反映了这类现象。

双曲螺线的方程如下：

$$\begin{cases} x=\dfrac{a\cos t}{t} \\ y=\dfrac{a\sin t}{t} \end{cases}$$

一个典型的双曲螺线图案如图 11.3 所示。

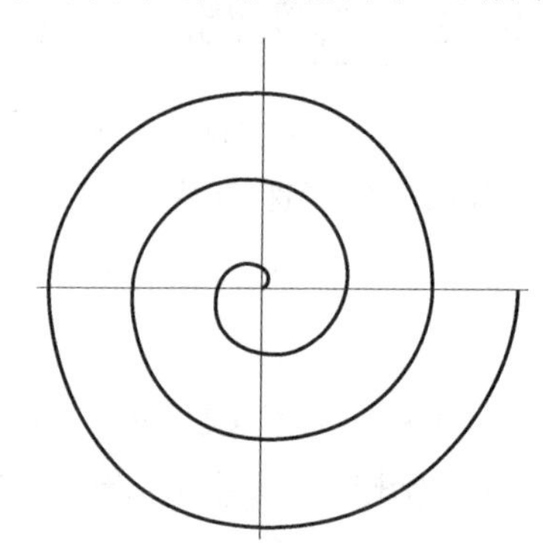

图 11.2 典型的阿基米德螺线图案

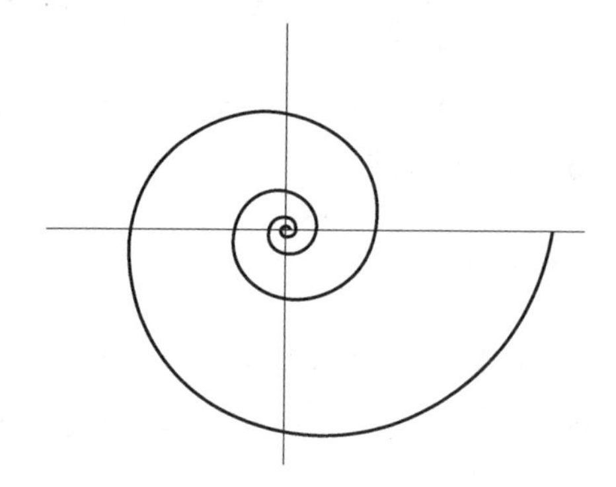

图 11.3 典型的双曲螺线图案

另外，还有一种对数螺线（等角螺线）也有着类似的图案。

11.1.2 实现原理

用 MatPlotLib 绘制单幅图的步骤如下。

1. 导入绘图库

在程序开头使用 import 语句导入 MatPlotLib 绘图库，代码如下：

```
import matplotlib.pyplot as pyt
```

其中，pyplot 是 MatPlotLib 的一个子库，也是绘制 2D 图表最常使用的库。pyt 则是为这个库取的一个别名，用于在接下来的程序中引用。别名由程序员定义，只要在程序中引用一致即可。

2. 创建绘图对象

在绘图前先要创建一个 MatPlotLib 的绘图对象，调用库中的 figure()函数获得一个 Figure 对象（myfg），代码如下：

```
myfg = pyt.figure()                                    # 创建绘图对象
myaxs = myfg.add_axes([..., ..., ..., ...])            # 添加坐标轴
```

创建完成后，使用该 Figure 对象的 add_axes()方法为图表添加坐标轴，实际上是创建并返回一个 Axes 坐标对象（myaxs）。

3. 开始绘图

一切准备就绪后，调用 Axes 坐标对象的 plot 方法绘图，代码如下：

```
myaxs.plot(x, y, label = "$...$", color = "...", linewidth = ...)
myaxs.plot(x, y, "...", label = "$...$", linewidth = ...)
```

plot 方法的使用比较灵活，可以有多种参数排列的写法，这里列举两种最常用的，其中，x、y 为要绘制曲线方程中的函数变量，label 为该曲线的标注文字，color 为曲线的颜色，linewidth 为线的宽度。

4. 主题标注

一般图表都会自带主题标注，尤其当图上的曲线有多条时，这种标注可清晰表达图上各对象的意义所指，故在绘图结束后还要使用如下语句：

```
pyt.title("...")                                       # 指定图表标题
pyt.legend()                                           # 加图例标注
pyt.show()                                             # 显示图表
```

在实际应用中，也可以不严格按以上步骤，在导入绘图库之后就直接调用其别名的 plot 方法（如用“pyt. plot(...)”）进入绘图，而不必创建 Figure 对象和 Axes 对象，MatPlotLib 会自动创建默认的绘图对象，但为了能够对所绘图形进行更加灵活地控制及定制，还是建议按以上步骤去编写绘图程序。

11.1.3 程序及分析

下面就按以上所说的实现步骤，编写绘制两种螺旋曲线的程序。

代码如下（ch11, 螺旋曲线, 2d_matplotlib_spiral.py）：

```
import numpy as npy
import matplotlib.pyplot as pyt
pyt.rcParams['font.sans-serif'] = ['SimHei']           # 正常显示中文
pyt.rcParams['axes.unicode_minus'] = False             # 正常显示坐标值负号
myfg = pyt.figure()
myaxs = myfg.add_axes([0.1, 0.1, 0.8, 0.8])            #（1）
'''下面开始绘制两种螺旋线'''
t = npy.linspace(1, 10*2*npy.pi, 100000)               # 生成参数
# 阿基米德螺线方程
x = (1 + 0.618*t)*npy.cos(t)                           #（2）
y = (1 + 0.618*t)*npy.sin(t)
myaxs.plot(x, y, label = "$Archimedes$", color = "red", linewidth = 0.9)
# 双曲螺线方程
m = 10*2*npy.pi*npy.cos(t)/t
n = 10*2*npy.pi*npy.sin(t)/t
myaxs.plot(m, n, "b--", label = "$hyperbolic$", linewidth = 2.1)
pyt.title("螺旋曲线")
pyt.legend()                                           # 加图例标注
pyt.show()
```

其中：

（1）add_axes()方法的参数是一个形如[left, bottom, width, height]的列表，其中值分别指定该坐标轴对象相对于 Figure 对象的位置（距左、下底部为基准）和大小（宽、高），数值都在 0～1 之间。在编

写程序时可自己调整参数以观察显示效果，直至调整到最佳的视觉外观。

（2）在描述曲线方程时所用的正余弦函数，皆来自 Python 的 NumPy 库，它是数值数据处理的基础。程序开头以“import numpy as npy”语句导入该库，在需要用到某个数学函数时，以“npy.函数名”的形式使用。这里的 npy 是库的别名，在写程序时也可以取其他名字。

运行效果：

本实例最后完成的图表显示效果，如图 11.4 所示。

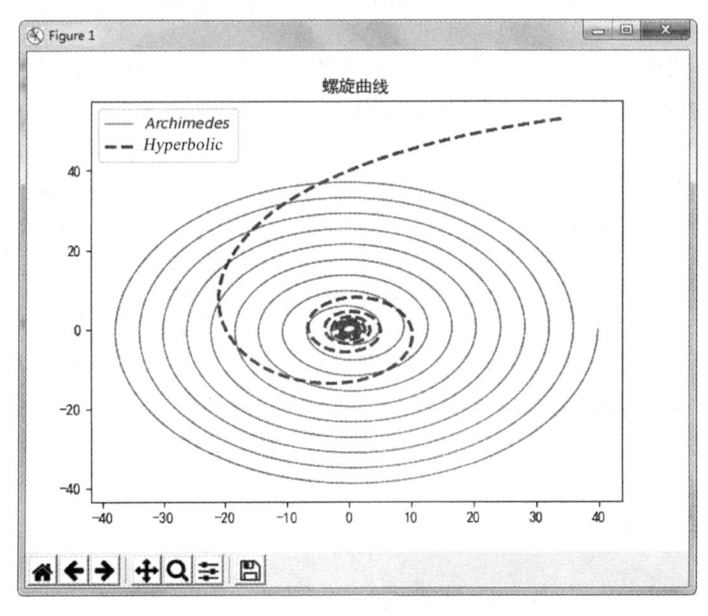

图 11.4 绘制呈现的两种螺旋曲线

其中，红色实线画出的是阿基米德螺线（Archimedes），蓝色虚线描绘的是双曲螺线（Hyperbolic），这两种螺旋曲线都分别具有标注。

11.2 绘制多轴图表：展示初等函数实例

【例 11.2】 在例 11.1 中所绘出的图形只包含一个图表，应用中有时会需要将多个图表放在同一张图上进行显示，为此 MatPlotLib 提供了多轴图表的支持。下面将用多个图表同时展示各种初等函数的图像。

11.2.1 背景知识

初等函数是由幂函数、指数函数、对数函数、三角函数、反三角函数与常数经过有限次的有理运算（加、减、乘、除、乘方、开方）及有限次函数复合所产生，并且能用一个解析式表示的函数。在大学高等数学中所接触到的函数绝大多数都是初等函数，本例将展示如下初等函数。

（1）指数函数：$y = \mathrm{e}^x$。

（2）幂函数：$y = x^2$，$y = x^3$。

（3）对数函数：$y = \ln x$。

（4）正切函数：

① 三角正切：$y = \tan x = \dfrac{\sin x}{\cos x}$。

② 双曲正切：$y = \tanh x = \dfrac{\sinh x}{\cosh x} = \dfrac{e^x - e^{-x}}{e^x + e^{-x}}$。

（5）三角函数：$y = \sin x$，$y = \cos x$。

（6）双曲函数：

① 双曲正弦：$y = \sinh x = \dfrac{e^x - e^{-x}}{2}$。

② 双曲余弦：$y = \cosh x = \dfrac{e^x + e^{-x}}{2}$。

运用 MatPlotLib 的多轴图表绘制技术，将其函数图像绘在多个子图中并于同一个界面上统一展示。

11.2.2　实现原理

要在同一界面上绘制多个子图，子图间的布局至关重要。MatPlotLib 采用从虚拟阵列图中"提取"子图的方法来控制图表布局。这种方法的基本原理如图 11.5 所示，在创建好绘图主 Figure 对象后，调用其 add_subplot()方法，通过向该方法传递进一个 3 位整数参数来指定所要提取的子图位置和形态。

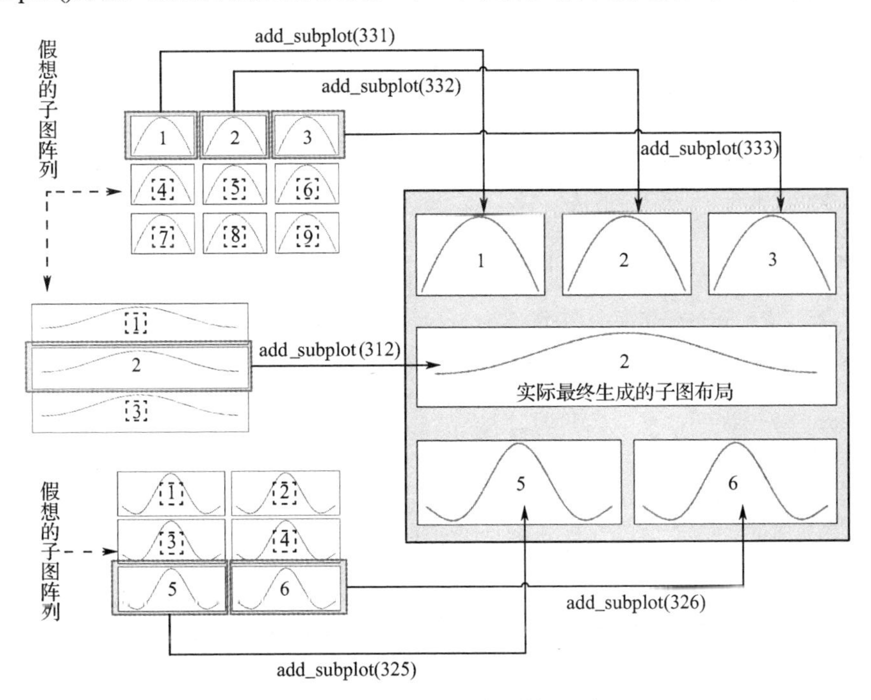

图 11.5　MatPlotLib 多轴图布局原理

例如，add_subplot(331)的参数"331"，前两个数字 3、3 表示在一个假想的 3×3 子图阵列中提取，第三个数字 1 表示提取序号为 1 的子图，阵列中子图的序号都是按照从左往右、从上往下自 1 开始的自然数顺序编号的。这样通过自定义多组 add_subplot()方法的参数，用户就可以十分灵活地控制最终界面上所有图表的布局。

11.2.3 程序及分析

本例将以图 11.5 中最终生成的子图布局为模板，展示各种基本初等函数的图像。

代码如下（ch11, 初等函数, 2d_matplotlib_function.py）：

```
import numpy as npy
import matplotlib.pyplot as pyt
import matplotlib                                              # 导入全库
pyt.rcParams['font.sans-serif'] = ['SimHei']                   # 正常显示中文
pyt.rcParams['axes.unicode_minus'] = False                     # 正常显示坐标值负号
gbk = matplotlib.font_manager.FontProperties(fname = 'C:\Windows\Fonts\simkai.ttf')
                                                               # (1)
myfg = pyt.figure()
myfg.patch.set_color("lightgreen")                             # (2)
myfg.suptitle("基本初等函数", fontweight = 'bold', fontsize = 'large')
x = npy.linspace(-1, 1, 10000)
axs1 = myfg.add_subplot(331)                                   # 3 行 3 列中第 1 个图
axs1.plot(x, npy.e**x, color = "green", linewidth = 1.0)       # (3)
axs1.set_title("指数函数", fontsize = 'small')
axs2 = myfg.add_subplot(332)                                   # 3 行 3 列中第 2 个图
axs2.plot(x, x**2, label = u'偶函数', color = "red", linewidth = 0.8)
axs2.plot(x, x**3, "b-.", label = u'奇函数', linewidth = 0.7)
axs2.set_title("幂函数", fontsize = 'small')
axs2.legend(prop = gbk)
axs3 = myfg.add_subplot(333)                                   # 3 行 3 列中第 3 个图
x = npy.linspace(0.001, 1, 10000)
axs3.plot(x, npy.log(x), color = "green", linewidth = 1.0)
axs3.set_title("对数函数", fontsize = 'small')
axs4 = myfg.add_subplot(312)                                   # 第 2 行占一整行(等效看作 3 行 1 列中第 2 个图)
x = npy.linspace(-4.5, 4.5, 10000)
axs4.plot(x, npy.tanh(x), label = "$y = thx$", color = "black", linewidth = 1.1)
axs4.plot(x, npy.tan(x), "r--", label = "$y = tanx$", linewidth = 1.1)
axs4.set_ylim(-1.2, 1.2)
axs4.patch.set_color("y")
axs4.set_title("正切函数", fontsize = 'medium')
axs4.legend()
# 第 3 行分两列（分别等效看作 3 行 2 列中第 5、6 个图）
axs5 = pyt.subplot(325)
x = npy.linspace(-2*npy.pi, 2*npy.pi, 10000)
axs5.plot(x, npy.sin(x), label = u'正弦', color = "b", linewidth = 1.0)
axs5.plot(x, npy.cos(x), "g-.", label = u'余弦', linewidth = 0.7)
axs5.patch.set_color("cyan")
axs5.set_title("三角函数", fontsize = 'small', loc = 'left')
axs5.legend(prop = gbk)
axs6 = pyt.subplot(326)
x = npy.linspace(-5, 5, 10000)
axs6.plot(x, npy.sinh(x), label = u'正弦', color = "b", linewidth = 1.0)
axs6.plot(x, npy.cosh(x), "g-.", label = u'余弦', linewidth = 0.7)
axs6.patch.set_color("cyan")
axs6.set_title("双曲函数", fontsize = 'small', loc = 'left')
```

```
axs6.legend(prop = gbk)
pyt.subplots_adjust(hspace = 0.5)                          # 调整子图行间距
pyt.show()
```

说明：

（1）本例在其中几个子图的曲线标注上使用了中文，由于 MatPlotLib 默认并不支持图表标注文字的汉字编码，需要用户在程序中设置。通过 MatPlotLib 的字体管理器可以载入操作系统支持的任何汉字字体，步骤如下。

① 导入 MatPlotLib 库。之前绘图使用的只是 Pyplot 子库，用“matplotlib.pyplot”引入的仅仅是该子库中的类，默认并不包含 MatPlotLib 库的全部类，要使用字体管理器，还必须导入全库才行：

```
import matplotlib
```

② 加载汉字字体。使用 matplotlib.font_manager 字体管理器加载计算机控制面板已安装的字体（位于 C:\Windows\Fonts\下的.ttf 字体文件）：

```
gbk = matplotlib.font_manager.FontProperties(fname = 'C:\Windows\Fonts\simkai.ttf')
```

这里加载的是一种楷体类型。

③ 设置中文字符转码。加载了字体属性后，还需要在中文显示的地方加上字符转码标记，例如，下面的绘图语句：

```
axs2.plot(x, x**2, label = u'偶函数', color = "red", linewidth = 0.8)
```

为显示中文“偶函数”，就要将显示内容放在一对单引号内，并在之前加“u”表示需要转换编码。

④ 加标注时传入汉字编码属性。所有需要显示中文标注的子图，在为其加标注的语句中都必须传入一个表示字符编码类型的属性，这个属性值也就是第②步 matplotlib.font_manager 字体管理器所返回的变量值，比如：

```
axs2.legend(prop = gbk)
```

经以上设置后，就可以在任何一个图表的图例标注中使用中文了。

（2）MatPlotLib 图表中的每一个可视元素在内部都以一个 Artist 对象表示，而每个 Artist 对象都有丰富的属性控制其显示效果。Figure 绘图对象和 Axes 坐标对象都有一个 patch 属性表示其背景，通过 set_color()方法来设置，代码如下：

```
myfg.patch.set_color("lightgreen")
```

将整个界面的背景设为亮绿色，同理，若要将界面上某一子图的背景设为黄色，则设置该子图 Axes 对象的 patch 属性即可，代码如下：

```
axs4.patch.set_color("y")
```

故通过 patch 属性可以为界面及其上任意子图设置不一样的背景色。

（3）在多轴图表中，每一个子图都对应一个 Axes 坐标对象，在使用主界面 Figure 对象的 add_subplot()方法添加子图时，返回得到的就是这个子图的 Axes 对象，接下来调用哪个子图 Axes 对象的 plot()方法，就表示在该子图上画图。Axes 对象不仅仅是画图的句柄，还可以用来设置其对应子图的各项属性，如用 set_title()方法设置子图标题，用 set_xlim()、set_ylim()设置子图坐标轴刻度范围等。

运行效果：

本实例最后完成几种基本初等函数图像的显示效果，如图 11.6 所示。各种常用的基本初等函数图像对比清晰、一目了然。

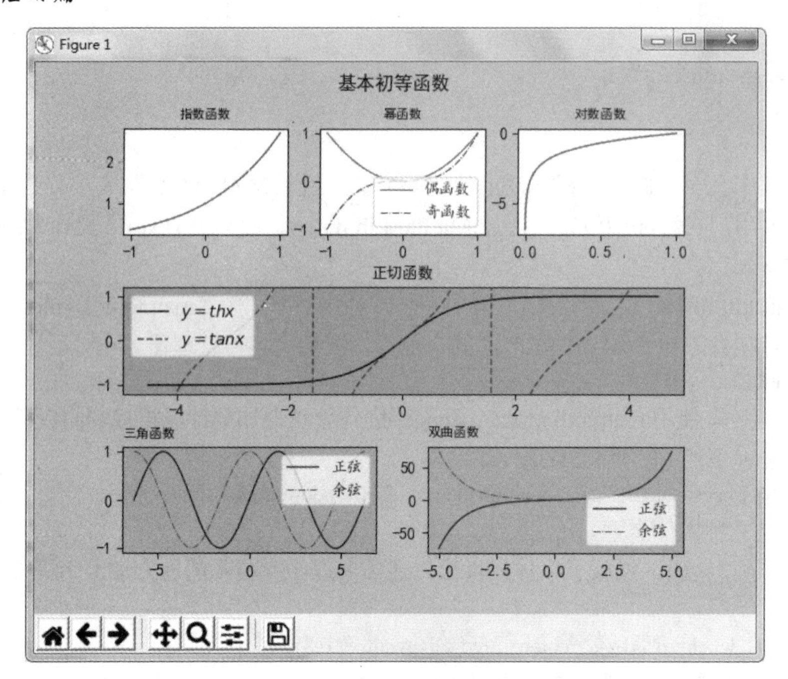

图 11.6 展示的几种基本初等函数图像

11.3 定制表轴刻度：演示摆线形成实例

【例 11.3】 MatPlotLib 不仅可以对图表上的曲线以及多个图表进行精确控制，而且还可以定制图表的刻度线形式和外观。接下来通过力学中著名的摆线形成过程的演示，来应用自定义的图表刻度。

11.3.1 背景知识

摆线是经典力学和数学中最为著名的曲线之一，在 17 世纪人类对力学和物理运动非常痴迷，有一大批卓越的数学家和物理学家（如伽利略、帕斯卡、托里拆利、笛卡儿、费马、惠更斯、伯努利、莱布尼兹、牛顿等）都热衷于研究这一曲线的性质。

在数学上，摆线被定义为一个圆沿一条直线滚动时，圆边界上某一定点所形成的轨迹，它的方程为：

$$\begin{cases} x = r(t - \sin t) \\ y = r(1 - \cos t) \end{cases}$$

其中，r 为滚动圆的半径，t 为弧度单位表示圆滚动所转过的角度，如图 11.7 所示，摆线的第一道拱刚好由参数 t 在$(0, 2\pi)$区间内的点组成，此时圆正好沿 x 轴滚动一周（2π 弧度）。

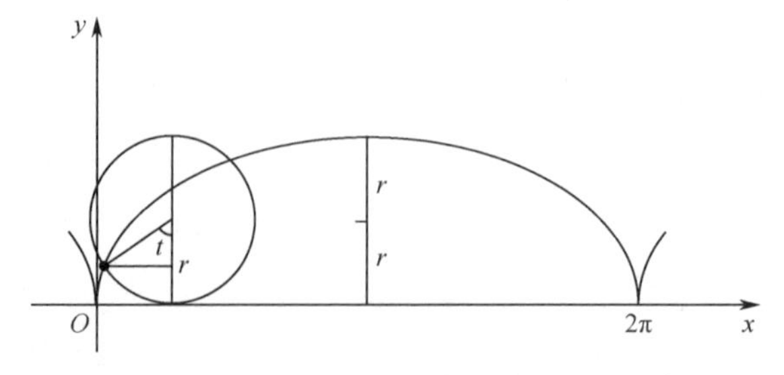

图 11.7 摆线方程参数的意义

摆线在数学和物理中有着广泛的应用，同时它也是科学史上著名的最速降线和等时降落问题的解。

11.3.2 实现原理

为了能够定量地精确描绘摆线上点的轨迹，需要用到 MatPlotLib 库的坐标轴刻度定制功能。

（1）Axis 容器及刻度线对象。

MatPlotLib 通过 Axis 容器来定制图表的刻度，Axis 容器本身就是 Axes 坐标对象的属性，容器中包括两个刻度线对象，即 XTick 和 YTick（分别代表平面 X 轴和 Y 轴的刻度），在使用时通过下面的语句获得坐标轴的刻度线对象：

```
myaxs.xaxis                                  # 获得 XTick（X 轴刻度线）对象
myaxs.yaxis                                  # 获得 YTick（Y 轴刻度线）对象
```

（2）主刻度与副刻度。

应用中为了精确量度某些物理量，常常需要将同一条刻度线划分为主、副两种刻度，主刻度显示该量值的大致范围，副刻度则进一步精准定位该量值。

Axis 的刻度线对象使用 get_major_ticks()方法获取主刻度，用 get_minor_ticks()获取副刻度，并且提供 get_ticklines()方法和 get_ticklabels()方法分别获取刻度线和刻度文本，通常编程时再对 for 循环作进一步的设置。

例如，要将 X 轴主刻度文本设为放大的绿色字体，且倾斜 15 度；将 Y 轴刻度线设为蓝色，可以这样写：

```
for tk in myaxs.xaxis.get_major_ticks():              # 获得 X 轴主刻度
    tk.label1.set_fontsize(12)                        # 字体放大为 12 号
for tkxlabel in myaxs.xaxis.get_ticklabels():         # 获得 X 轴刻度文本
    tkxlabel.set_color("g")                           # 文本设为绿色
    tkxlabel.set_rotation(-15)                        # 文字倾斜 15 度显示
for tkyline in myaxs.yaxis.get_ticklines():           # 获得 Y 轴刻度线
    tkyline.set_color("blue")                         # 刻度线设为蓝色
```

通过 Axis 容器及其刻度线对象的主、副刻度，就可以定制符合自己需要的图表刻度样式。

11.3.3 程序及分析

代码如下（ch11, 摆线形成, 2d_matplotlib_cycloid.py）：

```
import numpy as npy
import matplotlib.pyplot as pyt
import matplotlib
from matplotlib.ticker import MultipleLocator, FuncFormatter              #（1）
pyt.rcParams['font.sans-serif'] = ['SimHei']          # 正常显示中文
gbk = matplotlib.font_manager.FontProperties(fname = 'C:\Windows\Fonts\simkai.ttf')
                                                      # 计算机控制面板已安装的字体（楷体）
myfg = pyt.figure(figsize = (10, 3))                                     #（2）
myaxs = myfg.add_axes([0.1, 0.3, 0.8, 0.5])
# 绘制滚动圆
r = 0.01
t = npy.arange(0, 2*npy.pi, 0.001)
a, b = (npy.pi*r, r)
x = a + r*npy.cos(t)
y = b + r*npy.sin(t)
```

```
myaxs.plot(x, y, "g-.", label = u'滚动圆', linewidth = 0.8)
# 绘制点
myaxs.scatter(npy.pi*r, 2*r, s = 20, label = u'动点', color = "b")            #（3）
# 绘制摆线
t = npy.linspace(0, 10*2*npy.pi, 10000)
x = r*(t - npy.sin(t))
y = r*(1 - npy.cos(t))
myaxs.plot(x, y, label = u'轨迹', color = "blue", linewidth = 1.25)
# 坐标刻度-文本转换
def locator_text_transform(x, pos):                 # 将数值 x 转换为以(π/6)*r 为单位的文本
    p = npy.round(x/(npy.pi*r/6))                   # 用 x 除以(π/6)*r,得到刻度值（分子）
    q = 6                                           # 分母取最小公倍数 6,便于约分
    if p % 2 == 0: p, q = p/2, q/2                  # 若分子是 2 的整数倍,则约去 2
    if p % 3 == 0: p, q = p/3, q/3                  # 若分子是 3 的整数倍,则约去 3
    if p == 0:
        return "0"                                  # 坐标 0 点
    if p == 1 and q == 1:
        return "$\pi$"                              # 坐标 π 点
    if q == 1:
        return r"$%d\pi$" % p                       # 坐标点 2π、3π、4π...
    if p == 1:
        return r"$\frac{\pi}{%d}$" % q              # 坐标点 π/6、π/3、π/2...
    return r"$\frac{%d\pi}{%d}$" % (p,q)            # 其余主刻度点（2π/3、5π/6、19π/6 等）
myaxs.set_xlim(0, 2*2*npy.pi*r + 0.3*npy.pi*r)
myaxs.set_ylim(0, 2*r*1.2)
# 主刻度为(π/6)*r
myaxs.xaxis.set_major_locator(MultipleLocator(r*npy.pi/6))            #（4）
myaxs.xaxis.set_major_formatter(FuncFormatter(locator_text_transform))
# 副刻度为(π/6)*r/6
myaxs.xaxis.set_minor_locator(MultipleLocator(r*npy.pi/6/6))
# 指定刻度的样式
for tk in myaxs.xaxis.get_major_ticks():
    tk.label1.set_fontsize(12)
for tkxlabel in myaxs.xaxis.get_ticklabels():
    tkxlabel.set_color("g")
    tkxlabel.set_rotation(-15)
for tkylabel in myaxs.yaxis.get_ticklabels():
    tkylabel.set_color("b")
for tkxline in myaxs.xaxis.get_ticklines():
    tkxline.set_color("green")
    tkxline.set_markersize(7)                           # 设置刻度线长短
    tkxline.set_markeredgewidth(1.5)                    # 设置刻度线粗细
for tkyline in myaxs.yaxis.get_ticklines():
    tkyline.set_color("blue")
    tkyline.set_markersize(5)
    tkyline.set_markeredgewidth(1.2)
for mtkline in myaxs.xaxis.get_ticklines(minor = True):      # minor 设为 True 表示副刻度
    mtkline.set_color("y")
    mtkline.set_markersize(3)
    mtkline.set_markeredgewidth(1.0)
pyt.xlabel("单位  r = " + str(r), color = "b")
```

```
pyt.grid(linestyle = '--')                          # 图表加网格线
pyt.title("摆线形成原理")
myaxs.legend(prop = gbk)
pyt.show()
```

说明：

（1）MatPlotLib 有关刻度线定位和刻度文本设置的类都是在 matplotlib.ticker 子库中定义的，本例程序使用到其中的两个类。

① MultipleLocator：放置刻度线，由用户指定一个参数值，MultipleLocator 会自动以该值的整数倍来放置刻度。

② FuncFormatter：计算刻度文本，由用户自定义一个函数作为参数传递给 FuncFormatter，FuncFormatter 就会以此函数为依据计算出各刻度线值所对应的刻度文本。

（2）在创建绘图对象时还可以使用 figsize 参数指定图表的宽、高（单位为英寸），MatPlotLib 默认每英寸图像是 80 个像素，本例创建的 figsize = (10, 3)的图表像素值就是 800×240，通过自定义 Figure 对象的 figsize 参数，可以自如地调节图表尺寸大小，使显示效果更加美观。

（3）scatter()方法描画图上的点，其中前两个参数值“npy.pi*r, 2*r”表示点的坐标是(πr, 2r)，第 3 个参数 s 表示点的大小，读者可以适当调整这些参数至满意的外观。

（4）调用刻度线对象 set_major_locator()方法来手动设置主刻度的位置，这里指定参数 MultipleLocator(r*npy.pi/6)表示以 πr/6 的整数倍来放置主刻度；set_major_formatter()则用来控制主刻度文本，参数 FuncFormatter(locator_text_transform)表示刻度文本由用户自定义的 locator_text_transform 函数生成，FuncFormatter 类传递给该函数两个参数 x（刻度值）、pos（刻度序号），而具体的转换算法则由用户在 locator_text_transform 函数中自行编程实现。副刻度的设定与主刻度一样，只不过是改用了 set_minor_locator()方法、set_minor_formatter()方法。

运行效果：

本实例最后完成的演示效果，如图 11.8 所示。

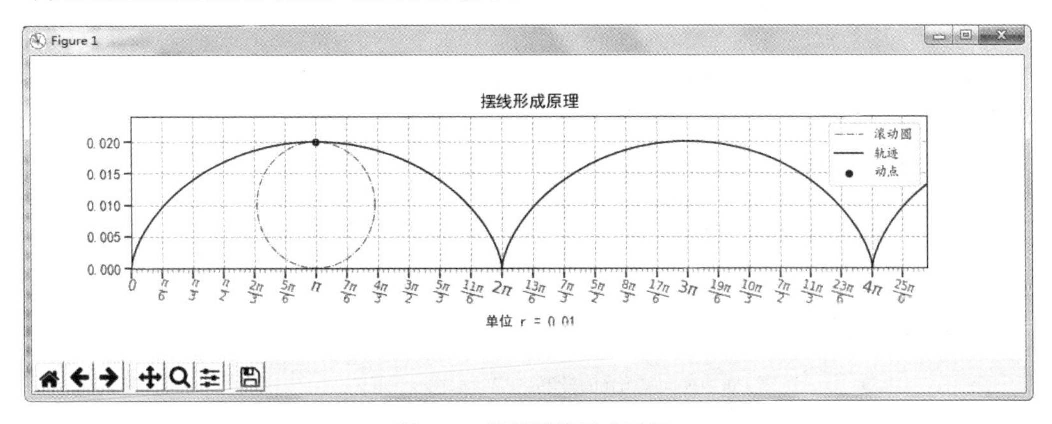

图 11.8　演示摆线形成原理

图中针对滚动圆、动点及其生成的摆线轨迹都有醒目的标注，并结合定制的主、副坐标刻度，很直观地表现了摆线的形成过程及其重要性质。

第12章 为什么这么快：数值处理及实例

NumPy 是 Python 的一个开源数值计算扩展库，它提供了真正的多维数组处理能力，并将 Python 中常用的数学函数进行了数组化包装，使其能直接作用于整个数组，将原本要在 Python 语言级别进行的循环操作放至底层的 C 语言代码中去执行，从而大幅度提高了数据处理的速度和效率。作为数值数据处理的一个基础库，NumPy 为实现 Python 较高层次的科学计算提供了必不可少的支撑。

前面章节已经介绍了 NumPy 模块中数组和矩阵的基本使用，本章将进一步介绍其功能，并完成相关的综合应用实例。

12.1 数组的创建

NumPy 所处理的数值数据都是以数组的形式存放于计算机内存中的，故要用 NumPy 进行数值处理，首先要创建数组。下面结合一些简短的程序片段来介绍数组的创建及基本的设置操作，这些程序片段的完整代码写在源文件 ndarray_create.py 中（本书提供源码），编程之前要先导入 NumPy 库，语句如下：

```
import numpy as npy
```

接下来通过引用“npy.函数名”的方式就可以使用 NumPy 库的功能了。

12.1.1 NumPy 数组函数

NumPy 库提供了几个专用于创建数组的函数，常用的有 arange()、linspace()等。

1. arange()函数

通过指定起始值、终值和步长来创建一维数组，例如，以下语句创建 0～100 间隔为 10 组成的数组 d（ch12, 数组的创建与设置, ndarray_create.py）：

```
print("0～100 间隔为 10 的数组 d：")
d = npy.arange(0, 100, 10)
print(d)
```

arange()函数创建的数组默认不包括终值，故以上代码执行后的输出为：

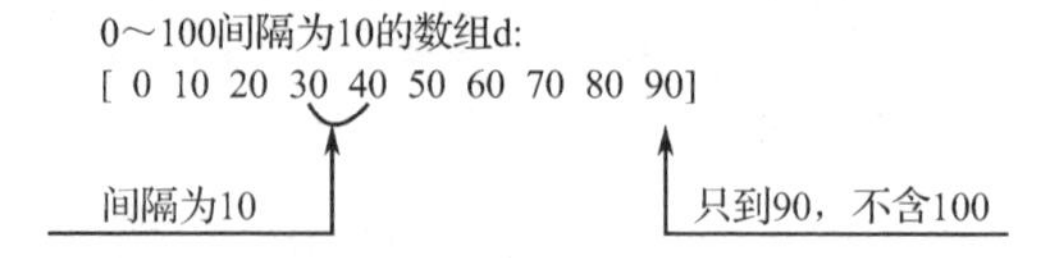

2. linspace()函数

通过指定起始值、终值和元素的个数来创建一维数组，例如，以下语句创建由 0～1 间等距的 11 个数所组成的数组 f（ch12, 数组的创建与设置, ndarray_create.py）：

```
print("0～1 间等距的 11 个数组 f：")
f = npy.linspace(0, 1, 11)
print(f)
```

与 arange()不同的是，linspace()函数创建的数组默认是包含终值的，输出为：

```
0～1间等距的11个数组f:
[0.  0.1 0.2 0.3 0.4 0.5 0.6 0.7 0.8 0.9 1. ]
```

包含终值1

12.1.2　数组维度设定

上面创建的两个数组 d 和 f 都是一维的，可以通过数组的 shape 属性获得和修改数组的维度，例如，将数组 d 由一维改为二维（ch12, 数组的创建与设置, ndarray_create.py）：

```
print("数组 d 原来的维度为：")
print(d.shape)
print("设为二维数组：")
d.shape = 2, -1                    # 指定第 2 维为-1, NumPy 会自动计算第 2 维的长度
print(d)
print("新维度为：")
print(d.shape)
```

程序输出为：

```
数组d原来的维度为:
(10,)
设为二维数组:
[[ 0 10 20 30 40]
 [50 60 70 80 90]]
新维度为:
(2, 5)
```

使用 reshape()方法可以创建一个改变了尺寸的新数组，而原数组的维度保持不变。例如，用原数组 d 的元素新建一个 5×2 的新数组 d0（ch12, 数组的创建与设置, ndarray_create.py），代码如下：

```
print("改变 d 的尺寸，创建新数组 d0：")
d0 = d.reshape(5, 2)
print(d0)
print("数组 d 不变：")
print(d)
```

程序输出为：

```
改变d的尺寸，创建新数组d0:
[[ 0 10]
 [20 30]
 [40 50]
 [60 70]
 [80 90]]
数组d不变:
[[ 0 10 20 30 40]
 [50 60 70 80 90]]
```

虽然新数组 d0 与 d 维度不同，但通过这种方式创建的数组与原数组是共享同一块内存区的，也就是说，修改其中任何一个的元素值都会同步地更改另一个数组中的对应元素。可以写一段程序来测试一下（ch12, 数组的创建与设置, ndarray_create.py）：

```
print("修改 d0 某个元素值：")
d0[2, 1] = 99
```

```
print(d0)
print("此时 d 也发生改变：")
print(d)
```

输出结果为：

```
修改d0某个元素值：
[[ 0 10]
 [20 30]
 [40 99]
 [60 70]
 [80 90]]
此时d也发生改变：
[[ 0 10 20 30 40]
 [99 60 70 80 90]]
```

可以发现，此时两个数组中的元素值都变成了 99。

12.1.3 函数生成数组

为了满足用户以较复杂的算法生成数组元素的需要，NumPy 还支持用户自定义函数生成数组，下面的例子产生两个指数等比数列，其中第一个数列用的是 NumPy 内置 logspace()函数生成的；第二个数列则是由用户定义的函数生成的。

代码如下（ch12,通过函数生成数组, ndarray_fromfunc.py）：

```
import numpy as npy
npy.set_printoptions(suppress=True)              # 输出整数时不用科学计数，用常规显示
# logspace()函数创建数组
print("1～10000 内 9(3*3)个数的等比数列 lg：")
lg = npy.logspace(0, 4, 9)                       # (1)
lg.shape = 3, 3
print(lg)
# 用自定义的函数生成数组
def lnspace(i, j):return npy.e**(i*3 + j)
print("以 e 为底的 3*3 指数等比数列 ln：")
ln = npy.fromfunction(lnspace, (3, 3))           # (2)
print(ln)
```

说明：

（1）logspace()函数的前两个参数“0,4”表示数组元素从10^0～10^4（1～10000）中产生，第 3 个参数“9”表示按等比规律一共生成 9 个元素。

（2）fromfunction()方法的第一个参数为计算生成数组元素的函数，由用户自己编写，但必须是一个以下标（数组元素索引）为参数计算数值的函数，这里预定义为 lnspace()；第二个参数为数组的维度，本例设为(3, 3)（与 logspace()函数生成的数组结构相同）。

运行结果：

```
1～10000内9(3*3)个数的等比数列lg:
[[    1.             3.16227766    10.          ]
 [   31.6227766    100.           316.22776602]
 [ 1000.          3162.27766017 10000.         ]]
以e为底的3*3指数等比数列ln:
[[    1.             2.71828183     7.3890561 ]
 [   20.08553692    54.59815003   148.4131591 ]
 [  403.42879349  1096.63315843  2980.95798704]]
```

12.2　数组的存取

NumPy 存取数组元素的方式十分灵活，常用的基本方法有三种：切片法、整数序列法和布尔数组法，这些方法不仅可存取一维数组，对于复杂的多维数组也同样适用。另外，NumPy 还能够从外部文件中读/写复杂的结构数组。下面就来依次介绍这些数组的存取方法，其中所用到的短程序片段来自源文件 ndarray_access .py 和 ndarray_multidimen.py。

12.2.1　基本存取方法

1. 切片法

切片法是最通用的一种方法，它对数组元素的引用格式为：

```
数组名[ 起始下标:结束下标:步长 ]
```

说明： 下标都是从 0 开始的整数，所切取的元素从起始下标的元素开始，但不包含结束下标对应的元素。步长表示取数间隔（若是顺序取可省略），可以为负数（表示从后往前倒过来取）。

举例（ch12,一维数组元素存取, ndarray_access.py），从 20 以内整数数组中取质数：

```
print("在 20 以内取质数")
# 生成 20 以内整数的一维数组
d = npy.arange(0, 20, 1)
print(d)
print("第一个质数为：")
print(d[2])                    # 整数下标（从 0 开始）直接引用数组元素
print("1.切片法取数")
print("前两个质数：")
print(d[2:4])                  # 包括 d[2]、d[3],不含 d[4]
print("间隔 1 的三个质数：")
print(d[3:9:2])                # 切片第三个参数 2 表示步长（隔一个元素取一个），最后一个 d[9]不取
print("从后往前倒过来取：")
print(d[7:2:-2])               # 步长为负数（-2）表示倒着取
```

程序输出结果为：

```
在20以内取质数
[ 0  1  2  3  4  5  6  7  8  9 10 11 12 13 14 15 16 17 18 19]
第一个质数为：
2
1.切片法取数
前两个质数：
[2 3]
间隔1的三个质数：
[3 5 7]
从后往前倒过来取：
[7 5 3]
```

2. 整数序列法

该方法由用户提供一个整数序列，其格式为：

```
数组名[ [整数序列] ]
```

实际取元素的时候，使用该整数序列中的每一个元素作为下标到原数组中选取相应的值。

此法适用于已确定了要取哪几个特定元素，而这些元素在原数组中分布得较为零散，无法使用连续切片切取的情况。如要获取 20 以内的所有质数（ch12，一维数组元素存取, ndarray_access.py），可以

直接这样写：

```
print("2.整数序列法")
print("所有质数：")
print(d[[2,3,5,7,11,13,17,19]])
```

输出结果为：

```
2.整数序列法
所有质数：
[ 2  3  5  7 11 13 17 19]
```

3. 布尔数组法

与整数序列法相似，不同的是引用的参数为布尔数组（其元素只有 True 和 False 二值），其格式为：

```
数组名[ [布尔数组] ]
```

这种方法取到的是原数组所有在布尔数组中对应下标为 True 的元素。使用布尔数组作为下标获得的数组不与原数组共享内存，即用此法获取返回的是一新数组。如（ch12, 一维数组元素存取, ndarray_access.py）：

```
print("3.布尔数组法")
print("大于 10 的质数：")
d0 = d[d > 10]                          # d0 与 d 不共享内存
print(d0[npy.array([True,False,True,False,False,False,True,False,True])])
```

输出结果为：

```
3.布尔数组法
大于10的质数：
[11 13 17 19]
```

注意：新版 NumPy 要求布尔数组的长度必须与原数组完全匹配，这也是为什么先要用“d0 = d[d > 10]”从数组 d 中截取大于 10 的区段，另建一个数组 d0 来作为布尔法取数的原数组原因。

12.2.2 多维数组的存取

NumPy 多维数组存取方法与一维一样，只是多维数组包含多个维度，因此它的下标需要用多个值才能确定。NumPy 采用元组作为多维数组的下标，元组中的每一个元素与数组中的一个维度相对应，以一个二维数组为例，其基本的引用格式为：

```
数组名[ 起始下标 1:结束下标 1:步长 1, 起始下标 2:结束下标 2:步长 2 ]
```

其中元组的两个元素分别对应于数组的行和列，皆以“起始下标:结束下标:步长”的形式给出切片，不过在实际使用时，并不强求给出切片完整的三个参量，可以有多种多样灵活的写法，比如：

```
数组名[n, :]                            # 取第 n+1 行
数组名[m:n, k]                          # 取第 k+1 列第(m+1)~n 个
```

下面通过实例来演示多维数组的存取规则，首先，编程生成一个 9×9（乘法口诀表）的二维数组作为取数的原数组（ch12, 多维数组元素存取, ndarray_multidimen.py），语句如下：

```
import numpy as npy
npy.set_printoptions(suppress=True)     # 输出整数时不用科学计数，用常规显示
'''多维数组的存取'''
# 用自定义函数生成 9*9 乘法口诀表
def multiplicative(i, j):return (i + 1)*(j + 1)
m = npy.fromfunction(multiplicative, (9, 9))
print(m)
```

执行程序，看到的二维数组为：

```
[[ 1.   2.   3.   4.   5.   6.   7.   8.   9.]
 [ 2.   4.   6.   8.  10.  12.  14.  16.  18.]
 [ 3.   6.   9.  12.  15.  18.  21.  24.  27.]
 [ 4.   8.  12.  16.  20.  24.  28.  32.  36.]
 [ 5.  10.  15.  20.  25.  30.  35.  40.  45.]
 [ 6.  12.  18.  24.  30.  36.  42.  48.  54.]
 [ 7.  14.  21.  28.  35.  42.  49.  56.  63.]
 [ 8.  16.  24.  32.  40.  48.  56.  64.  72.]
 [ 9.  18.  27.  36.  45.  54.  63.  72.  81.]]
```

（1）单独取某整行。

取第 4 行（ch12, 多维数组元素存取, ndarray_multidimen.py），语句如下：

```
print("取第 4 行：")
print(m[3, :])                                # 行索引默认从 0 开始
```

得到结果为：

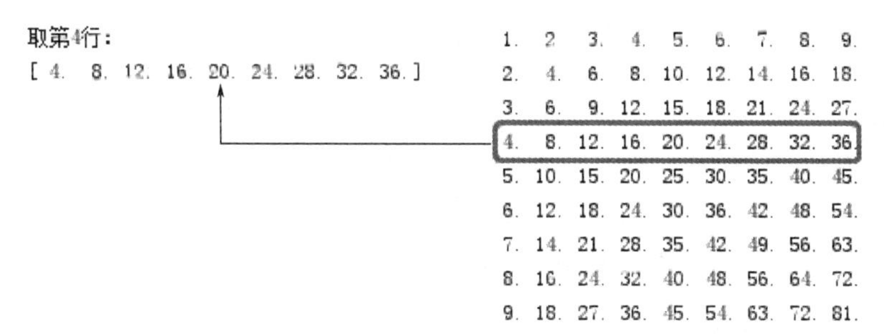

（2）取某列上的连续几个。

取第 2 列 6～8 个（ch12, 多维数组元素存取, ndarray_multidimen.py），语句如下：

```
print("取第 2 列 6～8 个：")
print(m[5:8, 1])                              # 列索引同样从 0 开始
```

得到结果为：

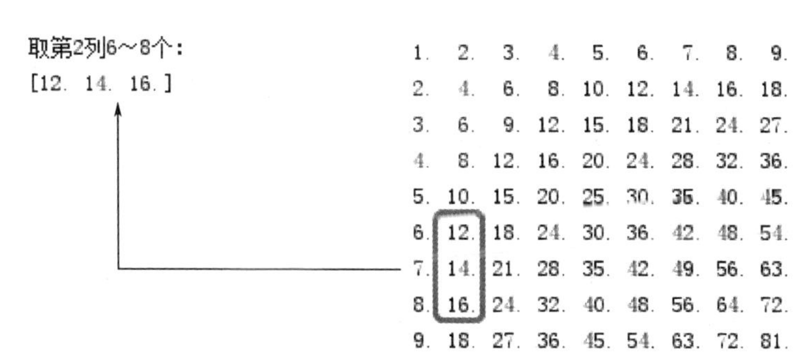

（3）取某些区块的数据元素。

例如，（ch12,多维数组元素存取, ndarray_multidimen.py）：

```
print("取右上 3*3 区：")
print(m[:3, 6:])                              #（1）
print("取右下 5*5 区（隔行列）：")
print(m[4::2, 4::2])                          #（2）
```

得到结果为：

```
取右上3*3区:
[[ 7.  8.  9.]
 [14. 16. 18.]
 [21. 24. 27.]]
取右下5*5区(隔行列):
[[25. 35. 45.]
 [35. 49. 63.]
 [45. 63. 81.]]
```

```
1.  2.  3.  4.  5.  6.  7.  8.  9.
2.  4.  6.  8. 10. 12. 14. 16. 18.
3.  6.  9. 12. 15. 18. 21. 24. 27.
4.  8. 12. 16. 20. 24. 28. 32. 36.
5. 10. 15. 20. 25. 30. 35. 40. 45.
6. 12. 18. 24. 30. 36. 42. 48. 54.
7. 14. 21. 28. 35. 42. 49. 56. 63.
8. 16. 24. 32. 40. 48. 56. 64. 72.
9. 18. 27. 36. 45. 54. 63. 72. 81.
```

说明：

（1）因是从顶部的第 0 行开始取，所以元组第一个元素可省去起始下标，又因为是顺序取行，步长 1 也可省略，故最终可简写为“:结束下标”即“:3”（实际行号只取到 2，不含 3）；同理，因所取数据块紧靠最右边，所以元组中第二个元素可省去结束下标，步长 1 当然也可不写，最终简写为“起始下标:”即“6:”。

（2）右下角 5×5 的数据块，其起始行、列号皆为 4，又由于要在其中同时隔行、隔列取数，步长必须写明为 2，能省略的只有结束下标，故元组的两个元素的写法都是“起始下标::步长”即“4::2”。

从上例可以看出，虽然 NumPy 的切片取数法非常灵活，但也是由于其写法多样，书写前往往需要用户在脑中进行一番分析，尤其要求对以行列矩阵形式存储的多维数组有一定的空间想象力。

有时候，对某些区域数据的存取会使用相同的算法，所用切片也是相似或相同的，这种情况下，可以将相同的下标元组保存起来或干脆直接创建一个通用的元组，复用它来存取多个地方的数据。

NumPy 使用 slice()函数来创建和保存这种通用元组（ch12,多维数组元素存取,ndarray_multidimen.py），用法如下：

```
print("前 3 行 6 列内间隔取数：")
sidx = slice(None, 5, 2)                                    # 相当于:5:2
print("第 1 行")
print(m[0, sidx])
print("第 2 行")
print(m[1, sidx])
print("第 3 行")
print(m[2, sidx])
```

slice()函数有三个参数，分别对应元组元素的起始下标、结束下标和步长，切片中省略的字段一律以 None 替代，如“slice(None, 5, 2)”就等同于“:5:2”，代入实际的元组“m[0, slice(None, 5, 2)]”后就相当于“m[0, :5:2]”。

上段代码执行的结果为：

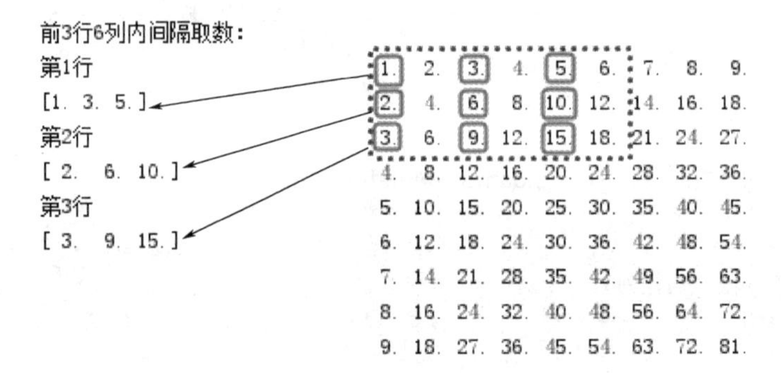

（3）其他方法存取多维数组。

多维数组也同样可以采用整数序列法和布尔数组法存取，如用整数序列法取上面二维数组的对角线元素（ch12, 多维数组元素存取, ndarray_multidimen.py），写法为：

```
print("取对角线平方数：")
print(m[(0,1,2,3,4,5,6,7,8), (0,1,2,3,4,5,6,7,8)])
```

用这种方法取数时，等效于先分别从两个整数序列的对应位置取出两个整数组成一系列的新元组下标：m[0, 0]、m[1, 1]、m[2, 2]、...、m[8, 8]，再以这些新的下标为索引到原数组中取数，执行结果为：

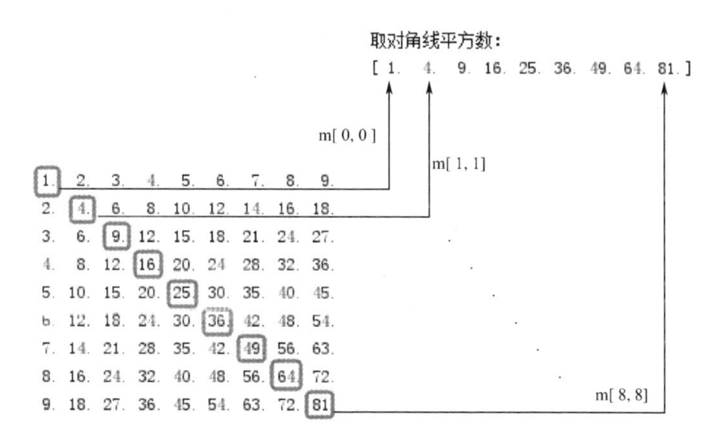

12.2.3　结构数组的存取：读取修改学生成绩

【例 12.1】 在现实中有很多数据是以特定的结构存在的，如一个学生成绩管理系统中的每条数据记录都以这样的字段形式保存：

姓名	课程名	学时	学分	成绩
Jack	Python	80	4	80

应用中一般会将这类数据定义为一个结构体，结构体中的字段占据连续的内存空间，便于管理维护和提高效率。NumPy 当然也支持这样的结构数据，并且很容易定义一个结构数组，还可以从外部文件中载入预先定义好的结构数组，下面通过一个实例来演示这种应用。

在做实例之前，先创建一个.csv 类型的文本文件，在其中预先编辑一些学生成绩的数据记录。

创建文件 xscj.csv，编辑内容如下：

```
姓名,课程名,学时,学分,成绩
Zhou,JavaEE,40,3,90.5
Zhou,MySQL,20,2,88
Zhou,Python,80,4,95.5
Jack,Python,80,4,80
Tom,Python,80,4,75
```

其中，第一行作为结构记录的字段标题，从第二行开始往下为数据，数据字段间以逗号分隔。

代码如下（ch12, 文件存取结构数组, ndarray_filestruct.py）：

```
import numpy as npy
# 定义存储学生成绩记录类型的结构数组
stuscore = npy.dtype({                                          #（1）
    'names': ['xm', 'kcm', 'xs', 'xf', 'cj'],
    'formats': ['S32', 'S32', 'i', 'i', 'f']
})
```

```
# 先以字符串数组格式读 CSV 文件
xscjdata = npy.loadtxt("xscj.csv", dtype = npy.str, delimiter = ",", encoding = 'gb18030')
print("原始数据（来自.csv 文件）：")
print(xscjdata)
# 再针对不同列块数据的类型分别进行转换
mk = xscjdata[1:, :2]                                  #“姓名、课程名”列
sf = xscjdata[1:, 2:4].astype(npy.int)                 #“学时、学分”列
cj = xscjdata[1:, 4:].astype(npy.float)                #“成绩”列
s = npy.array([                                        #（2）
    (mk[0,0], mk[0,1], sf[0,0], sf[0,1], cj[0,0]),
    (mk[1,0], mk[1,1], sf[1,0], sf[1,1], cj[1,0]),
    (mk[2,0], mk[2,1], sf[2,0], sf[2,1], cj[2,0]),
    (mk[3,0], mk[3,1], sf[3,0], sf[3,1], cj[3,0]),
    (mk[4,0], mk[4,1], sf[4,0], sf[4,1], cj[4,0])
    ], dtype = stuscore)
print("构造成结构数组：")
print(s)
# 每个学生每门课成绩加上 1.5 分,存入二进制文件
print("每个学生每门课成绩加 1.5 分…")
c = s["cj"]
c += 1.5
s.tofile("xscj.bin")                                   #（3）
sb = npy.fromfile("xscj.bin", dtype = stuscore)        #（4）
print("处理结果（来自二进制文件）：")
print(sb)
```

说明：

（1）这里先创建一个 dtype 类型的对象 stuscore，通过其字典参数描述结构类型的各个字段。字典中有两个关键字 names 和 formats，每个关键字对应的值都是一个列表，names 的列表定义了结构中的各个字段名称，而 formats 的列表则定义每个字段的类型。NumPy 的结构体支持这样几种常用类型。

① S32：定长（32 字节）字符串类型，由于结构体占据连续的内存区，故结构中每个字段的大小必须固定，所以只支持定长的字符串。

② i：32 位整数类型。

③ f：32 位单精度浮点型。

（2）调用 NumPy 的 array()函数构造一个结构数组，通过属性参数 dtype 指定要创建的数组元素所属的结构类型，这里为刚刚定义好的 stuscore 类型结构。

（3）NumPy 支持的文件存取格式分两大类，即文本文件和二进制文件。使用数组对象的 tofile()方法可以方便地将数组数据保存为一个二进制文件，由于.bin 类型的二进制文件适合 C、C++等高级程序语言读写，故在实际应用中常通过这种方式来实现 Python 程序与其他语言程序的交互协作，如将大量数组数据保存为.bin 二进制格式交由第三方系统的 C 语言程序处理，可极大地提高处理效率。

（4）使用 tofile()方法输出的数据是没有格式的，所以在处理完数据再用 fromfile()读时，需要由程序员自己格式化数据，这里是通过参数 dtype 指定数据类型为自定义的 stuscore 型结构，经过这样格式化了的数据才可以正确使用。

运行效果：

本例程序读取和处理结构化数据整个过程的输出结果，如图 12.1 所示。

```
C:\Users\Administrator\AppData\Local\Programs\Python\Python37\python.exe C:/Users/Administrator/PycharmProjects/Test/ndarray_filestruct.py
原始数据（来自.csv文件）：
[['姓名' '课程名' '学时' '学分' '成绩']
 ['Zhou' 'JavaEE' '40' '3' '90.5']
 ['Zhou' 'MySQL' '20' '2' '88']
 ['Zhou' 'Python' '80' '4' '95.5']
 ['Jack' 'Python' '80' '4' '80']
 ['Tom' 'Python' '80' '4' '75']]
构造成结构数组：
[(b'Zhou', b'JavaEE', 40, 3, 90.5) (b'Zhou', b'MySQL', 20, 2, 88. )
 (b'Zhou', b'Python', 80, 4, 95.5) (b'Jack', b'Python', 80, 4, 80. )
 (b'Tom', b'Python', 80, 4, 75. )]
每个学生每门课成绩加1.5分...
处理结果（来自二进制文件）：
[(b'Zhou', b'JavaEE', 40, 3, 92. ) (b'Zhou', b'MySQL', 20, 2, 89.5)
 (b'Zhou', b'Python', 80, 4, 97. ) (b'Jack', b'Python', 80, 4, 81.5)
 (b'Tom', b'Python', 80, 4, 76.5)]

Process finished with exit code 0
```

图 12.1　NumPy 读取和处理结构化数据

12.3　ufunc 函　数

ufunc 是一种能够对数组中每一个元素同时进行处理操作的函数。一般高级程序语言都内置有数学函数用于处理数值数据，但基本上都只能对单个数值进行处理而无法同时作用于一组数值。ufunc 函数是 Python 语言 NumPy 库的一个特色，它能够按照指定的数学函数（或算法程序）对数组中所有的元素一次性地进行并行处理，是实现 Python 强大科学计算能力的基础。

12.3.1　内置 ufunc 函数

NumPy 对原生 Python 语言 math 库中所有数学函数都进行了 C 语言级别的算法优化和改写，并分别包装为对应的 ufunc 函数，用户在需要时直接调用这些内置的 ufunc 函数就可以对整个数组数据进行处理。

例如，对 0～2π 间的所有典型角度计算余弦值，程序如下：

```
import numpy as npy
npy.set_printoptions(suppress=True)            # 输出整数时不用科学计数，用常规显示
θ = npy.arange(0, 2*npy.pi, npy.pi/12)         # 0～2π 间每隔 π/12(15°)取一个角度值
θ.shape = 6, 4
print("0～2π 间的角度值(单位:弧度):")
print(θ)
# 计算数组中每一个角度的余弦值
f = npy.cos(θ)                                 # 这里的 cos() 是 NumPy 内置的 ufunc 函数
print("计算所有角度的余弦,结果为:")
print(f)
```

输出结果为：

```
0～2π间的角度值(单位:弧度):
[[0.         0.26179939 0.52359878 0.78539816]
 [1.04719755 1.30899694 1.57079633 1.83259571]
 [2.0943951  2.35619449 2.61799388 2.87979327]
 [3.14159265 3.40339204 3.66519143 3.92699082]
 [4.1887902  4.45058959 4.71238898 4.97418837]
 [5.23598776 5.49778714 5.75958653 6.02138592]]
计算所有角度的余弦,结果为:
[[ 1.          0.96592583  0.8660254   0.70710678]
 [ 0.5         0.25881905  0.         -0.25881905]
 [-0.5        -0.70710678 -0.8660254  -0.96592583]
 [-1.         -0.96592583 -0.8660254  -0.70710678]
 [-0.5        -0.25881905 -0.          0.25881905]
 [ 0.5         0.70710678  0.8660254   0.96592583]]
```

这个数组中一共有24个角度值，但使用ufunc函数只须调用一次“f = npy.cos(θ)”就可以完成对全部角度计算余弦，而无须用烦琐的循环数学计算的方式。况且，这个cos()方法内部循环是由NumPy在C语言底层实现的，计算速度要比传统的数学cos函数快得多。

12.3.2 自定义ufunc函数：提取任意范围素数

【例12.2】 虽然NumPy已经提供了大多数常用数学函数（如sin、sinh、sqrt、cos、cosh、tan等）的ufunc版本，但在实际应用中有时候仍不能完全满足要求，特别是需要对数组中所有数据执行某种特定算法运算的场合，用户希望能由自己来编制ufunc函数。

NumPy同样支持自定义ufunc函数的功能，用户可以先用Python语言针对单个数值编写算法程序，然后再通过NumPy提供的frompyfunc()方法将自定义的Python函数转换为ufunc函数，就可以用它来操作整个数组了。

下面通过一个计算素数的实例来演示这种用法。所谓素数（质数），就是在初等数学中一些除了1和自身之外不能被其他任何数整除的数。可先编写一个判断素数的函数，然后将其封装为ufunc版本，就可用来对任意范围任意个数统一进行素数判断了。

代码如下（ch12, 提取任意范围的素数, ufunc_getprime.py）：

```
import numpy as npy
'''获取指定范围内的素数'''
n1 = 2593; n2 = 3240                              # 指定检索的自然数范围
n = npy.linspace(n1, n2, n2 - n1 + 1)             # 生成该范围的数组
# 自定义素数判断函数
def myPrime(x):                                   #（1）
    if x > 1:
        if x == 2:
            return True
        if x % 2 == 0:
            return False
        for i in range(3, int(npy.sqrt(x) + 1), 2):
            if x % i == 0:
                return False
        return True
    return False
# 将自定义函数包装为一个 ufunc 函数
myPrime_ufunc = npy.frompyfunc(lambda x:myPrime(x), 1, 1)      #（2）
```

```
bp = myPrime_ufunc(n).astype(npy.bool)                          #（3）
p = n[npy.array(bp)]                                            #（4）
print("%d～%d 范围内的素数有："%(n1, n2))
print(p)
print("一共%d 个。"%p.size)
```

说明：

（1）这里对判断素数的算法进行了一定程度的优化，主要体现在：

① 用"x % 2 == 0"先将所有的偶数排除掉。

② "for i in range(3, int(npy.sqrt(x) + 1), 2)" 循环从 3 开始只遍历到目标数的算术平方根且跳过偶数。

（2）用 frompyfunc()方法实现由自定义函数到 ufunc 函数的转换，该方法的调用格式为：

```
frompyfunc(自定义函数, 输入参数个数, 返回值个数)
```

因 NumPy 的 frompyfunc()方法不仅可对单参数和返回值的函数进行转换，还可以支持多个输入参数和返回值的用户定义函数，故在使用时需要指明输入参数的个数和返回值个数，且要与用户实际定义的函数相一致。由于 frompyfunc()尚无法做到对用户函数参数的自动识别，故在向它传入用户函数的时候，还要用一个 lambda 函数对用户函数的参数进行一次包装，这里写为"lambda x:myPrime(x)"。

（3）frompyfunc()方法无法确定用户定义函数的返回值类型是否统一，故默认情况下都返回内部 Object(对象)类型的数据，用户要实际使用这些数据还必须手动进行格式化，强制转换为自己需要的数据类型，如本例调用".astype(npy.bool)"将返回结果格式化为布尔型，最终得到一个布尔数组。

（4）在将函数返回结果转化为布尔数组后，就能够以布尔数组法"过滤"出原数组中的所有素数。之前已经介绍过布尔数组法，但在实际的应用中，一般都不会由程序员自己直接写布尔数组，而是经由程序特定的算法运算生成，本例中就是这么做的。

运行结果：

运行程序，在 2593～3240 范围内一共搜索到 80 个素数，输出结果如图 12.2 所示。

```
C:\Users\Administrator\AppData\Local\Programs\Python\Python37\python.exe C:/Users/Administrator/PycharmProjects/Test/ufunc_getprime.py
2593～3240范围内的素数有：
[2593. 2609. 2617. 2621. 2633. 2647. 2657. 2659. 2663. 2671. 2677. 2683.
 2687. 2689. 2693. 2699. 2707. 2711. 2713. 2719. 2729. 2731. 2741. 2749.
 2753. 2767. 2777. 2789. 2791. 2797. 2801. 2803. 2819. 2833. 2837. 2843.
 2851. 2857. 2861. 2879. 2887. 2897. 2903. 2909. 2917. 2927. 2939. 2953.
 2957. 2963. 2969. 2971. 2999. 3001. 3011. 3019. 3023. 3037. 3041. 3049.
 3061. 3067. 3079. 3083. 3089. 3109. 3119. 3121. 3137. 3163. 3167. 3169.
 3181. 3187. 3191. 3203. 3209. 3217. 3221. 3229.]
一共80个。

Process finished with exit code 0
```

图 12.2　ufunc 函数提取素数

有兴趣的读者可以用这个程序作为工具，检索获取更大范围内更多的素数。

12.3.3　ufunc 函数的性能

ufunc 函数是在底层 C 语言级别上循环运算的，所以其运算速度极快，性能也远比传统的高级语言数学函数库高，本节将通过实验来证实这一点。

设计两组实验对比：（1）统计 10 万以内的素数个数；（2）对统计得到的素数序列，以各素数值（取弧度单位）为角度，计算它们的正弦值。

代码如下（ch12, ufunc 与 math 库性能, ufunc_vs_math.py）：

```
import numpy as npy
import time                                                    # 导入时间库
import math                                                    # 导入 math 库
'''两种方式的函数库统计素数及数值计算性能比较'''
n1 = 1; n2 = 100000                                            # 指定检索的自然数范围
# 自定义函数
def myPrime(x):
    if x > 1:
        if x == 2:
            return True
        if x % 2 == 0:
            return False
        for i in range(3, int(npy.sqrt(x) + 1), 2):
            if x % i == 0:
                return False
        return True
    return False
# 包装为 ufunc 函数
myPrime_ufunc = npy.frompyfunc(lambda x:myPrime(x), 1, 1)
'''方式一：用 NumPy 内置（或自包装的）ufunc 函数'''
n = npy.linspace(n1, n2, n2 - n1 + 1)
begin = time.perf_counter()
bn = myPrime_ufunc(n).astype(npy.bool)                # 使用自包装的 ufunc 函数 myPrime_ufunc
pn = n[npy.array(bn)]
print("用 NumPy 内置 ufunc 函数 统计%d～%d 内的素数…"%(n1, n2))
print("一共%d 个。运算用时 %f ms"%(pn.size, (time.perf_counter() - begin) * 1000))
begin = time.perf_counter()
npy.sin(pn, pn)                                       # 使用 NumPy 内置 ufunc 函数 sin
print("求正弦值耗时 %f ms"% ((time.perf_counter() - begin) * 1000))
'''方式二：用自定义函数和 Python 标准 math 库函数'''
m = npy.linspace(n1, n2, n2 - n1 + 1)
begin = time.perf_counter()
for i, k in enumerate(m): m[i] = myPrime(k)           # 直接使用自定义函数 myPrime
bm = npy.array(m, dtype = npy.bool)
pm = n[npy.array(bm)]
print("用自定义函数和 math 库 统计%d～%d 内的素数…"%(n1, n2))
print("一共%d 个。运算用时 %f ms"%(pm.size, (time.perf_counter() - begin) * 1000))
begin = time.perf_counter()
for i, k in enumerate(pm): pm[i] = math.sin(k)        # 使用 math 库函数 sin
print("求正弦值耗时 %f ms"% ((time.perf_counter() - begin) * 1000))
```

运算输出结果为：

```
用NumPy内置 ufunc函数 统计1～100000内的素数...
一共9592个。运算用时 849.941360 毫秒
求正弦值耗时 0.656108 毫秒
用自定义函数和 math库 统计1～100000内的素数...
一共9592个。运算用时 2625.363548 毫秒
求正弦值耗时 9.481413 毫秒
```

可以发现，使用 ufunc 函数（NumPy 内置或自定义转换）普遍要比用传统数学库或直接使用自定义函数的运算速度快得多！但两组实验在运算性能提升的幅度上还存在明显的差异，分析如下：

（1）在第一组的统计实验中，由自定义函数转换的 ufunc 函数运算时间约为 849.94ms，比直接使

用自定义函数耗时 2625.36ms，性能提升 $2625.36/849.94 \approx 3$ 倍。

（2）在第二组计算正弦值的实验中，由 NumPy 内置正弦函数运算仅用时不到 0.66ms，比数学函数库的 sin 函数运算速度 9.48ms，性能提升达 $9.48/0.66 \approx 14$ 倍以上。

可见，NumPy 内置 ufunc 函数比由用户自定义转换 ufunc 函数的性能还要好很多，这也是情理之中的事——因为 NumPy 库内置的 ufunc 函数不仅在运算模式上是并行的，在底层 C 语言级别的算法上也进行了最大程度的优化，而由用户自定义转换得来的 ufunc 函数虽然也能实现对数组元素的并行操作，但毕竟其代码是由用户自己编写的，不能保证一定是最优算法。

12.4　综合应用实例：斐波那契法计算黄金分割数

【例 12.3】 用斐波那契法计算几何数学和美学中著名的黄金分割数的精确值，并用图形曲线直观地展示计算过程，其中将充分运用 NumPy 库对数组数据的各种处理和变换方法，同时也会用到上一章讲的 MatPlotLib 库的绘图功能。

12.4.1　背景知识

黄金分割数（黄金数）最早是由古希腊伟大的数学家、哲学家毕达哥拉斯（前 500～前 490 年）及其学派首先发现的。到了公元前 4 世纪，雅典学派的数学家欧多克索斯（前 400～前 347 年）第一个建立起比例理论，从几何上定义了该数：

把一条线段分割为两部分，使较大部分与全长的比值刚好等于较小部分与较大部分的比值，则这个分割点称为黄金分割点，而此比值即为黄金分割数。

如图 12.3 所示，可以根据以上定义用尺规作图法确定黄金分割点的位置 C，设 $AC=b$，$AB=a$，则 $CB=a-b$，就可以从理论上计算出黄金分割数的值。

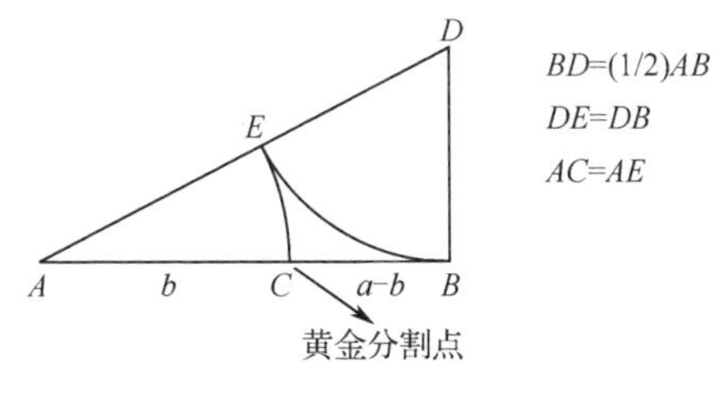

图 12.3　黄金分割数的定义

因为 $\dfrac{AC}{AB}=\dfrac{BC}{AC}$，即 $\dfrac{b}{a}=\dfrac{a-b}{b}$

$$\overset{\text{等价于}}{\Leftrightarrow}\ b^2=a(a-b)=a^2-ab$$

$$\overset{\text{两边}+\frac{b^2}{4}}{\Leftrightarrow}\ \frac{5}{4}b^2=a^2-ab+\frac{1}{4}b^2=\left(a-\frac{b}{2}\right)^2$$

$$\overset{\text{两边开方}}{\Leftrightarrow}\ \frac{\sqrt{5}}{2}b=a-\frac{b}{2}\overset{\text{两边}\times 2}{\Leftrightarrow}\sqrt{5}b=2a-b\overset{\text{移项}}{\Leftrightarrow}(\sqrt{5}+1)b=2a$$

$$\therefore \text{黄金分割数}=\frac{b}{a}=\frac{2}{\sqrt{5}+1}=\frac{\sqrt{5}-1}{2}$$

可见，该数的值是个无理数，约等于 0.618。在历史上，人们发现这个数有着神奇的魔力——凡是一切显现出美的事物中都处处蕴藏着它，如美貌女子脸部五官的比例、优雅舞蹈演员的肢体舒展幅度等，如图 12.4 所示。

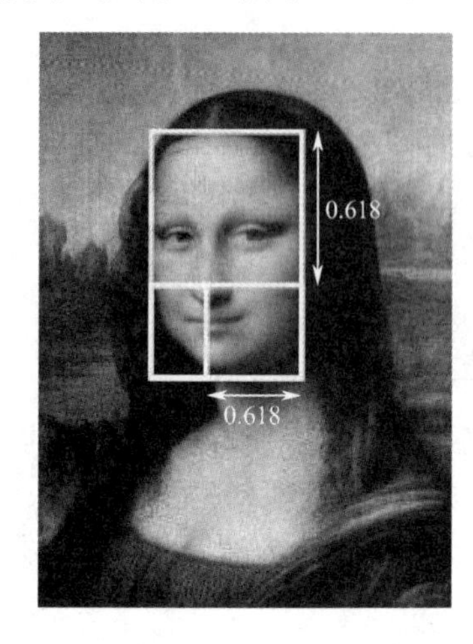

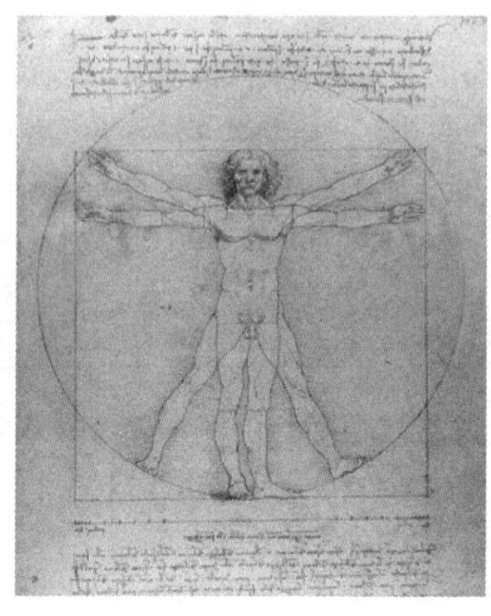

图 12.4 最美黄金分割数

中世纪意大利数学家列昂纳多·斐波那契（Leonardo Fibonacci，1170～1250 年）偶然发现了这样一个数列：

1, 1, 2, 3, 5, 8, 13, 21, 34, 55, 89, 144, 233, 377, 610, 987, 1597, 2584, 4181, 6765, 10946, 17711, 28657, 46368, ..., ...

它从第 3 项开始的每一项都等于前两项之和，令人不可思议的是：这样一个完全由自然数组成的数列，其通项公式却是用无理数表达的，而这个无理数恰好就是黄金分割数！即当数列的项数 n 无限增加时，前一项与后一项的比值就越来越接近于黄金分割值。这就是著名的"斐波那契数列"，该发现为人们提供了一种计算黄金分割数精确数值的算法。

12.4.2 算法设计

运用以上原理结合 NumPy 强大的数组处理能力可以实现这个算法。

（1）生成一个斐波那契数列。

理论上，取计算斐波那契数列的长度越长，算得的黄金分割值越精确。如取一个 7 项的斐波那契数列，并将其转置为 7 行 1 列数组以待进一步处理：

```
f0 = npy.array([1, 1])                                  # 初始 2 项
# 迭代开始
f1 = npy.add.reduceat(f0, indices = [0, 1, 0])          # 生成前 3 项
f2 = npy.add.reduceat(f1, indices = [0, 1, 2, 1])       # 生成前 4 项
f3 = npy.add.reduceat(f2, indices = [0, 1, 2, 3, 2])    # 生成前 5 项
f4 = npy.add.reduceat(f3, indices = [0, 1, 2, 3, 4, 3]) # 生成前 6 项
f5 = npy.add.reduceat(f4, indices = [0, 1, 2, 3, 4, 5, 4]) # 生成前 7 项
...
f5.shape = -1, 1
```

输出结果为：

```
生成一个 7 项斐波那契数列:
[ 1  1  2  3  5  8 13]
1.转置为单列数组:
[[ 1]
 [ 1]
 [ 2]
 [ 3]
 [ 5]
 [ 8]
 [13]]
```

当然，以上迭代过程也可改用 Python 循环实现：

```
n = 7
f = npy.array([1, 1])
for i in range(3, n + 1):
    indices_i = npy.arange(0, i - 1)
    indices_i = npy.append(indices_i, i - 3)
    f = npy.add.reduceat(f, indices = indices_i)
f.shape = -1, 1
```

以上两段代码中皆用到了一个名叫 reduceat 的方法，它是由 NumPy 提供的一种内置 ufunc 函数方法，作用在于将新计算出的数列项添加拼接到已生成的斐波那契数列中，使数列长度逐项增长。有关该方法的运算机制在稍后的编程实现代码分析中进行详细介绍。

（2）拓展数组的列维。

由于在将数组项前后两两相除时，每一个项都要在前后的除法运算中使用两次，故这里先要将数组的每个元素复制一份，拓展为两列的数组，代码如下：

```
f5 = f5.repeat(2, axis = 1)
```

得到：

```
2.拓展数组的列维:
[[ 1  1]
 [ 1  1]
 [ 2  2]
 [ 3  3]
 [ 5  5]
 [ 8  8]
 [13 13]]
```

（3）转为行数组。

将数组转置为单行，便于从中切取所需的部分，代码如下：

```
f5.shape = 1, -1
```

得到：

```
3.再转为单行数组:
[[ 1  1  1  1  2  2  3  3  5  5  8  8 13 13]]
```

（4）切取计算所需要的项。

由于数组的第一个项和最后一项在计算值只用到一次，所以要将这两项所复制出的重复项去掉，代码如下：

```
g = f5[:, 1:2 * (n - 1) + 1]
print(g)
```

得到：

```
4.切取计算所需要的项:
[[ 1  1  1  2  2  3  3  5  5  8  8 13]]
```

（5）转置为列数组。

在执行最终计算前，还必须对数组再行一次转置操作，以使用 NumPy 的 reduce()方法对其进行处理：

```
g.shape = -1, 2
```

得到：

```
5.再次转置为竖排：
[[ 1  1]
 [ 1  2]
 [ 2  3]
 [ 3  5]
 [ 5  8]
 [ 8 13]]
```

（6）执行计算。

使用 NumPy 的 reduce()方法计算黄金分割数序列：

```
df = npy.array(g, dtype = npy.float)                    # 先转为浮点型，才能在数组上应用除法
d = npy.true_divide.reduce(df, axis = 1)                # reduce 方法计算黄金分割数序列
```

得到：

```
6.数列对应的黄金分割值序列：
[1.         0.5        0.66666667 0.6        0.625      0.61538462]
```

可以看到，这个数值序列是逐步接近黄金分割值（约 0.618）的。这里用到的计算方法 reduce()同样也是 NumPy 的 ufunc 函数方法，其运算规则将稍后介绍。

12.4.3 编程实现

代码如下（ch12, 计算黄金分割数, ufunc_fibonacci.py）：

```
'''用斐波那契（fibonacci）数列计算黄金分割数'''
import numpy as npy
import matplotlib.pyplot as pyt                    # 导入 MatPlotLib 绘图库
import matplotlib
from matplotlib.ticker import MultipleLocator      # 刻度功能类
pyt.rcParams['font.sans-serif'] = ['SimHei'] # 正常显示中文（图的标题）
npy.set_printoptions(suppress = True)              # 输出整数时不用科学计数，用常规显示
gbk = matplotlib.font_manager.FontProperties(fname = 'C:\Windows\Fonts\simkai.ttf')
# 计算机控制面板已安装的字体（楷体）
n = 3                                              # fibonacci 数列的项数（n >= 3）
'''用 reduceat/reduce（ufunc 方法）迭代计算'''
n = 7
f0 = npy.array([1, 1])                             # 初始 2 项
# 迭代开始
f1 = npy.add.reduceat(f0, indices = [0, 1, 0])                  # 生成前 3 项
f2 = npy.add.reduceat(f1, indices = [0, 1, 2, 1])               # 生成前 4 项
f3 = npy.add.reduceat(f2, indices = [0, 1, 2, 3, 2])            # 生成前 5 项
f4 = npy.add.reduceat(f3, indices = [0, 1, 2, 3, 4, 3])         # 生成前 6 项
f5 = npy.add.reduceat(f4, indices = [0, 1, 2, 3, 4, 5, 4])      # 生成前 7 项
print("生成一个 7 项斐波那契数列：")
print(f5)
print("1.转置为单列数组：")
```

```
f5.shape = -1, 1                   # 指定第 2 个参数 1 表示单列，行数-1 自动生成
print(f5)
print("2.拓展数组的列维：")
f5 = f5.repeat(2, axis = 1)        #（1）
print(f5)
print("3.再转为单行数组：")
f5.shape = 1, -1                   # 指定第 1 个参数 1 表示单行，列数-1 自动生成
print(f5)
print("4.切取计算所需要的项：")
g = f5[:, 1:2 * (n - 1) + 1]       # 切片法取数
print(g)
print("5.再次转置为竖排：")
g.shape = -1, 2                    # 第 2 个参数 2 即转置后的数组为两列，以便 reduce 方法对其处理
print(g)
print("6.数列对应的黄金分割值序列：")
# 必须先将所有元素转为浮点类型，才能在数组上应用除法
df = npy.array(g, dtype = npy.float)
d = npy.true_divide.reduce(df, axis = 1)              #（2）
print(d)
'''循环计算前 22 项并绘图演示'''
# 计算机整数位长最多只允许计算到 n = 46，而从第 22 项往后的数值变化就很微小了
x = npy.linspace(1, 21, 21)                           # 22 项共产生 21 个比值
v = (npy.sqrt(5) - 1)/2                               # 黄金分割数是个无理数，其真实值为（√5 - 1）/2
y = npy.array(v).repeat(21, axis = 0)
myfg = pyt.figure(figsize = (10, 3))
myaxs = myfg.add_axes([0.1, 0.3, 0.8, 0.5])
myaxs.plot(x, y, "r--", label = u'黄金分割线', linewidth = 0.9)
# 计算开始
n = 22
f = npy.array([1, 1])
for i in range(3, n + 1):                             # 改用循环生成数列
    indices_i = npy.arange(0, i - 1)
    indices_i = npy.append(indices_i, i - 3)
    f = npy.add.reduceat(f, indices = indices_i)      #（3）
# 后面步骤的算法同前
f.shape = -1, 1
f = f.repeat(2, axis = 1)
f.shape = 1, -1
g = f[:, 1:2 * (n - 1) + 1]
g.shape = -1, 2
df = npy.array(g, dtype = npy.float)
d = npy.true_divide.reduce(df, axis = 1)
myaxs.plot(x, d, "b", label = u'fibonacci 比值', linewidth = 1.0)
myaxs.set_xlim(1, 21)
myaxs.set_ylim(0.45, 0.75)                            # 设定坐标轴范围，以便清晰展示图像
myaxs.xaxis.set_major_locator(MultipleLocator(1))     # 设置主刻度为整数 1、2、3、…
pyt.title("斐波那契数列计算黄金分割数")
myaxs.legend(prop = gbk)
pyt.show()                                            # 显示迭代曲线拟合图
```

说明：

（1）用 repeat()方法对数组的某一维度进行扩展，方法调用的格式为：

```
数组名.repeat(扩展后的长度, axis =轴序号)
```

这里的轴序号为标识数组的索引号，从 0 开始计数，如一维数组仅一个维度，轴序号就是 0；二维数组有两个维度，对应轴序号分别为 0 和 1。本例“repeat(2, axis = 1)”表示将数组的第 1 轴（第二维）即列上的长度扩展为 2，而扩展的方式默认都是简单复制原数组的数据元素。

（2）这里用的 reduce()是 ufunc 函数方法，它在指定序号的维度上对数组执行某种 ufunc 操作，reduce()方法的调用格式为：

```
库名称.运算符.reduce(数组名, axis =轴序号)
```

表示将用户指定的运算符插入到数组某一个维度上的所有元素之间，返回由运算结果构成的新数组，例如：

```
d0 = npy.array([[1, 2],[3, 4],[5, 3]])
d = npy.add.reduce(d0, axis = 1)                    # d 为[3, 7, 8]，即[(1+2), (3+4), (5+3)]
```

这里取的运算符为 add 表示执行加法运算，而本例程序中“d = npy.true_divide.reduce(df, axis = 1)”指定的运算符 true_divide 是除法，表示对数组 df 每一行上的两个数值都执行除法运算。

（3）reduceat()也是个 ufunc 函数方法，用来计算多组 reduce()方法运算的复合结果，其写法格式为：

```
库名称.运算符.reduceat(数组名, indices =整数序列)
```

其中，给 indices 参数赋值的整数序列指定一系列 reduce 运算的起始和终止位，对于序列中的每一个整数都会使用 reduce()方法算出一个值来，最终返回结果的长度与整数序列的长度相同，设整数序列的下标索引为 i，reduceat 所操作的数组名为 f0，则返回的数组 f 按以下算法：

```
if indices[ i ] < indices[ i + 1 ]:
    f[ i ] = npy.add.reduce(f0[ indices[ i ]: indices[ i + 1 ] ])
else:
    f[ i ] = f0[indices[ i ]]
```

因此，只须保证整数序列中的元素从 0 开始逐一递增，最后一个元素比倒数第二个元素小 1，即可用这种方式巧妙地生成一个任意长度的斐波那契数列，例如：

```
f0 = npy.array([1, 1])
# f0 = [1    1]
f1 = npy.add.reduceat(f0, indices = [0, 1, 0])
# f1 = [1    1    2]
f2 = npy.add.reduceat(f1, indices = [0, 1, 2, 1])
# f2 = [1    1    2    3]
f3 = npy.add.reduceat(f2, indices = [0, 1, 2, 3, 2])
# f3 = [1    1    2    3    5]
f4 = npy.add.reduceat(f3, indices = [0, 1, 2, 3, 4, 3])
# f4 = [1    1    2    3    5    8]
f5 = npy.add.reduceat(f4, indices = [0, 1, 2, 3, 4, 5, 4])
# f5 = [1    1    2    3    5    8    13]
…
```

运行结果：

运行程序，将程序用斐波那契法计算出的比值与理论上的黄金分割值画在同一张图上进行对比，如图 12.5 所示。

可以看到，随着所取数列项的增加，计算出来的比值很快地收敛到理论上的黄金分割线，从第 7 项开始，两者就已经十分接近了（曲线近乎重合），而从第 22 项往后的误差基本可以忽略不计。

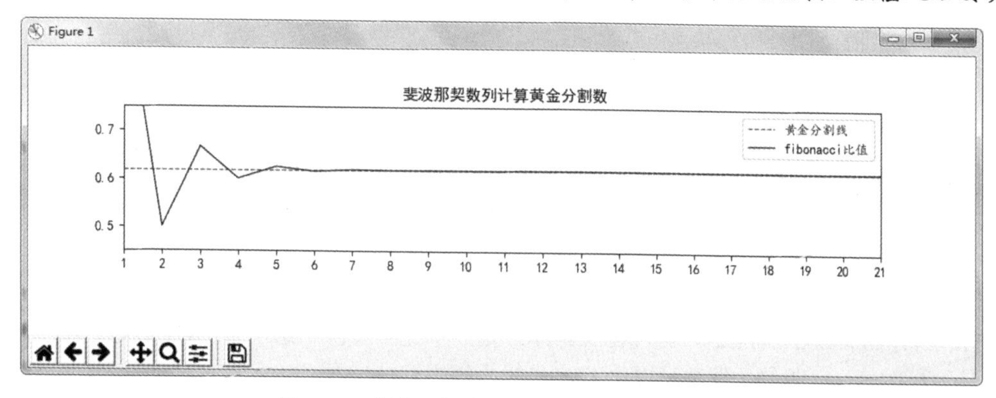

图 12.5　斐波那契法的计算比值与理论值对比

NumPy 库是 Python 实现科学计算的基础库，与更高层次的 SciPy 库及 Mayavi 三维图像库配合就可以完成非常复杂的科学计算功能，在很多科学前沿领域都有应用，在稍后章节将进行详细介绍。

第13章 进入立体世界：三维可视化实例

VTK（Visualization ToolKit，可视化工具库）是一个免费开源、跨平台的通用软件包，主要应用于三维计算机图形学、图像处理及可视化。VTK 的内核用 C++编写，完全面向对象设计，包含了 2000 多个类，能提供非常强大的三维图形图像处理功能，可对建筑学、气象学、医学、生物学及航空航天科学等领域的海量实验数据进行体、面、光源等多角度的逼真渲染，从而帮助科学家理解错综复杂数据背后隐藏的规律。TVTK 是 Python 对 VTK 进行的一个简单包装，以便于 Python 用户使用 VTK。无论是 VTK 还是 TVTK，都要求用户的计算机显卡支持 OpenGL 3.2 以上版本，所以在学习本章前，建议读者先检查自己计算机的显卡配置，最好购买安装高配的显卡，以便更好地做出书中实例的效果来。

13.1 3D 绘图入门：绘制圆柱体

【例 13.1】 本节分别使用原生 VTK 和 Python 的 TVTK 绘制一个简单的三维圆柱体，通过这个实例，可以比较 VTK 与 TVTK 两者的异同，并初步掌握它们的基本使用方法。不过，在此之前，还要先了解一些有关 3D 绘图的基本概念。

13.1.1 基本概念

1. 流水线

要将原始数据转换为三维立体的图像呈现在用户面前，这当中要经过很多复杂的步骤，在底层需要一系列 VTK 对象密切协作才能完成，就如同工厂的流水线上每位工人（或智能机器人）都只负责一个工艺步骤，而整条产线按设计的工步有条不紊地顺序流转，才能将原材料加工成合格的产品。

在 VTK/TVTK 中，这种对象之间协作完成 3D 绘图的过程被称为**流水线**（Pipeline）。从最原始的数据到最终呈现的图像要经过两条流水线，如图 13.1 所示。

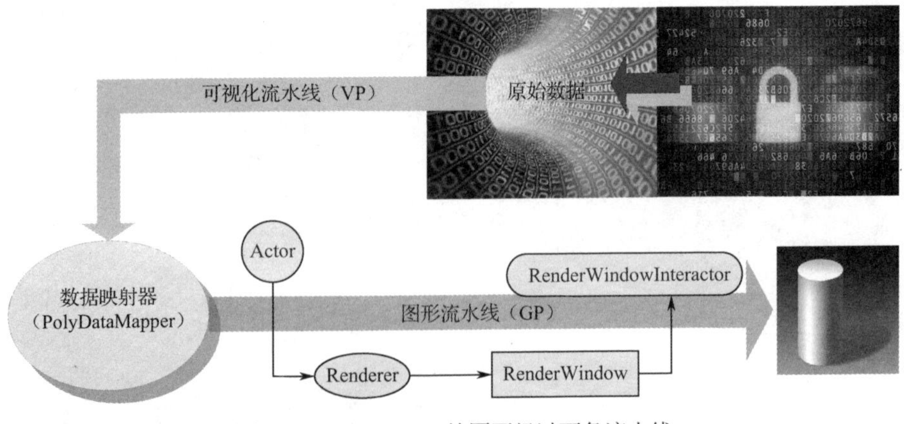

图 13.1 VTK/TVTK 绘图要经过两条流水线

（1）可视化流水线（Visualization Pipeline，VP）：该条流水线在 VTK 系统内部工作，对用户是完全透明的。它的作用是将原始数据转换为图形数据（三维空间的数据），然后送入数据映射器。

（2）图形流水线（Graphics Pipeline，GP）：该条流水线的作用是将数据映射器送出的图形数据转化为最终要显示的三维图像。它是程序员可见的，数据要依次经过 Actor、Renderer、RenderWindow 和 RenderWindowInteractor 四个对象处理，最终变成立体的 3D 图像显示在计算机屏幕上。

2. 数据映射器

它是两条流水线的衔接点，从可视化流水线接收物体的可视化信息数据，先将其转换映射为图形数据再送到接下来的图形流水线上，在 VTK/TVTK 中，它所对应的对象名为 PolyDataMapper。数据映射器是三维图形处理流水线的关键枢纽，对三维信息的可视化起着举足轻重的作用。

3. 绘图对象

图形流水线上的四个绘图对象，是用户编程时要接触和用到的工具，它们按照顺序依次对数据映射器送出的图形数据进行处理。

（1）Actor（实体对象）：表示三维场景中的一个可见实体，如本例要绘制圆柱体，那么该圆柱就对应了一个 Actor 对象。它包含了描述此圆柱的所有图形数据，同时具有表示圆柱位置、方向、大小等的属性信息。

（2）Renderer（场景对象）：就是所要描绘的 3D 空间。它包含了场景中所要渲染的 Actor 实体，本例的 Renderer 中只有一个圆柱 Actor，在实际应用中，一个场景可以有多个物体，也就是说，一个 Renderer 可以囊括多个 Actor 实体。

（3）RenderWindow（窗口对象）：场景需要放到特定的图形窗口中才能加以显示，所以在创建了实体和场景之后，还必须将其放入一个 RenderWindow 中。

（4）RenderWindowInteractor（交互器对象）：VTK/TVTK 支持图形窗口的用户交互功能，包括用鼠标对所显示的三维图形进行拖曳、旋转、缩放等操作，这些操作皆通过 RenderWindowInteractor 实现。交互操作并不会改变原图形数据和 Actor 实体的属性，只是调整场景照相机的视角，以使空间图形的显示效果更好、更直观而已。

13.1.2 绘图流程

用 VTK 和 TVTK 进行 3D 绘图的基本步骤完全相同，具体内容如下：

1. 创建数据源

使用如下语句创建三维物体的数据源：

```
库名.方法名()
```

这里的库名就是三维绘图库的名称，VTK 名为“vtk”；TVTK 名为“tvtk”，在程序的开头使用下面语句导入绘图库：

```
import vtk                                    # 使用 VTK 库
from tvtk.api import tvtk                     # 使用 TVTK 库
```

方法名都如“***Source”名称的方法，例如：

```
CylinderSource()                              # 圆柱体
ConeSource()                                  # 圆锥体
CubeSource()                                  # 立方体
```

不同名称表示创建不同形状物体的数据源。

2. 输入映射器

数据源通过一系列系统底层的复杂运算生成一组描述物体的数据，以 PolyData 类型返回。PolyData

是一种专用于描述三维空间中点、线、面关系的特殊数据结构，但它还不是图形数据，无法直接显示，需要传送给数据映射器 PolyDataMapper 进一步处理。将数据输入映射器的具体方式，VTK 与 TVTK 略有差异。

（1）在 VTK 中，直接将数据源的输出端衔接到映射器的输入端即可，代码如下：

```
mymap = vtk.vtkPolyDataMapper()
mymap.SetInputConnection(mysrc.GetOutputPort())
```

其中，mysrc 为创建数据源方法返回的对象。

（2）在 TVTK 中，需要专门配置映射器的输入。为此，先在程序开头导入用于配置输入的 configure_input 类：

```
from tvtk.common import configure_input
```

代码如下：

```
mymap = tvtk.PolyDataMapper()
configure_input(mymap, mysrc)
```

这里的 mysrc 同样为创建数据源方法返回的对象。

3. 创建实体

实体就是实际要显示的三维物体，只要将映射器输出的图形数据传给它就可以了，代码如下：

```
# VTK 方式
myact = vtk.vtkActor()
myact.SetMapper(mymap)
# TVTK 方式
myact = tvtk.Actor(mapper = mymap)                    # 直接设置 mapper 值
```

由于 TVTK 在标准 VTK 库的基础上用 Traits 库对原 VTK 中对象的属性进行了封装，因此在编程时可在创建对象的同时就指定其属性值，如这里直接设置实体对象的 mapper 值，简化了程序编写。实际绘图时，用户还可以按需要创建一个或多个实体。

4. 建立场景

实体创建后，再建立一个场景，将要显示的实体添加到场景中，代码如下：

```
# VTK 方式
myren = vtk.vtkRenderer()
myren.AddActor(myact)
# TVTK 方式
myren = tvtk.Renderer(...)
myren.add_actor(myact)
```

两种方式只是使用的方法名称有些差异。

5. 将场景添加进窗口

场景及其中的实体只有放到窗口中才能显示出来，代码如下：

```
# VTK 方式
mywin = vtk.vtkRenderWindow()
mywin.AddRenderer(myren)
# TVTK 方式
mywin = tvtk.RenderWindow(size = (500, 300))      # 直接设置窗口尺寸
mywin.add_renderer(myren)
```

6. 添加互动

窗口的交互功能不是必需的，但为了充分发挥 Python 三维可视化的优势，一般还是推荐加上去，代码如下：

```
# VTK 方式
myint = vtk.vtkRenderWindowInteractor()
```

```
myint.SetRenderWindow(mywin)
# TVTK 方式
myint = tvtk.RenderWindowInteractor(render_window = mywin)
```

经以上 6 步，数据源所产生的原始数据就已经完整地通过了两条流水线的处理，可以正常显示了。

细心的读者通过比较 VTK 与 TVTK 每一步典型的实现代码，可以发现两者存在以下主要区别：

① VTK 的每个方法名前都多了一个“vtk”前缀，如：

```
vtkPolyDataMapper()
vtkActor()
vtkRenderer()
```

而 TVTK 的对应方法名则去掉了这一冗余的部分，增强了方法名的可读性，也使代码更为简洁。

② TVTK 的方法支持在创建对象的同时对其属性直接赋值，而 VTK 则必须在对象创建完成后再使用一条 Set 语句专门为对象赋值，如：

```
myact = vtk.vtkActor()
myact.SetMapper(mymap)                    # VTK
myact = tvtk.Actor(mapper = mymap)        # TVTK
```

这是 TVTK 对 VTK 的属性加以简单封装的结果，当要设置的对象属性较多时，用 TVTK 可节省下相当可观的代码量。

除此之外，还有一些其他的差别，如 VTK 很多方法名的首字母大写而 TVTK 是小写、两者配置映射器输入的方式不同等。接下来的两小节将分别用这两个库来实现绘制圆柱体的程序，请读者注意比较两个程序之间的异同。

13.1.3　VTK 绘制圆柱体

代码如下（ch13, VTK 绘制圆柱, 3d_vtk_cylinder.py）：

```
'''用 Python 标准的 VTK 库绘制圆柱体'''
import vtk
# 第 1 步：创建一个圆柱数据源，并设置其高度、底面半径和分辨率属性
mysrc = vtk.vtkCylinderSource()
mysrc.SetHeight(1.0)                # 高度
mysrc.SetRadius(0.309)              # 底面半径
mysrc.SetResolution(60)             # 底面圆的分辨率，用内接正 60（默认 6）边形近似
print(mysrc)                        #（1）
# 第 2 步：用 PolyDataMapper（数据映射器） 将源数据转换为图形数据
mymap = vtk.vtkPolyDataMapper()
mymap.SetInputConnection(mysrc.GetOutputPort())
# 第 3 步：创建一个 Actor（模型实体）
myact = vtk.vtkActor()
myact.SetMapper(mymap)              # 将图形数据传递给实体
# 第 4 步：创建一个场景（渲染器），将 Actor 添加到场景中
myren = vtk.vtkRenderer()
myren.AddActor(myact)
myren.SetBackground(0.6, 0.8, 1.0)
# 第 5 步：创建一个图形窗口，将场景添加到窗口
mywin = vtk.vtkRenderWindow()
mywin.AddRenderer(myren)
mywin.SetSize(500, 300)             # 设置窗口尺寸
# 第 6 步：给窗口增加交互功能
```

```
myint = vtk.vtkRenderWindowInteractor()
myint.SetRenderWindow(mywin)
# 初始化并启动窗口，同时打开交互
myint.Initialize()
myint.Start()
```

上面的代码都按照第 13.1.2 节的流程对每一步加了详细注释，因此，很容易理解。

说明： 数据源 vtkCylinderSource()方法所返回的对象是 VTK 库的一个内置圆柱体对象，这里以变量 mysrc 保存它，可用 print 语句将其输出并查看它的各项属性，如下：

```
vtkCylinderSource (0000000002E73400)
  Debug: Off
  Modified Time: 89
  Reference Count: 2
  Registered Events: (none)
  Executive: 0000000002DE14B0
  ErrorCode: No error
  Information: 000000000031C160
  AbortExecute: Off
  Progress: 0
  Progress Text: (None)
  Resolution: 60
  Height: 1
  Radius: 0.309
  Center: (0, 0, 0 )
  Capping: On
  Output Points Precision: 0
```

可以看到圆柱体的 Resolution、Height、Radius 三个属性（见上面框出部分）与在程序中用 Set 语句赋的值是完全一样的。

运行效果：

运行程序，显示一个三维空间的圆柱体，效果如图 13.2 所示。

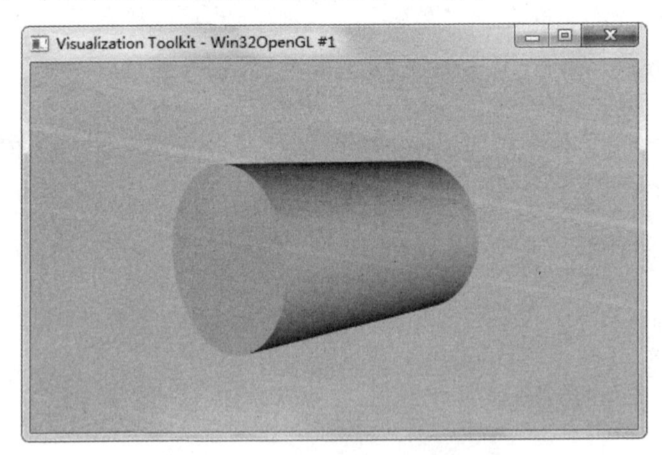

图 13.2　用 VTK 绘制的三维圆柱体

13.1.4　TVTK 绘制圆柱体

代码如下（ch13, TVTK 绘制圆柱, 3d_tvtk_cylinder.py）：

```
'''用扩展的 TVTK 库绘制圆柱体'''
from tvtk.api import tvtk
from tvtk.common import configure_input                # 用于配置图形数据映射器的输入
# 第 1 步：创建一个圆柱数据源,同时设置其高度、底面半径和分辨率（已封装为 trait# 属性）
mysrc = tvtk.CylinderSource(height = 1.0, radius = 0.309, resolution = 60)
print(mysrc)
# 第 2 步：用 PolyDataMapper（数据映射器） 将源数据转换为图形数据
mymap = tvtk.PolyDataMapper()
configure_input(mymap, mysrc)                          # 配置映射器的输入
# 第 3 步：创建一个 Actor（模型实体）
myact = tvtk.Actor(mapper = mymap)                     # 创建的同时就将图形数据传给实体
# 第 4 步：创建一个场景（渲染器）,将 Actor 添加到场景中
myren = tvtk.Renderer(background = (0.6, 0.8, 1.0))
myren.add_actor(myact)
# 第 5 步：创建一个图形窗口，将场景添加到窗口
mywin = tvtk.RenderWindow(size = (500, 300))           # 创建的同时就设置窗口尺寸
mywin.add_renderer(myren)
# 第 6 步：给窗口增加交互功能
myint = tvtk.RenderWindowInteractor(render_window = mywin)
# 初始化并启动窗口，同时打开交互
myint.initialize()
myint.start()
```

运行效果：

运行程序，显示的圆柱体如图 13.3 所示，同样也可以用 print 语句查看数据源对象的各项属性。

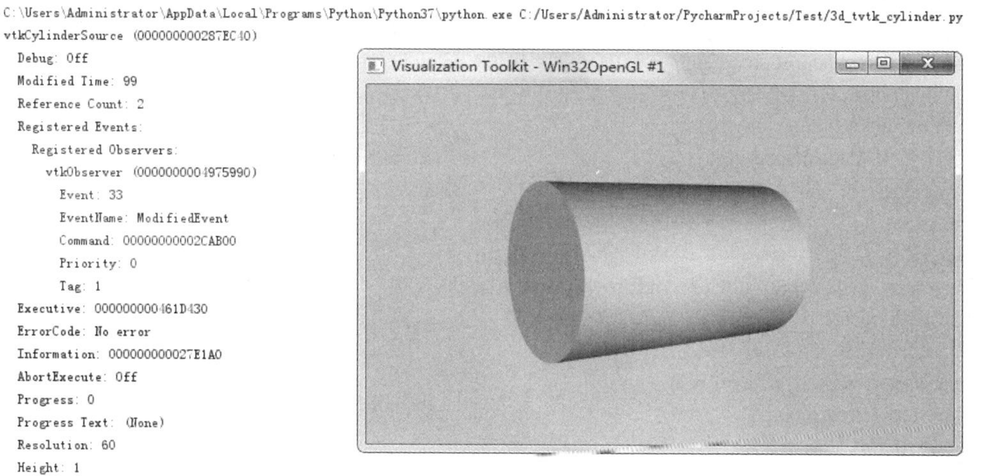

图 13.3　用 TVTK 绘制的圆柱体

比较图 13.2 和图 13.3 可见，两种方式所绘出的三维图形是完全一样的，这是因为 TVTK 在底层实际就是用 VTK 来操作的。两者的程序编写流程也基本一样，但相对而言，用 TVTK 编写的代码更简洁、可读性更好，所以在 Python 中绘制简单的 3D 图形一般还是推荐使用 TVTK。

13.2 TVTK 绘图进阶

以上程序仅在场景中绘制了一个圆柱体，且它的所有属性都是在编程时用程序语句设置的，而实际应用中用户可能需要在运行时灵活地改变三维物体的某些属性以增强可视化效果，还可能在同一个场景中同时展示多个物体，本节将介绍这些进阶的内容。

13.2.1 流水线浏览器：改变圆柱外观

【例 13.2】 TVTK 库为 Python 用户提供了一个名叫 IVTK 的对象，它可帮助用户在程序运行期间实时地操作和观察图形流水线上的各个对象，并交互式地修改场景中各实体的属性，就像流水线上一个全方位的浏览器一样，所以 IVTK 又称为“流水线浏览器”。要实现对三维对象的运行时定制，必须在绘图程序中附带显示出这个浏览器。

1. 显示流水线浏览器

编写一个带流水线浏览器的圆柱体程序。

代码如下（ch13, IVTK 流水线浏览器, 3d_ivtk_cylinder.py）：

```
'''绘制带流水线浏览器的圆柱体'''
from tvtk.api import tvtk
from tvtk.common import configure_input
# 用于实现浏览器的类库
from tvtk.tools import ivtk                                    # 导入 IVTK 库
from pyface.api import GUI
# 先创建圆柱实体
mysrc = tvtk.CylinderSource(height = 1.0, radius = 0.309, resolution = 60)
mymap = tvtk.PolyDataMapper()
configure_input(mymap, mysrc)                                  # 配置映射器输入
myact = tvtk.Actor(mapper = mymap)                             # 图形数据传给实体
# 然后创建一个 GUI 对象
mygui = GUI()
# 再创建一个含 Python Shell 的浏览器窗口
mybrowser = ivtk.IVTKWithCrustAndBrowser(size = (1000, 600))
mybrowser.open()                                               # 打开浏览器
# 最后将圆柱实体添加进浏览器窗口场景中
mybrowser.scene.add_actor(myact)
mygui.start_event_loop()                                       # GUI 界面循环侦听以响应用户操作事件
```

运行效果：

带浏览器的三维圆柱体场景的显示效果，如图 13.4 所示。

2. 流水线浏览器的构成

一个完整的流水线浏览器由四个部分组成：三维显示区、场景控制工具条、流水线树视图和 Python Shell 命令窗口，如图 13.5 所示。

（1）三维显示区：位于界面中间右部，显示三维物体场景，与不带流水线浏览器的 VTK/TVTK 程序所显示的界面一样，所显示物体也支持使用鼠标的拖曳、旋转和缩放等操作。

（2）场景控制工具条：位于三维显示区的上方，提供了从前、后、左、右、上、下各个视角看场景中物体的视图，以及添加坐标、全屏显示、保存图片和设置背景光照等功能。

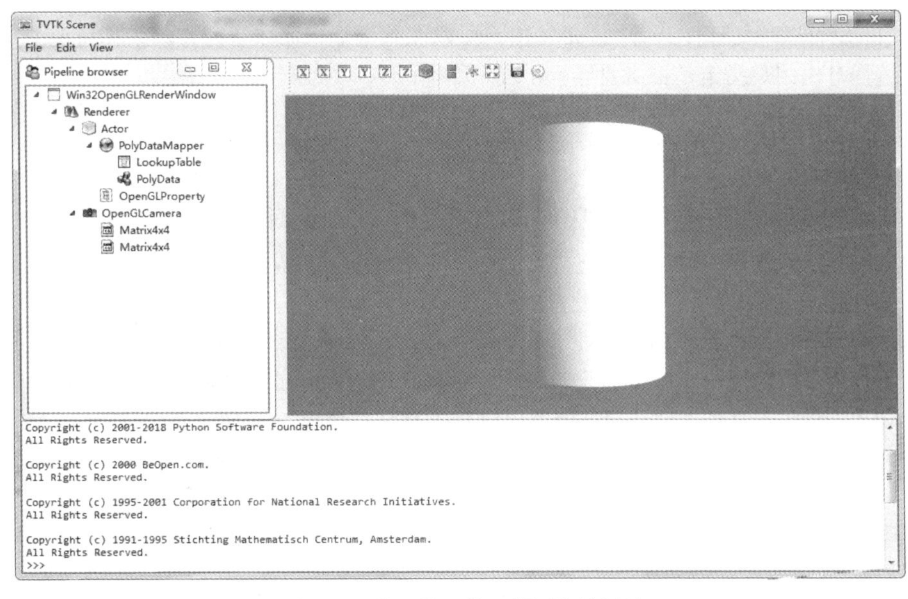

图 13.4　带浏览器的三维圆柱体场景

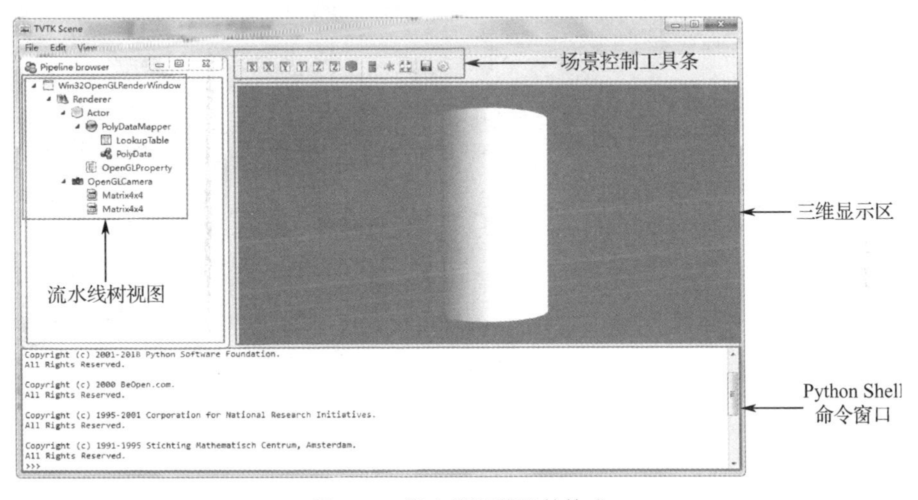

图 13.5　流水线浏览器的构成

（3）流水线树视图：位于界面中间左侧，以树状结构的视图表示流水线，展开其从叶节点开始逐步向上回溯到根节点，完整地可视化了场景中三维实体流水线上的各个对象，如图 13.6 所示。

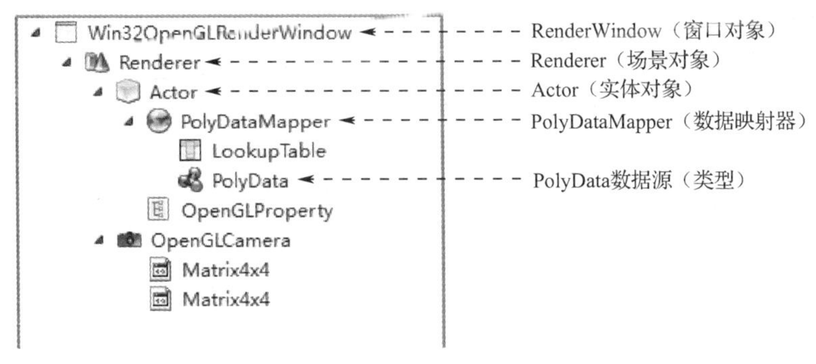

图 13.6　树视图可视化了流水线上的各个对象

（4）Python Shell 命令窗口：在界面底部，用户可以在其中输入命令来操作场景和树视图中的对象。该窗口可在编程时由用户指定是否需要显示，代码如下：

```
mybrowser = ivtk.IVTKWithCrustAndBrowser(size = (1000, 600))        # 显示
mybrowser = ivtk.IVTKWithBrowser(size = (1000, 600))                # 不显示
```

3. 修改三维体的外观

可以通过单击场景控制工具条上的按钮、双击树视图节点打开对话框，对流水线上对象的属性进行更改，得到三维体各种不一样的外观。下面演示几种常用的修改方法。

（1）基础外观。

本例显示的圆柱体默认是正面视图，可通过场景控制工具条上的按钮来改变观察视角，如图 13.7 所示。单击工具条上的按钮，可将圆柱调整到一个倾斜的视角，使它看起来更具立体感；双击树视图的“OpenGLProperty”节点，打开属性编辑对话框，默认“View type”选项为“Basic”项，表示基础属性设置。读者可按照图 13.7 的情况操作，将圆柱体的侧边设为间隔线，整个柱体设为透明。

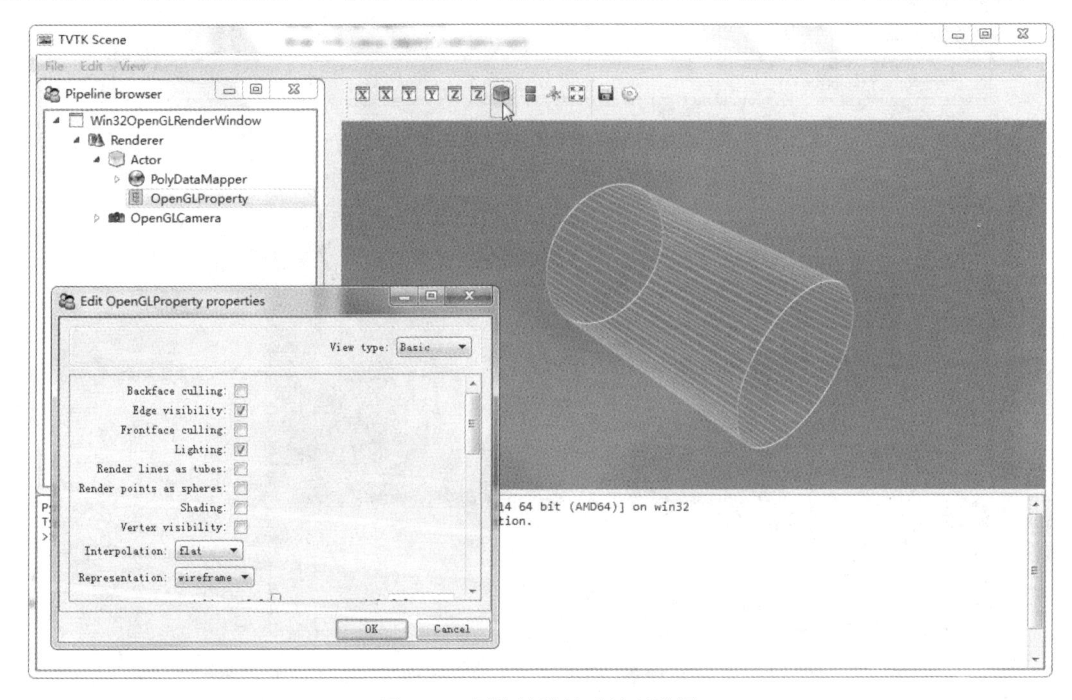

图 13.7　圆柱体的基础外观设置

（2）高级外观。

在“View type”下拉列表中选择“Advanced”选项切换到高级设置页，可以设置圆柱体的更多属性，如圆柱体线条设置“color”属性可改变其颜色，如图 13.8 所示。颜色的值是一个三元组，采用 RGB 标准，读者可自行上网查看各数值所对应色彩的视觉效果。

（3）场景属性。

场景控制工具条上有一个按钮，单击“编辑场景属性”对话框，其中有三个选项卡“Scene”“Lights”“Movie”分别用于设置场景、光照和动画效果，如图 13.9 所示。这里已将场景的背景色改为较清爽的浅蓝色，与圆柱体色彩形成互补，可使显示效果更加明晰。

当然，读者也可以试着修改其他属性，定制出更佳的呈现外观。

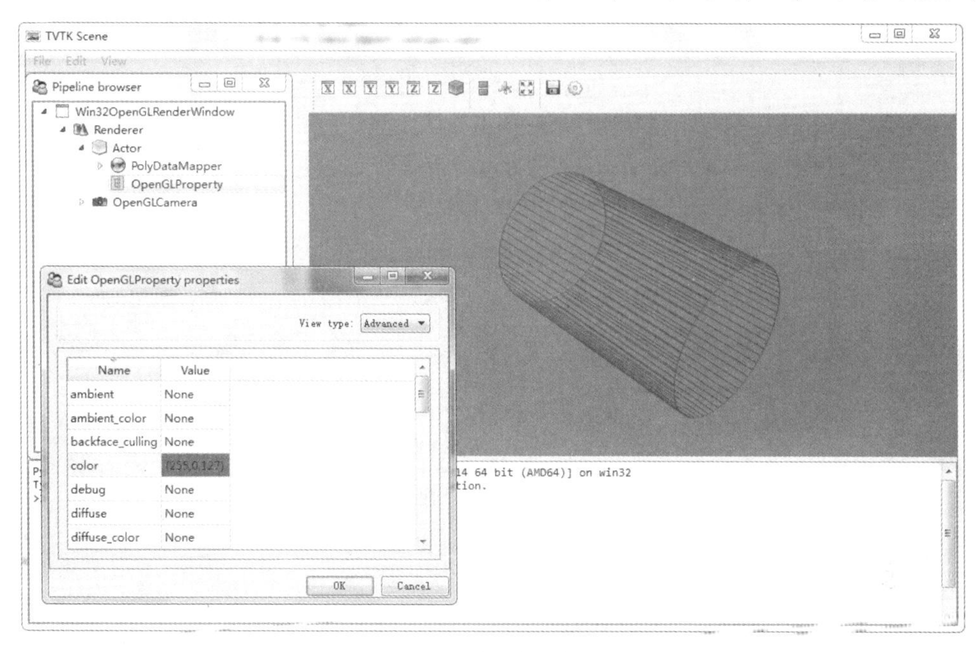

图 13.8　高级外观设置

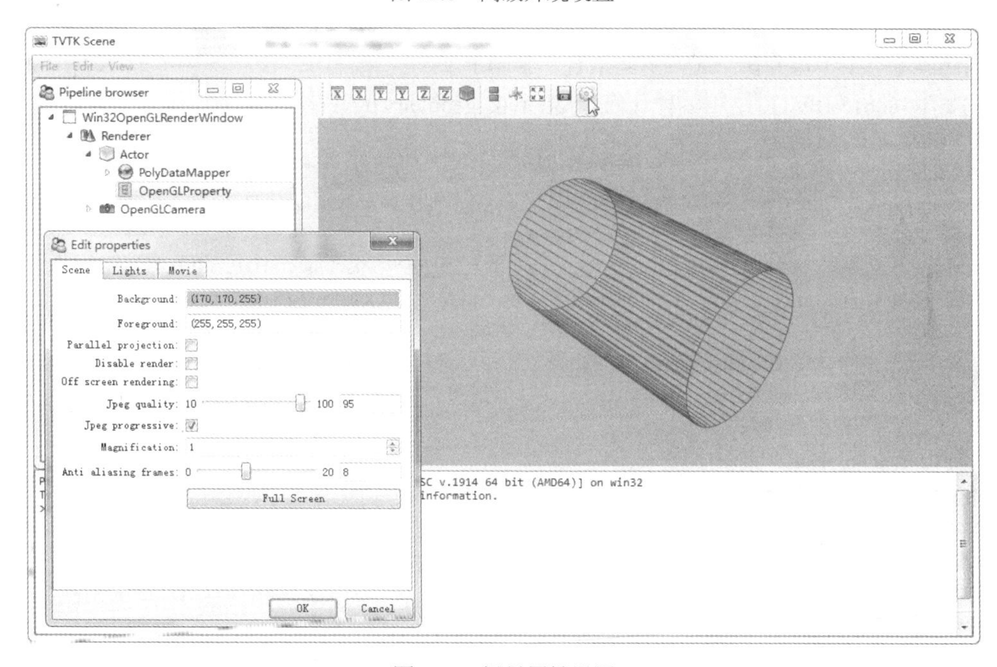

图 13.9　场景属性设置

13.2.2　多实体场景：绘制多种几何体

【例 13.3】 TVTK 可十分方便地画出多种基本的几何体，并且可将其放在同一个场景中展示，由于 TVTK 默认绘出的几何体中心是在三维坐标的原点，如之前绘制的圆柱体，可通过程序输出查看其数据源对象 Center 属性为(0, 0, 0)：

```
vtkCylinderSource (000000000287EC40)
  Debug: Off
  Modified Time: 99
  Reference Count: 2
  Registered Events:
    Registered Observers:
      vtkObserver (0000000004975990)
        Event: 33
        EventName: ModifiedEvent
        Command: 00000000002CAB00
        Priority: 0
        Tag: 1
  Executive: 000000000461D430
  ErrorCode: No error
  Information: 000000000027E1A0
  AbortExecute: Off
  Progress: 0
  Progress Text: (None)
  Resolution: 60
  Height: 1          默认在坐标原点
  Radius: 0.309
  Center: (0, 0, 0 )
  Capping: On
  Output Points Precision: 0
```

所以，用程序创建多个三维实体数据源时，必须人为指定其不同的 Center 属性，这样绘出的场景中多个几何体才不至于重叠在一起，下面来看一个例子。

代码如下（ch13, TVTK 绘制多种几何体, 3d_tvtk_geometry.py）：

```
'''用 TVTK 库在同一场景中绘制多个基本几何体'''
from tvtk.api import tvtk
from tvtk.common import configure_input                # 用于配置图形数据映射器的输入
# 分别创建多个几何体的数据源                             #（1）
mysrc1 = tvtk.CubeSource(x_length = 6.0, y_length = 2.0, z_length = 3.0, center = (0.0, 5.0, 0.0))  # 立方体
mysrc2 = tvtk.ConeSource(height = 4.0, radius = 2.5, resolution = 120, center = (5.0, -5.0, 0.0), direction = (-0.3, 1.0, -0.5))                                                  # 圆锥体
mysrc3 = tvtk.CylinderSource(height = 5.0, radius = 1.5, resolution = 60, center = (-5.0, -5.0, 0.0))  # 圆柱体
mysrc4 = tvtk.ArrowSource()                              # 箭头
# 逐一转换为图形数据输入
mymap1 = tvtk.PolyDataMapper()
configure_input(mymap1, mysrc1)
mymap2 = tvtk.PolyDataMapper()
configure_input(mymap2, mysrc2)
mymap3 = tvtk.PolyDataMapper()
configure_input(mymap3, mysrc3)
mymap4 = tvtk.PolyDataMapper()
configure_input(mymap4, mysrc4)
# 对应每一个几何体分别创建模型实体
myact1 = tvtk.Actor(mapper = mymap1)
myact2 = tvtk.Actor(mapper = mymap2)
myact3 = tvtk.Actor(mapper = mymap3)
myact4 = tvtk.Actor(mapper = mymap4)
# 创建一个场景，将各实体依次添加进来
myren = tvtk.Renderer(background = (0.5, 0.6, 0.3))
myren.add_actor(myact1)
myren.add_actor(myact2)
```

```
    myren.add_actor(myact3)
    myren.add_actor(myact4)
    # 场景添加到窗口显示
    mywin = tvtk.RenderWindow(size = (600, 350))              # 创建的同时就设置窗口尺寸
    mywin.add_renderer(myren)
    myint = tvtk.RenderWindowInteractor(render_window = mywin)
    myint.initialize()
    myint.start()                                            # 启动窗口并开启交互
```

说明：在创建数据源的同时就分别设置其 Center 属性，这里设立方体 center = (0.0, 5.0, 0.0)，圆锥体 center = (5.0, -5.0, 0.0)，圆柱体 center = (-5.0, -5.0, 0.0)，特意安排它们在空间位置上相互错开，同时设置圆锥 direction = (-0.3, 1.0, -0.5)，使它稍微转过一个角度便于展示。

运行效果：

最后完成的几何体展示效果，如图 13.10 所示。

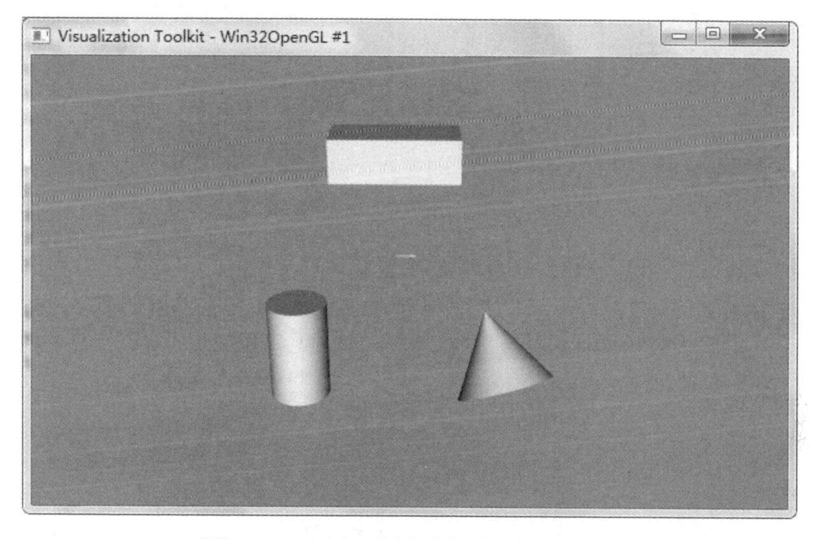

图 13.10　在同一个场景中展示多种几何体

读者还可以拖曳滚动鼠标来从多角度观察其形状。

13.3　使用第三方模具：文件载入“胡巴”

【例 13.4】 很多情况下，人们不止满足用 VTK/TVTK 绘制圆柱体、圆锥之类的简单几何体，还想用它处理更为复杂的三维立体模型，但是原生 VTK 的建模功能并不强，于是人们希望能使用其他专业建模软件设计完成的模具，载入 VTK/TVTK 环境中进行修改和再创作。VTK/TVTK 支持很多种格式的数据文件，能将其他软件所产生的数据源先通过各种 Reader 类载入进来，再放到流水线上作可视化的处理。本节将通过实例载入一个“胡巴”的奇幻卡通模型。

13.3.1　背景知识

目前业内最为通用存储 VTK/TVTK 数据源的文件格式是 STL。它最早是由 3D Systems 公司于 1988 年制定的一个接口协议，是一种为快速原型制造技术服务的三维图形文件格式，以.stl 为后缀，现已成为 CAD/CAM 系统接口文件格式的工业标准，绝大多数 3D 造型系统都支持并默认生成此种格式的文件。

从网上可以搜到很多由他人设计完成并以.stl 格式发布的模型，如图 13.11 所示，其中不少是可以免费下载的。

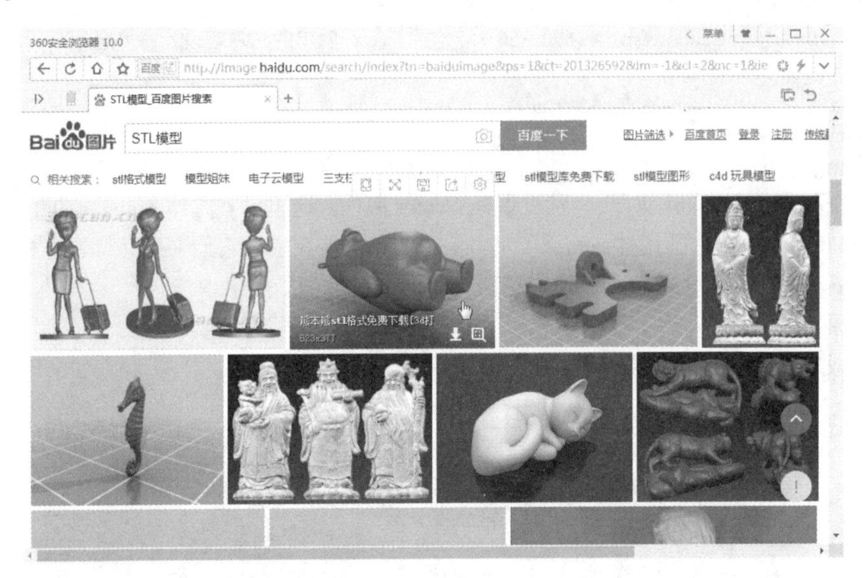

图 13.11 网上发布的各种 STL 模型文件

“胡巴”是由许诚毅导演，白百何、井柏然领衔主演的奇幻电影《捉妖记》中的主角，其形象取材于上古典籍《山海经》中的神兽帝江。影片中的胡巴形似一个白白胖胖的萝卜，生着四条灵巧的小手，样子十分惹人喜爱，如图 13.12 所示。随着影片的上映，胡巴成了家喻户晓的国产卡通人物，其可爱的形象早已深入人心。

图 13.12 《捉妖记》中胡巴剧照

本节实例使用从网上免费下载的 STL 模型文件 wuba.stl，向 TVTK 中载入胡巴的三维立体卡通模型，该模型是由《捉妖记》影迷及胡巴的粉丝设计并免费发布到互联网上分享的。

13.3.2 程序实现

将下载的含有胡巴模型数据的文件 wuba.stl 放在 PyCharm 项目路径下，注意要与接下来创建的源文件位于同一目录，否则无法正常读取。

代码如下（ch13, 从文件载入三维模具, 3d_tvtk_stlreader.py）：

```
"TVTK 从文件载入三维模具"
from tvtk.api import tvtk
from tvtk.common import configure_input
from tvtk.tools import ivtk
from pyface.api import GUI
# 从外部 STL 文件中读取模型实体
mysrc = tvtk.STLReader(file_name = "wuba.stl")                    #（1）
mymap = tvtk.PolyDataMapper()
configure_input(mymap, mysrc)                                     # 配置映射器的输入
myact = tvtk.Actor(mapper = mymap)                                # 图形数据传给实体
mygui = GUI()                                                     # 创建 GUI 对象
mybrowser = ivtk.IVTKWithBrowser(size = (1000, 600))
                                                                  # 创建不含 Python Shell 的浏览器
mybrowser.open()                                                  # 打开浏览器
mybrowser.scene.add_actor(myact)                                  # 将模型实体添加进浏览器窗口场景
mygui.start_event_loop()                                          # GUI 界面循环侦听事件
```

说明：比照之前画圆柱体的程序，只将映射器的输入由 CylinderSource()方法返回数据源改为 STLReader()方法读入的 STL 文件数据。TVTK 的 STLReader 对象“知道”如何读取和解析 STL 文件中的数据，并且自动将读取到的数据转换为 PolyData 格式以供映射器进一步处理。

运行效果：

运行程序，载入“胡巴”模型，如图 13.13 所示。

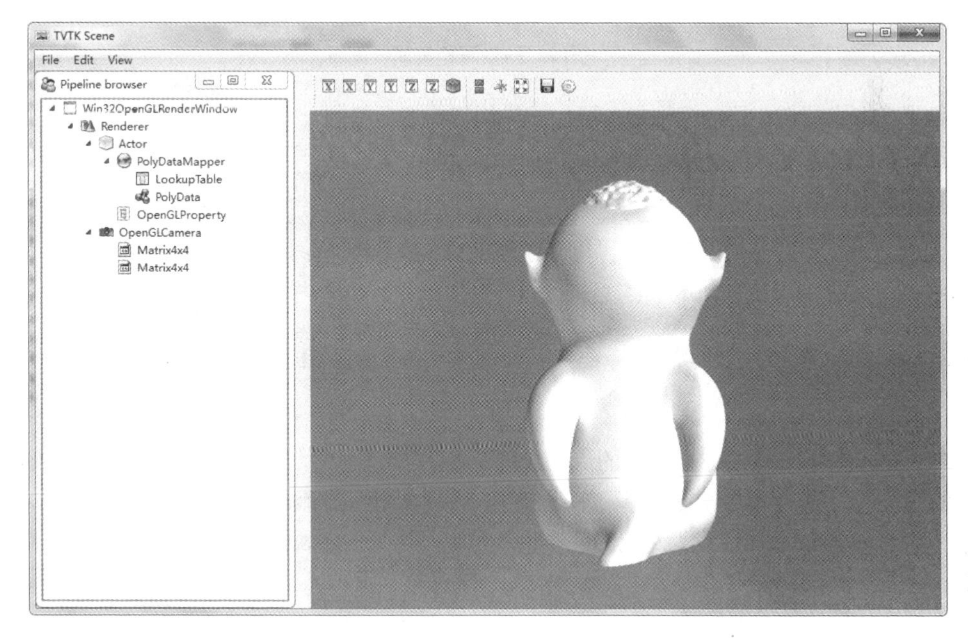

图 13.13　载入 STL 文件中的三维模型

可以用鼠标拖曳来观察“胡巴”模型。

13.3.3 控制照相机

上面虽然成功载入了“胡巴”模型，但图 13.13 中“胡巴”在初始呈现时是背对观众的，为了能够让它在一出场时就以一个比较理想的角度面朝观众，需要对 TVTK 系统的照相机进行一定的控制操纵。

展开流水线浏览器的树视图，可以看到一个“OpenGLCamera”节点，双击并打开如图 13.14 所示的对话框，这个对话框里面包含了对当前场景中照相机的所有配置项，可供用户修改以改变照相机拍照的视角。

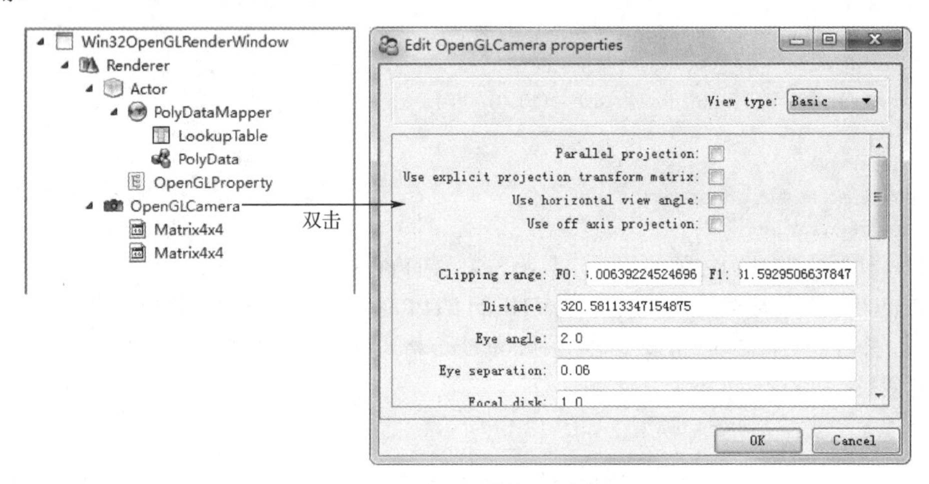

图 13.14 场景照相机属性配置

可以先在流水线浏览器的三维显示区，用鼠标将模型调整到一个理想的视角，然后用上面的方法打开照相机属性配置对话框，记下当前照相机的 position 属性值，再返回程序中用代码将初始呈现的照相机角度设为该值即可，代码如下：

```
...
mybrowser.scene.add_actor(myact)                      # 将模型实体添加进浏览器窗口场景
# 通过程序代码设置模型初始显示效果
mycamera = mybrowser.scene.renderer.active_camera     # 获得当前场景中的照相机对象
mycamera.position = 125, 122, -248                    # 设置照相机所在方位（三维空间坐标）
mybrowser.scene.background = (0.5, 0.6, 0.3)          #（1）
mygui.start_event_loop()                              # GUI 界面循环侦听事件
```

说明： mybrowser 是 IVTK 产生的流水线浏览器，本句使用“mybrowser.scene.background”来设置场景的背景色，其作用等效于在运行程序时，直接于流水线浏览器编辑场景属性的对话框中，将“Scene”选项卡下的 Background 属性设为对应的值。也就是说，场景的各属性在程序代码中的引用格式为：

```
流水线浏览器名.选项卡名.属性名 = 属性值
```

其中，选项卡名和属性名的首字母必须小写。

更改后的显示效果如图 13.15 所示，所呈现出的“胡巴”模型十分逼真且颇具质感。

用 TVTK 还可实现对模型的二次创作，请读者自己尝试完成，在此过程中熟悉和掌握 Python 的 TVTK 库用法，学会通过调整模型和场景的各个属性达到需要的三维呈现效果。

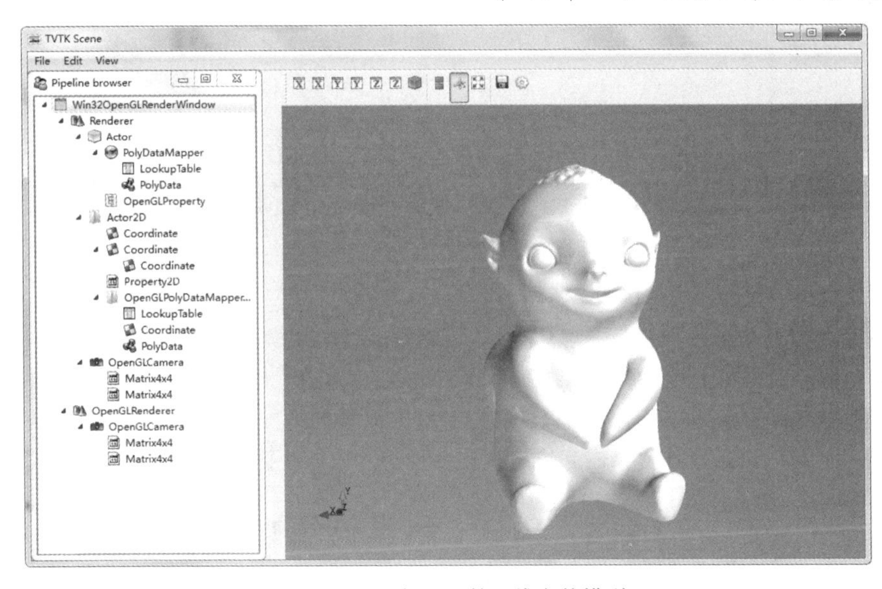

图 13.15　“胡巴”的二维立体模型

第 14 章 精彩纷呈：可视化科学计算实例

Python 是最擅长科学计算的编程语言，甚至可以与专业的科学计算软件 MATLAB 相媲美。Python 的科学计算功能主要得益于两大扩展库：SciPy 和 Mayavi。SciPy 是在 NumPy 数值计算能力的基础上构建专用于科学计算的库；Mayavi 是基于 VTK/TVTK 开发的上层可视化软件，对用户屏蔽了流水线的处理流程，使用 Python 制作复杂的三维可视化图形更加方便快捷。

14.1 SciPy 科学计算功能

SciPy 在底层利用了 NumPy 基础的数值计算及强大的数组处理能力，在此基础上又增加了在数学、科学及工程计算中常用的函数，其功能丝毫不逊于 MATLAB，在当今科学及工程学众多领域都有着广泛的应用。先介绍 SciPy 的通用基础功能。

14.1.1 数据拟合

在科学实验中，通常会将实验测得的数据与理论预测值进行比较，除去误差，最终得到一组比较理想的数据结果，这个过程称为数据拟合。进行数据拟合得到的结果往往是十分逼近理论定律的一条函数曲线。

下面的一段代码是对模拟实验测的波函数进行拟合过程，用到 SciPy 库的 optimize 子库，该子库专用于对拟合数据进行优化，得到平滑的结果，代码如下（ch14, SciPy 科学计算, sci_leastsq.py）：

```
import numpy as npy
from scipy.optimize import leastsq
import matplotlib.pyplot as pyt
pyt.rcParams['font.sans-serif'] = ['SimHei']                # 正常显示中文
pyt.rcParams['axes.unicode_minus'] = False                   # 正常显示坐标值负号
def myfunc(x, a):
    r, n, ϕ = a
    return r * npy.cos(2*npy.pi*n*x + ϕ)
def deviation(a, y, x):                                      # 误差计算函数
    return y - myfunc(x, a)
x = npy.linspace(-npy.pi, npy.pi, 1000)
r, n, ϕ = 5, 0.25, npy.pi/3                                  # 理论参数
f0 = myfunc(x, [r, n, ϕ])                                    # 理论数据
f1 = f0 + 0.3 * npy.random.randn(len(x))                     # 实验数据（含噪声）
a0 = [4, 0.18, 0]                                            # 初始拟合参数
# 用 leastsq 函数进行数据拟合
mylsq = leastsq(deviation, a0, args = (f1, x))               # args 为需要拟合的实验数据
pyt.plot(x, f0, "y--", label = u"理论数据", linewidth = 3.1)
pyt.plot(x, f1, "b", label = u"实验数据", linewidth = 0.5)
pyt.plot(x, myfunc(x, mylsq[0]), "g", label = u"拟合数据", linewidth = 1.2)
```

```
pyt.legend()
pyt.show()
```

运行结果如图 14.1 所示，可看到原本满是毛刺的波函数曲线经过拟合后变成了平滑的波函数。

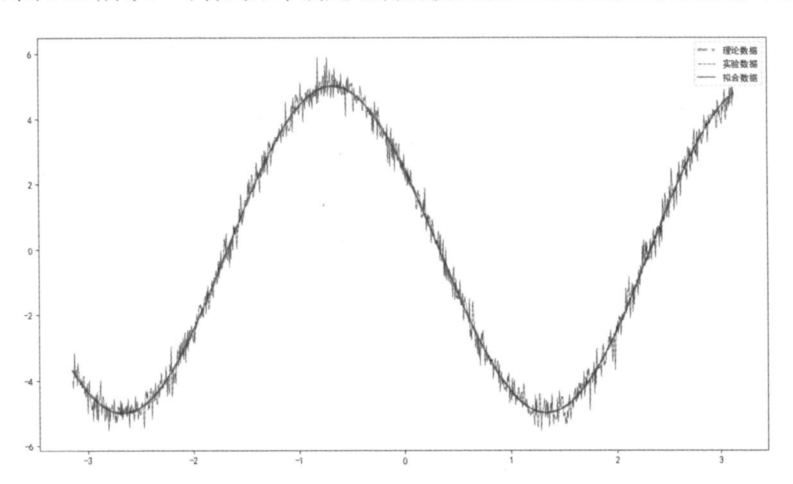

图 14.1　对实验测的波函数进行拟合的结果

14.1.2　插值优化

有时候，实验测的数据很有限，为了能从有限的样本中得出清晰的图像，就要进行插值运算，它实际上是按照一定的算法和规律，由已知的数值生成未知数值，并且将所有数值综合在一起得出结果图像的过程。SciPy 的插值功能由 interp2d 函数实现，下面是将一个网格生成的模糊二维函数图像经插值优化处理，得到清晰图像的过程，代码如下（ch14, SciPy 科学计算, sci_interp2d.py）：

```
import numpy as npy
from scipy import interpolate
import pylab as plb
def myfunc(x, y):
    return npy.sin(npy.sqrt(x**2 + y**2))
# 将 X-Y 平面分为 10*10 的网格
x, y = npy.mgrid[-1:1:10j, -1:1:10j]
val_old = myfunc(x, y)                    # 计算每个网格点上的函数值
# 用 interp2d 函数进行二维插值
myfunc_new = interpolate.interp2d(x, y, val_old, kind = 'linear')
# 计算 500*500 网格上的插值
x_new = npy.linspace(-1, 1, 500)
val_new = myfunc_new(x_new, x_new)
# 画图对比插值前后的图像
plb.subplot(121)
plb.imshow(val_old, extent=[-1, 1, -1, 1], cmap = plb.cm.jet, interpolation = 'nearest')
plb.subplot(122)
plb.imshow(val_new, extent=[-1, 1, -1, 1], cmap = plb.cm.jet, interpolation = 'nearest')
plb.show()
```

程序运行结果如图 14.2 所示。

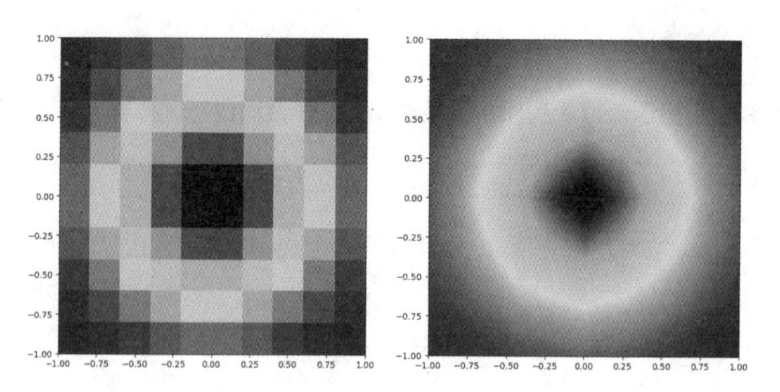

图 14.2 对二维图像进行插值优化显示

可以看到，右图经过插值处理变得十分清晰。

14.1.3 信号处理

在通信、电子信息领域，常常需要对电路产生或接收到的信号进行滤波，去除噪声得到有用的信息。SciPy 有专门的信号处理子库，可用其中的 medfilt 函数对信号滤波，代码如下（ch14, SciPy 科学计算, sci_medfilt.py）：

```
from scipy import signal
import numpy as npy
import matplotlib.pyplot as pyt
pyt.rcParams['font.sans-serif'] = ['SimHei']                    # 正常显示中文
pyt.rcParams['axes.unicode_minus'] = False                      # 正常显示坐标值负号
t = npy.arange(0, 100, 0.2)
s0 = 0.6 * npy.cos((npy.pi/6) * t)
s0[npy.random.randint(0, len(t), 100)] += npy.random.standard_normal(100)*0.2
s1 = signal.medfilt(s0, 7)
pyt.plot(t, s0, "g-.", label = u"滤波前", linewidth = 2.1)
pyt.plot(t, s1 - 1.5, "b", label = u"滤波后", linewidth = 1.8)
pyt.legend()
pyt.show()
```

将滤波前后的结果放在一起进行比较，如图 14.3 所示。

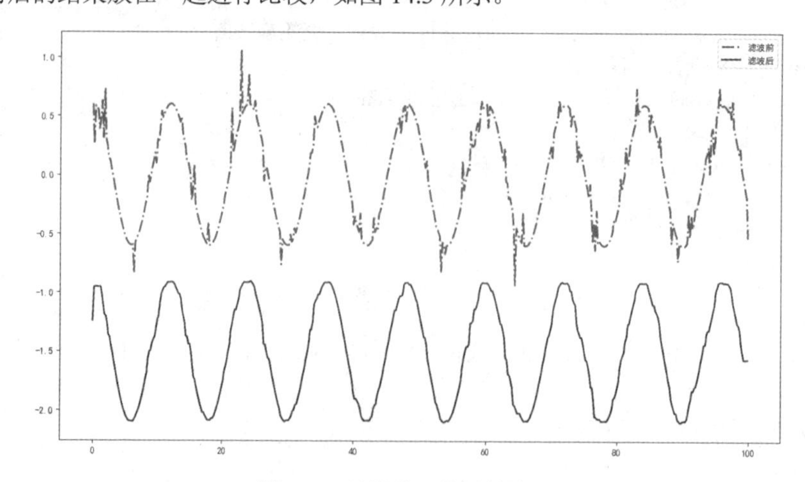

图 14.3 滤波处理前后的波形

经比较可见，下方是经滤波处理后的信号，明显要比上方未经滤波的原始信号波形要平滑许多，更能从中提取有用信息。

14.2　Mayavi 可视化应用

虽然 Python 的 MatPlotLib 也有三维绘图的能力，但它主要擅长的是二维图表的绘制，在用于复杂的 3D 场景时其效率会大打折扣；而 Python 原生的 TVTK 虽然适用于 3D 场景，但它仅仅是对 VTK 的简单封装，并未对上层应用屏蔽流水线的操作细节，乃至用户在编程时还不得不严格按照流水线的处理步骤写代码。为弥补这些不足，人们基于 VTK/TVTK 推出了一款高效的可视化软件库——Mayavi，它在原 TVTK 的基础上又添加了一整套面向应用的实用工具，使用这些工具函数就可以快速地编写出较为复杂的三维可视化应用。

14.2.1　绘制空间曲面：电子衍射图案

【例 14.1】 TVTK 一般只能用来绘制圆柱体、圆锥、立方体等基本的几何体，用 Mayavi 则可以绘出任意函数的复杂空间曲面，下面通过描绘一个电子波动在空间所产生的衍射图案来看看 Mayavi 的 3D 绘图能力。

1．背景知识

20 世纪初，人们发现了光的波粒二象性，法国著名物理学家德布罗意（1892—1987 年）由此得到启发，认为任何物质微粒（原子、分子、电子等）也都像光一样具有波动性，可以表现干涉、衍射等波动现象，进而提出物质波的理论。1927 年，人们果然在实验中发现了电子的衍射现象，从而证实了德布罗意的猜想。

今天，运用电子衍射原理发明的电子隧道扫描显微镜已经能够让人类直接“看”到物质原子的形态了，如图 14.4 所示，是被围成一圈的铁原子晶体阵列“困住”的电子，在发生衍射效应后所产生的图样，如同池塘里水波的涟漪，在这一圈圈涟漪同心圆的边缘，可清晰地分辨出一个个铁原子来。

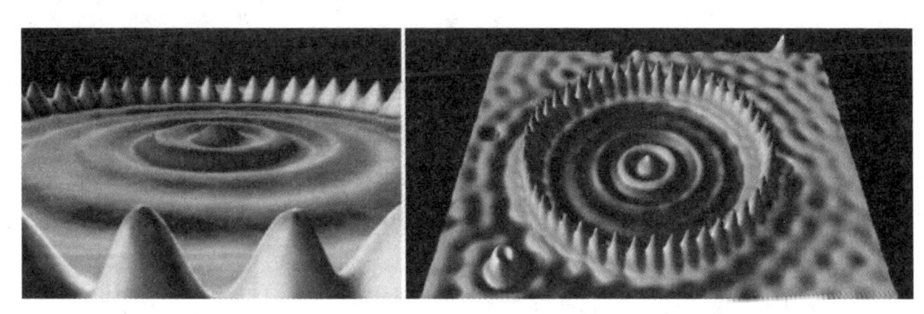

图 14.4　用电子衍射图案观测物质原子

2．实现原理

电子衍射的图案是一个空间波动的振荡曲面，它在平面上的投影为一圈圈同心圆，但在垂直平面的剖面方向则是一个三角波函数，为方便起见，本例将同心圆的圆心选在坐标原点，波函数取相位为 0 的余弦函数，于是整个衍射曲面的方程就是余弦函数与平面圆方程所构成的复合函数，其表达式如下：

$$e = \cos\left(\sqrt{x^2 + y^2}\right)$$

对于这样一个曲面，用 Mayavi 绘图的原理是：

（1）通过 Mayavi 库的 ogrid 对象在 X-Y 平面上产生一个指定尺寸精度的等距网格，例如：

```
x, y = npy.ogrid[-20:20:400j, -20:20:400j]
```

就是取 x、y 坐标区间范围都是（-20, 20），然后分别沿 x、y 轴方向等分 400 份形成 400×400 的平面网格，每个格子中取一点作为计算的样点，即一共取了 160000（400×400）个点。

（2）针对每一个样点，应用上面的曲面方程表达式，计算出函数值 e，然后调用 Mayavi 的 surf() 函数将算出的全体 e 值绘制成三维空间的曲面，绘图语句为：

```
mysurface = mlab.surf(x, y, e, warp_scale = 2.5)
```

3. 程序及分析

代码如下（ch14, 电子衍射, mayavi_electrondiff.py）：

```
'''描绘模拟的电子衍射图案（三维空间的同心振荡曲面）'''
from mayavi import mlab                                    # 导入 Mayavi 三维绘图库
import numpy as npy
x, y = npy.ogrid[-20:20:400j, -20:20:400j]                 #（1）
e = npy.cos(npy.sqrt(x**2 + y**2))          # 计算衍射区域任一点的电子能量（单位：eV）
# 用 Mayavi 库的 surf 函数将能量函数绘制为空间曲面
mysurface = mlab.surf(x, y, e, warp_scale = 2.5)           #（2）
mlab.axes(xlabel = 'x', ylabel = 'y', zlabel='eV')         # 添加坐标轴
mlab.outline(mysurface)                                    # 给曲面图案添加外框
# 以下输出的是该图案 3D 数据对象的几个关键属性
mydata = mlab.gcf().children[0]                            # 获取数据源
myimage = mydata.outputs[0]                                #（3）
print("坐标起点:")
print(myimage.origin)
print("样点间隔:")
print(myimage.spacing)
print("取样点数:")
print(myimage.dimensions)
mlab.show()                                                # 显示图案
```

说明：

（1）这里 ogrid 对象会先计算两个维度（shape）分别为（400, 1）和（1, 400）的数组 x 和 y，然后通过内置 ufunc 函数的功能，计算出由 x 和 y 构成的等距网格中每一样点的函数值 e，e 在内部是以一个维度为（400, 400）数组形式存储的，故该数组的维度越长，所取的样点数就越多，最终描绘出的曲面就愈加平滑逼真，但同时程序所消耗的内存、运算时间也越多。选取较少的样点当然可以降低内存消耗和提高运行速度，但绘出的曲面会变得棱角粗糙、模糊不清。若仅取 100 个点，将程序改为：

```
x, y = npy.ogrid[-20:20:10j, -20:20:10j]
```

将无法看到清晰的衍射图案，其运行效果如图 14.5 所示。因此，实际应用时应当在两者间作出权衡。

（2）mlab 是 Mayavi 的快速绘图库，提供了很多功能强大的 3D 绘图函数，只要用户在程序中将数据准备好，通常只须调用一次 mlab 的某个绘图函数，就可以生成数据的三维图形，十分方便快捷。surf 就是 mlab 中专用于绘制空间曲面的函数，其 warp_scale 参数指定曲面高度在沿 X-Y 面垂直方向的缩放倍率，由于本例电子衍射波在纵向波动的幅度较小，为了能清楚地描绘出波动效果，这里将倍率设为 2.5，即将波的振幅沿纵向放大 2.5 倍，实际使用时可根据需要调整 warp_scale 参数直至最佳的显示效果。

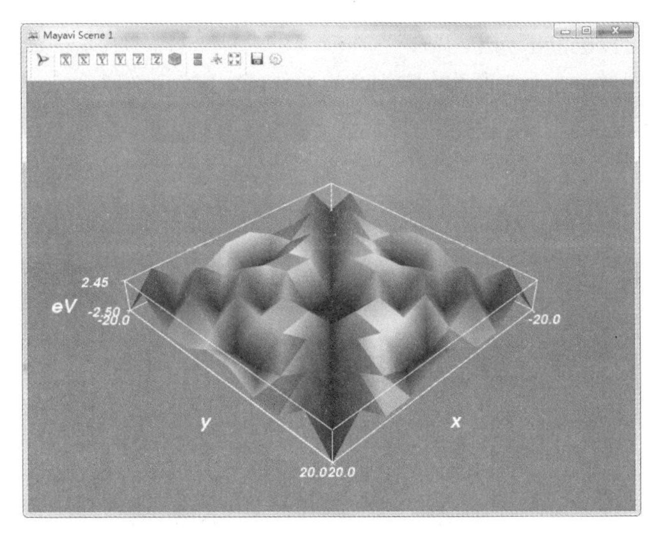

图 14.5 样点数较少时无法形成清晰的衍射图案

（3）mlab 用于绘图的数据源是一个 Array2Dsource 对象，通过“mlab.gcf().children[0]”可以获取到这个对象，而 Array2Dsource 在流水线上输出是一个 TVTK 的 ImageData 对象，它实际上是一个三维图像数据对象，曲面在各坐标轴方向上的信息皆存储在该对象中，但 ImageData 对象并未保存空间中每一点的坐标，而是通过 origin、spacing、dimensions 等属性保存网格取样点的算法信息，在运行时再通过计算实时地将曲面描绘出来。本例程序的后半段通过访问这些属性的内容，可以输出查看将要显示 3D 曲面的各项关键性取样特征，如下所示：

```
坐标起点:
[-20. -20.   0.]
样点间隔:
[0.10025063 0.10025063 1.        ]
取样点数:
[400 400   1]
```

运行效果：

运行程序，显示三维空间的电子衍射图案，效果如图 14.6 所示。

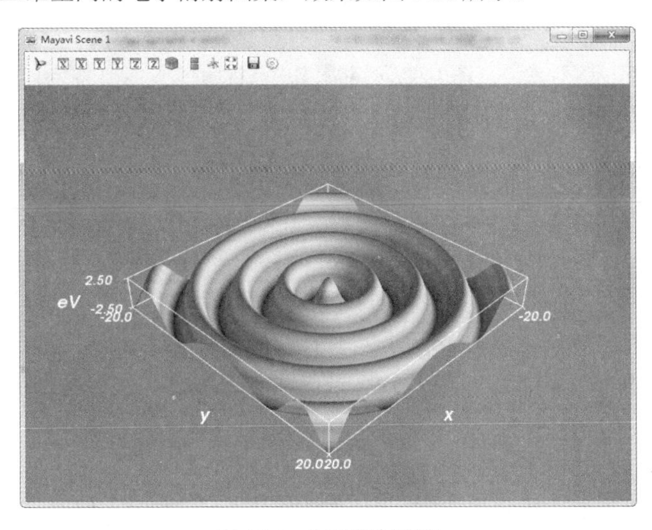

图 14.6 电子衍射图案

mlab 还有一个增强的 contour_surf 函数，它与 surf 的功能一样、参数类似，但可以为曲面加上等高线，便于用户观察。通过 contours 参数指定等高线的数目，程序可写为：

```
mysurface = mlab.contour_surf(x, y, e, warp_scale = 2.5, contours = 30)          # 以 30 条等高线描绘
```

显示效果如图 14.7 所示。

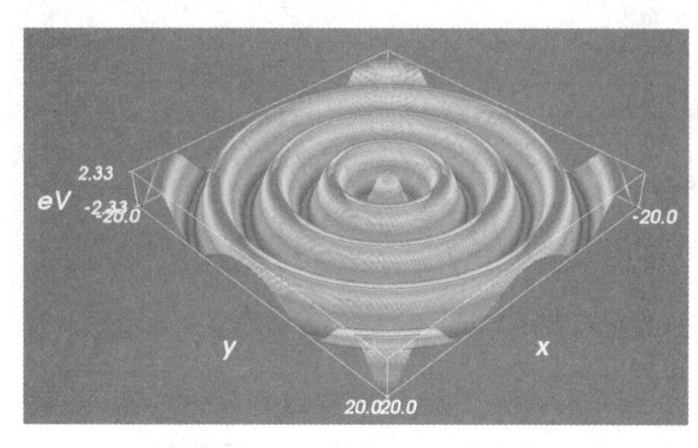

图 14.7　含等高线的衍射图案

用鼠标拖曳三维图案改变观察视角，从上方俯视看到的衍射图案如图 14.8 所示，如彩虹一般的同心圈纹异常美丽。

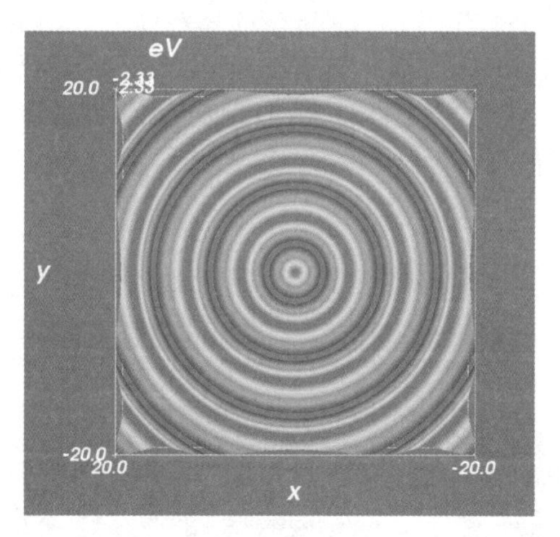

图 14.8　衍射图案的俯视图

14.2.2　复杂三维图形：模拟穿越虫洞

【例 14.2】 对于更为复杂的三维曲面，使用 surf 函数的等距网格方式绘制就会显得不够灵活，且对于空间不同角度错综复杂的面都由用户手工确定取样点、取样范围及精度也是不现实的。为此 Mayavi 提供了 mesh 函数专门解决复杂图形的绘制问题，使用时只须知道图形的参数方程，就可以很容易地画出它的空间图像来。下面这个实例通过 mesh 绘图模拟宇宙飞船穿越虫洞进行时空旅行的复杂几何结构。

1. 背景知识

爱因斯坦的广义相对论是 20 世纪人类文明所取得的辉煌成就。广义相对论揭示了在大质量物质引力场的作用下，时空会发生弯曲形成各种复杂的结构。虫洞就是广义相对论所预言的一种奇特时空，

它就像一个两端开口的漏斗，通过中部极为狭窄的隧道（爱因斯坦-罗森桥）连接宇宙中十分遥远的两个区域。

理论物理的研究表明，宇宙飞船只要携带足够数量的负能量物质，就可以人为开启虫洞，将时空弯曲，穿越虫洞自由地往返于过去和未来，如图 14.9 所示就是一个理论构想的典型虫洞时空结构。

图 14.9 一个典型的虫洞时空结构

2. 实现原理

从图 14.9 的虫洞照片中可见，一个典型的虫洞时空由两部分构成：时空隧道和被弯曲的空间。此外，在虫洞的周围还时常出现封闭的时空回环，以莫比乌斯带的形态存在，宇宙飞船穿越虫洞的旅行，从大尺度范围来看，也是在时空中一个巨大的圆环上。

（1）时空隧道：它是一个两端有宽大的漏斗状开口、中部极窄的几何形状，可用一单页双曲面来近似描述，其参数方程为：

$$\begin{cases} x = a\cosh u\cos v \\ y = b\cosh u\sin v \\ z = c\sinh u \end{cases}$$

（2）被弯曲的空间：从图 14.9 中可见，被虫洞弯曲的时空形似椭圆柱面的一部分，其参数方程为：

$$\begin{cases} x = a\cos\theta \\ y = t \\ z = b\sin\theta \end{cases}$$

实际编程时，取 $\theta \in \left[-\frac{\pi}{2}-\delta_1, \frac{\pi}{2}+\delta_2\right]$，$\delta_1$、$\delta_2$ 皆为很小的实数，这样生成的曲面只是椭圆柱面的单侧部分，能比较好地模拟被弯曲的空间形态。

（3）莫比乌斯带：早在 1858 年，德国数学家莫比乌斯就发现，把一根纸条扭转 180° 后两头再黏接起来做成的纸带圈具有魔术般的性质——普通纸带有两个面（双侧曲面，一正一反），而这样的纸带只有一个面（单侧曲面），若是一个人在这样的曲面上行走，他可以走遍整个曲面而不必跨过边缘，如图 14.10 所示。

虫洞周边偶尔出现的神奇时空回环，可以用莫比乌斯带来模拟，它的参数方程为：

$$\begin{cases} x = \left(a + u\cos\frac{v}{2}\right)\cos v \\ y = \left(a + u\cos\frac{v}{2}\right)\sin v \\ z = u\sin\frac{v}{2} \end{cases}$$

图 14.10 莫比乌斯带

（4）飞船时空旅行轨迹：宇宙飞船穿越虫洞进行时空旅行，它所运动的轨迹类似一巨大的圆环，参数方程为：

$$\begin{cases} x = (R + r\cos\varphi)\sin\psi \\ y = r\sin\varphi \\ z = (R + r\cos\varphi)\cos\psi \end{cases}$$

在编写程序的时候，对于以上每一个参数方程，先用 mgrid 对象生成空间网格面上一定范围的变量，例如：

```
[u, v] = npy.mgrid[-npy.pi:(npy.pi + du):du, -npy.pi:(npy.pi + dv):dv]
```

这里 du、dv 都是变量 u 和 v 取值变化的精度。

然后将变量代入对应参数方程得：

$$\begin{cases} x = x(u,v) \\ y = y(u,v) \\ z = z(u,v) \end{cases}$$

再调用 mlab 的 mesh 函数：

```
m = mlab.mesh(x, y, z)
```

即可绘出该方程所表示的空间曲面。实际编程时，还要根据需要适当地调整方程中的各参数，必要时给方程中某一式子加上一个常数可对图形进行坐标平移。通过实践中不断地调整，才能画出较为理想的空间图像。

3. 完整程序

代码如下（ch14, 穿越虫洞, mayavi_wormhole.py）：

```
'''描绘宇宙飞船穿越虫洞（时空隧道）的三维图像'''
from mayavi import mlab                          # 导入 Mayavi 三维绘图库
import numpy as npy
du, dv = npy.pi/60.0, npy.pi/60.0
# 虫洞形状类似单页双曲面
[u0, v0] = npy.mgrid[-3:3:du, 0:(2*npy.pi + dv):dv]
                                                 # u0 的范围（-3～3）决定了虫洞外开口的大小和形状
x0 = 0.3*npy.cosh(u0)*npy.cos(v0)                # 系数（0.3）决定虫洞中央瓶颈的宽窄
y0 = 0.3*npy.cosh(u0)*npy.sin(v0)
z0 = 0.9*npy.sinh(u0)                            # 系数（0.9）决定虫洞的长度
m0 = mlab.mesh(x0, y0, z0)                       #（1）
# 被虫洞弯曲的时空形似椭圆柱面
[t,θ] = npy.mgrid[-10:10:0.1, (-npy.pi/2 - 2.3*dv):(npy.pi/2 + 2.8*dv):dv]
```

```
                                         # θ决定了时空弯曲的范围
x1 = 35*npy.cos(θ)
y1 = t
z1 = 9*npy.sin(θ)
m1 = mlab.mesh(x1, y1, z1)
# 环绕着时空隧道的莫比乌斯带（时空回环）
[u2, v2] = npy.mgrid[-npy.pi:(npy.pi + du):du, -npy.pi:(npy.pi + dv):dv]
x2 = (10 + u2*npy.cos(v2/2))*npy.cos(v2)
y2 = (10 + u2*npy.cos(v2/2))*npy.sin(v2)
z2 = u2*npy.sin(v2/2)
m2 = mlab.mesh(x2, y2, z2)
# 宇宙飞船运动轨迹（用圆环面模拟，这里取圆环外径 R=20,内径 r=0.3）
[φ, ψ] = npy.mgrid[-npy.pi:(npy.pi + du):du, -npy.pi:(npy.pi + dv):dv]
x3 = (20 + 0.3*npy.cos(φ))*npy.sin(ψ) + 20
y3 = 0.3*npy.sin(φ)
z3 = (20 + 0.3*npy.cos(φ))*npy.cos(ψ)
m3 = mlab.mesh(x3, y3, z3)
mlab.show()                                # 显示穿越图像
```

说明：mesh 函数的 3 个参数 x、y、z 都是二维数组，这些数组相同下标的三个元素就组成了方程对应曲面上某点在三维空间中的坐标值，而点之间的相互关系（组成边和面）则由其在 x、y、z 数组中的位置关系决定。

运行效果：

运行程序，显示模拟穿越虫洞的时空结构如图 14.11 所示。

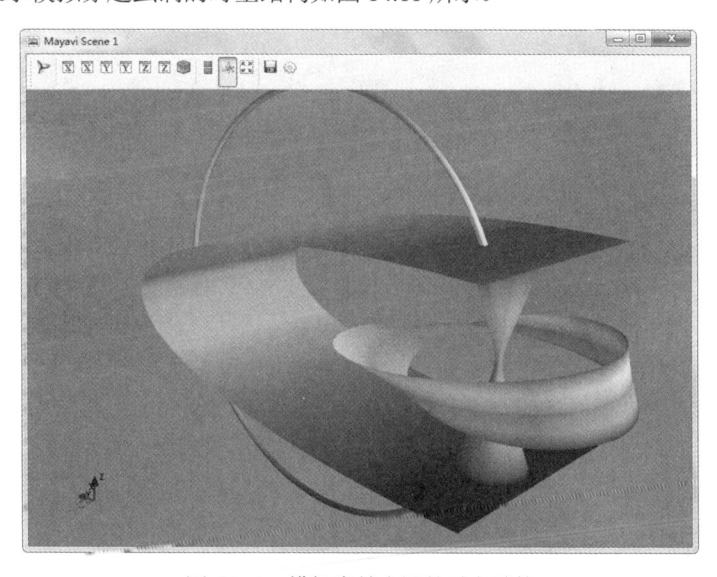

图 14.11 模拟穿越虫洞的时空结构

可见，这个图是比较复杂的，但使用 Mayavi 却可以很容易地绘制出来。

14.2.3 标量场可视化：地月系引力场

【例 14.3】 Mayavi 的 contour3d 函数可用于描绘空间的标量场，并以等值面的形式清晰呈现，本节将用它来绘制地月系的引力场。

1. 背景知识

地球与月球构成一个小的天体系统——地月系，它是人类的美好家园。早在 1687 年，伟大科学家牛顿出版了不朽巨著《自然哲学之数学原理》，书中提出了由他发现的万有引力定律，该定律首次将地上物体的重力与天上星体之间的引力统一起来，这是人类历史上认识自然的一次巨大飞跃，如图 14.12 所示是该书的手稿。

图 14.12　牛顿与《自然哲学之数学原理》手稿

万有引力定律揭示了，宇宙中任何两个物体间都存在着相互作用的引力，该力的大小与物体的质量成正比，与物体间距离的平方成反比，写成公式如下：

$$F = \mathrm{G} \cdot \frac{m_1 m_2}{r^2}$$

其中，G 是引力常量，值为$6.672 \times 10^{-11}\mathrm{N} \cdot \mathrm{m} / \mathrm{kg}$ 。

根据万有引力定律，在任何有质量物体的周围都存在引力场，其引力场的计算公式为：

$$P = \mathrm{G} \cdot \frac{m}{r}$$

其中，m 为物体质量，r 则是空间任一点到该物体的距离。下面用这个公式计算地月系统中的引力场分布。

3. 程序实现

代码如下（ch14, 地月系引力场, mayavi_ gravity.py）：

```
from numpy import *
from mayavi import mlab
D = 384403.9 * 10**3                    # 地月距离
G = 6.672 * 10**-11                     # 引力常量
M = 5.965 * 10**24                      # 地球质量
m = 7.349 * 10**22                      # 月球质量
X, Y, Z = ogrid[-D:D:120j, -D:D:120j, -D:D:120j]
S = G * M/sqrt((X + D/2)**2 + Y**2 + Z**2) + G * m/sqrt((X - D/2)**2 + Y**2 + Z**2)
surface = mlab.contour3d(S)
surface.contour.maximum_contour = 3.8 * 10**7
surface.contour.number_of_contours = 60
surface.actor.property.opacity = 0.3
mlab.axes(xlabel = 'x', ylabel = 'y', zlabel = 'z')
mlab.show()
```

运行效果：

运行程序，绘出的地月系引力场分布如图 14.13 所示。

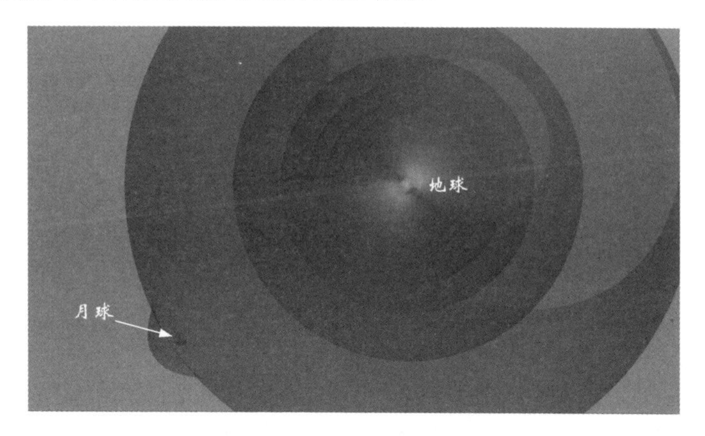

图 14.13　地月系引力场分布

为方便读者理解，图上标示出了地球和月球所在的位置。可以发现，月球由于质量太小，产生的引力场十分微弱，几乎全部笼罩在地球强大的引力场之内，所以整个地月系基本上是以地球为核心的天体系统。

14.3　综合应用实例：蝴蝶效应演示

【例 14.4】　本节将综合使用 SciPy 科学计算库和 Mayavi 复杂三维绘图库的功能，演示当代非线性物理与混沌科学前沿的一个著名现象——蝴蝶效应。

14.3.1　背景知识

1963 年，美国气象学家洛伦茨在研究大气的热对流时偶然发现：在某些情况下，随着时间的推移，大气系统会进入不可预知的混沌状态，表现为对初值的极端敏感，系统状态演变的轨迹呈现出极其复杂的形态，犹如一只翩翩起舞的蝴蝶，如图 14.14 所示。

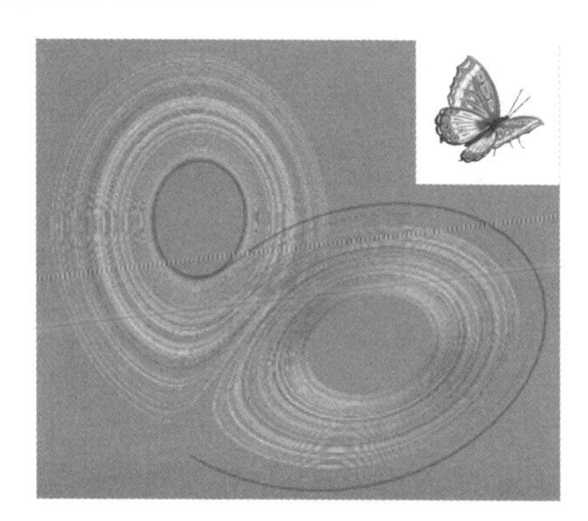

图 14.14　混沌系统的状态轨迹

他将这一现象称之为“蝴蝶效应”，并用了一个形象的比喻来说明它：南美亚马孙河流域热带雨林中的一只蝴蝶，偶尔扇动几下翅膀，就可能在两周以后引起美国得克萨斯州的一场龙卷风。

下面就是洛伦茨当年发现蝴蝶效应时所使用表示大气对流状态的方程：

$$\begin{cases} \dot{x} = \sigma(y - x) \\ \dot{y} = x(\mu - z) - y \\ \dot{z} = xy - \beta z \end{cases}$$

该方程就是著名的“洛伦茨方程”，它是一个非线性常微分方程组，其中各变量及参数的含义为：①变量 x：大气对流强度；②变量 y：上升流与下降流的温差；③变量 z：垂直温度剖面的变化。④系数 σ：普朗特数；⑤参数 μ：瑞利数；⑥参数 β：量度水平与垂直温度结构衰减率之差。

说明：以上变量和参数的意义涉及很多气象学上的专业知识，读者可能不理解，但也没关系，就本例来说实质就是用 SciPy 的数值积分功能求解此方程，并用 Mayavi 绘出方程解的空间图像即可，并不必深入理解方程中各个量的物理意义。当然，对气象学有兴趣的读者也可去参阅相关专业书籍，彻底弄懂这个方程的含义及数学推导过程。本书对此就不展开了。

蝴蝶效应及混沌现象的发现，从根本上动摇了自牛顿时代以来科学领域“决定论”自然观的统治地位，揭示了大自然的内在复杂性，从而开启了非线性科学探索的大门。这对现代自然科学的发展有着深远的影响。

14.3.2 实现原理

SciPy 的 integrate 库提供了对常微分方程进行积分的 odeint 函数，而洛伦茨方程则定义了三维空间中各个坐标点的速度矢量，只要同时从 x、y、z 三个方向沿速度矢量进行积分，就可以计算出每一时刻系统在空间中的位置矢量（运动轨迹）。

（1）**定义方程**

根据上面洛伦茨方程组的表达式，在程序中以自定义的方式写出该方程：

```
def mylorenz(s, t, σ, μ, β):
    x, y, z = s
    return npy.array([σ*(y - x), x*(μ - z) - y, x*y - β*z])
```

（2）**指定参数**

当年，洛伦茨是在对此方程取参数 $\sigma = 10$，$\mu = 28$，$\beta = \frac{8}{3} \approx 2.67$ 时发现蝴蝶效应的，在本例程序中，也同样以当时洛伦茨所取的参数值为基准，固定其中两个（σ和β），通过调整 μ 来观察系统由确定状态逐步进入混沌、出现蝴蝶效应的整个过程。

（3）**积分求解**

取好参数后，就可以使用 odeint 函数对方程进行一次求解，程序中调用的格式如下：

```
轨迹 = odeint(函数名, 初值, 时间, args = 参数)
```

每给定一组初值和参数，就可以计算出一条轨迹，使用 mlab 的 plot3d()将其描绘出来，不断改变初值和参数，就可以绘出不一样的轨迹曲线，最终通过很多条轨迹曲线在空间的叠加就可演示出蝴蝶效应来。

14.3.3 程序演示

代码如下（ch14, 蝴蝶效应, sci_butterflyeffect.py）：

```
'''演示大气动力学系统走向混沌的过程（蝴蝶效应）'''
from scipy.integrate import odeint                    # 导入科学计算积分函数库
```

```
from mayavi import mlab                                                    # 导入 Mayavi 三维绘图库
import numpy as npy
def mylorenz(s, t, σ, μ, β):                                               # 定义洛伦茨方程
    x, y, z = s
    return npy.array([σ*(y - x), x*(μ - z) - y, x*y - β*z])
                                                                           # 根据洛伦茨方程组计算位置矢量
t = npy.arange(0, 100, 0.01)                                               # 取要观察的时间段
σ = 10.0
β = 2.67
# 第 1 阶段：有确定的稳定轨道
μ = 15.4
para = (σ, μ, β)
mytrack10 = odeint(mylorenz, (2.0, 2.0, 2.0), t, args = para)              #（1）
mytrack11 = odeint(mylorenz, (2.0, 2.01, 2.0), t, args = para)
mlab.plot3d(mytrack10[:, 0], mytrack10[:, 1], mytrack10[:, 2], t, tube_radius = 0.2)
                                                                           #（2）
mlab.plot3d(mytrack11[:, 0], mytrack11[:, 1], mytrack11[:, 2], t, tube_radius = 0.2)
# mlab.show()
# 第 2 阶段：产生临界分岔，形成极限环
μ = 23.3                                                                   #（3）
para = (σ, μ, β)
mytrack20 = odeint(mylorenz, (2.0, 2.0, 2.0), t, args = para)
mytrack21 = odeint(mylorenz, (2.0, 2.01, 2.0), t, args = para)
mlab.plot3d(mytrack20[:, 0], mytrack20[:, 1], mytrack20[:, 2], t, tube_radius = 0.1)
mlab.plot3d(mytrack21[:, 0], mytrack21[:, 1], mytrack21[:, 2], t, tube_radius = 0.1)
# mlab.show()
# 第 3 阶段：出现混沌
μ = 23.4
para = (σ, μ, β)
mytrack30 = odeint(mylorenz, (2.0, 2.0, 2.0), t, args = para)
mytrack31 = odeint(mylorenz, (2.0, 2.01, 2.0), t, args = para)
mlab.plot3d(mytrack30[:, 0], mytrack30[:, 1], mytrack30[:, 2], t, tube_radius = 0.05)
mlab.plot3d(mytrack31[:, 0], mytrack31[:, 1], mytrack31[:, 2], t, tube_radius = 0.05)
mlab.show()
```

说明：

（1）为便于对比，每一阶段都取两组初值（2.0, 2.0, 2.0）和（2.0, 2.01, 2.0），其中仅 y 轴方向的数值相差 0.01，以观察初值微小变化对整个系统状态走势的影响。

（2）plot3d()将一系列的点连接起来绘制出空间的曲线，它可以有 3 个或 4 个数组参数，这些数组的维度完全相同，其中前 3 个参数分别对应点的 x、y 和 z 坐标值，而第 4 个参数则指定每个坐标点所对应的标量值，该值可以用点的颜色、大小、线的粗细等直观地表现。例如：

```
mlab.plot3d(mytrack10[:, 0], mytrack10[:, 1], mytrack10[:, 2], t, tube_radius = 0.2)
```

其中，mytrack10 就是轨迹坐标数组，将其拆分为 3 个坐标轴上的 3 分量后，传递给 plot3d 函数进行绘图。这里用时间数组 t 作为标量值数组，因此轨迹上每个点所对应的标量值就是到达此点的时间。tube_radius 指定曲线的粗细为 0.2，Mayavi 的曲线都是采用极细的圆管绘制的。

（3）改变参数 μ，当它比较小（<23.3）时，系统是确定的，可以形成稳定轨道，如图 14.15 所示。

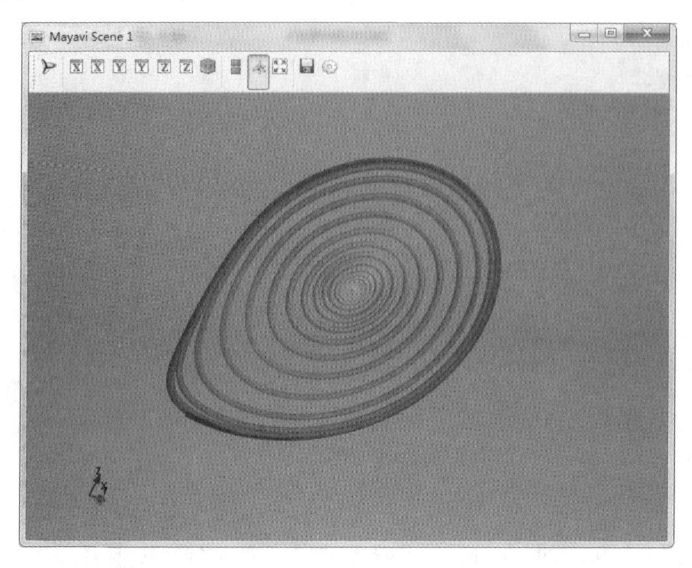

图 14.15 稳定轨道

而当 μ 达到 23.3 时，系统状态开始变得不稳定，出现分岔和极限环，如图 14.16 所示。μ 达到 23.4 则进入混沌状态。

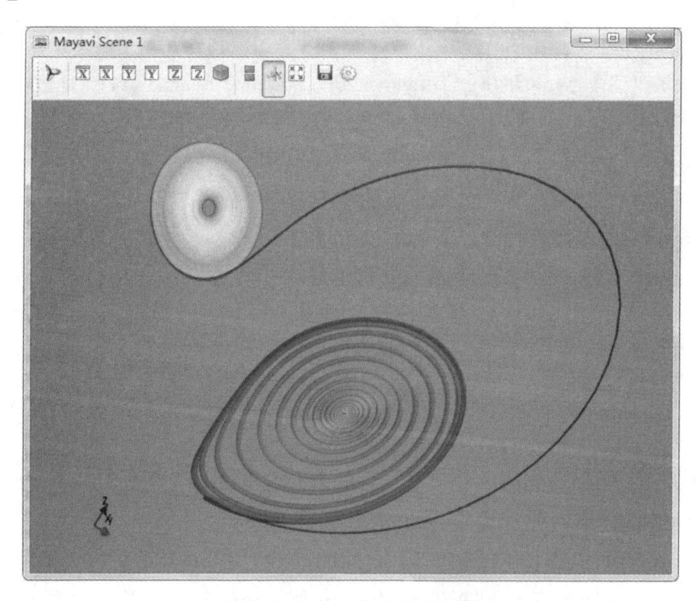

图 14.16 出现分岔和极限环

最终运行效果：

运行程序，最终产生蝴蝶效应的图像如图 14.17 所示。

通过 Python 中 SciPy 与 Mayavi 两个库的配合使用，能实现很多科学和工程领域的计算与可视化任务。不论对计算机程序员、科研工作者和科学家，Python 都是一个强大的好帮手。

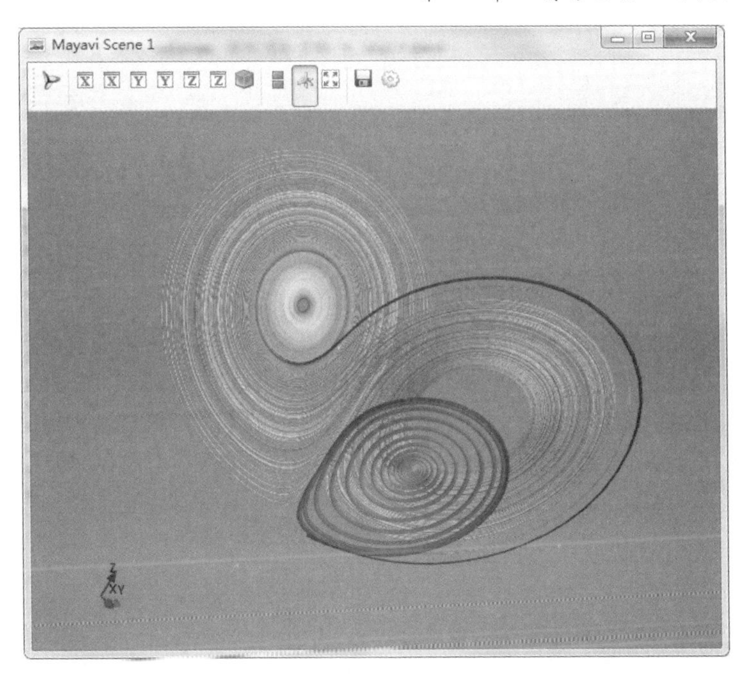

图 14.17　产生蝴蝶效应

第 15 章 流行数据库世界：操作实例

数据库顾名思义就是专用于存储数据的仓库。随着互联网大数据应用的普及，种类繁多的关系型数据库系统如雨后春笋般纷纷涌现出来，如 MySQL、PostgreSQL、MongoDB、SQL Server、Oracle 等。作为当今最为流行的程序语言之一，Python 是一个极为开放的语言，通过其内置的和扩展的模块，可以非常灵活地实现对几乎所有类型数据库的操作。

15.1 基本原理

15.1.1 Python 访问数据库原理

根据各数据库类型及厂商提供接口的不同，Python 语言对数据库的访问主要有三种方式：使用内置数据库、扩展库访问外部数据库、借助客户端引擎访问，下面分别进行举例介绍。

1. 使用内置数据库

为了方便程序员编程时随时能使用到数据库的功能，现在有不少程序设计语言在其内部自带了小型的本地数据库，这样无须安装第三方供应商的 DBMS（数据库管理系统）就可以在程序中应用简单的数据库存储功能，大大方便了程序员的编程开发。

这种内置数据库是开发语言自带的，只要在程序代码的开头导入语言本身的驱动库，就可以编写代码访问它了，如图 15.1 所示。

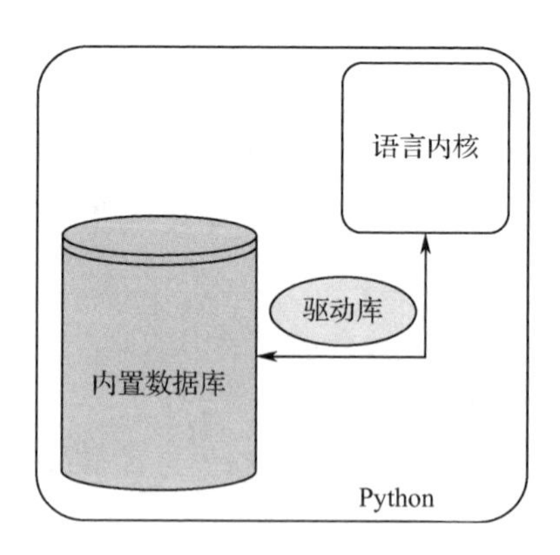

图 15.1 Python 访问内置数据库

2. 扩展库访问外部数据库

内置数据库虽然简单方便，但功能有限，不适宜大数据的应用，所以要开发实用的数据库应用系统，一般还是要用第三方数据库厂商提供的专门数据库。Python 针对每一种第三方的数据库系统，都有其对应的扩展库。只要在网上下载相应的扩展库模块进行安装，多数情况下只须在程序开头导入该模块的驱动库，就可以直接编程实现对外部数据库的操作。这种方式访问数据库的原理如图 15.2 所示。

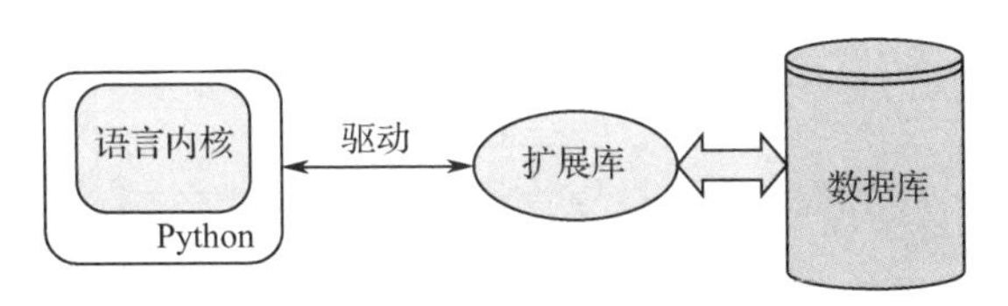

图 15.2 扩展库访问数据库原理

这里将 4 种数据库：MySQL、MongoDB、PostgreSQL 和 SQL Server 的访问实现原理绘出，如图 15.3 所示，清楚地标示出了各数据库所用扩展库驱动程序名及版本号。

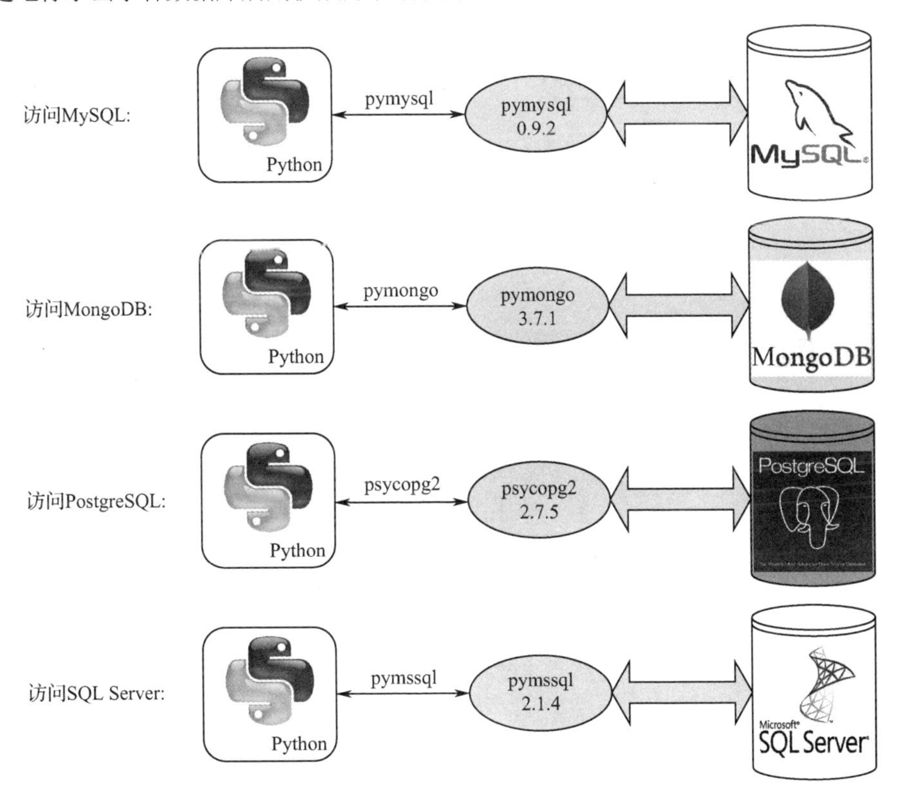

图 15.3 4 种数据库的扩展库访问实现原理

3. 借助客户端引擎访问

扩展库虽然能直接访问绝大多数第三方数据库，但某些商业化的数据库（如 Oracle 等）其底层 API 并未对外完全公开，此时仅使用 Python 开发者社区提供的扩展库是不够的，还要额外安装由该数据库厂商所发布的数据库客户端或引擎，扩展库借助客户端引擎公开的 API 接口，才能最终实现对数据库的操作，其原理如图 15.4 所示。

访问 Oracle 数据库的实现原理，如图 15.5 所示。

读者可根据以上各原理图和实现图中给出的各软件版本，参考后面的内容，先下载本章要用的全部扩展库和客户端软件，为学习做好准备。

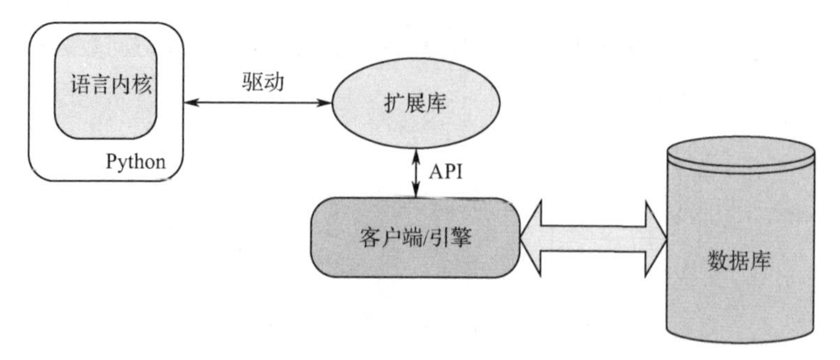

图 15.4 扩展库借助客户端引擎访问数据库原理

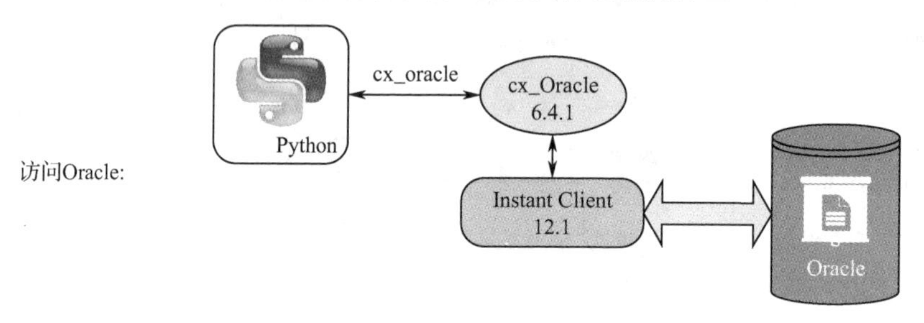

图 15.5 扩展库借助客户端引擎访问实现原理

15.1.2 数据库操作的一般步骤

用 Python 语言编程操作数据库，无论后台用的是什么类型的数据库系统，其访问数据库的一般步骤都是类似的，包括导入驱动库、建立连接、获取游标、对数据库的操作及结束处理。对数据库所进行的各种操作，包括创建表、插入记录、查询记录、修改记录和删除记录的方法，也存在很多通用的相似之处。为了让读者有个总体印象，在详细介绍每一个单独数据库的操作之前，先系统地介绍一下通用的步骤。

1. 导入驱动库

Python 的每个扩展模块在使用前都要通过“import”语句导入，数据库驱动扩展库当然也不例外，导入语句为：

```
import 库名
```

其中，库名是对应具体数据库驱动扩展库在程序中的引用名，本章所涉及的数据库扩展库名如表 15.1 所示。

表 15.1 本章涉及的数据库扩展库名

数 据 库	库 名
MySQL	pymysql
SQLite	sqlite3
MongoDB	pymongo
PostgreSQL	psycopg2
SQL Server	pymssql
Oracle	cx_oracle

读者可以在编写程序时参考。

2. 建立连接

导入库名后，就可以访问对应的数据库，访问前一般都要先建立一个数据库连接，通常调用库中的 connect 函数创建连接，写法如下：

```
连接名 = 库名.connect('连接字符串')
```

这里由 connect 函数所返回的是一个连接对象的实体，将它赋给一个变量（连接名）后就可以在程序中随时引用了，连接名变量由程序员取名，只要在代码中做到前后引用一致即可。连接字符串一般是一组参数的列表，指定连接数据库所用的用户名、密码、数据库名等参数的内容，如连接 MySQL 数据库使用：

```
conn = pymysql.connect(host = "DBServer", user = "root", passwd = "njnu123456", db = "myperson")
```

其中，conn 是连接名；host 是 MySQL 数据库所在的主机名；user 是用户名；passwd 是密码；db 是数据库名。

3. 获取游标

在建立了连接后就可以通过引用连接名直接操作数据库了，但在 Python 中对数据库的操作通常使用游标进行，游标提供对查询结果集中的数据记录按顺序引用和遍历的功能，使用十分方便，从数据库连接中获取游标的语句为：

```
游标名 = 连接名.cursor()
```

这个语句对于所有数据库都是一样的，如针对上一步建立的连接，获取游标的语句为：

```
cur = conn.cursor()
```

后面程序在操作数据库时，实际上引用游标名 cur 就可以了。

4. 创建表

连接数据库要操作的表可以事先用数据库管理器创建，也可以使用 Python 语句创建，一般写法为：

```
语句名 = "create table 表名(列名 1 类型 1, 列名 2 类型 2, …, 列名 n 类型 n)"
游标名.execute(语句名)
```

例如，下面的语句在数据库中创建了一个有 3 列的人员信息表 Person：

```
mysql = "create table Person(name varchar(12) primary key, age int, score real)"
cur.execute(mysql)
```

当然也可以直接将建表的语句写在 execute 函数的参数中，而不通过中间变量（语句名 mysql）。

某些数据库支持直接引用连接名来建表，有两种写法：

```
① 连接名.query(语句名)
② 连接名.execute(语句名)
```

实际使用时视数据库类型而定。

5. 插入记录

Python 对数据库的插入有两种模式：插入一条记录和一次插入多条记录。

（1）插入一条记录。

使用游标的 execute 函数执行操作，其语法为：

```
语句名 = "insert into 表名 values(列值 1, 列值 2, …, 列值 n)"
游标名.execute(语句名)
```

如对上面创建的 Person 表插入一条记录，其语句如下：

```
mysql = "insert into Person values('周何骏', 35, 98.5)"
cur.execute(mysql)
```

（2）一次插入多条记录。

插入多条记录使用 executemany 函数，其语法为：

```
语句名 ="insert into 表名 values(形式参数列表)"
游标名.executemany(语句名, 列表名)
```

其中，插入语句的“形式参数列表”针对不同数据库有不同的写法，有的以“?”占位各参数值；有的必须以“%”指明各参数类型；而有的则以“:列名”来对应记录的各字段名，比如：

```
mysql = "insert into Person values(?, ?, ?)"                    // SQLite
mysql = "insert into Person values(%s, %d, %d)"                 // SQL Server
mysql = "insert into Person values(:name, :age, :score)"        // Oracle
```

executemany 函数的第二个参数“列表名”是预先在程序中定义的一个 Python 列表类型的数据结构，其中存储了这次要插入数据库的全部数据记录，记录均以元组的形式存储，例如：

```
persons = [
    ("周骁珏", 13, 61.5),
    ("Jack", 15, 95)
]
```

列表里面存储了两条数据记录信息，在这样定义后，插入语句如下：

```
cur.executemany(mysql, persons)
```

就可以一次完成这两条数据的插入操作。

6. 查询操作

由于 Python 使用游标对数据执行操作，执行后的数据结果在游标中是顺序排列的，程序中可以直接用 for 循环语句遍历游标，打印输出数据内容，例如：

```
mysql = "select * from Person"
cur.execute(mysql)
for val in cur:
    print(val)
```

输出结果为（假设人员信息表 Person 中已有 3 条数据记录）：

```
('周何骏', 35, 98.5)
('周骁珏', 13, 61.5)
('Jack', 15, 95.0)
```

可见，直接引用游标输出的结果仍保留了程序中定义的元组形式，但如果用户想以自己希望的格式输出数据内容，必须先使用游标的 fetchall 函数获取到全部数据，然后在 for 循环中再以自定义的格式逐项输出，代码如下：

```
mysql = "select * from Person"
cur.execute(mysql)
mydb = cur.fetchall()
for val in mydb:
    for item in val:
        print(item, end=' ')          # 这里用户可根据需要定义任意字符作为字段间的分隔符
    print()
```

再次运行，输出结果变为：

```
周何骏 35 98.5
周骁珏 13 61.5
Jack 15 95.0
```

如此就可实现对相同数据改换输出形式的操作。

7. 修改操作

用游标 execute 函数执行想要修改的 SQL 语句即可，可支持 SQL 标准形式的语句修改，例如：

```
mysql = "update Person set age=age-20 where name='周何骏'"
cur.execute(mysql)
mysql = "update Person set name='周骁珝', score=99 where name='周骁珏'"
cur.execute(mysql)
mysql = "update Person set score=score+1"
cur.execute(mysql)
```

当然也可以直接用连接上的函数执行修改操作，代码如下：

```
mysql = "update Person set age=age-20 where name='周何骏'"
conn.execute(mysql)
mysql = "update Person set score=score+1"
conn.query(mysql)
```

8. 删除操作

删除与修改操作类似，对于同一条删除语句，既可使用游标也可直接用连接上的函数操作，例如：

```
mysql = "delete from Person where score<100"
cur.execute(mysql)                          # 用游标上的 execute 函数操作
conn.execute(mysql)                         # 用连接上的 execute 函数操作
conn.query(mysql)                           # 用连接上的 query 函数操作
```

9. 结束处理

在对数据库进行更新类（插入、修改、删除）操作后，都要及时提交，这样对数据库内容的更改才能实际保存到数据库中，提交语句如下：

```
连接名.commit()
```

本例为：

```
conn.commit()
```

程序结束则要关闭连接，释放占用的资源，代码如下：

```
conn.close()
```

以上介绍了 Python 语言访问数据库的原理和通行的操作步骤，接下来将针对提及的数据库进行操作，操作内容相同，内容如下：

（1）创建人员信息数据库 MyPerson。

（2）在数据库中创建人员信息表 Person（该表包含三个字段，分别为姓名、年龄和评分）。

（3）向 Person 表中输入如下 3 条记录：

```
周何骏  35 98.5
周骁珏  13 61.5
Jack 15 95.0
```

（4）对表中数据执行增、删、改等操作，先后包括：

① 将“周何骏”的年龄减 20；

② 将“周骁珏”的名字改为“周骁珝”，得分改为“99”；

③ 对表中所有人员的得分统一加上 1；

④ 删除得分数小于 100 的人员记录。

（5）在以上的每一步操作之后都要求对表中所有人员的信息进行查询和显示。

15.2 Python 操作 MySQL

MySQL 最早是由瑞典 MySQL AB 公司开发的一个关系数据库管理系统，目前是 Oracle 旗下产品。MySQL 是当前最流行的数据库之一，特别是在 Web 应用方面，由于其体积小、速度快、总体拥有成本低，尤其是开放源码这一特点，一般中小型网站的开发都首选它为网站数据库。MySQL 软件采用了双授权政策，发布的版本分为社区版和商业版，其中社区版是免费的。本书使用的就是社区版MySQL 5.6，使用 Navicat for MySQL 10.1 作为其可视化管理器。有关 MySQL 的安装及可视化管理器的使用请读者参看相关专业的图书和资料，就不在此展开了。

15.2.1 环境安装

MySQL 驱动库名为 pymysql，目前的最新版本是 PyMySQL-0.9.2，它是一个依赖于多个 Python 组件的扩展库，其所依赖的组件有：asn1crypto、cffi、cryptography、idna、pycparser 等。一般从网上下载的驱动包都无法完整包含以上所有的组件，导致所安装的 MySQL 驱动功能不全，为避免麻烦，建议读者使用 Python 的 PIP3 工具联网安装，该工具会自动在全网搜索、下载并安装 PyMySQL 所需的全部组件。

打开 Windows 命令行，输入如下命令：

```
pip3 install PyMySQL
```

运行过程如图 15.6 所示。

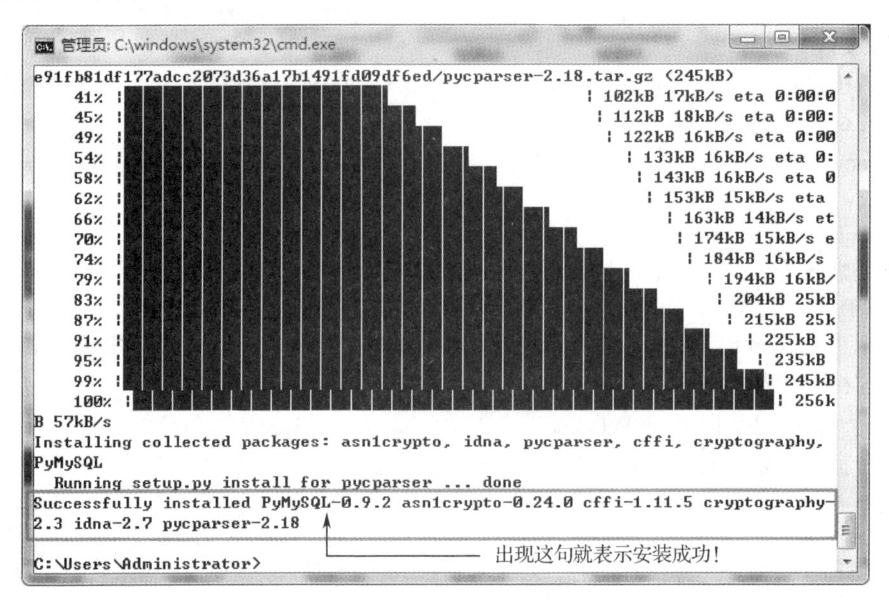

图 15.6 使用 PIP3 工具联网安装 PyMySQL

需要特别说明的是：由于 PyMySQL 的各组件分属于不同的第三方供应商，位于不同的网站服务器中，而各家服务器的负载能力及带宽存在显著差异，故某些组件的下载获取会不十分顺畅，安装中途难免出现超时中断异常。不过大家不用担心，一旦屏幕上出现异常或错误信息，只须在命令行下再次输入同样的 PIP3 命令重启安装即可，PIP3 工具会自动地接续，若再出现异常就重启，…，如此反复，直到看到命令行窗口输出“Successfully installed PyMySQL-0.9.2...（各组件名称）”为止，如图 15.6 所示。

安装完可使用“python -m pip list”命令查看验证 PyMySQL 是否已经装上，如图 15.7 所示。

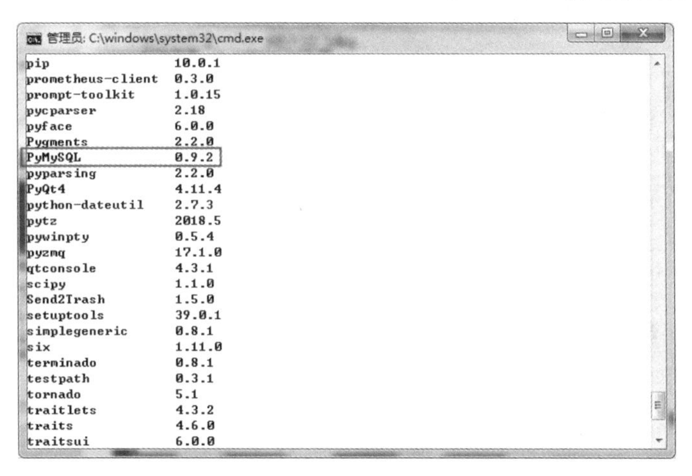

图 15.7　PyMySQL 安装成功

15.2.2　程序及分析

代码如下（ch15, opt_mysql.py）：

```
import pymysql                                                    # 导入 MySQL 驱动库
conn = pymysql.connect(host = "DBServer", user = "root", passwd = "njnu123456")
                                                                  #（1）
mysql = "create database myperson"
conn.query(mysql)
# 必须再次连接以指定所要操作的数据库
conn = pymysql.connect(host = "DBServer", user = "root", passwd = "njnu123456", db = "myperson")
                                                                  #（2）
cur = conn.cursor()
mysql = "create table Person(name varchar(12) primary key, age int(32), score real)"
conn.query(mysql)
mysql = "insert into Person values('周何骏', 35, 98.5)"
conn.query(mysql)                                                 #（3）
mysql = "insert into Person values('周骁珏', 13, 61.5)"
cur.execute(mysql)
mysql = "insert into Person values('Jack', 15, 95)"
conn.query(mysql)
conn.commit()                      # 必须写这句，否则数据并未实际提交进数据库（虽然程序输出
                                   结果是正确的，但实际数据还在内存里，并未真正写入数据库）
mysql = "select * from Person"
cur.execute(mysql)
print("原数据:")
for val in cur:
    print(val)
mysql = "update Person set age=age-20 where name='周何骏'"
conn.query(mysql)
mysql = "update Person set name='周骁瑀', score=99 where name='周骁珏'"
cur.execute(mysql)
mysql = "update Person set score=score+1"
conn.query(mysql)
```

```
conn.commit()
mysql = "select * from Person"
cur.execute(mysql)
mydb = cur.fetchall()
print("修改后:")
for val in mydb:
    for item in val:
        print(item, end=' ')
    print()
mysql = "delete from Person where score<100"
conn.query(mysql)
conn.commit()
mysql = "select * from Person"
cur.execute(mysql)
print("删除后:")
for val in cur:
    print(val)
conn.close()
```

说明：

（1）笔者的 MySQL 安装在局域网中的另一台计算机上，计算机名称为 DBServer，如果 MySQL 与 Python 环境安装在同一台计算机上，则这里的“host（主机）”参数值就是“localhost”或“127.0.0.1”表示访问的是本地数据库。本章后面所操作的数据库有的安装在本地而另一些运行于局域网内其他机器上，皆是这样的访问规则。

（2）由于 MySQL 服务器支持用户直连，故 Python 连接 MySQL 的 connect 函数有两种形式：不带 db 参数与带 db 参数。如果尚未创建数据库，可以先用不带 db 参数的 connect 函数连上 MySQL，然后执行“create database”语句创建数据库，再以带 db 参数的 connect 函数连接到所创建的数据库，本例就是这么做的。

（3）MySQL 全面支持 Python 直接连接（不通过游标）执行数据库操作，故这里执行插入的语句如下：

```
连接名.query(SQL 语句名)
```

亦即：

```
conn.query(mysql)
```

其他的 SQL 操作语句也都有类似的用法。

运行效果：

运行程序，输出的结果为：

```
原数据:
('Jack', 15, 95.0)
('周何骏', 35, 98.5)
('周骁珏', 13, 61.5)
修改后:
Jack 15 96.0
周何骏 15 99.5
周骁瑀 13 100.0
删除后:
('周骁瑀', 13, 100.0)
```

用 Navicat for MySQL 可视化工具查看 MySQL 数据库，可看到最终执行操作后的表中仅剩下一条记录，这与程序的输出信息是一致的，如图 15.8 所示。

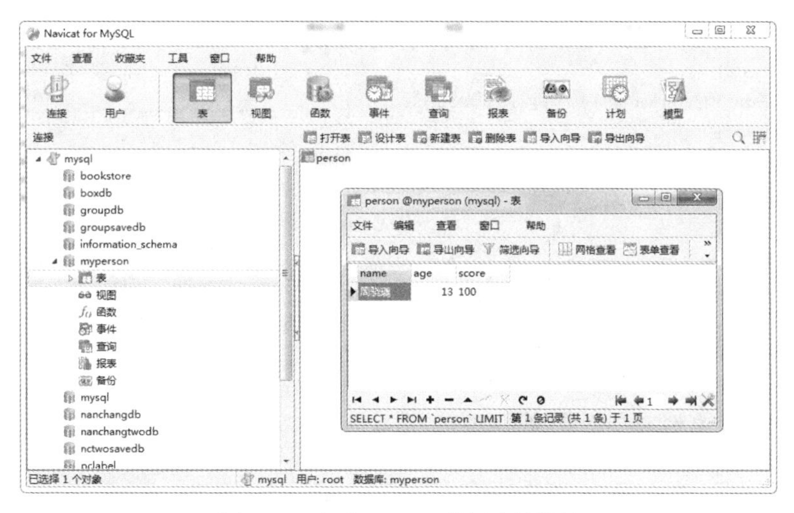

图 15.8　查看 MySQL 数据库的结果

15.3　Python 操作 SQLite

15.3.1　SQLite 简介

SQLite 是一款轻型的嵌入式数据库，由 D.RichardHipp 开发，它被包含在一个相对小的 C 库中，可嵌入到很多现有的操作系统和程序语言软件产品中。SQLite 占用资源非常低，在一些嵌入式设备中，可能只需要几百 KB 的内存就够了，广泛支持 Windows、Linux、UNIX 等主流操作系统，同时能够跟很多高级程序语言相结合，如 Python、C#、PHP、Java 等。SQLite 的第一个 Alpha 版本诞生于 2000 年 5 月，目前已升级至 SQLite 3。

图 15.9　Python 所集成的 SQLite

之前讲过 Python 语言支持用户使用内置数据库来完成一些简单的快速数据存储功能，Python 所内置的数据库正是 SQLite，如图 15.9 所示。在 Python 语言的内部集成了新版的 SQLite3 模块，使用它可以方便地操作内部 SQLite。

在 Python 中使用 SQLite 无须安装任何驱动，直接导入库即可使用。

15.3.2　程序及分析

代码如下（ch15, opt_sqlite.py）：

```
import sqlite3                                      # 导入 SQLite 驱动库
conn = sqlite3.connect('myperson.db')               #（1）
cur = conn.cursor()
persons = [
    ("周骁珏", 13, 61.5),
    ("Jack", 15, 95)
]
```

```
mysql = "create table Person(name varchar(12) primary key, age int(32), score real)"
conn.execute(mysql)
mysql = "insert into Person values('周何骏', 35, 98.5)"
conn.execute(mysql)
mysql = "insert into Person values(?, ?, ?)"
cur.executemany(mysql, persons)
conn.commit()
mysql = "select * from Person"
mydb = conn.execute(mysql)
print("原数据:")
for val in mydb:
    print(val)
mysql = "update Person set age=age-20 where name='周何骏'"
conn.execute(mysql)
mysql = "update Person set name='周骁瑀', score=99 where name='周骁珏'"
cur.execute(mysql)
mysql = "update Person set score=score+1"
conn.execute(mysql)
conn.commit()
mysql = "select * from Person"
cur.execute(mysql)
mydb = cur.fetchall()
print("修改后:")
for val in mydb:
    for item in val:
        print(item, end=' ')
    print()
mysql = "delete from Person where score<100"
conn.execute(mysql)
conn.commit()
mysql = "select * from Person"
mydb = conn.execute(mysql)
print("删除后:")
for val in mydb:
    print(val)
conn.close()
```

说明：作为 Python 的内置数据库，SQLite 是使用本地磁盘上的文件存储数据的，为最大限度地给程序员提供方便，所用连接的 connect 函数无须指定主机名、用户名和密码等参数，只须给出所要创建的数据库文件名即可，文件名即数据库名，以“.db”为后缀，默认存放在该 Python 项目工程所在目录下。用户也可以为 SQLite 数据文件指定另外的存储路径，如本程序若要将数据文件存放于 D 盘根目录，连接语句如下：

```
conn = sqlite3.connect('D:/myperson.db')
```

运行效果：

程序的运行结果同前，执行之后可在项目所在路径下看到一个名为 myperson.db 的 SQLite 数据文件，如图 15.10 所示。

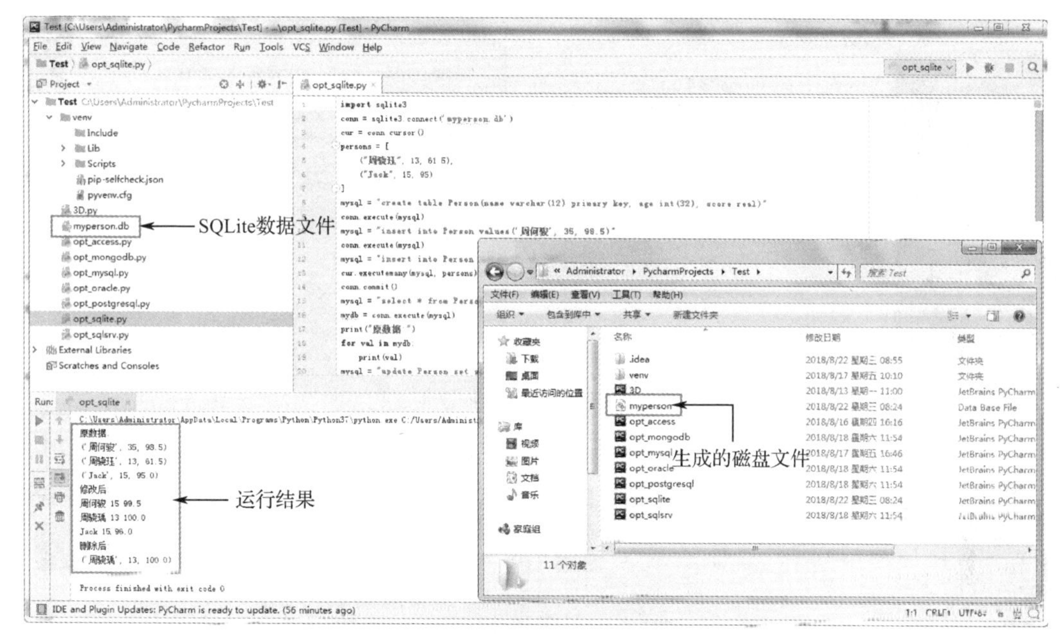

图 15.10　程序运行结果及生成的 SQLite 数据文件

15.4　Python 操作 MongoDB

MongoDB 是一个基于分布式文件存储的数据库，用 C++语言编写，旨在为 Web 应用提供可扩展的高性能数据存储解决方案。MongoDB 是一个介于关系数据库和非关系数据库之间的产品，是非关系数据库中功能最丰富、最像关系数据库的。它支持的数据结构非常松散，是类似 JSON 的格式，因此可以存储比较复杂的数据类型。虽然是非关系型数据库，但 Mongo 支持的查询语言也是很强大的，其语法有点类似于面向对象的查询语言，几乎可以实现类似关系数据库单表查询的绝大部分功能，同时也支持索引。

15.4.1　环境安装

本节使用的 MongoDB 是最新 4.0 版，下载地址为 https://www.mongodb.com/download-center#community，下载获得的安装包文件名为 mongodb-win32-x86_64-2008plus-ssl-4.0.1-signed.msi，双击启动安装向导，如图 15.11 所示。

安装过程很简单，跟着向导的指引往下操作就可以了，但有一点要注意：由于 MongoDB 在其安装包中默认会启动“MongoDB Compass”组件的安装，而该组件并不包含在 MongoDB 的安装包内，向导会主动联网去从第三方获取，而该组件目前还无法通过网络渠道获得，故向导程序会锁死在安装进程上无限期地等待下去，导致安装过程无法结束，如图 15.12 所示。

为避免出现这样的困境，读者在安装时要在向导选择安装类型的界面上单击“Custom”（定制）按钮，在下一个界面上取消勾选底部的“Install MongoDB Compass”复选框，如图 15.13 所示，这样接下去操作就可以顺利地装上 MongoDB 了。

如果读者在安装时不慎忘了而直接进入到获取 MongoDB Compass 的无限期等待中，解决办法：通过 Windows 任务管理器强行终止安装进程，退出后再重新安装 MongoDB。

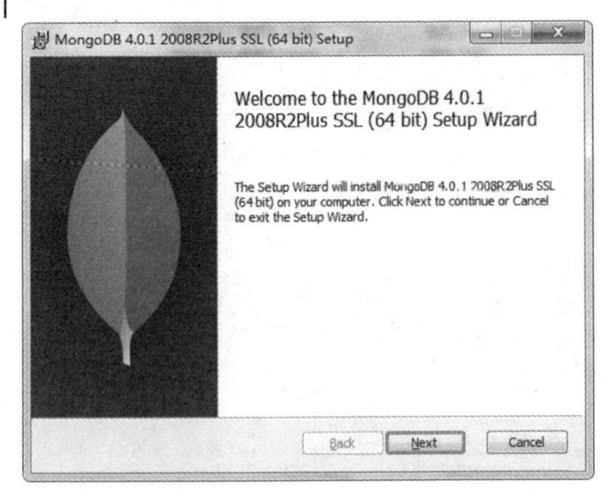

图 15.11　MongoDB 安装向导

MongoDB 4.0.1 2008R2Plus SSL (64 bit) Setup

Installing MongoDB 4.0.1 2008R2Plus SSL (64 bit)

Please wait while the Setup Wizard installs MongoDB 4.0.1 2008R2Plus SSL (64 bit).

Status: Installing MongoDB Compass... (this may take a few minutes)

Back　Next　Cancel

图 15.12　向导为获取 MongoDB Compass 而无限期等待

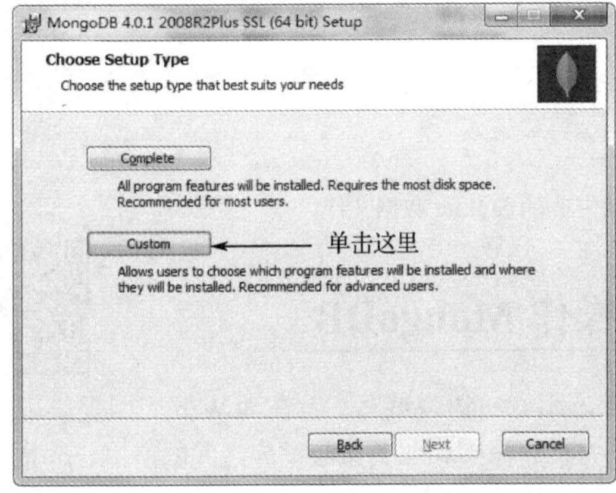

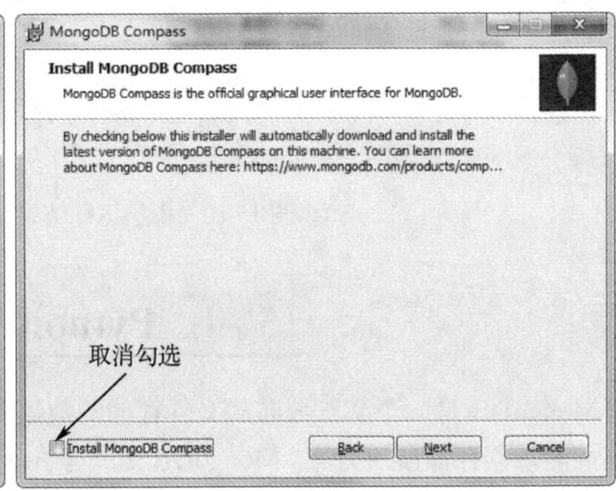

图 15.13　取消安装 MongoDB Compass 组件

从 Python 非官方下载站 https://www.lfd.uci.edu/~gohlke/pythonlibs/中获取 MongoDB 的驱动包文件 pymongo-3.7.1-cp37-cp37m-win_amd64.whl，在 Windows 命令行下输入：

```
pip install D:\Python\software\DB\pymongo-3.7.1-cp37-cp37m-win_amd64.whl
```

即可，如图 15.14 所示。

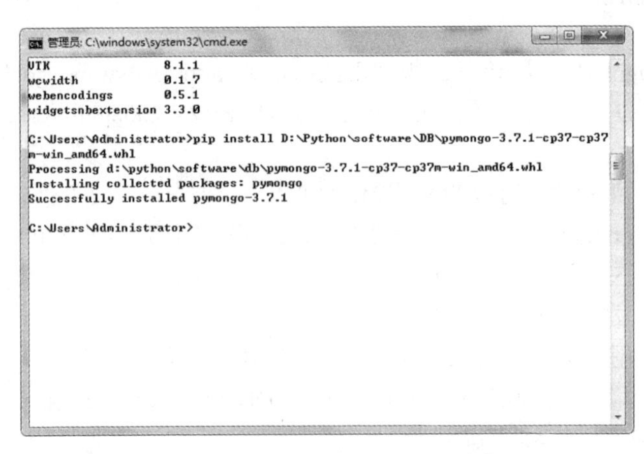

图 15.14　安装 MongoDB 的驱动包

15.4.2 程序及分析

代码如下（ch15, opt_mongodb.py）：

```
import pymongo                                                  # 导入 MongoDB 驱动库
client = pymongo.MongoClient('localhost', 27017)                # （1）
mydb = client["myperson"]                                       # （2）
mytb = mydb["Person"]
mytb.insert_one({'name':'周何骏', 'age':35, 'score':98.5})       # （3）
zhxj = {"name":'周骁珏', "age":13, "score":61.5}
jack = {'name':'Jack', 'age':15, 'score':95}                    # （4）
mytb.insert_many([zhxj, jack])
print("原数据:")
for val in mytb.find():
    print(val)
mytb.update_one({'name':'周何骏'}, {"$inc":{'age':-20}})
mytb.update_one({"name":'周骁珏'}, {"$set":{"name":'周骁瑀', "score":99}})
mytb.update_many({}, {"$inc":{'score':1}})                      # （5）
print("修改后:")
for val in mytb.find():
    print(val)
mytb.delete_many({'score':{'$lt':100}})
print("删除后:")
for val in mytb.find():
    print(val)
client.close()                                                  # client 相当于 conn 连接
```

说明：

（1）Python 连接 MongoDB 的操作与其他数据库略有不同，不是使用 connect 函数而是用 MongoDB 库所特有的 MongoClient 函数，在使用的时候必须指明连接的端口，MongoDB 默认的端口为 27017。

（2）MongoDB 支持 Python 用户直接用程序代码创建数据库，并引用已创建的数据库对象来建立表，语句如下：

```
数据库对象 = client["数据库名"]
表对象 = 数据库对象["表名"]
```

（3）与一般的关系数据库不同，MongoDB 的操作无须通过标准的 SQL 语句，而是采用直接调用其数据库对象的方法，例如：

```
表对象.insert_one(参数)                 # 插入一条记录
表对象.insert_many(参数)                # 插入多条记录
表对象.find()                           # 查询全部记录
表对象.update_one(参数)                 # 修改一条记录
表对象.update_many(参数)                # 批量更新
表对象.delete_many(参数)                # 删除记录
```

（4）MongoDB 是一个面向文档存储的数据库，它将数据存储为一个文档。MongoDB 文档类似于 JSON 对象，其数据结构由键值对组成，语句如下：

```
{
    键名 1: 值 1,
    键名 2: 值 2,
    ...
```

```
    键名 n: 值 n
}
```

其中，每个键的值又可以是一个文档、数组或文档数组，如此嵌套就可以构造并表示出极为复杂的数据结构来。本程序仅仅演示了最简单的用法，由两个文档构成一个简单的两元素文档数组来存储两个人员的信息，代码如下：

```
zhxj = {"name":'周骁珏', "age":13, "score":61.5}          # 文档 1
jack = {'name':'Jack', 'age':15, 'score':95}             # 文档 2
[zhxj, jack]                                             # 文档数组
```

（5）MongoDB 数据库的对象方法是在调用时指明其要检索的键值和要执行的操作类型及内容，通过其参数表给出，参数皆以文档的形式，语句如下：

```
对象名.操作函数名({条件}, {"类型代码":操作内容})
```

其中，“条件”就相当于关系数据库 SQL 操作中由“Where”子句指明的部分，表示要对数据库表中符合哪些条件的记录执行这个操作，如果写成“{ }”表示是对所有记录的操作；“操作内容”就是需要插入、修改、删除的具体数据内容，以键值对的文档形式给出；“类型代码”给出了操作动作或条件的代码。在 MongoDB 中是由不同的字符串标识定义的，常用的标识代码如表 15.2 所示。

表 15.2　MongoDB 方法常用的标识代码

标识代码	含　义
$set	对字段设置更新
$inc	字段值上加、减一个常数
$lt	对字段值小于某值的记录操作
$lte	对字段值小于或等于某值的记录操作
$gt	对字段值大于某值的记录操作
$gte	对字段值大于或等于某值的记录操作
$eq	对字段值等于某值的记录操作
$ne	对字段值不等于某值的记录操作

运行效果：

运行程序，得到输出结果如下。

```
原数据:
{'_id': ObjectId('5b7d0103c63322102c72c0cd'), 'name': '周何骏', 'age': 35, 'score': 98.5}
{'_id': ObjectId('5b7d0104c63322102c72c0ce'), 'name': '周骁珏', 'age': 13, 'score': 61.5}
{'_id': ObjectId('5b7d0104c63322102c72c0cf'), 'name': 'Jack', 'age': 15, 'score': 95}
修改后:
{'_id': ObjectId('5b7d0103c63322102c72c0cd'), 'name': '周何骏', 'age': 15, 'score': 99.5}
{'_id': ObjectId('5b7d0104c63322102c72c0ce'), 'name': '周骁瑀', 'age': 13, 'score': 100}
{'_id': ObjectId('5b7d0104c63322102c72c0cf'), 'name': 'Jack', 'age': 15, 'score': 96}
删除后:
{'_id': ObjectId('5b7d0104c63322102c72c0ce'), 'name': '周骁瑀', 'age': 13, 'score': 100}
```

通过 Windows 命令行访问 MongoDB 数据库，依次输入如下命令：

```
cd C:\Program Files\MongoDB\Server\4.0\bin        # 切换进 MongoDB 的安装目录
mongo.exe                                         # 启动 MongoDB
show dbs                                          # 显示系统中所有的数据库
exit                                              # 退出 MongoDB 系统
```

可以看到程序所创建的 MyPerson 数据库，如图 15.15 所示。

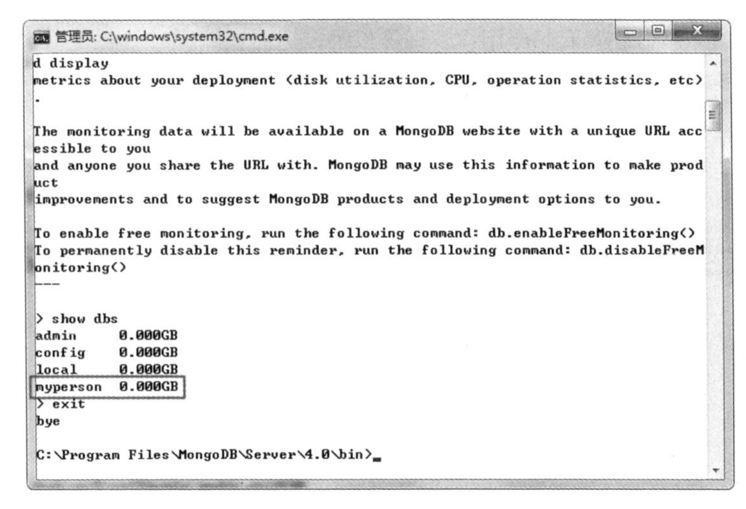

图 15.15　进入 MongoDB 系统查看数据库

15.5　Python 操作 PostgreSQL

PostgreSQL 是从加州大学伯克利分校计算机系开发的 Postgres 系统基础上发展而来的数据库。经过十几年的发展，PostgreSQL 已经成为一个功能强大的对象关系数据库管理系统。它完全免费，不受任何公司或其他私人实体控制，是当今可获得最先进开放源码的数据库系统，并且是跨平台的，可以在许多操作系统上运行，包括 Microsoft Windows、Linux、FreeBSD、Mac OS X 和 Solaris 等。在开源数据库领域，PostgreSQL 成为了与著名的 MySQL 相媲美的另一种选择。

15.5.1　环境安装

本书安装的是 PostgreSQL 10.5 版，下载地址为 https://www.postgresql.org/download/windows/，下载获得的安装包文件名为 postgresql-10.5-1-windows-x64.exe，双击程序会自动安装环境所需的 Windows 组件并启动安装向导，如图 15.16 所示。

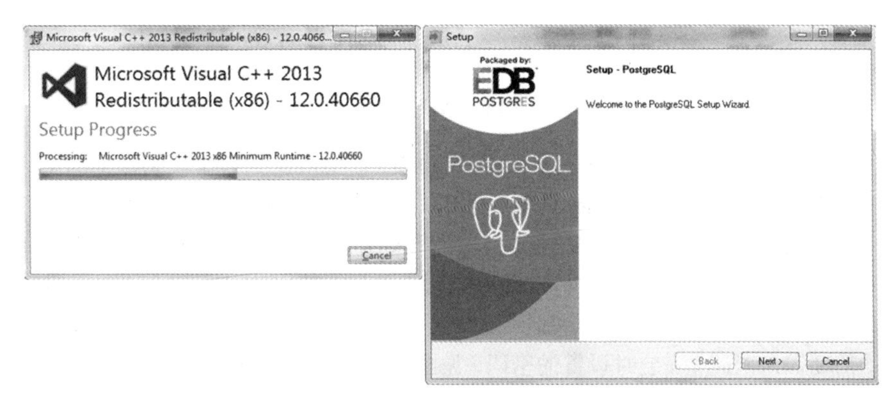

图 15.16　启动 PostgreSQL 安装向导

接下来可按向导的指引往下操作，其中有些需要进行特别说明。

（1）在“Password”“Port”界面设置连接数据库的密码和端口号，如图 15.17 所示。PostgreSQL

默认的用户是"postgres"，它具有超级用户管理员权限，后面在编程时就要使用这个用户账户登录系统。端口默认是"5432"（一般也无须改动）。

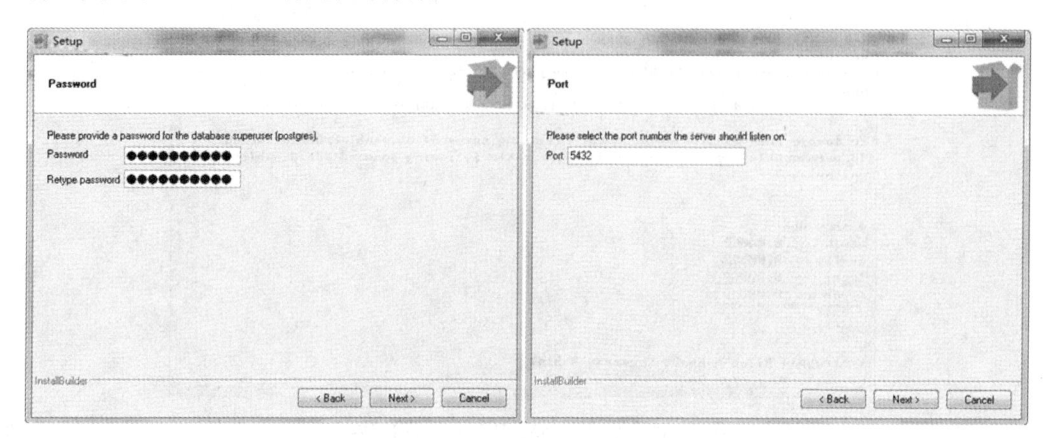

图 15.17 设置用户密码和端口号

（2）在"Advanced Options"界面选择语言，可保持默认选项"[Default locale]"，也可选择"Chinese (Simplified),China"选项，单击"Next"按钮，如图 15.18 所示。

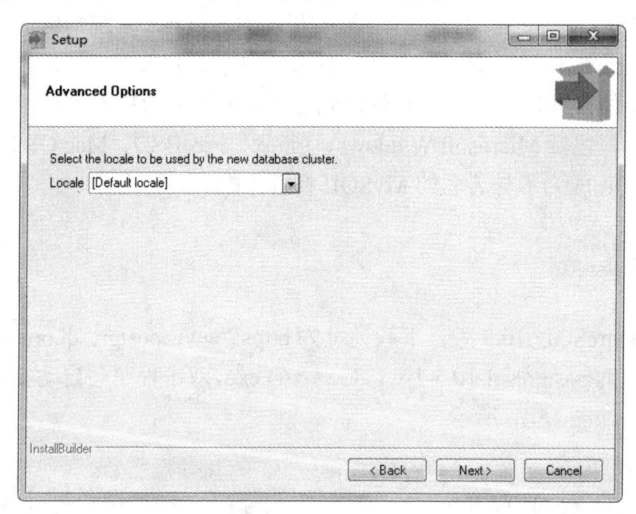

图 15.18 选择语言界面

（3）在安装完成后，安装程序默认又会接着启动 Stack Builder 向导来安装额外的工具、驱动和应用组件，但本书只演示 Python 对 PostgreSQL 的操作，并不需要这些组件，故直接关闭窗口退出即可，当然也可以在安装完成的最后一步取消勾选项来阻止 Stack Builder 向导的出现，如图 15.19 所示。

最后，在 Windows 开始菜单"PostgreSQL 10"目录下，单击"pgAdmin 4"项即可启动 PostgreSQL 的界面管理器，如图 15.20 所示。这是个基于 Web 的图形管理器，用于可视化地操作 PostgreSQL 数据库，初次启动需要输入密码（安装时设置的密码，见图 15.17），勾选"Save Password"项后，单击"OK"按钮即可登录操作。

从 Python 非官方下载站 https://www.lfd.uci.edu/~gohlke/pythonlibs/获取 PostgreSQL 的驱动包文件 psycopg2-2.7.5-cp37-cp37m-win_amd64.whl，在 Windows 命令行下输入：

```
pip install D:\Python\software\DB\psycopg2-2.7.5-cp37-cp37m-win_amd64.whl
```

即可，如图 15.21 所示。

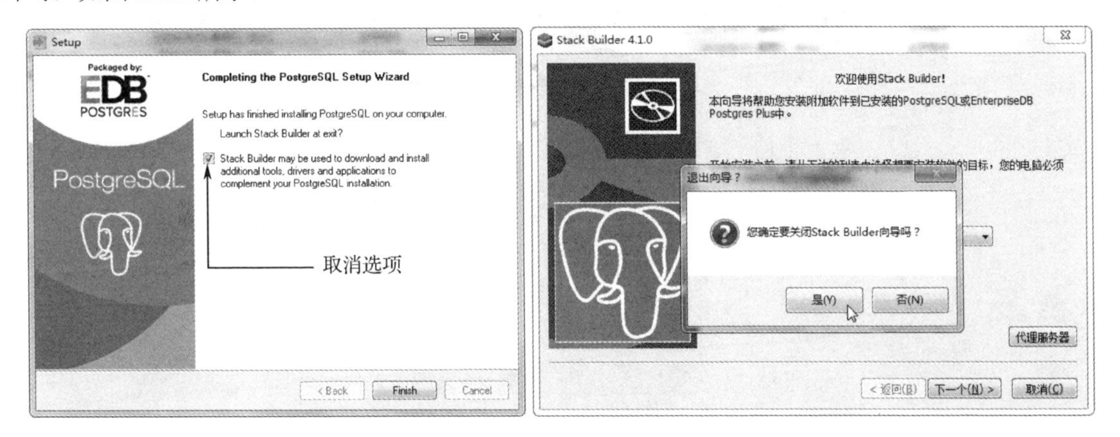

图 15.19　退出 Stack Builder 向导

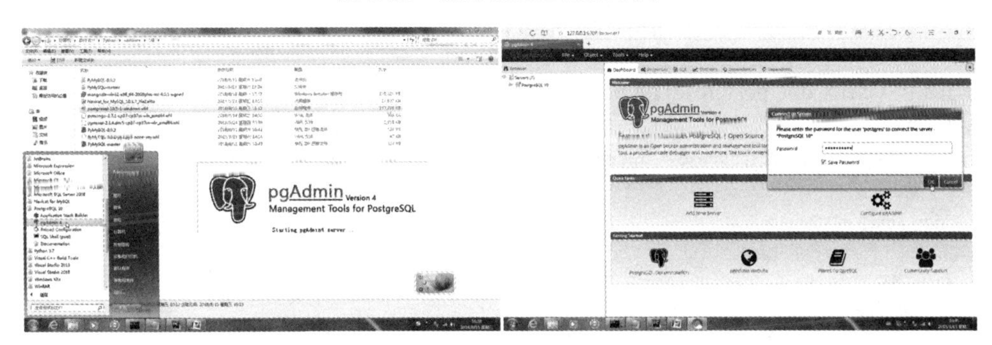

图 15.20　pgAdmin 4 登录 PostgreSQL 数据库

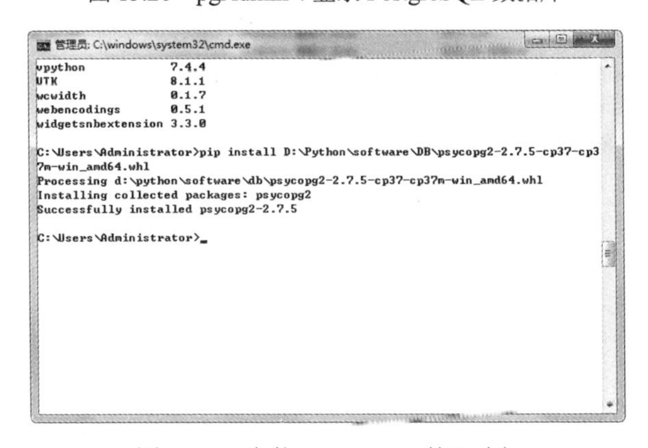

图 15.21　安装 PostgreSQL 的驱动包

15.5.2　程序及分析

通过 pgAdmin 4 可视化管理器登录 PostgreSQL，展开窗口左侧浏览器树型视图，右击“Databases”→“Create”→“Database”项，在弹出对话框的“Database”栏输入要创建的数据库名“myperson”，单击“Save”按钮创建本程序用的数据库，如图 15.22 所示。

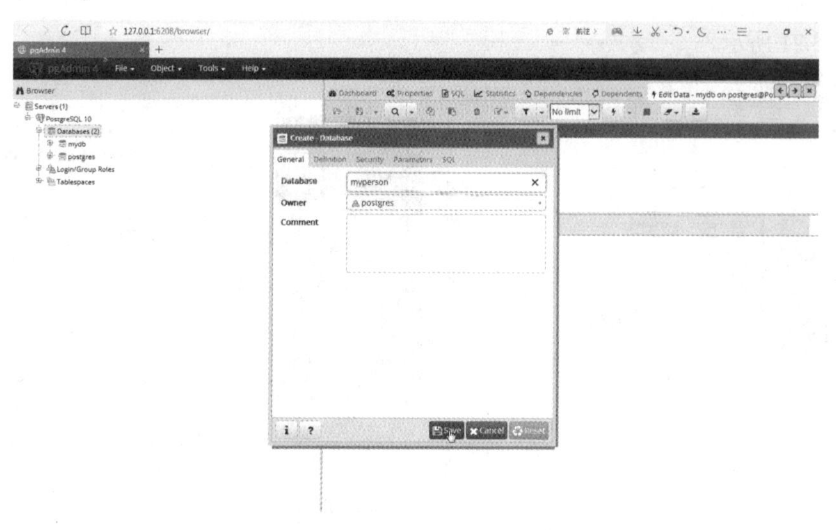

图 15.22 创建 PostgreSQL 数据库

代码如下（ch15, opt_postgresql.py）：

```
import psycopg2                                                    # 导入 PostgreSQL 驱动库
conn = psycopg2.connect(database = 'myperson', user = "postgres", password = "njnu123456", host = "localhost",
port = '5432')
cur = conn.cursor()
persons = [
    ("周骁珏", 13, 61.5),
    ("Jack", 15, 95)
]
mysql = "create table Person(name varchar(12) primary key, age int, score real)"
cur.execute(mysql)
mysql = "insert into Person values('周何骏', 35, 98.5)"
cur.execute(mysql)
mysql = "insert into Person values(%s, %s, %s)"
cur.executemany(mysql, persons)
conn.commit()
mysql = "select * from Person"
cur.execute(mysql)
mydb = cur.fetchall()
print("原数据:")
for val in mydb:
    print(val)
mysql = "update Person set age=age-20 where name='周何骏'"
cur.execute(mysql)
mysql = "update Person set name='周骁瑀', score=99 where name='周骁珏'"
cur.execute(mysql)
mysql = "update Person set score=score+1"
cur.execute(mysql)
conn.commit()
mysql = "select * from Person"
cur.execute(mysql)
mydb = cur.fetchall()
print("修改后:")
```

```
for val in mydb:
    for item in val:
        print(item, end=' ')
    print()
mysql = "delete from Person where score<100"
cur.execute(mysql)
conn.commit()
mysql = "select * from Person"
cur.execute(mysql)
mydb = cur.fetchall()
print("删除后:")
for val in mydb:
    print(val)
conn.close()
```

PostgreSQL 不支持直接用连接对象来操作数据库，故以上程序中对数据库的所有操作都是通过游标来进行的。

运行效果：

运行程序，输出结果如下。

```
原数据:
('周何骏', 35, 98.5)
('周骁珏', 13, 61.5)
('Jack', 15, 95.0)
修改后:
Jack 15 96.0
周何骏 15 99.5
周骁瑀 13 100.0
删除后:
('周骁瑀', 13, 100.0)
```

使用 pgAdmin 4 可视化管理器查看数据库，可见程序所创建的表及其数据记录，如图 15.23 所示。

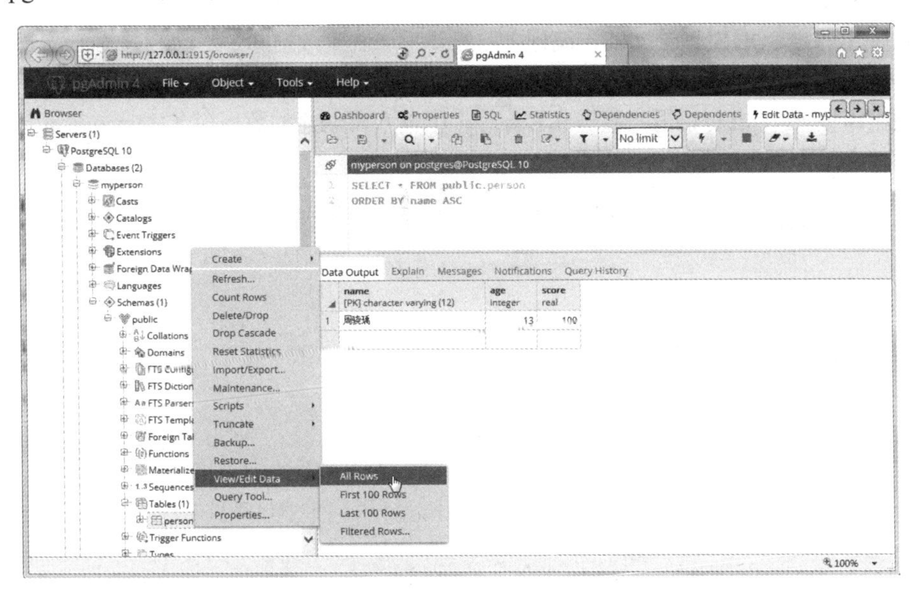

图 15.23　查看 PostgreSQL 数据库的结果

15.6 Python 操作其他数据库

除了介绍开源领域各主流的数据库之外，Python 对大型商用数据库的支持也很给力，本节再来介绍一下 Python 对微软和甲骨文这两大 IT 巨头数据库产品的编程方法。

15.6.1 Python 操作 SQL Server

1. 安装环境

从 Python 非官方下载站 https://www.lfd.uci.edu/~gohlke/pythonlibs/获取 SQL Server 的驱动包文件 pymssql-2.1.4.dev5-cp37-cp37m-win_amd64.whl，在 Windows 命令行下输入：

```
pip install D:\Python\software\DB\pymssql-2.1.4.dev5-cp37-cp37m-win_amd64.whl
```

即可，如图 15.24 所示。

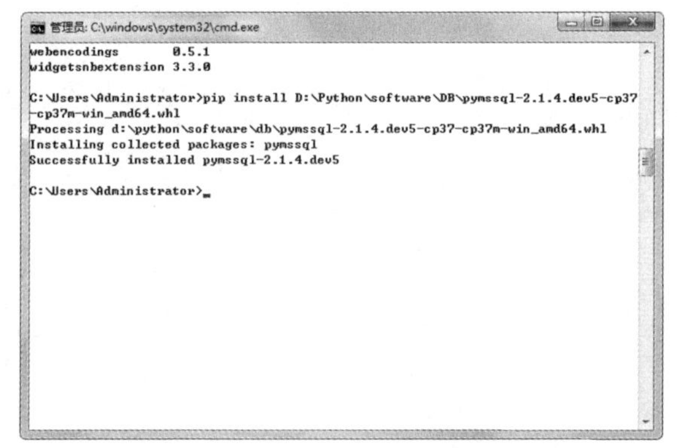

图 15.24 安装 SQL Server 的驱动包

2. 程序实现

本程序使用的是 SQL Server 2008，编程之前先要手动创建数据库。启动 SQL Server Management Studio 可视化管理器登录 SQL Server，展开窗口左侧对象资源管理器中的树型视图，右击“数据库”→“新建数据库”，在弹出对话框“数据库名称”栏中输入要创建的数据库名“myperson”，单击“确定”按钮创建本程序所用的数据库，如图 15.25 所示。

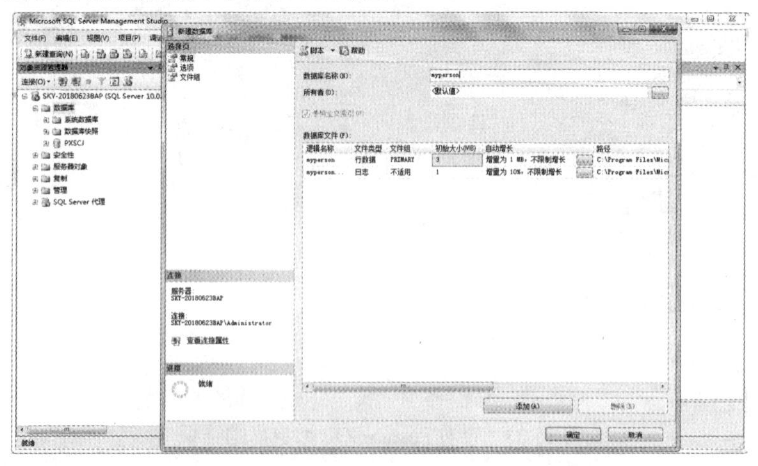

图 15.25 创建 SQL Server 数据库

代码如下（ch15, opt_sqlsrv.py）：

```
import pymssql                                                                    # 导入 SQL Server 驱动库
conn = pymssql.connect(host = "localhost", user = "sa", password = "njnu123456", database = 'myperson')
cur = conn.cursor()
persons = [
    ("周骁珏", 13, 61.5),
    ("Jack", 15, 95)
]
mysql = "create table Person(name nvarchar(12) primary key, age int, score real)"
cur.execute(mysql)
mysql = "insert into Person values('周何骏', 35, 98.5)"
cur.execute(mysql)
mysql = "insert into Person values(%s, %d, %d)"
cur.executemany(mysql, persons)
conn.commit()
mysql = "select * from Person"
cur.execute(mysql)
mydb = cur.fetchall()
print("原数据:")
for i in range(cur.rowcount):
    print(mydb[i][0] + ' ' + str(mydb[i][1]) + ' ' + str(mydb[i][2]))
mysql = "update Person set age=age-20 where name='周何骏'"
cur.execute(mysql)
mysql = "update Person set name='周骁瑀', score=99 where name='周骁珏'"
cur.execute(mysql)
mysql = "update Person set score=score+1"
cur.execute(mysql)
conn.commit()
mysql = "select * from Person"
cur.execute(mysql)
mydb = cur.fetchall()
print("修改后:")
for i in range(cur.rowcount):
    print(mydb[i][0] + ' ' + str(mydb[i][1]) + ' ' + str(mydb[i][2]))
mysql = "delete from Person where score<100"
cur.execute(mysql)
conn.commit()
mysql = "select * from Person"
cur.execute(mysql)
mydb = cur.fetchall()
print("删除后:")
for i in range(cur.rowcount):
    print(mydb[i][0] + ' ' + str(mydb[i][1]) + ' ' + str(mydb[i][2]))
conn.close()
```

Python 对 SQL Server 数据库的操作遵循其通用的操作模式，唯一略有差别的是查询数据库得到的结果集要使用下标索引的方式引用，通过 for 循环逐条输出，代码如下：

```
mydb = cur.fetchall()
for i in range(cur.rowcount):
    print(mydb[i][0] + ' ' + str(mydb[i][1]) + ' ' + str(mydb[i][2]))
```

与 PostgreSQL 一样，Python 对 SQL Server 的操作也只能通过游标进行。

运行效果：

运行程序，输出结果如下。

```
原数据：
Jack 15 95.0
周何骏 35 98.5
周骁珏 13 61.5
修改后：
Jack 15 96.0
周何骏 15 99.5
周骁瑀 13 100.0
删除后：
周骁瑀 13 100.0
```

使用 SQL Server Management Studio 查看数据库，可见程序所创建的表及其数据记录，如图 15.26 所示。

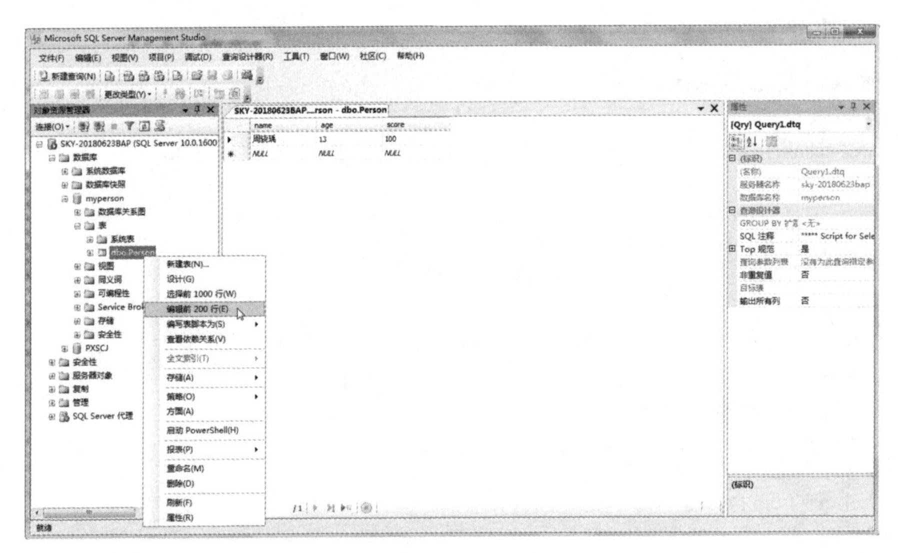

图 15.26 查看 SQL Server 数据库的结果

15.6.2 Python 操作 Oracle

1. 安装环境

由于 Python 的 Oracle 扩展模块需要调用 Oracle 底层的 API（包含在 oci.dll 文件中）工作，所以必须先安装 Oracle 的客户端函数库。Oracle 官方以 Oracle Instant Client 客户软件的形式提供该函数库，可以去官网下载，地址为 http://www.oracle.com/technetwork/cn/topics/winx64soft-101515-zhs.html，下载 Oracle 12c 对应版本的客户端，得到压缩包 instantclient-basic-windows.x64-12.1.0.2.0.zip，按以下步骤安装。

（1）解压该软件包，这里解压到 C:\instantclient_12_1。

（2）设置环境变量。

此处需要设置 3 个环境变量：TNS_ADMIN、NLS_LANG 和 Path，具体的设置步骤如下。

① 打开“环境变量”对话框。

右击桌面“计算机”图标，选择“属性”项，在弹出的“控制面板主页”中单击“高级系统设置”链接项，在弹出的“系统属性”对话框中单击“环境变量”按钮，弹出“环境变量”对话框，操作如图 15.27 所示。

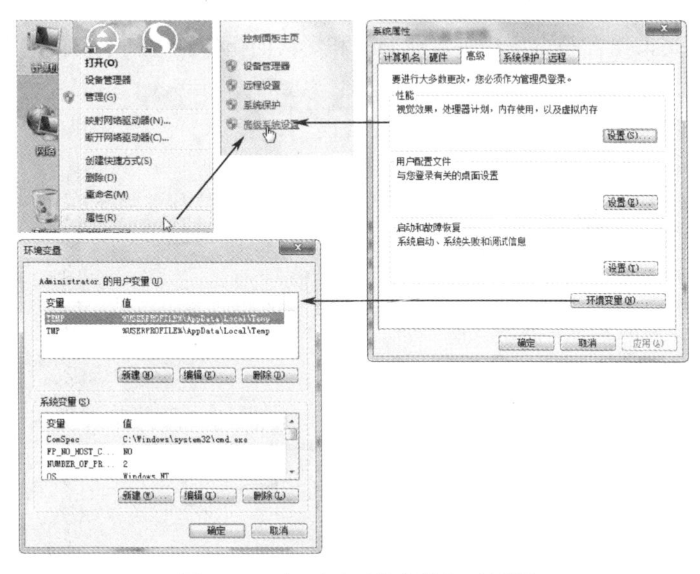

图 15.27　打开“环境变量”对话框

② 新建系统变量（TNS_ADMIN、NLS_LANG）。

在“系统变量”列表下单击“新建”按钮，在弹出的“编辑系统变量”对话框中输入变量名和变量值，如图 15.28 所示，单击“确定”按钮。

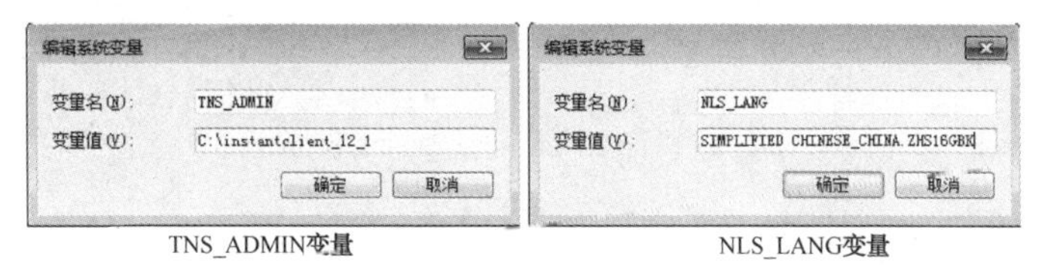

图 15.28　设置环境变量

③ 设置 Path 变量。

在“系统变量”列表中找到名为“Path”的变量，单击“编辑”按钮，在“变量值”字符串中加入路径“C:\instantclient_12_1;”，如图 15.29 所示，单击“确定”按钮。

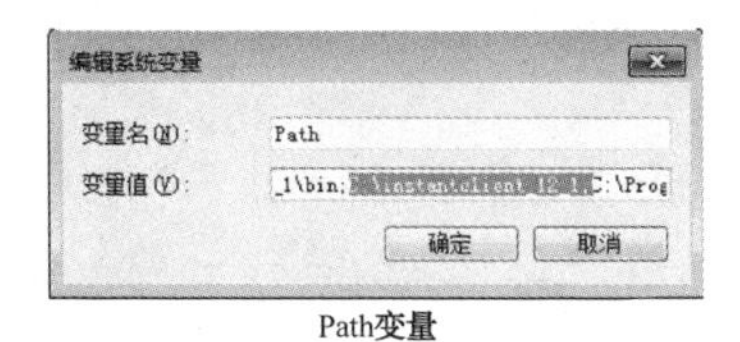

图 15.29　设置 Path 变量

（3）重启 Windows 7。这一步很重要，必须重启！

安装好客户端后，再从 Python 非官方下载站 https://www.lfd.uci.edu/~gohlke/pythonlibs/获取 Oracle 的驱动包文件 cx_Oracle-6.4.1-cp37-cp37m-win_amd64.whl，在 Windows 命令行下输入：

```
pip install D:\Python\software\DB\cx_Oracle-6.4.1-cp37-cp37m-win_amd64.whl
```

即可，如图 15.30 所示。

2. 程序实现

由于 Oracle 创建数据库的过程十分漫长，故笔者就直接使用局域网内另一台机器（计算机名称 SKY-20171020UTT）上已经建好的 XSCJ 数据库（用户名为 SCOTT，密码为 Mm123456），读者请根据开发环境的实际情形，结合 Oracle 相关专业书籍和资料的指导创建属于自己的数据库。

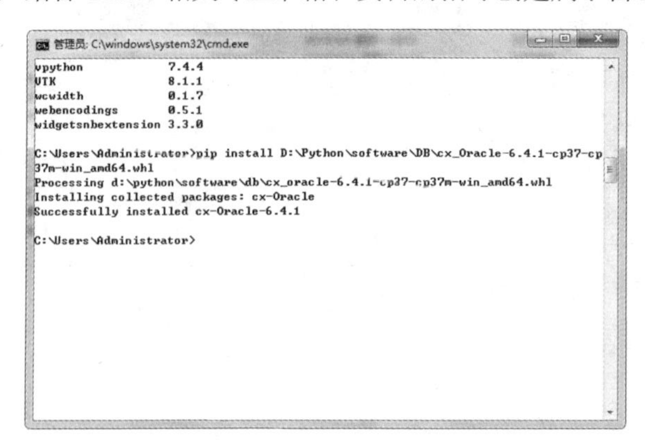

图 15.30　安装 Oracle 驱动包

代码如下（ch15, opt_oracle.py）：

```
import cx_Oracle                                                    # 导入 Oracle 驱动库
conn = cx_Oracle.connect('SCOTT/Mm123456@SKY-20171020UTT/XSCJ')
                                                                    #（1）
cur = conn.cursor()
persons = [
    {'name':'周骁珏', 'age':13, 'score':61.5},
    {'name':'Jack', 'age':15, 'score':95}
]                                                                   #（2）
mysql = "create table Person(name varchar(12) primary key, age int, score real)"
cur.execute(mysql)
mysql = "insert into Person values('周何骏', 35, 98.5)"
cur.execute(mysql)
mysql = "insert into Person values(:name, :age, :score)"
cur.executemany(mysql, persons)
conn.commit()
mysql = "select * from Person"
cur.execute(mysql)
mydb = cur.fetchall()
print("原数据:")
for val in mydb:
    print(val)
mysql = "update Person set age=age-20 where name='周何骏'"
cur.execute(mysql)
mysql = "update Person set name='周骁瑀', score=99 where name='周骁珏'"
cur.execute(mysql)
mysql = "update Person set score=score+1"
cur.execute(mysql)
conn.commit()
mysql = "select * from Person"
cur.execute(mysql)
mydb = cur.fetchall()
print("修改后:")
for val in mydb:
    for item in val:
```

```
            print(item, end=' ')
        print()
    mysql = "delete from Person where score<100"
    cur.execute(mysql)
    conn.commit()
    mysql = "select * from Person"
    cur.execute(mysql)
    mydb = cur.fetchall()
    print("删除后:")
    for val in mydb:
        print(val)
    conn.close()
```

说明：

（1）Python 操作 Oracle 数据库的连接参数写在同一个连接字符串中，该字符串遵循如下格式：

```
'用户名/密码@计算机名/数据库名'
```

请读者根据安装 Oracle 环境的实际情况，对照以上格式编写连接字符串。

（2）Oracle 也是将数据存储为文档键值对的形式，这一点与 MongoDB 相似。

运行效果：

运行程序，输出结果如下。

```
原数据:
('周何骏', 35, 98.5)
('周骁珏', 13, 61.5)
('Jack', 15, 95.0)
修改后:
周何骏 15 99.5
周骁瑀 13 100.0
Jack 15 96.0
删除后:
('周骁瑀', 13, 100.0)
```

使用 Oracle 自带的 SQL Developer 工具查看数据库，可见程序所创建的表及其数据记录，如图 15.31 所示。

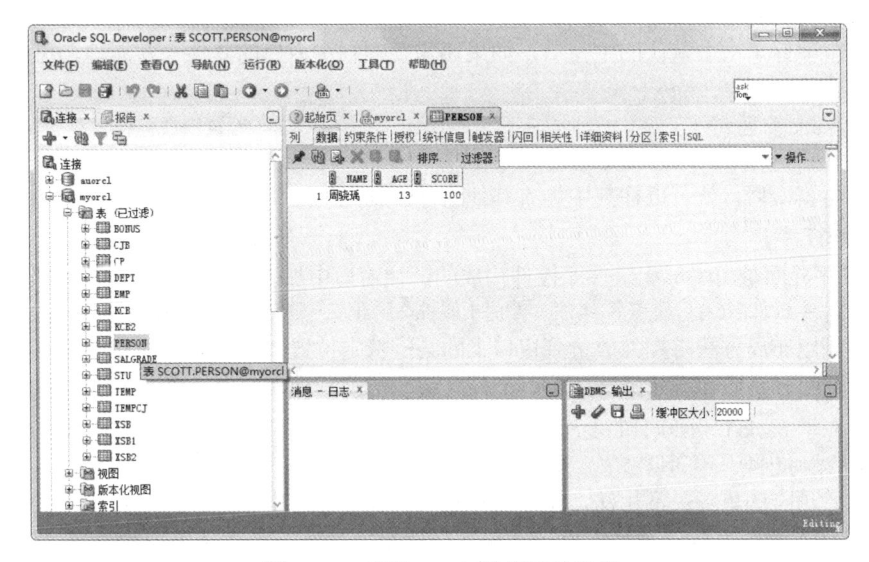

图 15.31　查看 Oracle 数据库的结果

第16章 窗口从何而来：界面设计实例

Tkinter 是 Python 的图形用户界面（GUI）库，其所使用的 Tk 接口是 Python 的标准 GUI 工具包接口。Tkinter 可以在 Windows、Linux、Macintosh 及绝大多数平台上使用，其新版本还可以实现本地窗口风格。由于 Tkinter 早已内置到 Python 语言的安装包中，只要安装好 Python 后就能直接导入其模块使用，Python 3 所使用的库名为 tkinter，在程序中的导入语句如下：

```
from tkinter import *                                    # 导入 tkinter 模块的所有内容
```

这样导入后就可以快速地创建带图形界面的桌面应用程序，十分方便。

由于 Python 自带的 Tkinter 库比较简单，对于实际应用开发中的一些比较复杂的高级界面功能，往往先用擅长 GUI 设计的第三方语言平台制作，再转化成 Python 源文件来使用。本章介绍了用流行的 Qt 设计器开发 Python 界面的方法。另外，用 Python 的 MatPlotLib 绘图库绘制的图形还可以嵌入到 Tkinter 界面上呈现，为用户提供了定制式的交互功能。

16.1 界面编程入门

16.1.1 编程的一般步骤

Tkinter 是一个基于窗体组件的 GUI 库，用它开发图形界面应用程序的步骤如下。

1. 创建主窗口

Tkinter 使用 Tk 接口创建 GUI 程序的主窗口界面，调用方法为：

```
窗口对象名 =Tk()
```

这样一句就建好了一个默认的主窗口，如果还需要定制主窗口的其他一些属性，可以调用窗口对象的方法，例如：

```
窗口对象名.title(标题名)                                  # 设置窗口标题
窗口对象名.geometry(宽 x 高+偏移量)                       # 设置窗口尺寸
```

在定义好程序主窗口后，就可以往其中加入其他组件。

2. 创建控件

Tkinter 程序界面是由图形化组件即控件构成的，往窗口中加入控件的一般语法为：

```
控件对象名 = 控件名(窗口对象名,属性 1 = 值 1,属性 2 = 值 2,…,属性 n = 值 n)
```

添加完成还要调用布局方法将控件放置到窗口上的某一特定位置。Tkinter 控件使用几种几何状态管理方法来布局，这些方法能够有效地管理整个控件区域的组织，Tkinter 公开的几何管理类有包、网格和位置，分别对应于 pack()、grid()和 place()方法，例如，将某个控件在窗口中靠右放置，使用语句为：

```
控件对象名.pack(side = RIGHT)
```

关于几何管理类的更多灵活用法，本章将在稍后的例子程序中详细介绍。

控件不仅可在窗口中直接布局，也可布局在容器里，如往一个框架容器内部署控件，使用语句如下：

```
窗口名 = Tk()
myfrm = Frame(窗口名)
控件对象 = 控件名(myfrm, 属性赋值列表...)
```

这种方式一般用在设计较为复杂界面的应用程序时。

3. 开启消息循环

正如所有的 Windows 标准窗体一样，在设计布局好 Tkinter 窗口上的全部组件后，必须打开窗口的消息循环，这样窗口界面才能随时对用户的操作作出实时响应，进入消息循环的语句如下：

```
mainloop()
```

当然在此之前程序员也可以预先编写一些语句来对窗口进行初始化，预设显示效果。

16.1.2 第一个 Tkinter 程序

下面通过编写一个简单的 Tkinter 程序让大家熟悉 Tkinter 编程的一般流程。

代码如下（ch16, tkinter_hello.py）：

```
from tkinter import *
# 第 1 步：创建主窗口
master = Tk()                                              # (1)
master.title('Hello')                                      # 设置主窗口标题
# 第 2 步：创建控件
myicon = PhotoImage(file = "D:\Python\pylogo.gif")         # (2)
myimg_label = Label(master, image = myicon)                # 一个显示图片的标签控件
myimg_label.pack(side = LEFT)                              # (3)
mytxt_label = Label(master,                                # 一个显示文本的标签控件
                text = "我爱最新的 Python 3.7！ \nHello!I love Python.",
                justify = RIGHT,
                padx = 15)                                 # (4)
mytxt_label.pack(side = RIGHT)
# 第 3 步：进入消息循环
mainloop()
```

说明：

（1）主窗口声明，每个 Tkinter 程序都要定义一个初始窗口，也就是程序运行的主窗口，它是所有控件的总容器，该程序所用的全部控件都在其里面布局。

（2）用 PhotoImage 实例化一个图片对象（只支持 gif 格式的图片）。

（3）指明 myimg_label 标签控件在主窗口中的位置为靠左锚定。

（4）将内容绑定在 master 主窗口上。属性赋值列表中的“text”是在标签上要显示的文字内容；“justify”用于指明文本的位置，这里是靠右对齐；“padx 指定文本沿窗口 x 轴横向的距离。

运行效果：

运行程序，显示一个带图片的消息窗，如图 16.1 所示。

图 16.1 第一个 Tkinter 程序

16.1.3 界面的事件响应

很多时候，图形界面程序窗口不仅仅用来显示图片和文字，其上的控件还要能接受用户的操作并响应，下面这个程序通过定义功能函数并将其绑定到按钮组件的“command”属性，实现了界面的事件响应功能。

代码如下（ch16, tkinter_callfunc.py）：

```
from tkinter import *
def myfunc():                                                          #（1）
    myvar.set('我喜欢传统的 Python 2.7。\nHello!I love Python.')
# 第 1 步：创建主窗口
master = Tk()
master.title('Hello')
# 在主窗口中声明两个模块                                               #（2）
myfrm1 = Frame(master)
myfrm2 = Frame(master)
myvar = StringVar()                                                    #（3）
myvar.set('我爱最新的 Python 3.7！ \nHello!I love Python.')
# 第 2 步：创建控件
myicon = PhotoImage(file = "D:\Python\pylogo.gif")
myimg_label = Label(myfrm1, image = myicon)                            # 一个显示图片的标签控件
myimg_label.pack(side = LEFT)
mytxt_label = Label(myfrm1,                                            # 一个显示文本的标签控件
                    textvariable = myvar,
                    justify = RIGHT)
mytxt_label.pack(side = RIGHT)
myfav_button = Button(myfrm2, text = "旧版入口", command = myfunc)
myfav_button.pack()
myfrm1.pack(padx = 15, pady = 5)                                       #（4）
myfrm2.pack(padx = 15, pady = 5)
# 第 3 步：进入消息循环
mainloop()
```

说明：

（1）“def 函数名()”是用户自定义功能函数，这里定义了一个改变文本的函数，将它赋值给按钮控件的“command”属性就可以实现事件触发和响应的功能。

（2）原来窗口的标签框架是直接放在窗体上的，这里为了能显示后增加的按钮控件，需要在另一个模块中添加，于是在主窗口中又创建了两个框架（Frame），然后在创建组件时分别添加进对应的框架就可以了。

（3）声明一个变量，变量一般赋值给控件的 textvariable 属性，绑定后，在程序运行时文本与其变量就可以实现实时联动。

（4）padx 设置控件周围水平方向空白区域保留大小；pady 设置控件周围垂直方向空白区域保留大小。

运行效果：

运行程序，在窗口中单击按钮可改变标签中显示的文字，如图 16.2 所示。

图 16.2　单击按钮改变标签文字

16.2　窗体基本控件

16.2.1　Tkinter 控件概述

Tkinter 应用程序界面是由很多控件构成的，目前为止 Tkinter 库共提供了 19 种控件供用户在 GUI 应用程序中使用，它们的名称和功能如表 16.1 所示。

表 16.1　Tkinter 提供的控件

控　件	名　称	功　能
Button	按钮	在程序中显示按钮
Canvas	画布	显示图形元素如线条或文本
CheckButton	复选框	用于在程序中提供多项选择框
Entry	输入框	用于获取文本内容
Frame	框架	在屏幕上显示一个矩形区域，多用来作为容器
Label	标签	可以显示文本和位图
ListBox	列表框	在 ListBox 窗口小部件是用来显示一个字符串列表给用户
MenuButton	菜单按钮	用于显示菜单项
Menu	菜单	显示菜单栏、下拉菜单和弹出菜单
Message	消息控件	用来显示多行文本，与 Label 比较类似
RadioButton	单选按钮	显示一个单选的按钮状态
Scale	刻度控件	显示一个数值刻度，为输出限定范围的数字区间
ScrollBar	滚动条	当内容超过可视化区域时使用，如列表框
Text	文本框	可以显示单行或多行文本
TopLevel	容器	用来提供一个单独的对话框，和 Frame 比较类似
SpinBox	输入控件	与 Entry 类似，但是可以指定输入范围值
PanedWindow	窗体面板	一个窗口布局管理的插件，可以包含一个或者多个子控件
LabelFrame	标签组框	一个简单的容器控件，常用于复杂的窗口布局
tkMessageBox	消息框	用于显示应用程序的提示信息

每个控件都有很多属性可供用户定制，其中有一些属性是所有控件都具有的，如大小、字体和颜色等，称为标准属性，Tkinter 控件的标准属性如表 16.2 所示。

表 16.2 Tkinter 控件的标准属性

属 性 名	描 述
Dimension	控件大小
Color	控件颜色
Font	控件字体
Anchor	锚点
Relief	控件样式
Bitmap	位图
Cursor	光标

下面通过举例来介绍 Tkinter 基本控件的用法和功能。

16.2.2 标签

标签是图形界面最常用的控件，它一般用来显示界面上确定的文字、图片等，对于图形界面的美化起着不可或缺的作用。这里，使用一个标签来显示图片和艺术字体。

代码如下（ch16, tkinter_label.py）：

```
from tkinter import *
master = Tk()
master.title('标签控件')
myimage = PhotoImage(file = "D:\Python\pybg.gif")            # 载入背景图资源
mylabel = Label(master,
                image = myimage,                              # 设置所用背景图
                compound = TOP,                               # 设置图片位置
                text = "Tkinter 制作的界面真美！",              # 设置文本内容
                justify = CENTER,                             # 设置文本位置
                font = ("方正舒体", 18),                       # 设置文本字体
                fg = "green"                                  # 设置文字颜色
                )
mylabel.pack()                                                # (1)
mainloop()
```

图 16.3 标签控件演示

说明：直接调用 Tkinter 的几何状态管理方法 pack()，其中未填写任何参数，表示使用 Tkinter 的自动布局功能，Tk 库会按照最佳显示效果在界面上进行布局。

运行效果：

运行程序，显示效果如图 16.3 所示。

16.2.3 复选框

复选框可在界面上提供多个选项让用户勾选，在桌面应用程序中有着广泛的应用。

代码如下（ch16, tkinter_check.py）：

```
from tkinter import *
master = Tk()
```

```
master.title('复选框')
HOBBIES = ['足球', '篮球', '游泳', '跑步', '休闲潜水']                # 列表存放运动选项
val = []                                                             # 存放用户选项值的变量
for sport in HOBBIES:
    val.append(IntVar())
    c = Checkbutton(master, text = sport, variable = val[-1], padx = 50, font = ('隶书', 14))
    c.pack(anchor = W)                                               #（1）
    l = Label(master, textvariable = val[-1])
    l.pack(anchor = S)
mainloop()
```

说明： Anchor 属性指明文本在窗口中的锚定位置，它有 9 个不同的值：E、S、W、N、NW、WS、SE、EN 和 CENTER，分别表示东、南、西、北、西北、西南、东南、东北和中央，皆是各方位的英文缩写，这里设置“anchor = W”表示复选框位于其标签文字的西边（左侧）。

运行效果：

运行程序，显示效果如图 16.4 所示，勾选某个复选框后可使其下方的数字由 0 变为 1。

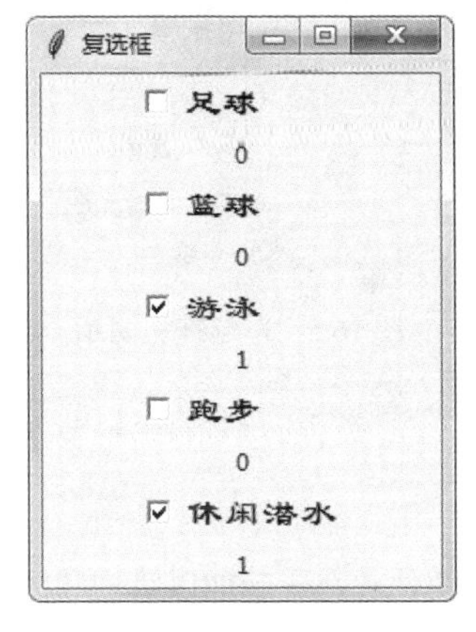

图 16.4　复选框演示

16.2.4　单选按钮

应用中，某些功能的选项要求具有排他性，即选中一个（或一组）就不能选另一个（或另一组），单选按钮提供了这种功能。

代码如下（ch16, tkinter_radio.py）：

```
from tkinter import *
master = Tk()
master.title('单选按钮')
master.geometry("200x120")                                           #（1）
val = IntVar()
Radiobutton(master, text = '男', variable = val, value = 1).pack(anchor = W)
Radiobutton(master, text = '女', variable = val, value = 0).pack(anchor = W)
Radiobutton(master, text = '女博士', variable = val, value = 0).pack(anchor = W)
                                                                     #（2）
Radiobutton(master, text = '男潜水员', variable = val, value = 1).pack(anchor = W)
mainloop()
```

说明：

（1）这里用到 Tk 对象提供的一个叫 Geometry 的方法。从单词中文意思上看是“几何”，顾名思义它和窗口几何属性（尺寸）有关，其使用方法为：

```
窗口名.geometry("宽 x 高+偏移")
```

即设置特定宽、高（以像素为单位）的窗体，其中“x”是英文字母 X 的小写，偏移参数一般用得比较少。

（2）Tkinter 的单选按钮以 value 值来进一步的分组，组与组间的选择是互斥的，而相同 value 值的单选按钮在其中一个被选中之后剩余的也都会自动选中。本例中，“女博士”属于女性，故与“女”单选按钮归为一组一起被选；而“男潜水员”是男性，与“男”单选按钮在一组。

运行效果：

运行程序，如图 16.5 所示，当单击“男”选项时，“男潜水员”选项也自动被选中，而“女”“女博士”自动取消选择，反之亦然。

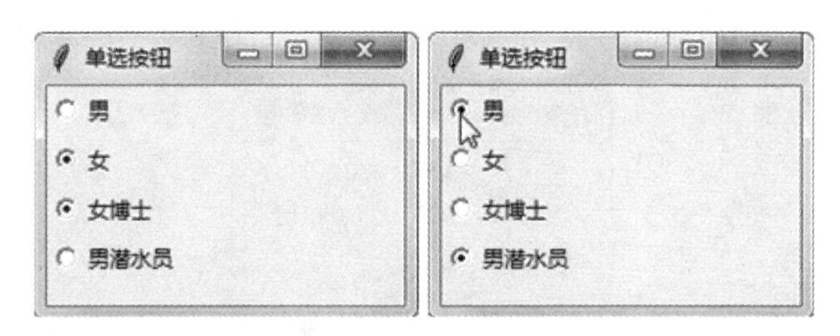

图 16.5　单选按钮演示

16.2.5　标签组框

有时候需要将功能相同或相似的控件放在一起加以管理和控制，同时也方便用户使用，通常的做法是将这些控件归为一组，用一个带标签的组框将其框起来。

代码如下（ch16, tkinter_labelframe.py）：

```
from tkinter import *
import tkinter.messagebox                                                    #（1）
master = Tk()
master.title('标签组框')
def show_msg():
    tkinter.messagebox.showinfo('热烈祝贺', '郑阿奇老师《Python 实用教程》销量突破 100 万册！')
mygroup = LabelFrame(master, text = '当前市面上畅销的计算机教材')
mygroup.pack(padx = 30)                                                      #（2）
val = IntVar()
val.set(1030000)
Book = [('《Python 实用教程》', 1030000),
        ('《Qt 5 开发及实例》（第 3 版）', 983000),
        ('《PHP 实用教程》（第 3 版）', 500000),
        ('《SQL Server 实用教程》（第 5 版）', 500000)
        ]
for title, num in Book:
    r = Radiobutton(mygroup, text = title, variable = val, value = num, indicatoron = False, padx = 45, pady = 10)
                                                                             #（3）
    r.pack(anchor = W, fill = X)
```

```
        l = Label(mygroup, textvariable = val)
        l.pack()
myview_button = Button(master, text = '查看销售情况', command = show_msg)
myview_button.pack(pady = 15)
mainloop()
```

说明：

（1）本程序要使用到消息对话框功能，在 Tkinter 中由 tkinter.messagebox 类提供，需要在程序中显式地导入。

（2）标签组框 LabelFrame 是个容器控件，也就是像窗口一样可以包含其他控件的控件，使用它的时候先要基于当前程序的主窗口生成一个框架：

```
标签组框对象名 = LabelFrame(主窗口名, 属性赋值列表)
```

后面编程时，将需要归为一类的控件添加到该框架中就可以了，写法为：

```
控件对象名 = 控件名(标签组框对象名, 属性赋值列表)
```

（3）Tkinter 的单选按钮可根据用户设置来改变形态，通过修改它的“indicatoron”属性可将默认的圆形勾选框变成命令按钮的外观。

运行效果：

运行程序，可看到一组以命令按钮形式呈现的单选按钮，效果如图 16.6 所示。

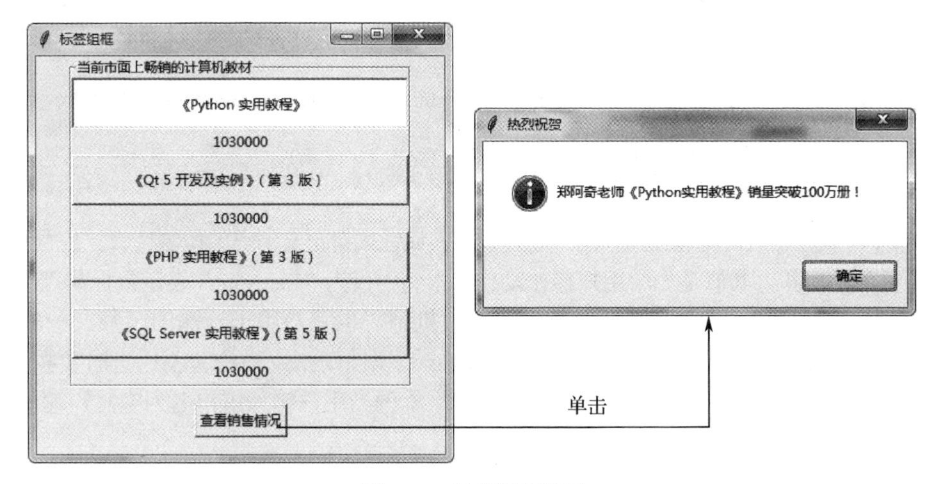

图 16.6　标签组框演示

16.2.6　输入框

输入框的外观类似于普通文本框，但与一般文本框不同的是，它可以从程序变量中获取用户输入的值，在实际应用中的功能很强大。Tkinter 的输入框甚至还支持对用户输入的自定义检测和校验的能力，下面来演示这一用法。

代码如下（ch16, tkinter_entry.py）：

```
from tkinter import *
master = Tk()
master.title('输入框界面')
# 用户名检测校验函数
def check_usr():
    if usr_entry.get() != '':
```

```
            return True
        else:
            return False
    # 校验不通过时执行的警告提示函数
    def warn_usr():
        print('用户名不能为空！')
    usr = StringVar()                                    # 用户名变量
    pwd = StringVar()                                    # 密码变量
    Label(master, text = '用  户  名:').grid(row=0, column = 0)
    Label(master, text = '密        码:').grid(row=1, column = 0)
    # 输入框用于储存用户名和密码
    usr_entry = Entry(master, textvariable = usr, validate = 'focusout', validatecommand = check_usr, invalidcommand =
warn_usr)                                                # (1)
    pwd_entry = Entry(master, textvariable = pwd, show = '●')
    usr_entry.grid(row = 0, column = 1, padx = 12, pady = 15)
    pwd_entry.grid(row = 1, column = 1, padx = 12, pady = 15)
    def print_usr():
        # 用 get 方法获取输入框存储的内容
        print("新用户  :%s" %usr_entry.get())
        print("口    令  :%s" %pwd_entry.get())
    Button(master, text = '立  即  注  册', width = 12, command = print_usr).grid(row = 3, column = 0, sticky = W, padx
= 8, pady = 10)                                          # (2)
    Button(master, text = '退出', width = 12, command = master.quit).grid(row = 3, column = 1, sticky = E, padx = 8,
pady = 10)
    mainloop()
```

说明：

（1）Entry 可执行输入检测和校验，用户通过设置其属性来自定义所需的检测逻辑。其中，“validate”属性指定了检测的时机，其值是一个用户操作动作，本例中设为“focusout”表示鼠标焦点离开输入框时执行检测校验；“validatecommand”属性指定检测机制，也就是用于检测的函数，一般由用户根据应用实际需要来编写检测逻辑代码；“invalidcommand”属性则指定当校验不通过时要执行的处理，通常也是由用户定义处理逻辑，以函数的形式给出。本例当用户输入用户名为空时，输出警告提示信息。

（2）在使用 Tkinter 编写 GUI 界面时，还经常用到 grid()进行布局管理。

grid()使用方法及主要参数说明：

① row=x, column=y：将控件放在 x 行、y 列的位置。

注意：如果不指定参数，则默认从 0 开始。

此处的行号和列号并不是像在坐标轴上一样严格，只代表一个上下左右的关系。

② sticky：该选项指定控件在窗口中的对齐方式，默认的对齐方式是居中。可以选择的值有：N/S/E/W，分别代表上对齐/下对齐/左对齐/右对齐，可以单独使用，也可以上下和左右组合使用以达到不同的对齐效果。

③ padx,pady：同 pack()中同名参数的含义，分别设置控件沿水平和垂直方向的空白区域，以使显示效果更美观。

有关 grid()的应用在本章最后的综合实例中还有更多的展示。

运行效果：

运行程序，在“用户名”栏中先不输入任何内容，将鼠标光标焦点移至密码框，可看到程序输出一行警告信息“用户名不能为空！”。然后再正常输入用户名和密码，单击“立即注册”按钮，此时程序输出了新用户名和口令，如图 16.7 所示，实际上就是从输入框得到的内容。

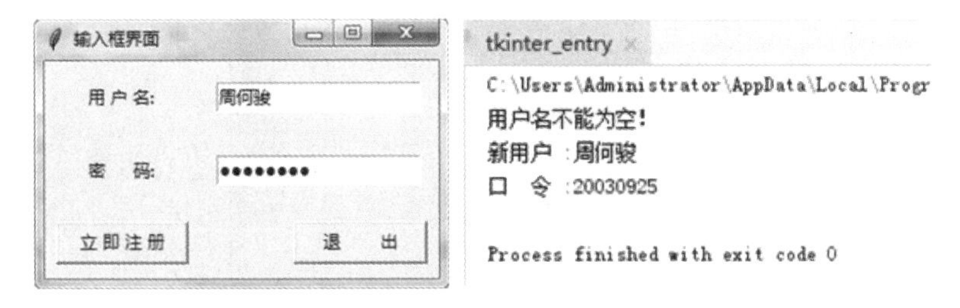

图 16.7　输入框功能演示

16.2.7　列表框与滚动条

列表框与滚动条配合使用可容纳和显示很多选项。

代码如下（ch16, tkinter_scrollbar_list.py）：

```
from tkinter import *
master = Tk()
master.title('带滚动条的列表框')
master.geometry("250x200")
mysbar = Scrollbar(master)
mysbar.pack(side = RIGHT, fill = Y)          # 设置滚动条位于列表框右侧、沿纵（Y）向
# 第 1 步
mylbx = Listbox(master, yscrollcommand = mysbar.set)          #（1）
mylbx.pack(side = RIGHT, fill = BOTH)
for n in range(2002, 2020):
    mylbx.insert(END, str(n) + '年')
# 第 2 步
mysbar.config(command = mylbx.yview)          #（2）
mainloop()
```

说明：

（1）设置列表框“yscrollcommand”属性值为滚动条的 set()方法：

```
mylbx = Listbox(master, yscrollcommand = mysbar.set)
```

其中 mylbx 是 Listbox 的实例化，这样绑定后，在列表框中的可选内容发生变化时才能带动滚动条一起滚动。

（2）设置滚动条的“command”属性为列表框的 yview()方法，这样设置后才能将滚动条与列表框中可选内容进行关系绑定。

运行效果：

本程序罗列出一些年份，用列表框和滚动条配合加以显示，如图 16.8 所示。

以上介绍了 Tkinter 中最基础的控件，还有其他一些高级控件，读者可参见表 16.1 并结合网上公开的 Tkinter 文档自己实践学习。

图 16.8 列表框和滚动条演示

16.3 综合应用实例：人员信息管理系统

为使读者对以上介绍的窗体基本控件有个全面的掌握，下面将用 Tkinter 开发一个桌面版的“人员信息管理系统”，并结合上一章数据库编程的知识，在 GUI 界面上操作后台数据库，实现对人员信息的增、删、改、查等操作和显示。

16.3.1 数据库准备

后台数据库采用 MySQL，使用上一章已经搭好的数据库环境，在生成 MyPerson 数据库的基础上开发。为了演示多种不同类型的数据库字段和控件的操作，先要对原来的 Person 表增加 sex（性别）和 note（备注）两个字段，用 Navicat 工具修改表的结构，如图 16.9 所示。

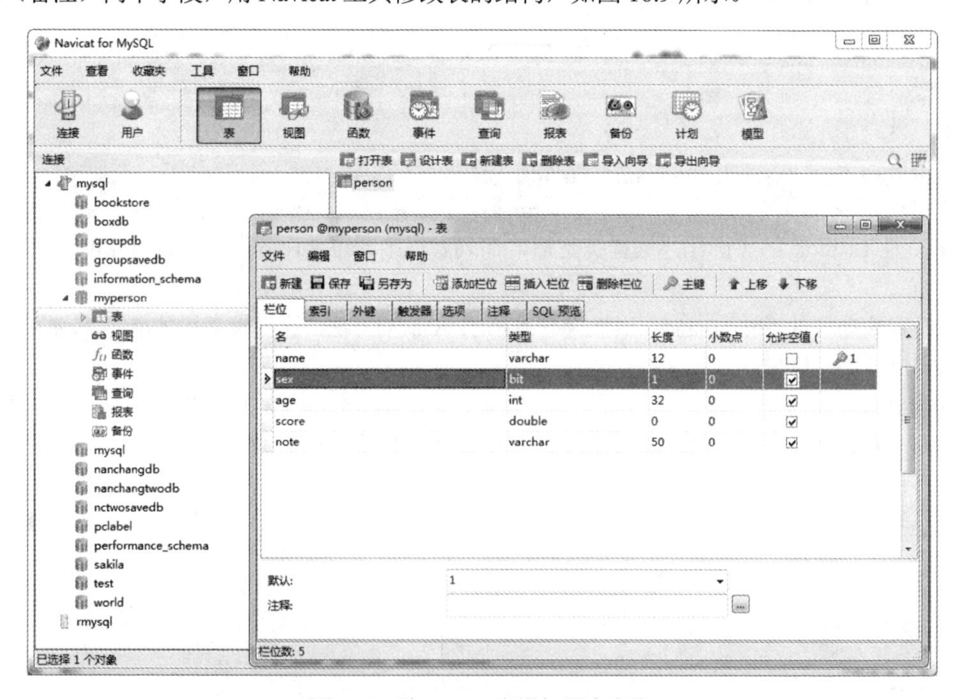

图 16.9 给 Person 表增加两个字段

为了能在程序一开始的界面上就看到数据库中的数据，这里可先向 Person 表中录入几条样本数据，如图 16.10 所示。

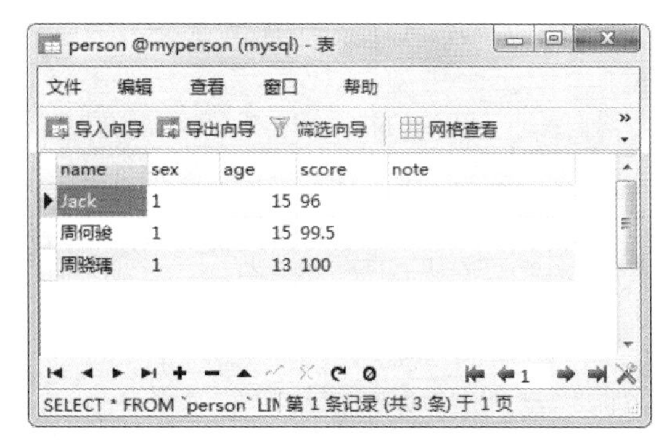

图 16.10　录入样本数据

一切准备就绪后，就可以开始编程实现了。

16.3.2　系统实现

1　界面设计

本程序将要实现图形界面系统的显示效果，如图 16.11 所示。

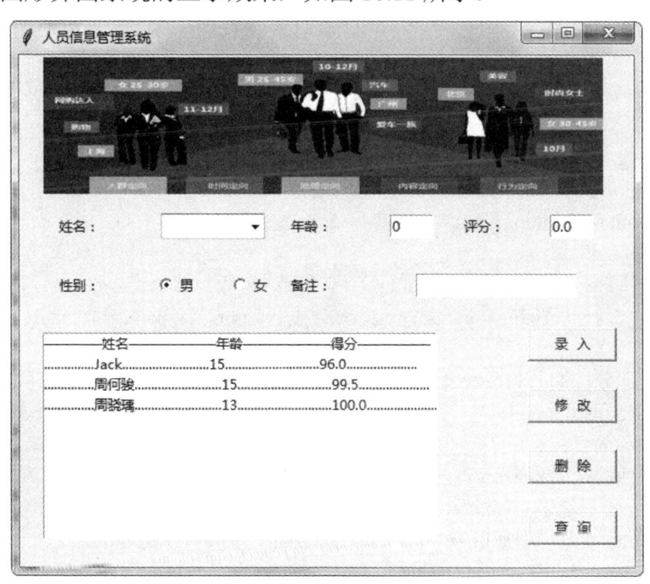

图 16.11　“人员信息管理系统”界面

（1）窗体顶部的图片可从网络下载，保存文件名为 person.gif。

（2）下面是一个表单，包含了姓名、年龄、性别、评分、备注等栏目，其中“姓名”栏用下拉列表框实现，在程序初始加载数据库中已有人员的姓名；“性别”通过单选按钮选择；其余字段通过输入框获取。

（3）表单下部左侧是一个列表框，逐条罗列显示数据库中人员的信息记录，并且根据用户的操作提供实时更新功能；右侧有四个操作按钮：“录入”“修改”“删除”“查询”，用户可通过单击它们来完成对数据库记录的相关操作。

本程序界面主要通过 Tkinter 的 grid()方法进行总体布局，读者可以此为依据阅读下面的源程序。

2. 程序实现

代码如下（ch16, tkinter_mysql.py）：

```
from tkinter import *
import pymysql                                                # 导入对 MySQL 操作的驱动库
import tkinter.ttk                                            #（1）
import tkinter.messagebox                                     # 用于消息框功能
master = Tk()
master.title('人员信息管理系统')
master.geometry("550x450")
mainlogo = PhotoImage(file = "D:\Python\person.gif")          # 载入系统标题图片资源
mylabel = Label(master, image = mainlogo, compound = TOP)
                                                              #（2）
mylabel.grid(row = 0, column = 0, columnspan = 7, padx = 20)
                                                              #（3）
conn = pymysql.connect(host = "DBServer", user = "root", passwd = "njnu123456", db = "myperson")
                                                              # 连接 MySQL 数据库
cur = conn.cursor()
# 定义程序中要用到的各个变量
v_name = StringVar()                                          # 姓名
v_sex = IntVar()                                              # 性别
v_age = IntVar()                                              # 年龄
v_score = DoubleVar()                                         # 得分
v_note = StringVar()                                          # 备注
v_list = StringVar()                                          # 与人员信息列表框关联
# 表单“姓名”栏
Label(master, text = '姓名：').grid(row = 1, column = 0, padx = 20)
cb = tkinter.ttk.Combobox(master, width = 10, textvariable = v_name)
cb.grid(row = 1, column = 1, columnspan = 2, padx = 5, pady = 15)
# 表单“年龄”栏
Label(master, text = '年龄：').grid(row = 1, column = 3, sticky = W)
Entry(master, width = 5, textvariable = v_age).grid(row = 1, column = 4, padx = 10, pady = 15)
# 表单“评分”栏
Label(master, text = '评分：').grid(row = 1, column = 5, sticky = W)
Entry(master, width = 5, textvariable = v_score).grid(row = 1, column = 6, padx = 10, pady = 15)
# 表单“性别”栏
Label(master, text = '性别：').grid(row = 2, column = 0, padx = 20)
Radiobutton(master, text = '男', variable = v_sex, value = 1).grid(row = 2, column = 1)
Radiobutton(master, text = '女', variable = v_sex, value = 0).grid(row = 2, column = 2)
# 表单“备注”栏
Label(master, text = '备注：').grid(row = 2, column = 3, sticky = W)
Entry(master, textvariable = v_note).grid(row = 2, column = 4, columnspan = 3, padx = 10, pady = 15)
# 人员信息列表控件
lb = Listbox(master, width = 50, listvariable = v_list)
lb.grid(row = 3, column = 0, rowspan = 4, columnspan = 5, sticky = W, padx = 20, pady = 15)
                                   #（4）
v_list.set('————姓名——————年龄——————得分—————')
                                                              # 模拟数据网格的表头标题
def init():                                   # 初始化函数（用于加载数据库中所有人员的姓名）
    cur.execute('select distinct(name) from person')
```

```
        row = cur.fetchall()
        cb["values"] = row
        que_person()
    def ins_person():                           # “录入人员信息”功能函数
        cur.execute('insert into Person values(%s, %s, %s, %s, %s)', (v_name.get(), v_sex.get(), v_age.get(),
v_score.get(), v_note.get()))
        conn.commit()
        tkinter.messagebox.showinfo('提示', v_name.get() + ' 的信息录入成功！')
        v_name.set('')
        init()                                  # (5)
    def upt_person():                           # “修改人员信息”功能函数
        cur.execute('update Person set sex=%s,age=%s,score=%s,note=%s where name=%s', (v_sex.get(), v_age.get(),
v_score.get(), v_note.get(), v_name.get()))
        conn.commit()
        tkinter.messagebox.showinfo('提示', v_name.get() + ' 的信息修改成功！')
        v_name.set('')
        init()
    def del_person():                           # “删除人员信息”功能函数
        cur.execute('delete from Person wherc name=%s', (v_name.get()))
        conn.commit()
        tkinter.messagebox.showinfo('提示', v_name.get() + ' 的信息已经删除！')
        v_name.set('')
        init()
    def que_person():                           # “查询人员信息”功能函数
        if v_name.get() == '':                  # 若不选择指定姓名，默认查询所有人员信息
            cur.execute('select * from Person')
        else:
            cur.execute('select * from Person where name=%s', (v_name.get()))
        row = cur.fetchall()
        lb.delete(1, END)                       # 先要将列表中的旧记录清除
        if cur.rowcount != 0:
            for i in range(cur.rowcount):
                lb.insert(END, '..............' + row[i][0] + '.........................' + str(row[i][2]) + '...........................' +
str(row[i][3]) + '.....................')      # (6)
        if cur.rowcount == 1:                   # 如果查询的是单独某个人的信息，要填写更新表单
            v_name.set(row[0][0])               # 姓名
            if row[0][1] == 1:                  # 性别
                v_sex.set(1)
            else:
                v_sex.set(0)
            v_age.set(row[0][2])                # 年龄
            v_score.set(row[0][3])              # 得分
            v_note.set(row[0][4])               # 备注
        else:                                   # 表单中默认显示的内容
            v_name.set('')
            v_sex.set(1)
            v_age.set(0)
            v_score.set(0.0)
            v_note.set('')
    Button(master, text = '录　入', width = 10, command = ins_person).grid(row = 3, column = 6, columnspan = 2,
sticky = W, padx = 10, pady = 5)
```

```
Button(master, text = '修　改', width = 10, command = upt_person).grid(row = 4, column = 6, columnspan = 2, sticky = W, padx = 10, pady = 5)
Button(master, text = '删　除', width = 10, command = del_person).grid(row = 5, column = 6, columnspan = 2, sticky = W, padx = 10, pady = 5)
Button(master, text = '查　询', width = 10, command = que_person).grid(row = 6, column = 6, columnspan = 2, sticky = W, padx = 10, pady = 5)
init()
mainloop()
```

说明：

（1）引入 Tkinter 中的 ttk 组件，是为了使用下拉列表控件来显示人员姓名。ttk 是 Python 对其自身 GUI 的一个扩充，使用 ttk 后的组件，同 Windows 操作系统的外观一致性更高，看起来也会舒服很多。ttk 的很多组件同 Tkinter 标准控件都是相同的，在这种情况下，ttk 将覆盖 Tkinter 原来的组件，代之以 ttk 的新特性。

（2）这里设置标签的“compound”属性值为 TOP，表示将标题图片置于界面顶部。

（3）columnspan 是 grid()方法的一个重要参数，作用是设置控件横向跨越的列数，即控件占据的宽度，这里设置图片标签框架的 columnspan 值为 7（横跨 7 列），使标题图片占满了整个界面的顶部空间。

（4）rowspan 也是 grid()方法的参数，作用与 columnspan 类同，但设置的是控件纵向跨越的行数，即控件占据的高度。本例设置人员信息列表框占据界面上的 4 行 5 列（rowspan = 4, columnspan = 5），为其留出左下方比较大的一片区域，看起来比较美观。可见，在设计实际应用中的界面时，通过灵活使用 rowspan 与 columnspan 就能制作出极其复杂的图形界面来。

（5）在每次对数据库记录进行了录入、修改或删除之类的更新操作后，都要执行 init()函数以重新加载显示数据库中的人员信息，这是为了保证界面显示与后台数据库实际状态的同步。

（6）由于 Python 原生的 Tkinter 库是个轻量级的 GUI 库，与专业界面开发语言（如 Visual C#、VB、Qt 等）相比，缺少一些高级功能控件，尤其是没有数据网格类控件，这也使得用 Python 编程直观地展示数据库中的数据记录存在一定不足。本例巧妙地应用简单的列表框控件，通过对输出记录数据字段的显示格式进行一些处理，如在字段内容项间添加“........”分隔的方式，以期达到某些高级界面开发语言中数据网格的效果。实际上也确实做到了，后面大家会看到，其显示效果还是可以的。

16.3.3 功能演示

开发完成后，将运行程序，演示其各项功能如下。

1. 录入人员信息

在界面表单里输入新人“李艳妮”的各项信息，如图 16.12 所示，单击“录入”按钮，弹出录入成功的消息提示框，展开“姓名”下拉列表，可看到新增人员姓名“李艳妮”，同时左下列表中自动刷新显示李艳妮的信息记录。

2. 查询人员信息

在“姓名”下拉列表中选中刚刚录入的“李艳妮”，单击“查询”按钮，左下列表中会单独显示出此人的信息记录，同时上方表单中的各栏也会自动填入此人的各项信息，如图 16.13 所示。

3. 修改人员信息

在表单中修改“李艳妮”的年龄和评分值，单击“修改”按钮，弹出修改成功的消息提示框，同时可以看到，左下列表中“李艳妮”的年龄和得分已经更新了，如图 16.14 所示。

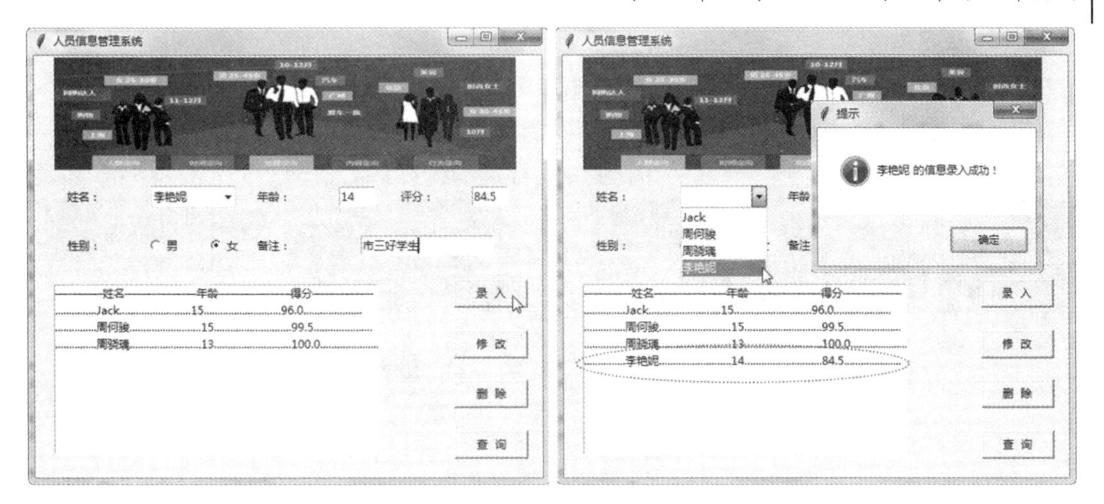

图 16.12　录入人员信息

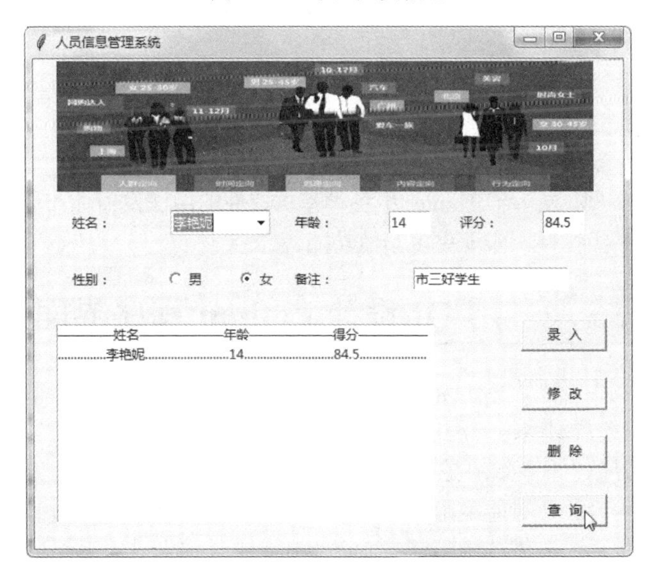

图 16.13　查询人员信息

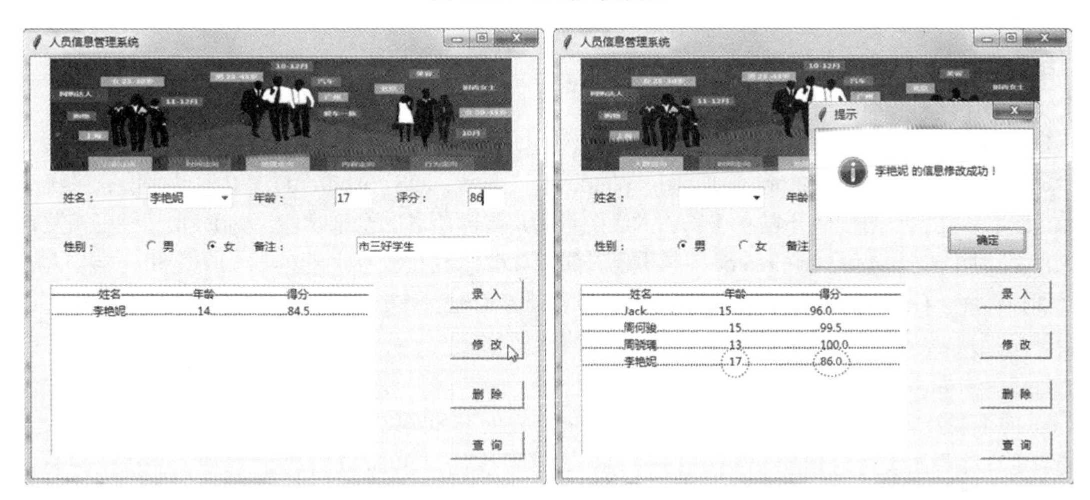

图 16.14　修改人员信息

4. 删除人员信息

在“姓名”下拉列表中选中“李艳妮”项，直接单击“删除”按钮，弹出删除成功的消息提示框，同时可以发现，“姓名”下拉列表及左下列表中“李艳妮”相关的信息已经不见了，如图 16.15 所示。

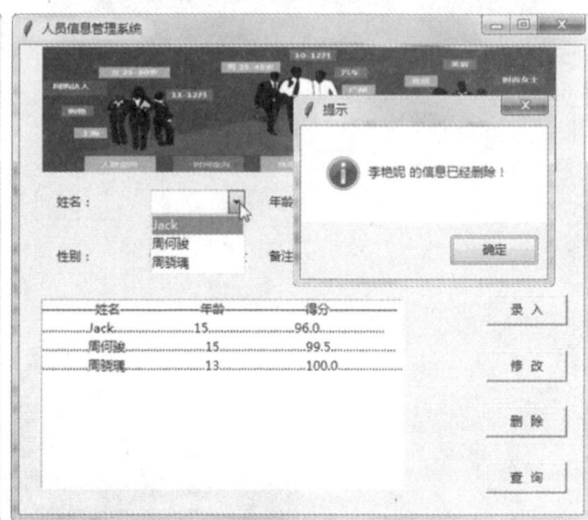

图 16.15　删除人员信息

通过上面这个综合实例，展示了 Tkinter 中各种基本控件的用法及窗体布局的方式，读者可在此基础上完善、添加更多的高级控件，实现更多其他功能。

16.4　用 Qt 设计 Python 程序界面

从上面这个综合实例中发现，Python 原生 Tkinter 界面库的功能是十分有限的，以至于一些高级控件（如展示数据库记录的数据网格），程序员不得不使用较为烦琐的程序代码来模拟呈现相似的效果，即便如此最终做出来的界面也很粗糙；它更大的缺陷是，Tkinter 缺少配套的集成开发环境，用户无法进行直观、可视化的界面设计，只能采用比较原始的 grid()方法代码布局方式。所以对于 Python 这种并不擅长界面编程的语言，一般推荐使用第三方语言开发工具来为应用系统制作界面。本节将简单地介绍用 Qt 为 Python 程序设计开发界面的方法。

16.4.1　Qt 简介及功能展示

Qt 是 1991 年由 Qt Company 开发的一个跨平台 C++图形用户界面应用程序的开发框架。它拥有跨平台的集成开发环境 Qt Creator，全面支持 Windows、Linux、iOS、Android、WP 等几乎所有主流的操作系统平台，提供应用程序开发者建立艺术级图形用户界面所需的全部功能。现在 Qt 已经正式发布到 Qt 5.11 版，而与之配套的 Qt Creator 工具也已升级至 4.6.2 企业版。因为拥有极为丰富和功能强大的图形界面控件库，Qt 的界面开发能力甚至可与微软 Visual C#及.NET 相匹敌，成为当下最为流行的 GUI 界面开发工具之一，故而很多其他程序语言的开发人员都倾向于先用 Qt 做出漂亮的界面，再用自己掌握的程序语言编写功能逻辑。

Qt 的下载及安装过程读者可自行参考有关 Qt 开发的书和网络上的资料。Qt Creator 是 Qt 功能强大的应用程序界面设计工具，如图 16.16 所示，在其可视化设计环境的左侧面板上，列出了种类、数量丰富的控件，用户可以像使用 VB、Visual Studio 等易用 IDE 一样，只要用鼠标进行简单的拖曳操作就能随心所欲地制作出专业级的 GUI 界面来。

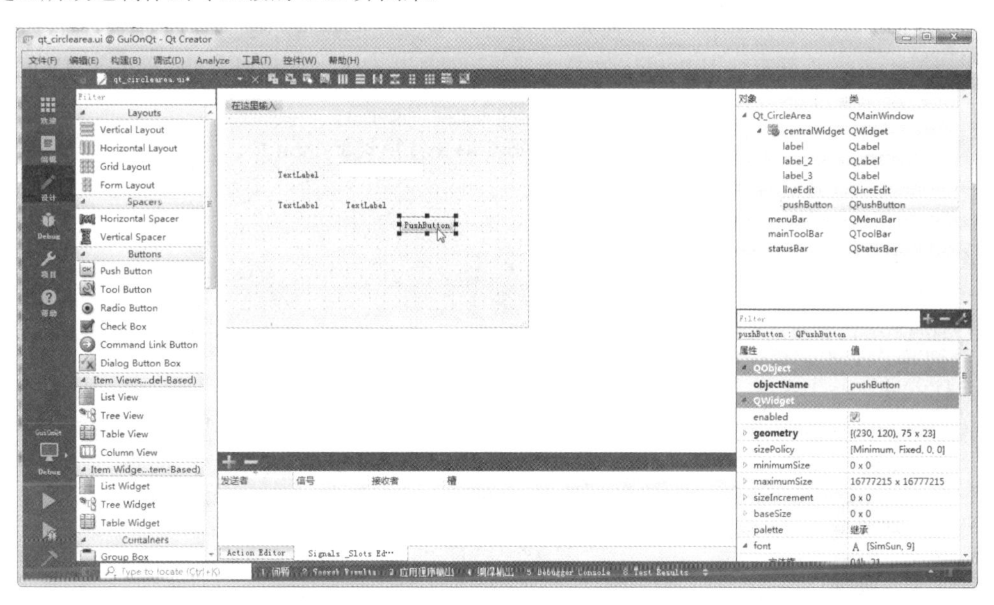

图 16.16　Qt Creator 可视化设计环境

例如，使用 Qt Creator 面板上的组件，就可拖曳设计出一个“南京市鼓楼医院远程诊断系统”的软件界面，如图 16.17 所示。

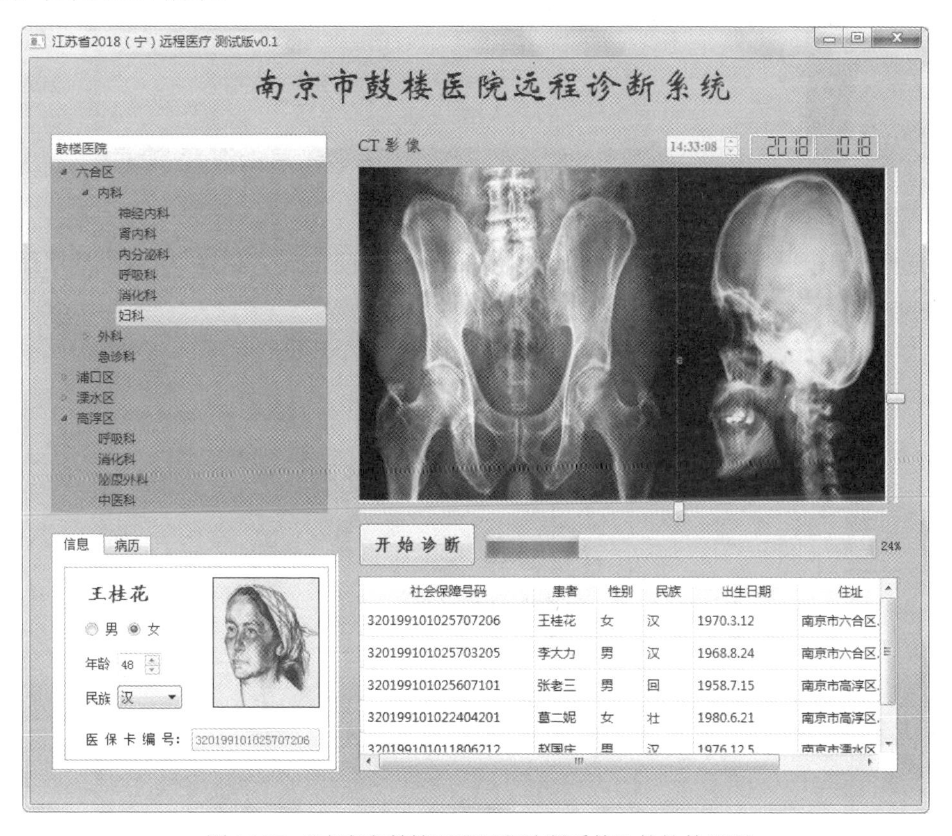

图 16.17　“南京市鼓楼医院远程诊断系统”的软件界面

其上综合运用了树状视图(QTreeWidget)、选项标签页(QTabWidget)和表数据网格(QTableWidget)等诸多高级功能控件，设计出了一个具强大实用性的专业级图形界面。

这样美观复杂的界面直接用 Python 本身当然是设计不出来的，但可以将 Qt 设计出的界面转换成 Python，然后再对界面编写 Python 事件代码。

注意：Qt 设计界面中加入的任何 Qt 事件代码都不会转换到 Python 中，Qt 设计界面代码文件是单独存在的，转换仅仅是对该界面文件进行的。

16.4.2　用 Qt 设计图形界面

为了让读者对 Qt 开发 Python 程序界面的一般流程有清晰的了解，下面将用 Qt 开发一个计算圆面积的小程序界面，其步骤如下。

（1）启动 Qt Creator，单击主界面上的“New Project”按钮，创建一个 Qt 工程，如图 16.18 所示。

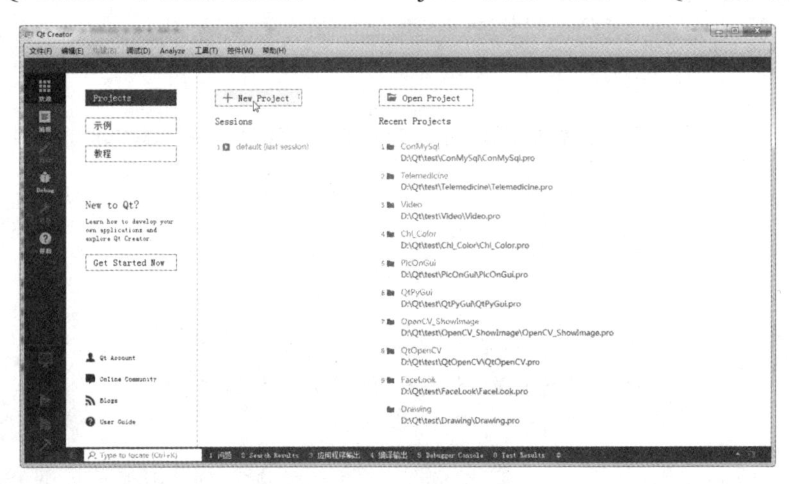

图 16.18　新建 Qt 工程

（2）选择项目模板为“Application”→“Qt Widgets Application”，创建一个桌面应用程序模板，单击“Choose...”按钮继续，如图 16.19 所示。

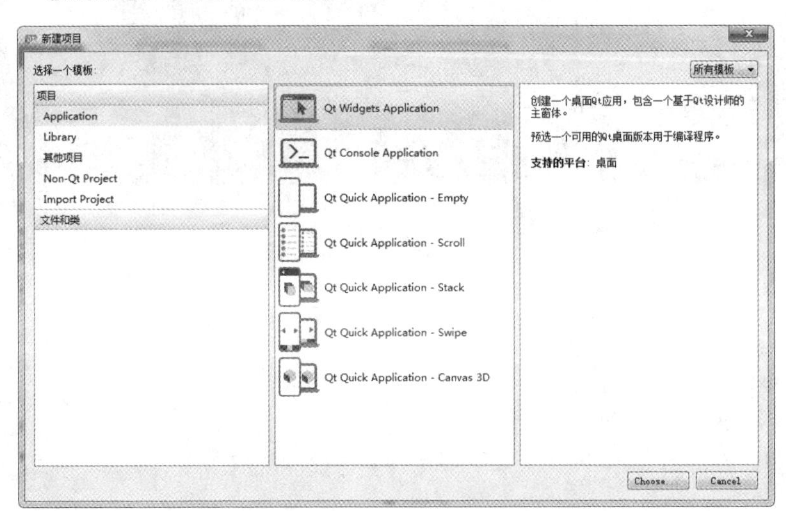

图 16.19　选择 Qt 桌面应用程序模板

（3）给项目命名为“GuiOnQt”，选择存储路径，单击“下一步”按钮继续，如图 16.20 所示。

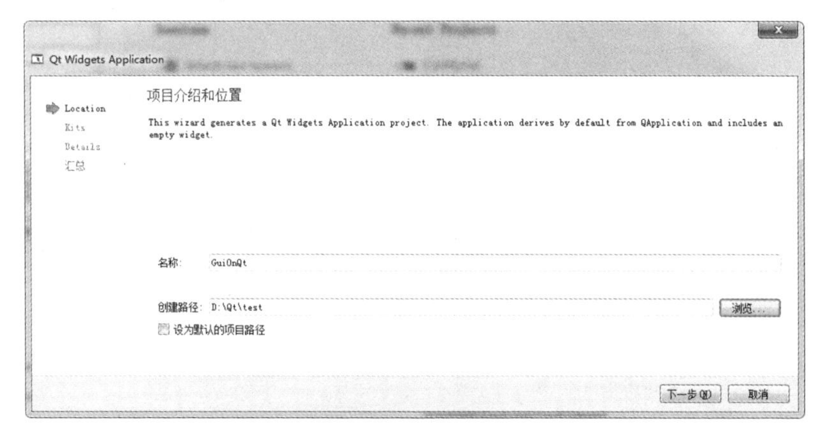

图 16.20　项目命名及存储路径

（4）给项目选择编译器，这里勾选 Qt 自带的 32 位 MinGW 编译器，单击“下一步”按钮继续，如图 16.21 所示。

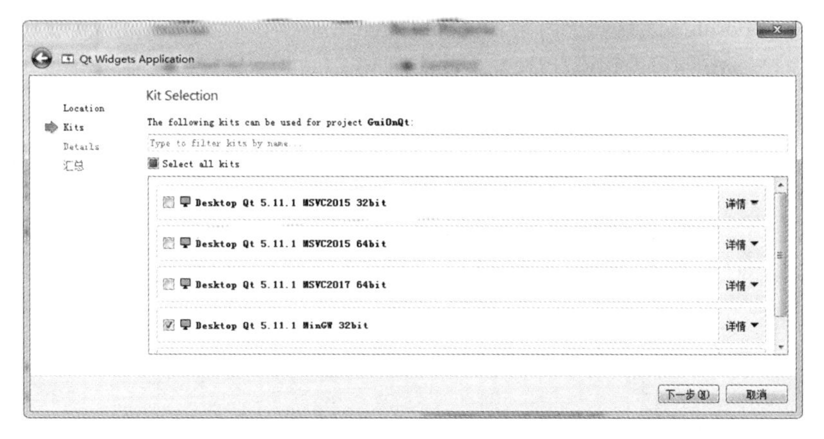

图 16.21　选择编译器

（5）给主程序类命名为“Qt_CircleArea”，然后勾选“创建界面”复选框，单击“下一步”按钮继续，如图 16.22 所示。

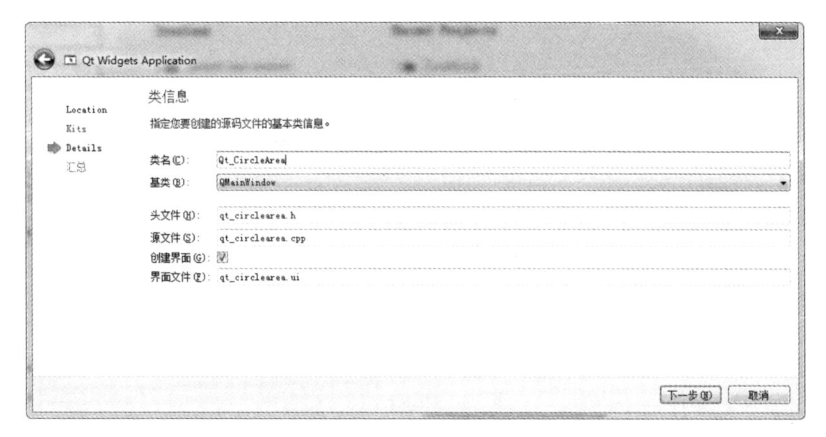

图 16.22　命名主程序类

最后出现的向导页列出了将要创建的项目基本信息，如图 16.23 所示，单击“完成”按钮。

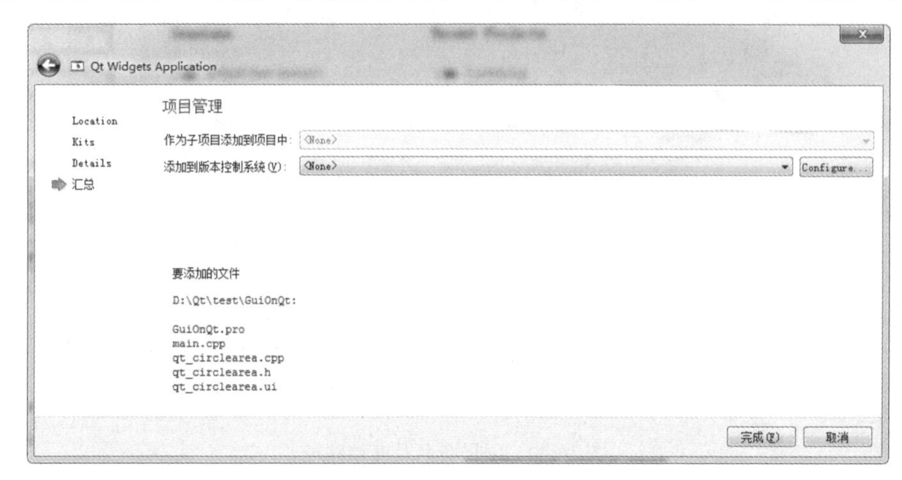

图 16.23　确认项目基本信息

（6）项目创建后就会自动进入 Qt 的开发环境，如图 16.24 所示，展开左侧的项目树状视图，看到在“GuiOnQt”→“Forms”下有一个名为“qt_circlearea.ui”的项，这个就是该 Qt 项目的主界面文件，双击即可进入 Qt Creator 的可视化设计环境（见图 16.16）。

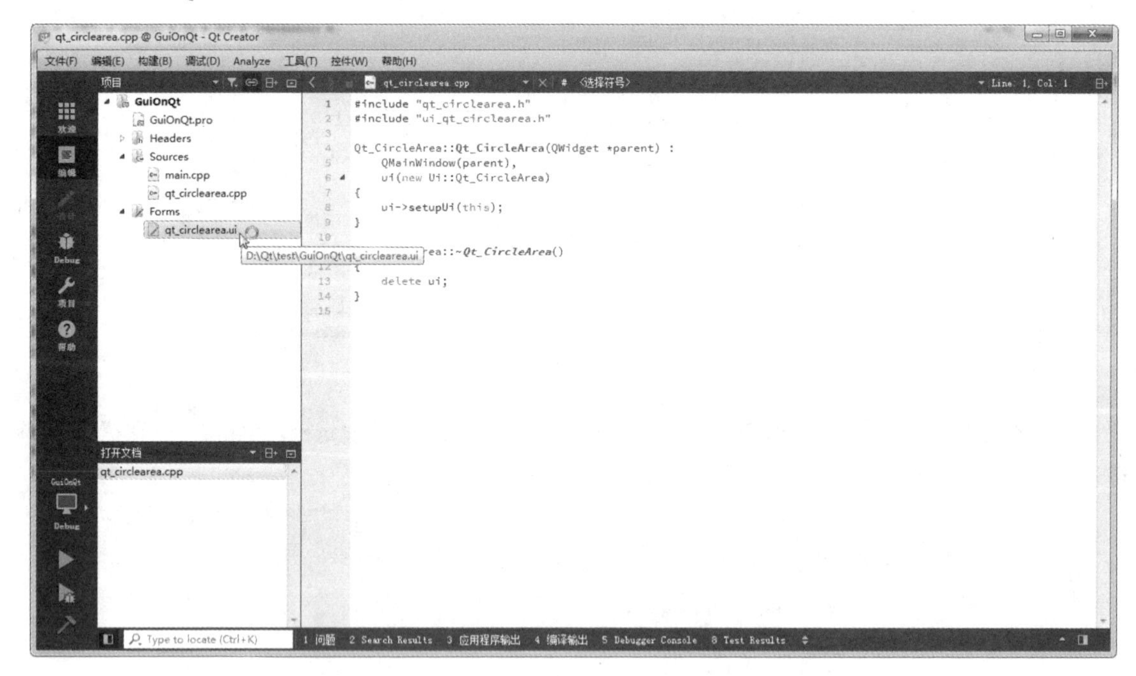

图 16.24　Qt 开发环境及主界面文件

（7）在可视化状态下，用鼠标拖曳的方式设计出计算圆面积的小程序界面，如图 16.25 所示，读者可单击设计环境左下角的“启动”按钮运行程序，可预浏界面效果。

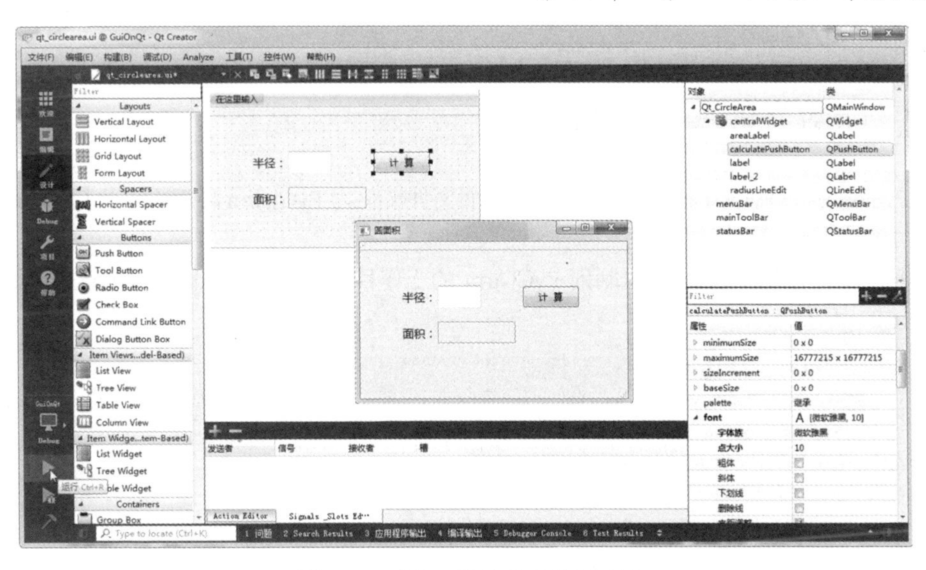

图 16.25　用 Qt 设计界面并试运行

其中，界面上 3 个关键控件的名称及属性设置如表 16.3 所示。

表 16.3　圆面积计算程序控件属性

控　　件	名称（ObjectName）	类　　型	属 性 设 置
输入半径的文本框	radiusLineEdit	Line Edit	“alignment 水平”为 AlignHCenter
显示面积的文字标签	areaLabel	Label	“alignment 水平”为 AlignHCenter， “frameShape”为 Box， “frameShadow”为 Sunken
“计算”按钮	calculatePushButton	Push Button	“font”为微软雅黑，10 号字

（8）设计完成之后，可在本项目录下找到主界面文件 qt_circlearea.ui，如图 16.26 所示。

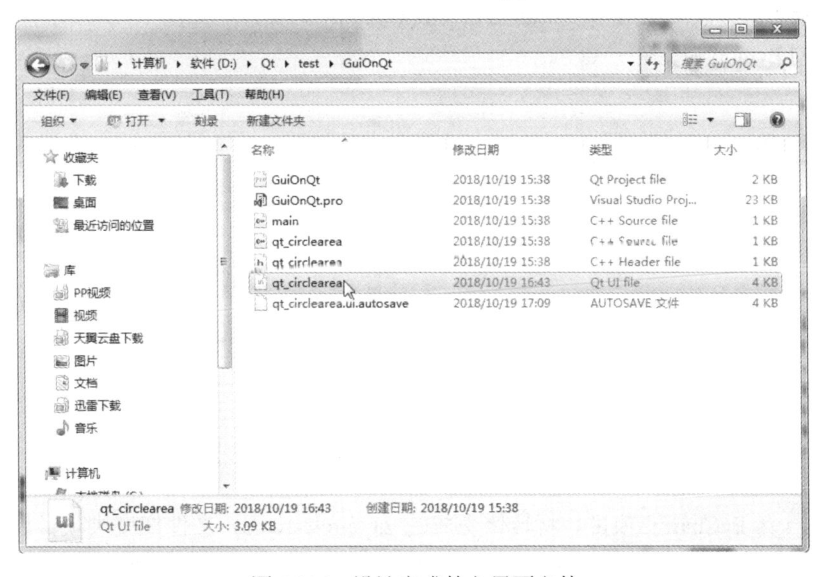

图 16.26　设计完成的主界面文件

将其复制出来存盘待用。

16.4.3 Qt 界面向 Python 转化

使用 Python 中的 PyQt 4 将设计完成的 Qt 界面文件转化为 PyCharm 环境下可执行的.py 源文件，转化步骤如下。

（1）将存盘的 qt_circlearea.ui 复制到 PyCharm 的工作目录 C:\Users\Administrator\PycharmProjects 中，如图 16.27 所示。

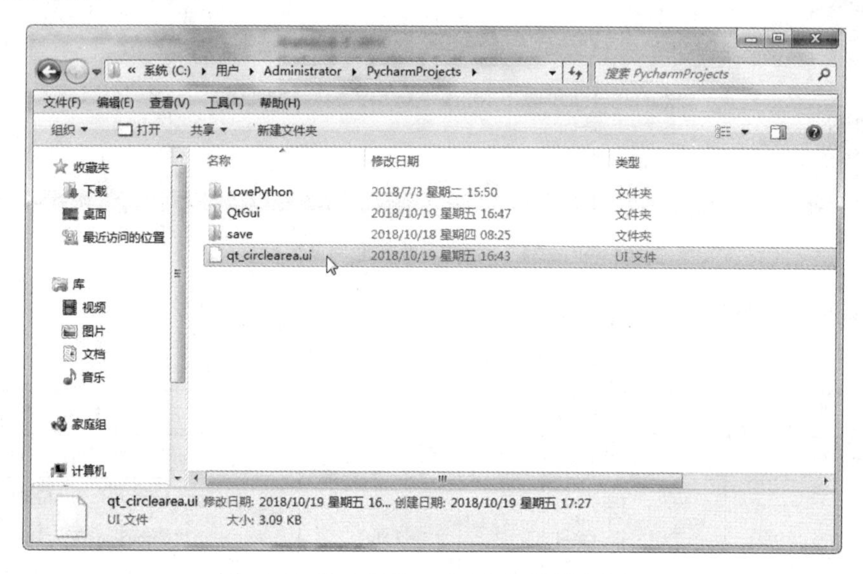

图 16.27 将主界面 ui 文件复制到指定目录

（2）打开 Windows 命令行，进入该目录，输入命令如下：

```
pyuic4 qt_circlearea.ui -x -o qt_circlearea.py
```

完成后可看到该目录下生成了一个名为 qt_circlearea.py 的文件，如图 16.28 所示，它就是 Qt 主界面文件所对应的 Python 源文件。

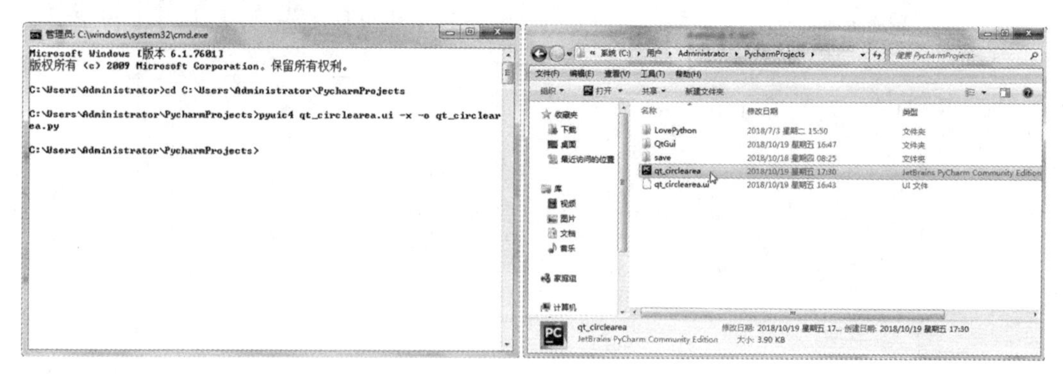

图 16.28 将 ui 文件转化为 Python 源文件

（3）新建一个 PyCharm 项目，将转化生成的 qt_circlearea.py 文件拖曳进项目目录，就可以在 PyCharm 环境下运行，呈现出与 Qt 环境一模一样的运行界面，如图 16.29 所示。

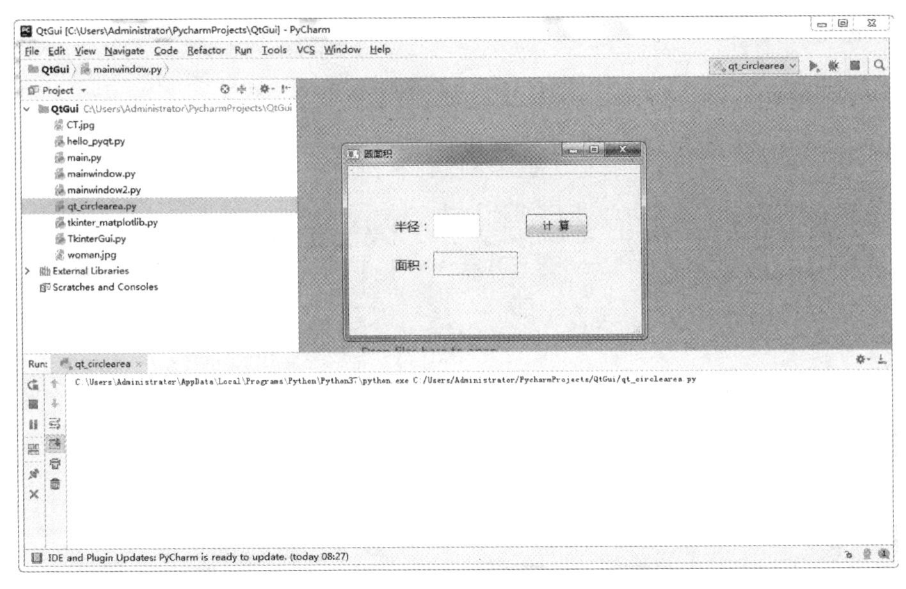

图 16.29　Qt 设计的界面在 PyCharm 中的运行效果

但是，PyQt 4 只是将 Qt 的 ui 界面文件转换成了 Python 代码的源文件，并不能实现功能逻辑的移植。

16.4.4　Python 添加功能逻辑

程序的功能逻辑必须在 PyCharm 环境下用 Python 代码实现，可直接在.py 源文件中修改添加进逻辑功能。双击打开文件 qt_circlearea.py 可看到其源代码，如图 16.30 所示，这些都是 Python 的 PyQt 4 根据原 Qt 的 ui 文件源码自动转化生成的。

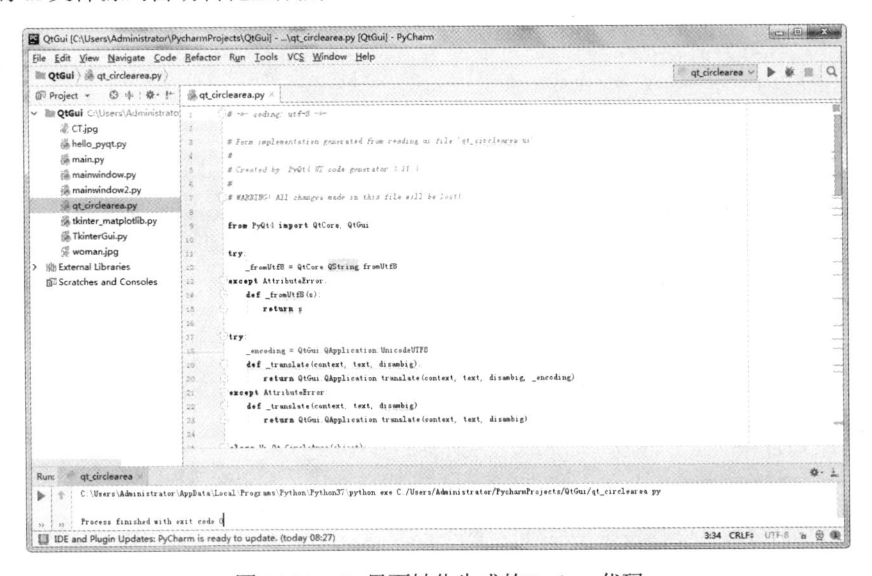

图 16.30　Qt 界面转化生成的 Python 代码

对这个源码进行少许修改，就可实现计算圆面积的逻辑功能。修改后的源文件代码如下（ch16, qt_circlearea.py）：

```
# -*- coding: utf-8 -*-

# Form implementation generated from reading ui file 'qt_circlearea.ui'
#
# Created by: PyQt4 UI code generator 4.11.4
#
# WARNING! All changes made in this file will be lost!

from PyQt4 import QtCore, QtGui
import numpy as npy                                         # 添加导入数值计算库

try:
    _fromUtf8 = QtCore.QString.fromUtf8
except AttributeError:
    def _fromUtf8(s):
        return s

try:
    _encoding = QtGui.QApplication.UnicodeUTF8
    def _translate(context, text, disambig):
        return QtGui.QApplication.translate(context, text, disambig, _encoding)
except AttributeError:
    def _translate(context, text, disambig):
        return QtGui.QApplication.translate(context, text, disambig)

class Ui_Qt_CircleArea(object):
    def setupUi(self, Qt_CircleArea):
        Qt_CircleArea.setObjectName(_fromUtf8("Qt_CircleArea"))
        Qt_CircleArea.resize(380, 219)
        self.centralWidget = QtGui.QWidget(Qt_CircleArea)
        self.centralWidget.setObjectName(_fromUtf8("centralWidget"))
        self.calculatePushButton = QtGui.QPushButton(self.centralWidget)
        self.calculatePushButton.setGeometry(QtCore.QRect(230, 50, 81, 31))
        font = QtGui.QFont()
        font.setFamily(_fromUtf8("微软雅黑"))
        font.setPointSize(10)
        self.calculatePushButton.setFont(font)
        self.calculatePushButton.setObjectName(_fromUtf8("calculatePushButton"))
        self.calculatePushButton.clicked.connect(self.calculateArea)
                                                            # 添加单击事件绑定（1）
        self.label = QtGui.QLabel(self.centralWidget)
        self.label.setGeometry(QtCore.QRect(60, 50, 41, 31))
        font = QtGui.QFont()
        font.setFamily(_fromUtf8("微软雅黑"))
        font.setPointSize(12)
        self.label.setFont(font)
        self.label.setObjectName(_fromUtf8("label"))
        self.radiusLineEdit = QtGui.QLineEdit(self.centralWidget)
        self.radiusLineEdit.setGeometry(QtCore.QRect(110, 50, 61, 31))
        self.radiusLineEdit.setText(_fromUtf8(""))
        self.radiusLineEdit.setAlignment(QtCore.Qt.AlignCenter)
        self.radiusLineEdit.setObjectName(_fromUtf8("radiusLineEdit"))
        self.label_2 = QtGui.QLabel(self.centralWidget)
        self.label_2.setGeometry(QtCore.QRect(60, 90, 51, 51))
        font = QtGui.QFont()
```

```
            font.setFamily(_fromUtf8("微软雅黑"))
            font.setPointSize(12)
            self.label_2.setFont(font)
            self.label_2.setObjectName(_fromUtf8("label_2"))
            self.areaLabel = QtGui.QLabel(self.centralWidget)
            self.areaLabel.setGeometry(QtCore.QRect(110, 100, 111, 31))
            self.areaLabel.setFrameShape(QtGui.QFrame.Box)
            self.areaLabel.setFrameShadow(QtGui.QFrame.Sunken)
            self.areaLabel.setText(_fromUtf8(""))
            self.areaLabel.setAlignment(QtCore.Qt.AlignCenter)
            self.areaLabel.setObjectName(_fromUtf8("areaLabel"))
            Qt_CircleArea.setCentralWidget(self.centralWidget)
            self.menuBar = QtGui.QMenuBar(Qt_CircleArea)
            self.menuBar.setGeometry(QtCore.QRect(0, 0, 380, 23))
            self.menuBar.setObjectName(_fromUtf8("menuBar"))
            Qt_CircleArea.setMenuBar(self.menuBar)
            self.mainToolBar = QtGui.QToolBar(Qt_CircleArea)
            self.mainToolBar.setObjectName(_fromUtf8("mainToolBar"))
            Qt_CircleArea.addToolBar(QtCore.Qt.TopToolBarArea, self.mainToolBar)
            self.statusBar = QtGui.QStatusBar(Qt_CircleArea)
            self.statusBar.setObjectName(_fromUtf8("statusBar"))
            Qt_CircleArea.setStatusBar(self.statusBar)

            self.retranslateUi(Qt_CircleArea)
            QtCore.QMetaObject.connectSlotsByName(Qt_CircleArea)

        def calculateArea(self):                # 添加自定义计算圆面积的函数（2）
            self.areaLabel.setText(str(npy.pi*float(self.radiusLineEdit.text())**2))

        def retranslateUi(self, Qt_CircleArea):
            Qt_CircleArea.setWindowTitle(_translate("Qt_CircleArea", "圆面积", None))
            self.calculatePushButton.setText(_translate("Qt_CircleArea", "计    算", None))
            self.label.setText(_translate("Qt_CircleArea", "半径：", None))
            self.label_2.setText(_translate("Qt_CircleArea", "面积：", None))


    if __name__ == "__main__":
        import sys
        app = QtGui.Qapplication(sys.argv)
        Qt_CircleArea = QtGui.QmainWindow()
        ui = Ui_Qt_CircleArea()
        ui.setupUi(Qt_CircleArea)
        Qt_CircleArea.show()
        sys.exit(app.exec_())
```

上段代码中加粗部分就是需要添加编写的功能逻辑相关代码。

说明：

（1）在代码中使用事件绑定的方式将界面控件与所对应的功能代码关联起来，一般的写法为：

```
self.控件名称.事件名.connect(self.方法名)
```

这里的“方法名”即是事件发生时该控件所要执行功能函数的名称。

（2）在加载窗体时，通过 QtGui.QmainWindow()返回一个对象实例。它是界面主窗体在程序中的引用，当主程序类 Ui_Qt_CircleArea 实例化时，会调用其 setupUi()函数初始化界面上的各个组件，将主窗体的引用传递给 self 参数，故在程序中的任何地方访问主界面的控件都要统一使用“self.控件名”

的形式，用户自定义的任何功能函数，一般也都会以“self”作为必需的参数之一。

运行效果：

运行程序，显示一个计算圆面积的简单界面，如图 16.31 所示，在文本框中输入圆的半径值，单击“计算”按钮，程序就会计算并输出圆面积。

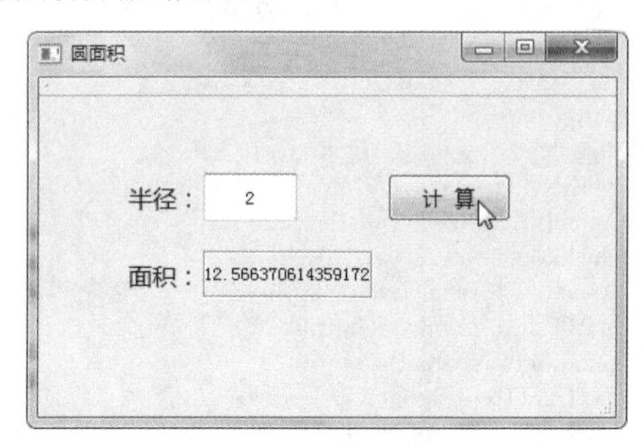

图 16.31 运行计算圆面积程序

本节仅用一个小程序演示了 Qt 为 Python 程序制作界面及转化运行的方法，读者可试着用此方法借助 Qt 做出界面更复杂、丰富的 Python 程序并实现其功能。

16.5 Tkinter 界面呈现 MatPlotLib 图表

第 11 章已经学过了 MatPlotLib 绘图，但直接使用 MatPlotLib 绘制图表是静态的，在运行时并没有向用户提供交互功能，本节结合 Python 的 Tkinter 库，将二维图表显示在图形界面上，并提供按钮、文本框等，用户可对图形的属性进行交互设置。

以第 11 章所绘制的阿基米德螺线为例，那时所绘曲线的圈数是恒定的（在程序代码中指定），现在希望能由用户在程序运行时动态地指定和更改螺线圈数，可用 Tkinter 编程实现交互界面。

代码如下（ch16, tkinter_matplotlib.py）：

```
from tkinter import *                                              # 导入 Tkinter 界面库
import matplotlib                                                  # 导入 MatPlotLib 绘图库
from matplotlib.backends.backend_tkagg import FigureCanvasTkAgg
from matplotlib.figure import Figure                               #（1）
import numpy as npy
matplotlib.rcParams['font.sans-serif'] = ['SimHei']                # 正常显示中文
matplotlib.rcParams['axes.unicode_minus'] = False                  # 正常显示坐标值负号
def drawSpiral():                                                  #（2）
    '''根据参数绘制指定圈数的螺线'''
    # 获取 TkinterGUI 界面用户设置的螺线圈数
    try:
        ring_count = int(ringsEntry.get())                         # 获取圈数
    except:
        ring_count = 10
        print('螺线圈数必须为整数！')
        ringsEntry.delete(0, END)
        ringsEntry.insert(0, '10')
    # 清空原图，避免前后两次绘制的螺线重叠
    drawSpiral.f.clf()
    drawSpiral.a = drawSpiral.f.add_subplot(111)
```

```
        # 根据指定圈数设定螺线的圈数
        t = npy.linspace(1, ring_count * 2 * npy.pi, 100000)      # 生成参数
        # 阿基米德螺线方程
        x = (1 + 0.618 * t) * npy.cos(t)
        y = (1 + 0.618 * t) * npy.sin(t)
        drawSpiral.a.plot(x, y, label="$Archimedes$", color="red", linewidth=0.9)
        drawSpiral.a.set_title('这是个' + str(ring_count) + '圈的阿基米德螺线')
        drawSpiral.canvas.draw()                                     #（3）

if __name__ == '__main__':
        matplotlib.use('TkAgg')
        master = Tk()                                                # 创建 Tkinter 主界面
        # 放置画布、调整布局
        drawSpiral.f = Figure(figsize = (6, 5), dpi=120)
        drawSpiral.canvas = FigureCanvasTkAgg(drawSpiral.f, master=master)
        drawSpiral.canvas.draw()
        drawSpiral.canvas.get_tk_widget().grid(row = 0, columnspan = 3)
        # 设计用户交互界面
        Label(master, text = '请输入要画的螺线圈数:').grid(row = 1, column = 0)
        ringsEntry = Entry(master)                                   # Entry 控件接收用户输入
        ringsEntry.grid(row = 1, column = 1)
        ringsEntry.insert(0, '10')                                   # 默认画 10 圈
        Button(master, text = '绘制', command=drawSpiral).grid(row = 1, column = 2, columnspan = 3)
        # 开启事件消息循环
        master.mainloop()
```

说明：

（1）为了能将 MatPlotLib 画的图形嵌入到 Tkinter 窗口中，由 MatPlotLib 官方提供解决方案，FigureCanvasTkAgg 和 Figure 都是实现该功能必备的库。

（2）定义一个函数 drawSpiral()单独实现用 MatPlotLib 绘图的工作，将绘图代码与界面布局代码隔离开，可使程序结构更清晰、易读。

（3）新版 Python 中，原画布 canvas 的 show()方法已废弃，应使用新的 draw()来显示绘图。

运行效果：

运行程序，用户可在界面下方文本框中设置所要描绘螺线的圈数值（必须为整数），然后单击“绘制”按钮画出对应圈数的螺线，如图 16.32 所示。

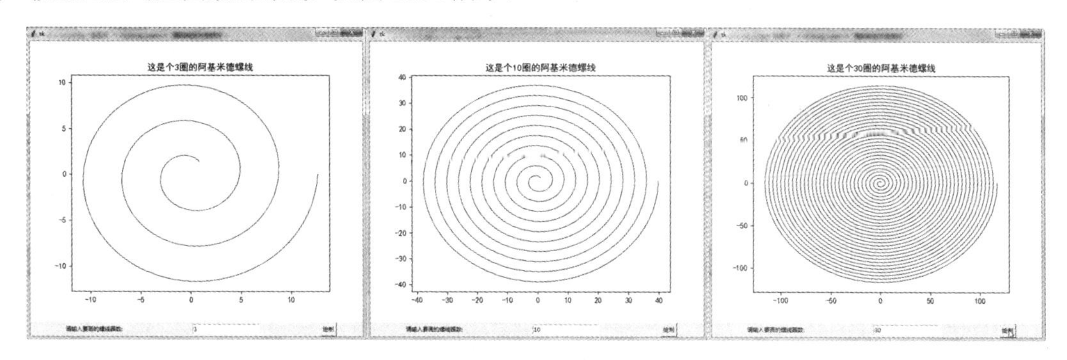

图 16.32　Tkinter 界面让用户交互指定螺线的圈数

第17章 网络爬虫，爬来爬去实例

随着互联网大数据时代信息的爆炸式增长，人们在从网络获取信息的同时，对信息采集的效率也提出了更高的要求，为此一些计算机高手开发出一类被称为“爬虫”的软件，它们就像敏捷的小蜘蛛一样能够从网页中为用户猎取到有用的信息资源，如图 17.1 所示。对网络爬虫的支持是 Python 的一大特色，Python 语言支持 Requests、Urllib 和 BeautifulSoup 等多个与爬虫功能有关的库。用 Python 编程可以很轻易地实现对网络中海量信息的爬取和过滤，是信息时代程序员的好帮手，同时也是很多搜索引擎和 Web 服务提供商从互联网内容生产者那里获取信息内容的利器。

图 17.1 爬虫采集信息犹如蜘蛛捕猎

17.1 爬虫概述

17.1.1 权限及试验用网站

基于自身利益（对信息内容保密、减轻服务器负担、控制带宽访问量等），并不是每个网站都支持以爬虫的方式获取信息，很多网站都会对爬虫程序的权限进行严格限制，甚至出台一系列“反爬”措施，从技术上来封堵爬虫。当然，爬虫程序的设计者们也会从技术上对“反爬”网站展开反击，故当今网络上的爬虫与反爬技术是互为掣肘又在相互促进中共同发展的。一个功能强大的商用爬虫几乎能从互联网的任何站点轻易地爬取到海量的资源，但这也需要以很尖端的网络技术为后盾才能实现。作为基础教材，旨在简单介绍和演示 Python 爬虫的基本原理和功能，本章实例选择了两个网站进行试验，相关网站如下。

（1）FunDiving 中国休闲潜水网（http://www.fundiving.com/），主页面如图 17.2 所示。

图 17.2　FunDiving 中国休闲潜水网

（2）中国天气（http://www.weather.com.cn/），主页面如图 17.3 所示。

图 17.3　“中国天气”网界面

本章相应的例子在上面这些网站的程序测试都已顺利通过，得到了所要爬取的结果，但笔者不能保证同样的程序针对其他网站一样有效，对于那些对爬虫防范严密的网站，需要更高级的技术才能取得所要的信息，由于那些技术涉及内容远超本书范围，故不予介绍，有兴趣的读者可自学相关专业书籍。

17.1.2　爬虫工作的基本流程

爬虫程序爬取网页信息的流程与人使用浏览器访问网络的过程基本相似，包括了请求页面、获取响应、解析数据和输出信息四个主要阶段，如图 17.4 所示。

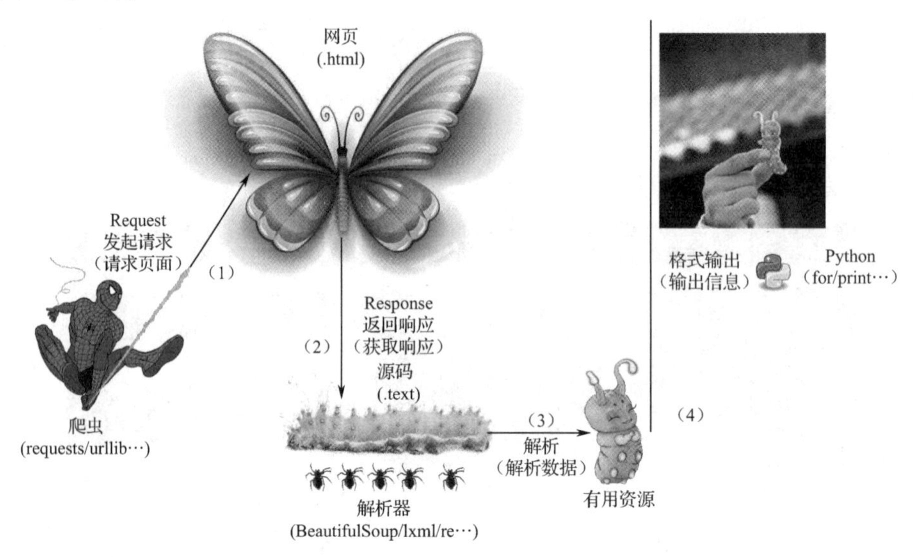

图 17.4 爬虫的工作流程

（1）请求页面

首先爬虫会模拟一个浏览器的行为，向用户指定的 URL 网址发起请求。在程序代码中，一般是以所要爬取信息的页面 URL 为参数，调用爬虫库的方法来发出请求。不同的爬虫库所使用的方法不一样，例如：

```
源码 =requests.get(URL 地址)                          # 使用 Requests 库
源码 =urllib.request.urlopen(URL 地址).read()         # 使用 Urllib 库
```

在调用方法返回得到的内容中，除了网页的源码外，还可能包含 json 对象、图片和视频等其他类型的资源。

（2）获取响应

如果服务器未识别出是爬虫或对爬虫行为比较宽容，就会正常返回响应，此时爬虫获取到的内容主要是以网页源代码的形式存在，对于某些爬虫库，可能还要作个简单的编码转换才能看到源代码。在测试爬虫程序时，可以另外使用浏览器自带的查看源代码功能，将之与爬虫程序返回的内容加以对照，来验证其正确性，如图 17.5 所示。在 360 安全浏览器的页面上右击→“查看源代码”，可查看当前网页的全部源码。

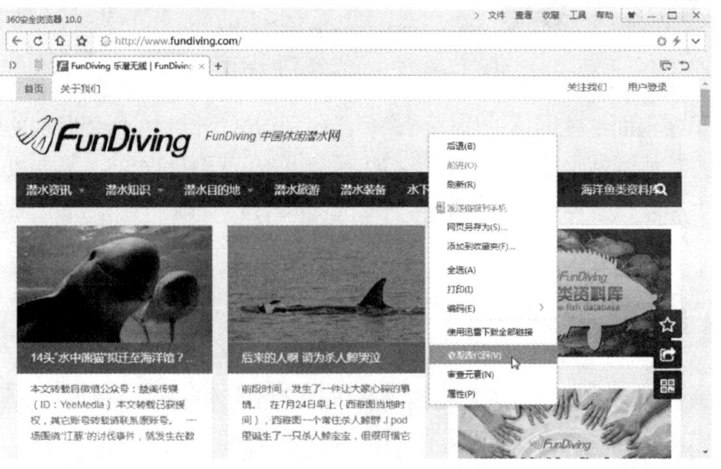

图 17.5 查看网页源码

用这种方法可打开“FunDiving 中国休闲潜水网”主页的源码，如图 17.6 所示。

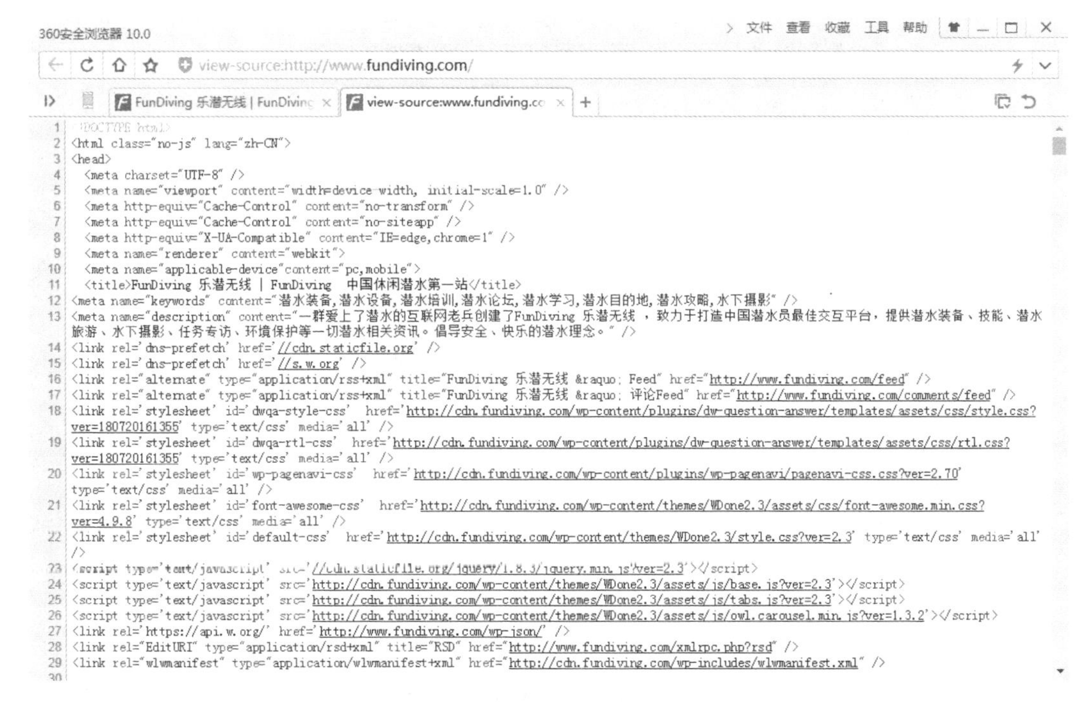

图 17.6 “FunDiving 中国休闲潜水网”主页源码

该网页上的全部信息都包含在这个源码之中了，但若让用户直接看源码，仍然显得杂乱无章，体验很差。这是因为源码中包含了大量有关网页样式布局定义、视觉效果实现的 HTML 编码信息，而用户要关注的则是有意义的文字内容、图片和视频等，这就需要对源码进行解析。

（3）解析数据

在 Python 中，可通过多种方式对爬虫得到的源码进行解析，一般采用 BeautifulSoup 库配合特定的解析器解析，程序代码语句如下：

```
变量 = BeautifulSoup(源码, '解析器名')
```

解析后的源码被以树形结构存储到用户指定的变量中，如果仅需要提取其中的一部分信息来使用，就可用选择器（selector）定位到所需的数据，写法为：

```
数据 = 变量.select('路径')
```

这里的“变量”就是由 BeautifulSoup 解析内容所存储的变量；“路径”是所要提取信息内容在树形结构中的位置，它可以通过浏览器的“开发人员工具”功能获得，例如，想提取“FunDiving 中国休闲潜水网”首页上某一热门文章的内容，就可以进行如下操作：

① 在页面上右击想要获取的热门文章标题 →“审查元素”，可以打开“开发人员工具”窗口，如图 17.7 所示。

② 在“开发人员工具”窗口（出现在页面底部）中可见一块高亮区域，如图 17.8 所示，那就是与该文章有关的网页信息内容。右击高亮部分代码，选择“Copy”→“Copy selector”，再打开 Windows 记事本、粘贴即可获得：

```
#posts-list-widget-3 > div > ul > li:nth-child(3) > div > div > a
```

这就是该文章所对应信息资源的路径。

图 17.7 选中页面元素

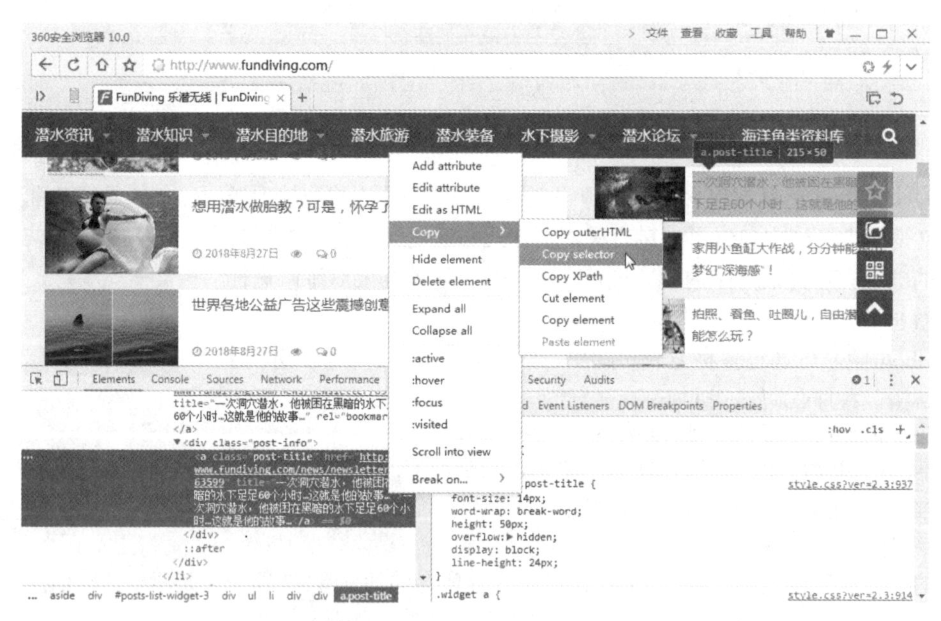

图 17.8 获取资源路径

（4）输出信息

在得到了指定路径下的信息后，就可以输出显示。显示前还要对信息的内容进行格式化处理以增强可读性，一般使用 Python 语言的 for 循环语句配合正则表达式库（如 re）执行格式化输出。当然，也可将解析出来的信息存储于外部数据库或文件中，以备长期使用。

17.2 基于 Requests 的爬虫

Requests 库是最常用的爬虫库，结合 BeautifulSoup 库和 lxml 解析器能实现基础的爬虫功能。

17.2.1　环境安装

requests 库属于扩展模块，需要额外安装，使用 PyCharm 的搜索功能从网上自动搜索和安装该库，方法如下：

（1）在 PyCharm 环境下选择主菜单“File”→“Default Settings”，在弹出窗口中单击右上角的加号，如图 17.9 所示。

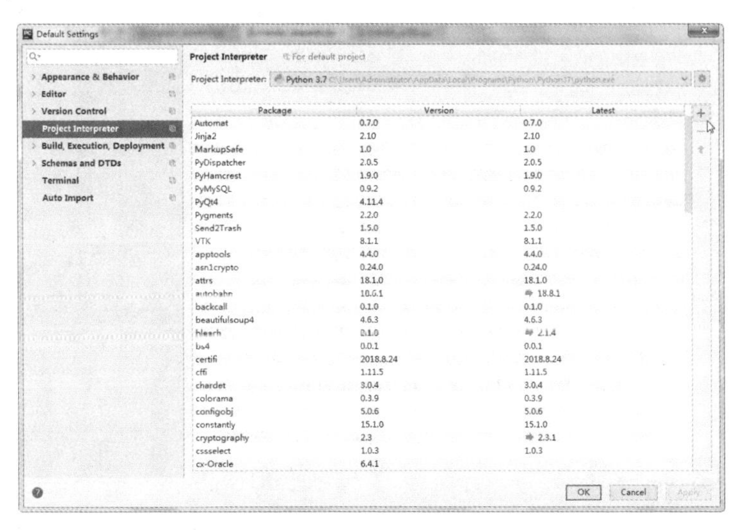

图 17.9　添加扩展模块

（2）出现“Available Packages”窗口，在顶部搜索栏输入要安装的库名“requests”，系统会自动检索出网络上的 Requests 库（列表中以高亮显示），单击窗口左下角的“Install Package”按钮开始安装此库，如图 17.10 所示。

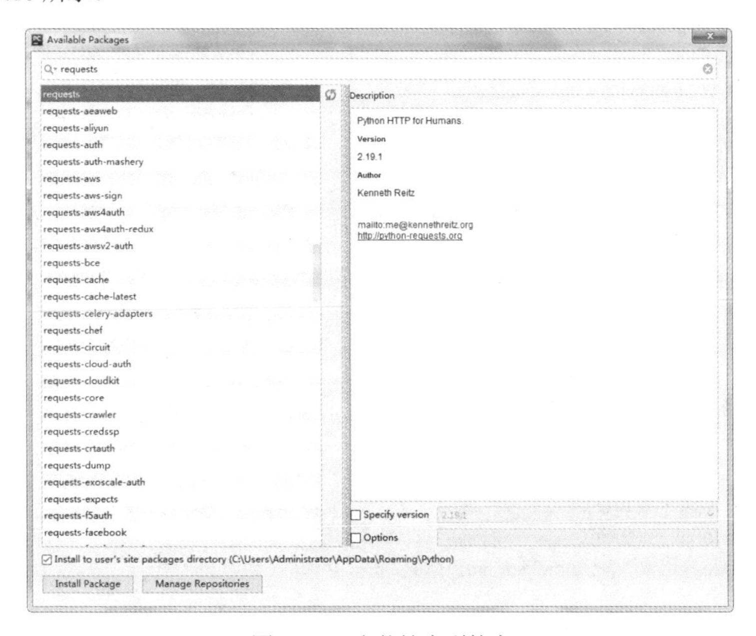

图 17.10　安装搜索到的库

稍候片刻，待看到窗口下方出现绿底的文字提示“Package 'requests' installed successfully”就表示Requests库已经安装成功了。

另外两个扩展库BeautifulSoup和lxml也都可采用上面的方法安装，其中BeautifulSoup库搜索的关键词是“bs4”，lxml库搜索的关键词就是“lxml”，安装成功后的界面如图17.11所示。

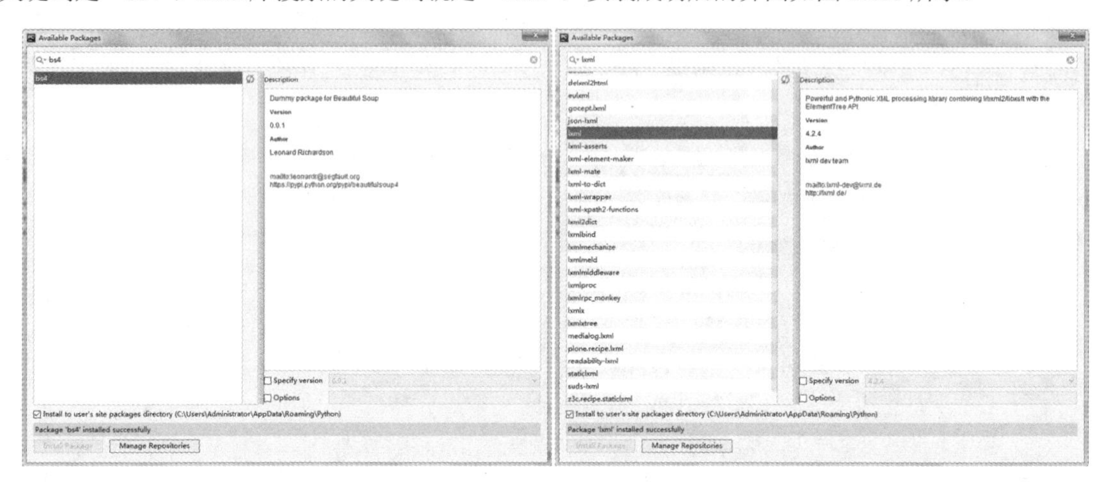

图17.11 安装BeautifulSoup库和lxml库

17.2.2 程序实现

先通过一个例子演示Requests库的使用，这个例子是从“FunDiving中国休闲潜水网”上获取所有头条文章的标题、链接地址及编号。

代码如下（ch17, crawler_requests.py）：

```
import requests                                          # 导入 Requests 爬虫库
from bs4 import BeautifulSoup                            # 导入 BeautifulSoup 解析库
import re                                                # 导入正则表达式库
myurl = 'http://www.fundiving.com/'                      # “FunDiving 中国休闲潜水网”网址
htmsrc = requests.get(myurl)                             # GET 方式获取网页全部内容
print('《FunDiving 中国休闲潜水网》主页源码为:')
print(htmsrc.text)                                       # （1）
# 用 BeautifulSoup 配合 lxml 来解析 HTML 文档
mysoup = BeautifulSoup(htmsrc.text, 'lxml')              # （2）
mydata = mysoup.select('#posts-list-widget-3 > div > ul > li > div > div > a')
                                                         # （3）
print('今日该网站上的热门文章信息:')
print(mydata)
print('解析后得到所有头条文章列表:')
for topic in mydata:
    articles = {
        '标题': topic.get('title'),                      # （4）
        '链接': topic.get('href'),
        '编号': re.findall('\d+', topic.get('href'))     # （5）
    }
    print(articles)
```

说明：

（1）requests.get()方法返回的是指定网址的一个 URL 对象，它包含了整个网页的全部资源，如果要单独获取源码，还要使用.text 引用。

（2）BeautifulSoup 能够轻松解析网页信息，它可以配合各种类型的第三方解析器使用，如果不特别指定，就会使用 Python 默认的解析器。这里指明使用 lxml 解析网页。

（3）使用浏览器“开发人员工具”功能获得的路径如下：

```
#posts-list-widget-3 > div > ul > li:nth-child(3) > div > div > a
```

其中“nth-child(3)”表示热门文章中的第三篇路径，如要获取所有头条文章的信息，则要将“li”冒号及其后的部分删掉，程序如下：

```
#posts-list-widget-3 > div > ul > li > div > div > a
```

（4）用“.get('字段名')”获取网页标签中特定属性的内容。

（5）“\d+”是正则表达式，其中“\d”为匹配数字，“+”匹配前一个字符 1 次或多次；re 是 Python 内置的正则表达式库，这里调用 re 库的 findall()方法，该方法有两个参数，第 1 个参数是正则表达式字符串；第 2 个参数是要从中获取信息的文本。

运行效果：

运行程序，首先输出的是爬虫获取的网页全部源码信息，如图 17.12 所示。

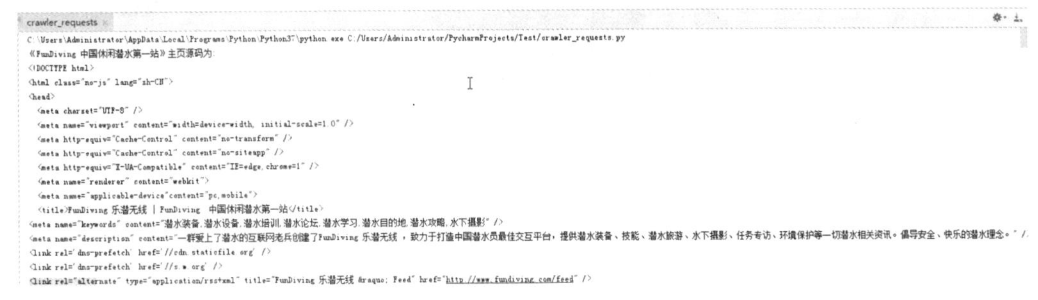

图 17.12　爬虫获取的全部源码

接下来输出的是经 lxml 解析后页面上的热门文章信息，经 Python 程序进一步处理后，将各头条文章标题、链接地址及编号列表输出，如图 17.13 所示。

```
今日该网站上的热门文章信息:
[<a class="post-title" href="http://www.fundiving.com/training/advanced-skills/freedive/63862" title="DNF配合技术练习">DNF配合技术练习</a>, <a class="post-
解析后得到所有头条文章列表:
{'标题': 'DNF配合技术练习', '链接': 'http://www.fundiving.com/training/advanced-skills/freedive/63862', '编号': ['63862']}
{'标题': '50张潜水主题的手机墙纸，美到心坎里去，潜水员们该更换你的墙纸了！', '链接': 'http://www.fundiving.com/news/newsletter/63545', '编号': ['63545']}
{'标题': '一次洞穴潜水，他被困在黑暗的水下足足60个小时…这就是他的故事…', '链接': 'http://www.fundiving.com/news/newsletter/63599', '编号': ['63599']}
{'标题': '家用小鱼缸大作战，分分钟能拍出梦幻“深海感”！', '链接': 'http://www.fundiving.com/photo/photography_tip/64466', '编号': ['64466']}
{'标题': '拍照、看鱼、吐圈儿，自由潜水还能怎么玩？', '链接': 'http://www.fundiving.com/news/newsletter/63838', '编号': ['63838']}
{'标题': '宛如仙境的神秘海域 比巴厘岛美太多倍!', '链接': 'http://www.fundiving.com/travel/63866', '编号': ['63866']}
{'标题': '吸引全世界情侣疯狂打卡的原生态海岛，究竟有什么好？！', '链接': 'http://www.fundiving.com/travel/65056', '编号': ['65056']}
{'标题': '水下摄影微分享第147期', '链接': 'http://www.fundiving.com/photo/64040', '编号': ['64040']}
```

图 17.13　解析得到的网站头条热门文章信息

17.3　Python 内置 Urllib 爬虫库

Python 语言本身也内置有爬虫库，无须安装可直接使用。老版本的 Python 可使用 urllib 或 urllib2 模块实现爬虫，而在最新的 Python 3 中，这两个模块已经集成为一个单一的 Urllib 库，功能更为强大。

17.3.1 获取导航栏标题

在网页的头部下方有一系列导航菜单，可下拉展开看到多个选项分别通往不同主题页面的入口，如图 17.14 所示。

图 17.14 页面导航栏

右击其上任一标题，从弹出菜单中选“审查元素”项，进入“开发人员工具”界面可获取到该导航菜单的路径，如下：

```
#menu-header > li:nth-child(1) > a
```

去掉“li”冒号后的部分，可得到整个导航栏资源的路径如下：

```
#menu-header > li > a
```

下面程序中就用这个路径获取导航栏标题。

代码如下（ch17, crawler_urllib.py）：

```
import urllib, urllib.request                         # 导入 Urllib 库及其 Request 子库
from bs4 import BeautifulSoup
myurl = 'http://www.fundiving.com/'
htmsrc = urllib.request.urlopen(myurl).read()         # （1）
print('《FunDiving 中国休闲潜水网》主页源码为:')
htmsrc = htmsrc.decode('UTF-8')                       # （2）
print(htmsrc)
# 用 BeautifulSoup 配合 lxml 解析 HTML 文档
mysoup = BeautifulSoup(htmsrc, 'lxml')
mydata = mysoup.select('#menu-header > li > a')
print('FunDiving 网站导航栏:')
for topnav in mydata:
    navigator = {
        '菜单': topnav.text,
        '链接': topnav.get('href')
    }
    print(navigator)
```

说明：

（1）urllib.request 是隶属 Urllib 的子库，调用 urlopen()函数返回一个 http.client.HTTPResponse 对象，这个对象如同一个文件，故可以调用其 read()方法读取。

（2）读取的内容须经 UTF-8 解码才能转化为页面源码使用。

运行效果：

运行程序，可得到网页导航栏上各菜单的标题文字及链接地址，如图 17.15 所示，可以看到与网页的实际情况是一一对应的。

图 17.15　获取的导航栏标题

17.3.2　搜索特定关键词

很多网站都向用户提供有搜索功能，可根据用户输入的关键词检索特定主题的网页，如在“FunDiving 中国休闲潜水网”上单击网页右上角的放大镜图标，会弹出一个搜索栏，键入“洞穴潜水”关键词，就能自动找出网站上所有与“洞穴潜水”相关的内容，如图 17.16 所示。

图 17.16　搜索与“洞穴潜水”相关的内容

从图中可见，网页地址栏的 URL 变为了“http://www.fundiving.com/?s=洞穴潜水”，这里，“?”后的“s=...”是请求所携带的参数，服务器返回的搜索结果页源码如图 17.17 所示。

图 17.17 搜索结果页源码

Python 的 Urllib 库同样也支持对所爬取页面附带关键词搜索请求的功能，下面来演示这一用法。

代码如下（ch17, crawler_search.py）：

```
import urllib, urllib.request
from bs4 import BeautifulSoup
key = {}                                        # 存放搜索关键词的字典
key['s'] = '洞穴潜水'                           # （1）
keyword = urllib.parse.urlencode(key)           # （2）
print('URL 请求参数字符串为:')
print(keyword)
myurl = 'http://www.fundiving.com/?'
myaddr = myurl + keyword                        # 将关键词参数附加到请求 URL 中
htmsrc = urllib.request.urlopen(myaddr).read()
htmsrc = htmsrc.decode('UTF-8')
# 用 BeautifulSoup 配合 lxml 解析 HTML 文档
mysoup = BeautifulSoup(htmsrc, 'lxml')
# 选择截取 HTML 源码中与搜索结果对应的部分区块
mydata = mysoup.select('#wrapper > div > div > div > div > section')
print('搜索结果:')
print(mydata)
```

说明：

（1）由于该网站内部所设定的搜索关键词都是存储在键名为“s”的元素中，故这里只能用 key['s'] 来引用关键词，这样编码后附加到 URL 中的字符串就如“s=...”的内容，才能符合网站服务器的规定。对于不同的网站来说，键名可以不同，爬取时要根据实际情况来确定。

（2）为了安全考虑，网站要求对输入的搜索关键词进行编码，这里调用 urllib.parse 的 urlencode() 函数对关键词编码，编码后的字符串以十六进制字节形式存储，稍后就会看到由程序输出的编码字符。

运行效果：

运行程序，首先输出编码的请求参数字符串，如图 17.18 所示。

```
C:\Users\Administrator\AppData\Local\Programs\Python\Python37\python.exe C:/Users/Administrator/PycharmProjects/Test/crawler_search.py
URL 请求参数字符串为:
s=%E6%B4%9E%E7%A9%B4%E6%BD%9C%E6%B0%B4
搜索结果
[<section class="content">
<div class="page-title">
<h1>
        搜索: 洞穴潜水        </h1>
</div><!--/.page-title-->
<div id="breadcrumb"> <a class="tip-bottom" href="http://www.fundiving.com" title="返回首页"><i class="fa fa-home fa-fw"></i>首页</a> <i
<div class="notebox">
       以下是关键词"洞穴潜水"的搜索结果       </div>
<div class="pad group">
```

加密编码后的参数（搜索关键词）

图 17.18 程序输出编码后的请求字符串

然后，可看到搜索结果部分的页面源码，如图 17.19 所示。大家可以将其与图 17.17 进行比较以验证正确性。

```
crawler_search
       以下是关键词"洞穴潜水"的搜索结果       </div>
<div class="pad group">
<div class="post-list group">
<article class="pl little-thumb group post-64237 post type-post status-publish format-standard has-post-thumbnail hentry category-travel tag-280 tag-454" id="post-64237">
<div class="post-inner post-hover">
<h2 class="post-title">
<a href="http://www.fundiving.com/travel/64237" rel="bookmark" title="洞穴潜水新去处: 世界上最长的水下洞穴">洞穴潜水新去处: 世界上最长的水下洞穴</a>
</h2><!--/.post-title-->
<div class="post-thumbnail">
<a href="http://www.fundiving.com/travel/64237" title="洞穴潜水新去处: 世界上最长的水下洞穴">
<img alt="洞穴潜水新去处: 世界上最长的水下洞穴" height="120" src="http://cdn.fundiving.com/wp-content/uploads/2018/07/Dos-Ojos-4_zpsrtmdfngw.jpg?imageView2/1/w/204/h/120/q/85" width="204"/>
</a>
</div><!--/.post-thumbnail-->
<div class="post-info">
<div class="entry excerpt">
            在墨西哥东部 Quintana Roo 地区 Tulum 白色沙滩以西三英里的地方，人们发现了一个世界上最长的水下洞穴。 该洞穴由 Sistema Sac Actun ...            </div><!--/.entry-->
<div class="post-meta">
<span><i class="fa fa-user"></i><a href="http://www.fundiving.com/author/laon" title="">FunDiving</a></span>
<span><i class="fa fa-clock-o"></i>2018年7月19日</span>
<span><i class="fa fa-eye"></i>903 views</span>
<span><i class="fa fa-tags"></i><a href="http://www.fundiving.com/tag/%e5%a2%a8%e8%a5%bf%e5%93%a5" rel="tag">墨西哥</a><a href="http://www.fundiving.com/tag/%e6%b4%9e%e7%a9%b4" rel="tag">洞穴</a></span>
<a class="more-link" href="http://www.fundiving.com/travel/64237">阅读全文</a>
</div>
</div>
<div class="clear"></div>
</div><!--/.post-inner-->
</article><!--/.post-->
<article class="pl little-thumb group post-63599 post type-post status-publish format-standard has-post-thumbnail hentry category-newsletter tag-454" id="post-63599">
<div class="post-inner post-hover">
<h2 class="post-title">
<a href="http://www.fundiving.com/news/newsletter/63599" rel="bookmark" title="一次洞穴潜水，他被困在黑暗的水下足足60个小时…这就是他的故事…">一次洞穴潜水，他被困在黑暗的水下足足60个小时…这就是他的故事…</a>
</h2><!--/.post-title-->
<div class="post-thumbnail">
<a href="http://www.fundiving.com/news/newsletter/63599" title="一次洞穴潜水，他被困在黑暗的水下足足60个小时…这就是他的故事…">
```

图 17.19　搜索结果部分的页面源码

17.3.3　抓取页面上的图片

有时在浏览网页时，看到精美的图片会将其保存下来收藏，但是当页面上图片很多而自己又都想要时，若一张一张右键“另存”图片会十分麻烦。此时，编写一个批量抓图的爬虫就能派上用场了！还是以“FunDiving 中国休闲潜水网”的图片为例，单击导航栏“水下摄影”菜单，进入网站的摄影作品主题页，选择某一期的作品页点进去，如图 17.20 所示。

可以看到页面上有很多海洋生物的照片，选中某张照片，通过浏览器“开发人员工具”进一步查看照片元素的页面属性，如图 17.21 所示。

图 17.20 “FunDiving 中国休闲潜水网”的摄影作品主题页

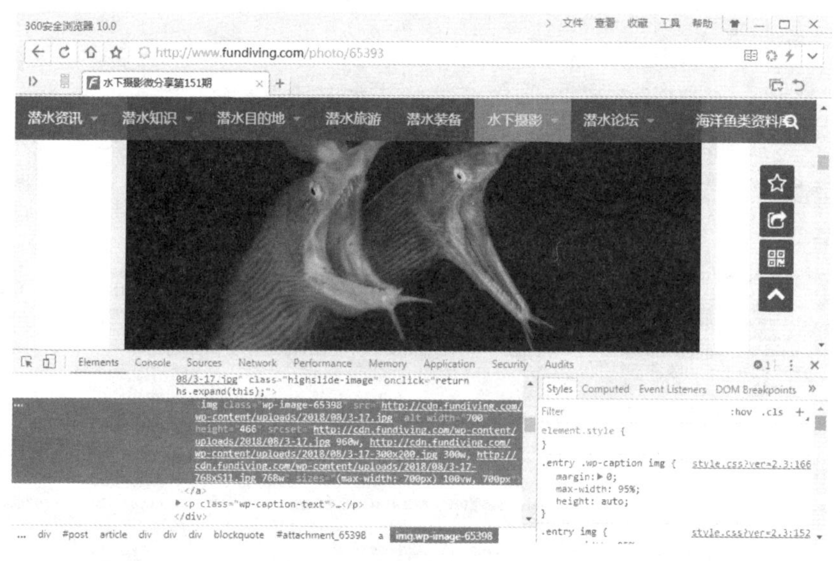

图 17.21 查看照片的属性

这时候，浏览器地址栏显示的 URL 为“http://www.fundiving.com/photo/65393”，稍后就可以通过向这个地址发请求，并在返回结果中根据所有照片通用的属性来成批地选择和抓取照片了。

代码如下（ch17, crawler_getphoto.py）：

```
import urllib, urllib.request
from bs4 import BeautifulSoup
myurl = 'http://www.fundiving.com/photo/65393'
htmsrc = urllib.request.urlopen(myurl).read()
htmsrc = htmsrc.decode('UTF-8')
mysoup = BeautifulSoup(htmsrc, 'html.parser')
myimglist = mysoup.find_all("img", width = "700")          # （1）
count = 0
for photo in myimglist:
    imgurl = photo.get('src')                              # 获取照片的源 URL
```

```
        photodata = urllib.request.urlopen(imgurl).read()              # （2）
        myfile = open(r"D:\Python\photos\%s.jpg"%imgurl[-9: -4], "wb")
                                                                       # （3）
        myfile.write(photodata)                                        # 写入图片数据
        count += 1                                                     # 计数
        myfile.close()                                                 # 关闭文件
    print("共抓取 " + str(count) + " 张照片")                          # 输出统计信息
```

说明：

（1）前面借助“开发人员工具”发现，同一页面上所有的照片往往都具有某种共性，除了标签都是“img”外，本例页面上所有的摄影作品尺寸都规格化为宽度 700 像素，就可以根据“width = 700”这一共性特征来实现批量抓取。

（2）由于网页源码中的照片是以图片链接的形式存储的，故这里在提取了照片的源链接 URL 后，还要用 urllib.request 库进行二次请求，才能最终获得照片数据。

（3）用 Python 语言的文件操作功能，在指定的目录下创建图片，注意用于存放照片的目录文件夹“D:\Python\photos\”必须事先创建好。

运行效果：

运行程序，输出显示抓取到的照片数，打开“D:\Python\photos\”文件夹，可以看到爬虫抓到的图片，如图 17.22 所示。

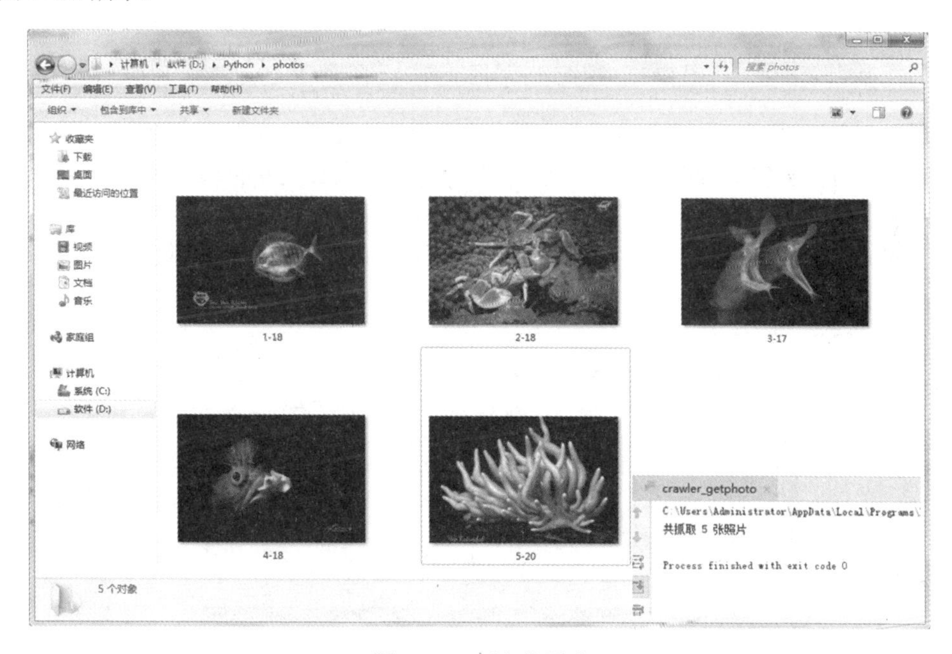

图 17.22　抓取的照片

17.4　综合应用实例：爬虫获取天气预报

17.4.1　定位资源路径

本章的最后，将通过一个爬虫获取天气预报的实例，系统地演示爬虫的应用。所用测试网站为“中国天气”网，登录后搜索南京城区未来 7 天的天气信息，记下结果网址的 URL 为“http://www.weather.com.cn/weather/101190101.shtml”（后面程序中要用），如图 17.23 所示。

图 17.23 搜索南京城区未来 7 天的天气信息

通过浏览器的“开发人员工具”来定位所要获取的资源路径，如图 17.24 所示，网站的天气信息全都存放在页面 ID 为“7d”的 div 下的 ul 中，其中，“日期”在标签 li 的 h1 子标签中；“天气状况”在第一个 P 标签中；“最高温度”在第二个 p 标签的 span 子标签中；“最低温度”在第二个 p 标签的 i 子标签中；“风力”在第三个 p 标签的 i 子标签中，明确所要获取的各个资源路径，就可以在程序中方便地引用了。

图 17.24 分析并定位各资源的路径

17.4.2 程序实现

代码如下（ch17, crawler_weather.py）：

```
import requests
from bs4 import BeautifulSoup
# 第 1 步：获取 HTML 文档
myurl = 'http://www.weather.com.cn/weather/101190101.shtml'
htmsrc = requests.get(myurl, timeout = 10)                    # （1）
htmsrc.encoding = htmsrc.apparent_encoding
myhtm = htmsrc.text
# 第 2 步：爬取文档中的天气数据
mysoup = BeautifulSoup(myhtm, 'html.parser')
mydata = mysoup.body.find('div', {'id': '7d'}).find('ul')      # （2）
day_list = mydata.find_all('li')
# 第 3 步：解析数据项
final = []
for d in day_list:
    temp = []
    date = d.find('h1').string                                # 日期
    temp.append(date)

    weather = d.find_all('p')
    temp.append(weather[0].string)                            # 天气状况
    if weather[1].find('span') is None:                       # （3）
        tempera_higher = None
    else:
        tempera_higher = weather[1].find('span').string       # 最高温度
        tempera_higher = tempera_higher.replace('℃', '')
        temp.append(tempera_higher)
    tempera_lower = weather[1].find('i').string               # 最低温度
    tempera_lower = tempera_lower.replace('℃', '')
    temp.append(tempera_lower)
    wind = weather[2].find('i').string                        # 风力
    temp.append(wind)
    final.append(temp)
# 第 4 步：格式化输出结果
print('预计南京地区未来一周的天气:')
print("{:^12}\t{:^18}\t{:^3}\t{:^16}".format('日期', '天气状况', '气温', '风力'))
for n in range(7):
    myweather = final[n]
    print("{:^12}\t{:^10}\t{:^12}\t{:^10}".format(myweather[0],  myweather[1],  myweather[3]  +  ' ～ ' +
myweather[2] + '℃', myweather[4]))
```

说明：

（1）在 requests.get()方法的参数中设置延时 timeout，是为了模拟人通过浏览器获取信息的实际情况，避免被网站的反爬措施识别。

（2）经过分析定位，程序应先到 ID 为“7d”的 div 下 ul 中寻找资源。

（3）现实中，网站所发布的天气信息可能不包括当天的最高气温（如晚上时段），故在程序中有必要加以逻辑判断。

运行效果：

运行程序，输出信息如图 17.25 所示，可以将程序输出的结果与浏览器网页上实际显示的天气信息进行比较以便验证。

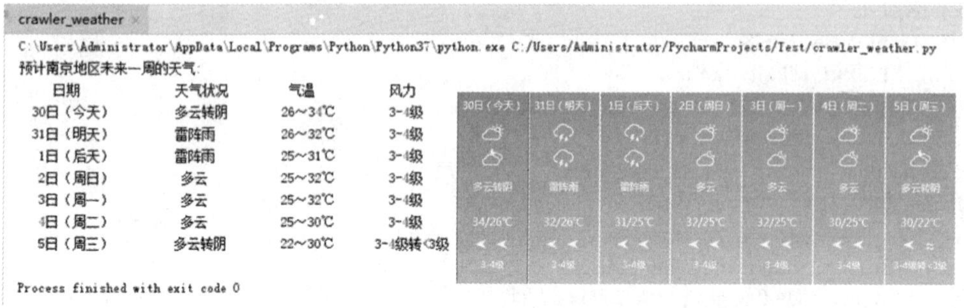

```
crawler_weather
C:\Users\Administrator\AppData\Local\Programs\Python\Python37\python.exe C:/Users/Administrator/PycharmProjects/Test/crawler_weather.py
预计南京地区未来一周的天气:
     日期          天气状况      气温        风力
  30日（今天）     多云转阴     26~34℃      3-4级
  31日（明天）     雷阵雨       26~32℃      3-4级
   1日（后天）     雷阵雨       25~31℃      3-4级
   2日（周日）     多云         25~32℃      3-4级
   3日（周一）     多云         25~32℃      3-4级
   4日（周二）     多云         25~30℃      3-4级
   5日（周三）     多云转阴     22~30℃    3-4级转<3级

Process finished with exit code 0
```

图 17.25　程序输出的天气信息与网页实际显示的信息

第18章 到Office晃一晃：操作Excel/Word/PowerPoint实例

与其他高级程序设计语言一样，Python 也提供了访问 Office 文档的功能，可实现对微软 Office 套件（包括 Excel、Word、PowerPoint 等）的访问和灵活操作。本书将使用 Windows 7 操作系统下的 Office 2007 来演示各实例。

18.1 Python 操作 Excel

Excel 软件有完善的电子表格处理和计算功能，可在表格特定行列的单元格上定义公式，对其中的数据进行批量运算处理。用 Python 操作 Excel 可辅助执行大量原始数据的计算功能，巧妙地借助单元格的运算功能，可极大地减轻 Python 程序计算的负担。

18.1.1 基本操作

在使用 Excel 进行计算之前，先要学会电子表格的基本读/写，下面来看一个简单的例子。

代码如下（ch18, Excel, office_excel_hello.py）：

```
import openpyxl                                              # 导入 Excel 操作库
from openpyxl import Workbook                                # 导入其中的工作簿类
mywork = Workbook()                                          # 创建 Excel 工作簿
# 写入
mysheet1 = mywork.create_sheet(title='我爱 Python')          # 创建第 1 个表
mysheet1['C3'] = '我爱最新的 Python 3.7'                     # 向 C3 单元格写入内容
mysheet2 = mywork.create_sheet(title='Hello Python')         # 创建第 2 个表
mysheet2['B5'] = 'Hello!I love Python. '                     # 向 B5 单元格写入内容
mywork.save(r"d:\Python\office\我爱 Python.xlsx")            # 保存到特定路径
# 读取
myexcel = openpyxl.load_workbook(r"d:\Python\office\我爱 Python.xlsx")
                                                             # 载入工作簿
mysht = myexcel.worksheets[1]                                # 打开第 1 个表
print(mysht['C3'].value)                                     # 输出 C3 单元格内容
mysht = myexcel.worksheets[2]                                # 打开第 2 个表
print(mysht['B5'].value)                                     # 输出 B5 单元格内容
```

运行效果：

程序运行后会输出 Excel 单元格的内容，如图 18.1 所示。

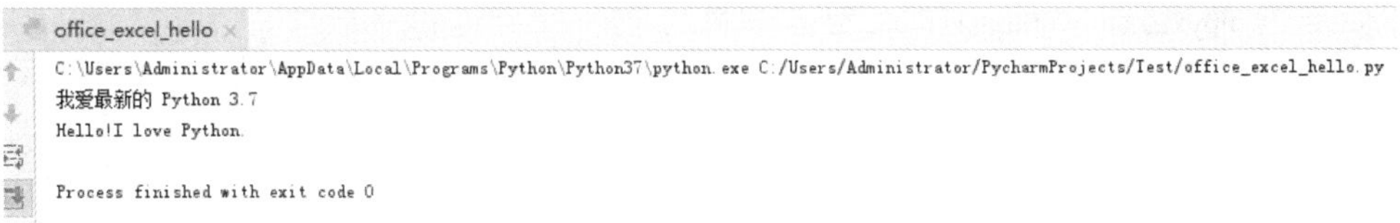

```
office_excel_hello
C:\Users\Administrator\AppData\Local\Programs\Python\Python37\python.exe C:/Users/Administrator/PycharmProjects/Test/office_excel_hello.py
我爱最新的 Python 3.7
Hello!I love Python.

Process finished with exit code 0
```

图 18.1　Python 输出 Excel 单元格内容

该程序在计算机 d:\Python\office\路径下生成了一个名为“我爱 Python.xlsx”的 Excel 文件，打开可看到之前程序写入电子表格的内容，如图 18.2 所示。

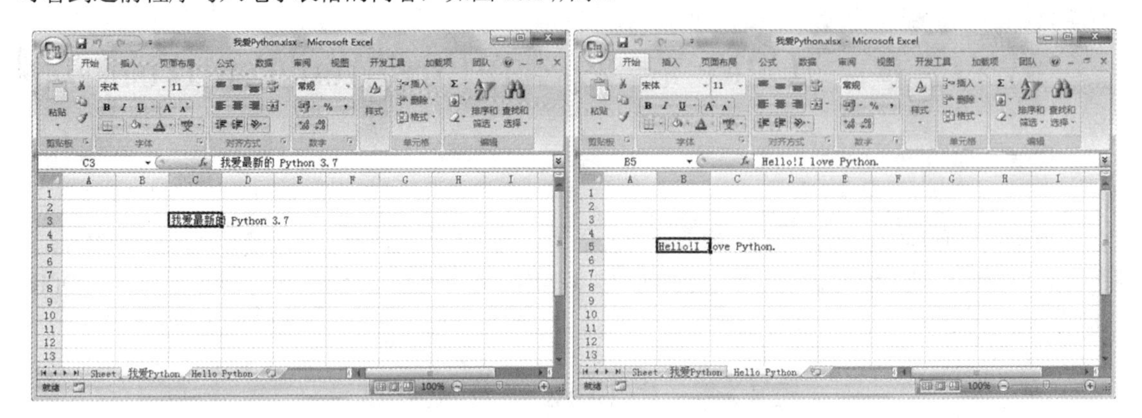

图 18.2　Python 写入 Excel 表格的内容

18.1.2　单元格操作与计算：统计高考录取人数与录取率

【例 18.1】 在 d:\Python\office\下创建一个 Excel 表格文件，文件名为“近 5 年全国高考录取人数统计.xlsx”，在其中预先录入 2013—2017 年高考人数、录取人数和录取率，如图 18.3 所示。

年份	高考人数（万）	录取人数（万）	录取率（%）
2013	912	694	76
2014	939	698	74.3
2015	942	700	74.3
2016	940	772	82.15
2017	940	700	74.46

图 18.3　预先创建的 Excel 表格文件

代码如下（ch18, Excel, office_excel_readtable.py）：

```
import openpyxl
# 打开已有 Excel 文档
filename = r'd:\Python\office\近 5 年全国高考录取人数统计.xlsx'
myexcel = openpyxl.load_workbook(filename)
mysht = myexcel.worksheets[0]                              # 打开第 0 张表 Sheet1
# 合并单元格
mysht.merge_cells('A7:B7')
mysht['A7'] = '录取总人数与平均录取率'                      # 合并后单元格的内容
# 对指定列上的单元格执行运算
```

```
    mysht['C7'] = "=sum(C2:C6)"                                        # 计算录取总人数
    mysht['D7'] = "=average(D2:D6)"                                    # 计算平均录取率
    myexcel.save(filename)
    # 暂停程序，将生成的 Excel 文件打开保存后再关闭（必须这么做才能使接下来的"data_only=True"起作用）
    # 再次打开该 Excel 文档
    myexcel = openpyxl.load_workbook(filename, data_only=True)         # （1）
    mysht = myexcel.worksheets[0]
    print('\t\t\t\t\t2013—2017 年高考人数和录取率')
    n = 0                                                              # 控制标题行的输出效果
    for one_row in range(1, 7):
        if n == 0:                                                     # 标题行输出
            n += 1
            for one_cell in range(1, 5):
                print("%8s" % mysht.cell(row=one_row, column=one_cell).value, end=' \t')
        else:                                                          # 非标题行输出
            for one_cell in range(1, 5):
                print("%10s" % mysht.cell(row=one_row, column=one_cell).value, end='\t\t')
                                                                       # （2）
        print()                                                        # 换行
    print(' \t\t 录取总人数:' + str(mysht['C7'].value) + '万人\t\t\t' + '平均录取率:' + str('%.2f' % mysht['D7'].value) + '%')
```

说明：

（1）因为要读取电子表格中用公式计算出的数值，所以在打开工作簿时必须显式地指明参数"data_only=True"，否则用 Python 获取到的就只是单元格上的公式本身而非算得的数值。由于微软 Excel 软件固有的 Bug，在用其公式运算过后，还必须将 Excel 文件人工打开并手动保存，才能使"data_only=True"的设置最终起作用，这点请读者在做这个实例时务必注意。

（2）为了使程序输出信息更清楚、美观，在对表格数据内容输出时采用与标题稍不同的格式控制，在每行的列之间间隔两个字表符位（end='\t\t'），可使输出的表格数据在列上对齐。

运行效果：

用 Python 合并 Excel 单元格并启用公式计算后，打开 d:\Python\office\近 5 年全国高考录取人数统计.xlsx 文件，可看到计算好的录取总人数及平均录取率，如图 18.4 所示。

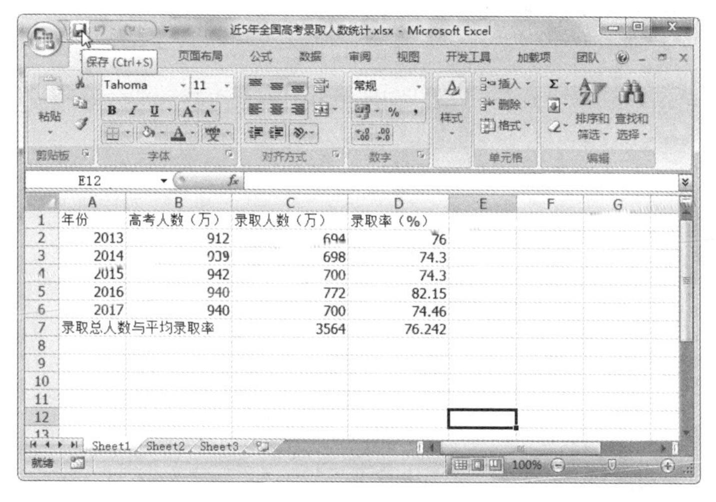

图 18.4　Excel 公式自动算出的录取总人数及平均录取率

单击 Excel 文档左上方的保存图标，关闭文档，再用 Python 程序读取表格中的信息并输出，结果如图 18.5 所示。

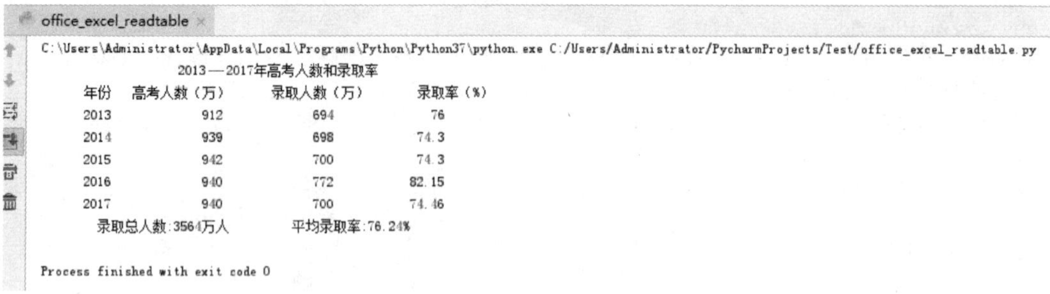

```
office_excel_readtable
C:\Users\Administrator\AppData\Local\Programs\Python\Python37\python.exe C:/Users/Administrator/PycharmProjects/Test/office_excel_readtable.py
                2013—2017年高考人数和录取率
    年份   高考人数（万）      录取人数（万）      录取率（%）
    2013          912            694            76
    2014          939            698          74.3
    2015          942            700          74.3
    2016          940            772         82.15
    2017          940            700         74.46
      录取总人数:3564万人         平均录取率:76.24%

Process finished with exit code 0
```

图 18.5 Python 读取并输出 Excel 单元格内容

18.2 Python 操作 Word

Word 文档是最为常用的办公软件，很多日常工作资料都是以 Word 文档格式保存的。用 Python 既可以对 Word 中的文字，也可以对表格信息进行读/写。但 Python 对操作 Word 的环境要求较 Excel 严格，需要安装额外的库，下面先来介绍安装环境。

18.2.1 环境安装

Python 操作 Word 的环境必须预先安装 lxml 库，且要求 lxml 的版本高于 2.3.2。使用 PyCharm 的组件包在线搜索功能寻找和安装 lxml 库，在开发环境下选择主菜单“File”→“Default Settings”，打开“Available Packages”窗口，输入库名“lxml”检索并安装，如图 18.6 所示。

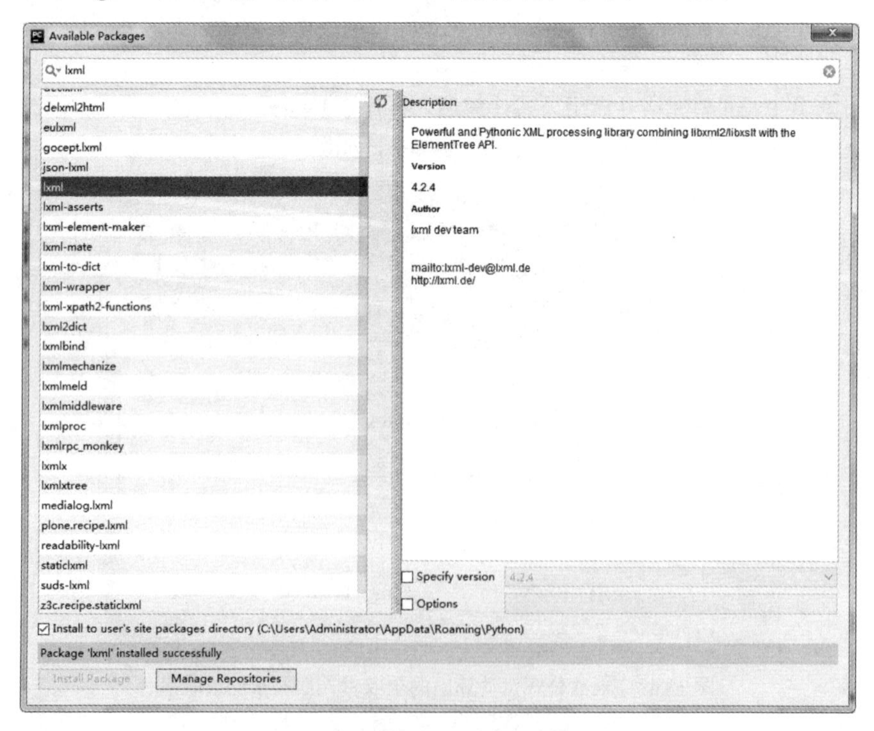

图 18.6 检索并安装 lxml 库

安装好 lxml 后，就可以安装 Python 的 Word 库了，其下载地址为 https://pypi.org/project/python-docx/#files，如图 18.7 所示，单击图中的链接下载安装包。

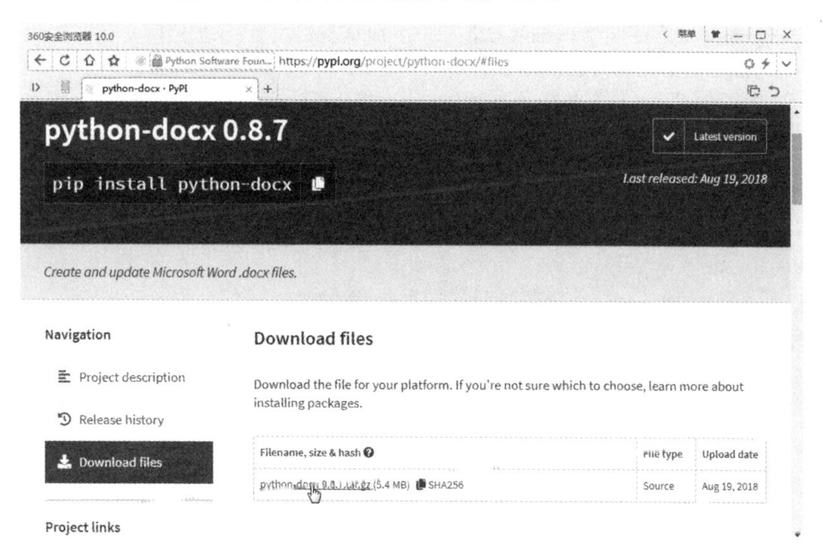

图 18.7　下载 Word 库

下载的安装包文件名为 python-docx-0.8.7.gz，将其解压到目录“D:\Python\office\python-docx-0.8.7”下，通过 Windows 命令行进入该目录，输入安装命令语句如下：

```
python setup.py install
```

系统会自动检查安装环境是否符合要求，这里检出所安装的 lxml 版本为 4.2.4>2.3.2，符合要求，所安装的 Word 库版本为 0.8.7，如图 18.8 所示。

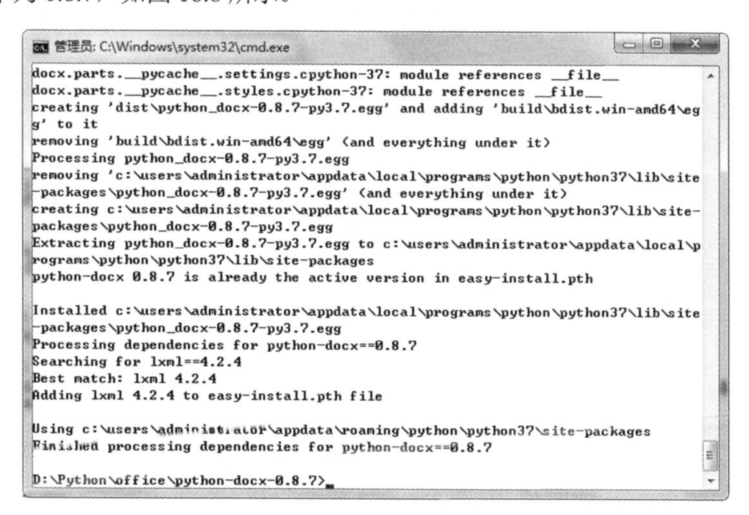

图 18.8　安装 Word 库

18.2.2　基本读/写

先用 Python 对 Word 文档进行基本读/写。

代码如下（ch18, Word, office_word_hello.py）：

```
from docx import Document                          # 导入 Word 库中的文档操作类 Document
mydoc = Document()                                 # 创建 Word 文档
# 写入
mydoc.add_paragraph('我爱最新的 Python 3.7')        # 向 Word 文档中添加段落文字
mydoc.add_paragraph('Hello!I love Python.')
mydoc.save(r"d:\Python\office\我爱 Python.docx")
# 读取
myfile = Document(r"d:\Python\office\我爱 Python.docx")          # 获取文档句柄
mytext = '\n'.join([mypara.text for mypara in myfile.paragraphs])
                                                                 # 获取文档中的所有段落
print(mytext)                                                    # 输出
```

运行效果：

运行程序后的输出信息，如图 18.9 所示。

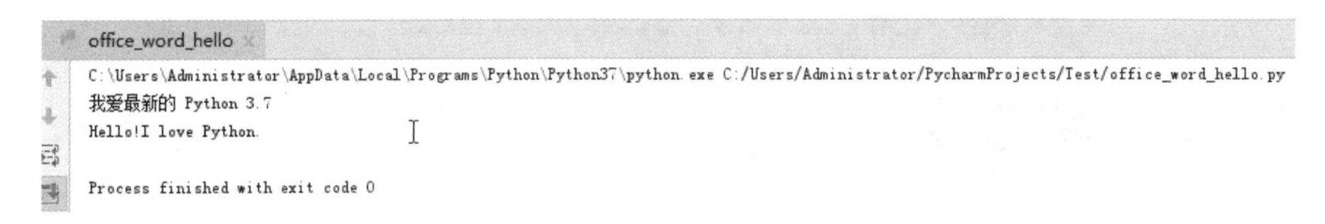

图 18.9 Python 输出 Word 文档的段落文字

该程序在计算机 d:\Python\office\路径下生成了一个名为“我爱 Python.docx”的 Word 文档，打开可看到之前程序写入文档中的文字，如图 18.10 所示。

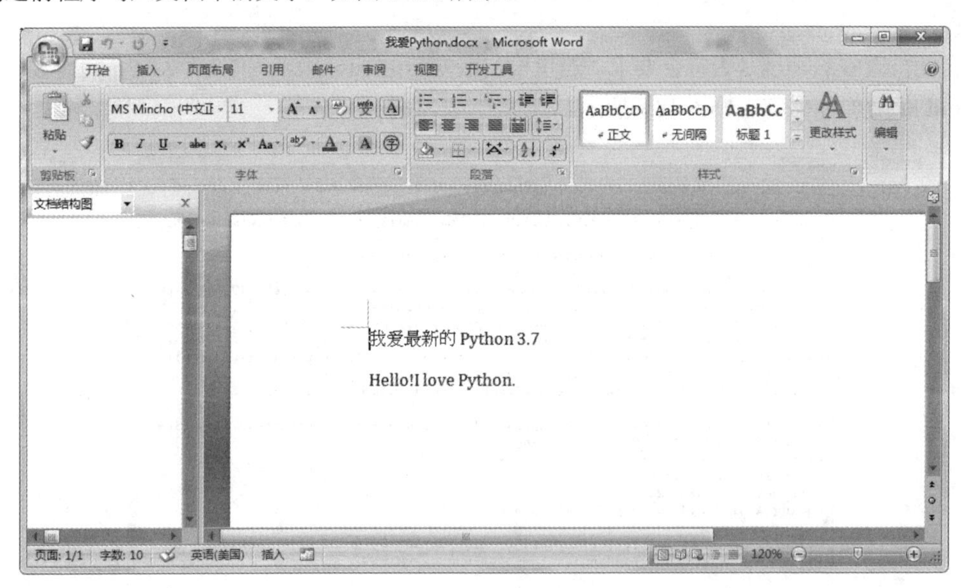

图 18.10 Python 写入 Word 文档的内容

18.2.3 载入文档表格：读取历年高考统计信息

【例 18.2】 Python 不仅可读取 Word 中的文本，还能载入有大量信息的表格。先从网上下载一份自 1977 年中国恢复高考以来历年录取大学生的数据表，存放在 d:\Python\office\下待用，如图 18.11

所示。

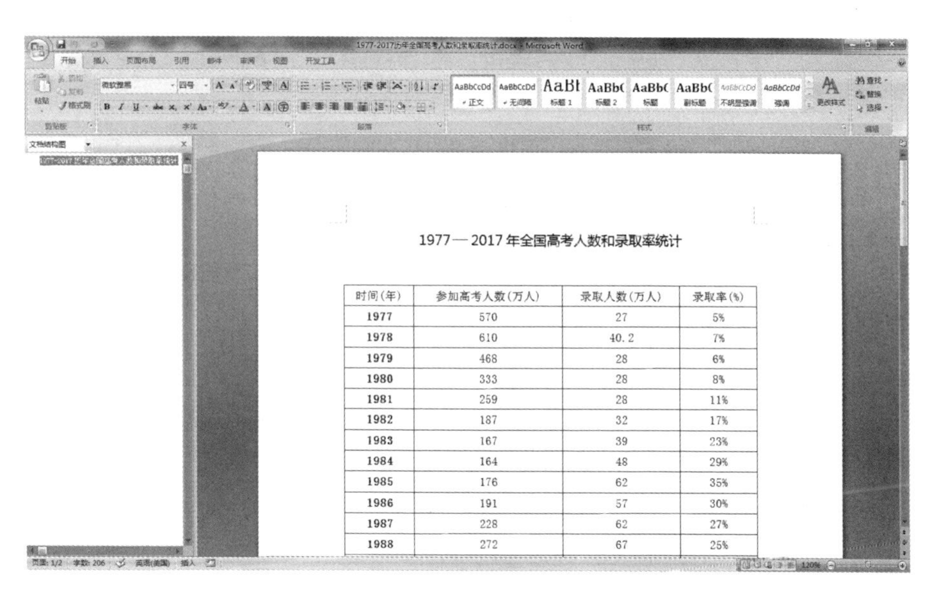

1977—2017 年全国高考人数和录取率统计

时间(年)	参加高考人数(万人)	录取人数(万人)	录取率(%)
1977	570	27	5%
1978	610	40.2	7%
1979	468	28	6%
1980	333	28	8%
1981	259	28	11%
1982	187	32	17%
1983	167	39	23%
1984	164	48	29%
1985	176	62	35%
1986	191	57	30%
1987	228	62	27%
1988	272	67	25%

图 18.11　含表格的 Word 文档

代码如下（ch18, Word, office_word_readtable.py）：

```
import docx                                                    # 导入 Word 库
# 打开已有的 Word 文档，获取其中的表格对象
mydoc = docx.Document(r"d:\Python\office\1977—2017 年全国高考人数和录取率统计.docx")
# 读取标题文字
table_title = '\n'.join([mytitle.text for mytitle in mydoc.paragraphs])
print('            ---------------' + table_title.strip() + '---------------') # （1）
# 读取表格内容
n = 0                                                          # 控制标题行的输出效果
for mytable in mydoc.tables:                                   # （2）
    for one_row in mytable.rows:
        if n == 0:                                             # 标题行输出
            n += 1
            for one_cell in one_row.cells:
                print("%10s" % one_cell.text, end='    \t')
        else:                                                  # 非标题行输出
            for one_cell in one_row.cells:
                print("%10s" % one_cell.text, end='\t\t\t')
        print()                                                # 换行
```

说明：

（1）Word 中除表格外的文字信息皆以段落（paragraph）的形式保存在“文档对象名.paragraphs”中，用 strip()方法去除段落文字前后的空格以便显示输出表格标题。

（2）Python 可支持读取 Word 中的多张表，这些表皆存放在“文档对象名.tables”中，可用 for 循环遍历访问。

运行效果：

最终的输出结果如图 18.12 所示。

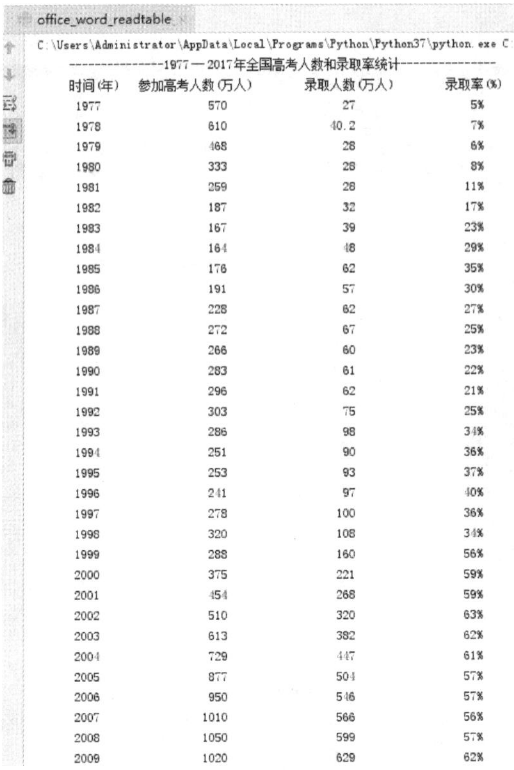

office_word_readtable

```
C:\Users\Administrator\AppData\Local\Programs\Python\Python37\python.exe C:
---------------1977—2017年全国高考人数和录取率统计---------------
```

时间(年)	参加高考人数(万人)	录取人数(万人)	录取率(%)
1977	570	27	5%
1978	610	40.2	7%
1979	468	28	6%
1980	333	28	8%
1981	259	28	11%
1982	187	32	17%
1983	167	39	23%
1984	164	48	29%
1985	176	62	35%
1986	191	57	30%
1987	228	62	27%
1988	272	67	25%
1989	266	60	23%
1990	283	61	22%
1991	296	62	21%
1992	303	75	25%
1993	286	98	34%
1994	251	90	36%
1995	253	93	37%
1996	241	97	40%
1997	278	100	36%
1998	320	108	34%
1999	288	160	56%
2000	375	221	59%
2001	454	268	59%
2002	510	320	63%
2003	613	382	62%
2004	729	447	61%
2005	877	504	57%
2006	950	546	57%
2007	1010	566	56%
2008	1050	599	57%
2009	1020	629	62%

图 18.12　Python 读取 Word 文档中的表格信息

18.2.4　输出文档表格：2013—2017 年高考信息统计表

【例 18.3】 除了载入 Word 中的表格，Python 也可向 Word 文档中输出表格。下面这个例子就演示了输出的过程。

代码如下（ch18, Word, office_word_writetable.py）：

```
from docx import Document
mydoc = Document()
mydoc.add_paragraph('\t\t\t\t2013—2017 年高考人数和录取率')    # 添加标题段
# 创建表格（带边框）
mytable = mydoc.add_table(rows = 1, cols = 4, style = 'Table Grid') #  （1）
myhead_cells = mytable.rows[0].cells                             # 获取表格标题行（第 0 行）所有单元格
myhead_cells[0].text = '年份'
myhead_cells[1].text = '高考人数（万）'
myhead_cells[2].text = '录取人数（万）'
myhead_cells[3].text = '录取率（%）'
# 用字典数组存放将要写入表格的数据
record = [
    {"year":2013, "total":912, "admit":694, "rate":76},
    {"year":2014, "total":939, "admit":698, "rate":74.3},
    {"year":2015, "total":942, "admit":700, "rate":74.3},
    {"year":2016, "total":940, "admit":772, "rate":82.15},
    {"year":2017, "total":940, "admit":700, "rate":74.46}
```

```
]
# 向表格中填写数据
for item in record:
    mycell = mytable.add_row().cells                          # （2）
    mycell[0].text = str(item['year'])                        # 年份
    mycell[1].text = str(item['total'])                       # 高考人数
    mycell[2].text = str(item['admit'])                       # 录取人数
    mycell[3].text = str(item['rate'])                        # 录取率
mydoc.save(r"d:\Python\office\近 5 年全国高考录取人数统计.docx")
```

说明：

（1）用 add_table()方法给 Word 文档添加表格，其调用格式如下：

```
表格名 = 文档对象名.add_table(rows =行数, cols =列数, style =样式)
```

程序中指定 style 参数值为“Table Grid”，即带边框的表格。

（2）采用向表格中添加一行写一行数据的方式，用“表格名.add_row().cells”引用新加入行的所有单元格。

运行效果：

程序运行后在 d:\Python\office\路径下生成 Word 文档“近 5 年全国高考录取人数统计.docx”，打开可看到 Python 在其中写入的表格，如图 18.13 所示。

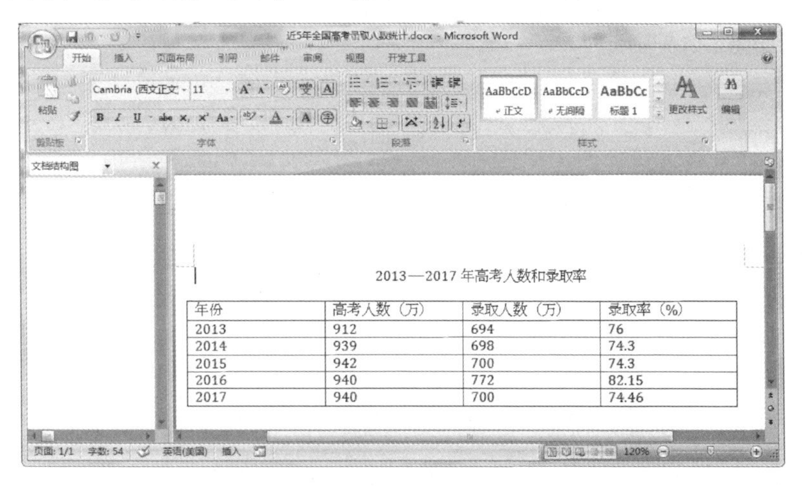

2013—2017 年高考人数和录取率

年份	高考人数（万）	录取人数（万）	录取率（%）
2013	912	694	76
2014	939	698	74.3
2015	942	700	74.3
2016	940	772	82.15
2017	940	700	74.46

图 18.13　Python 向 Word 文档写入表格

18.3　Python 操作 PowerPoint

PowerPoint（PPT）是 Office 中用于制作幻灯片的软件，Python 支持丰富的 PowerPoint 操作功能，用 Python 编程可制作出十分精美的幻灯片效果，不过 Python 对幻灯片读/写的环境要求也是比较苛刻的，需要多个扩展模块的配合，下面先来构建环境。

18.3.1　环境安装

Python 操作 PowerPoint 的环境要求预装三个组件库：

① XlsxWriter：版本高于 0.5.7；

② Pillow：版本高于 3.3.2；

③ lxml：版本高于 2.3.2。

其中，lxml 在之前操作 Word 时已经安装过了，故这里只须安装前两个组件库。XlsxWriter 的下载地址 https://pypi.org/project/XlsxWriter/0.8.6/#files；Pillow 的下载地址 https://www.lfd.uci.edu/~gohlke/pythonlibs/，如图 18.14 所示。

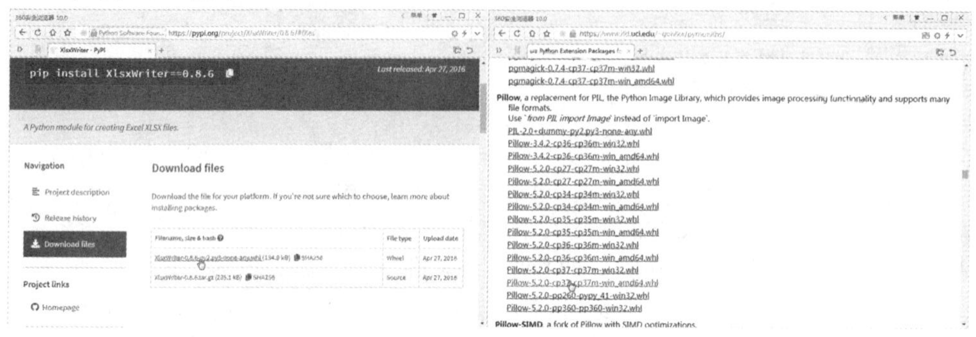

图 18.14 下载 XlsxWriter 和 Pillow 组件库

下载的都是.whl 格式的安装文件，在 Windows 命令行下执行安装进程，输入语句如下：

```
pip install D:\Python\office\XlsxWriter-0.8.6-py2.py3-none-any.whl
pip install D:\Python\office\Pillow-5.2.0-cp37-cp37m-win_amd64.whl
```

命令行操作界面如图 18.15 所示。

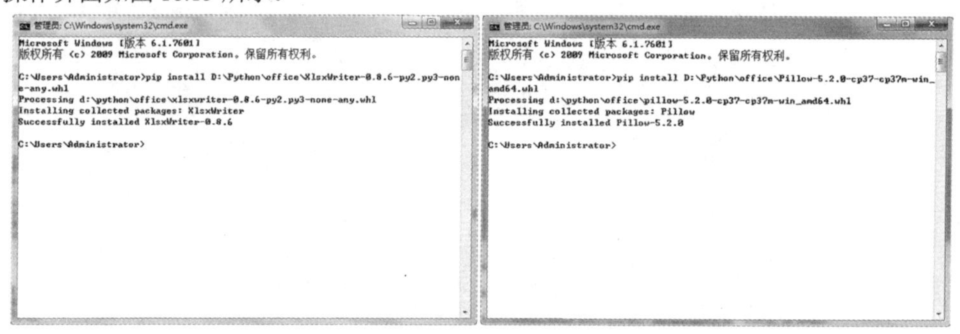

图 18.15 命令行安装 XlsxWriter 和 Pillow 组件库

在所要求的组件全部安装好后，再安装 Python 的 PowerPoint 库。PowerPoint 库的下载地址 https://pypi.org/project/python-pptx/#files，如图 18.16 所示。

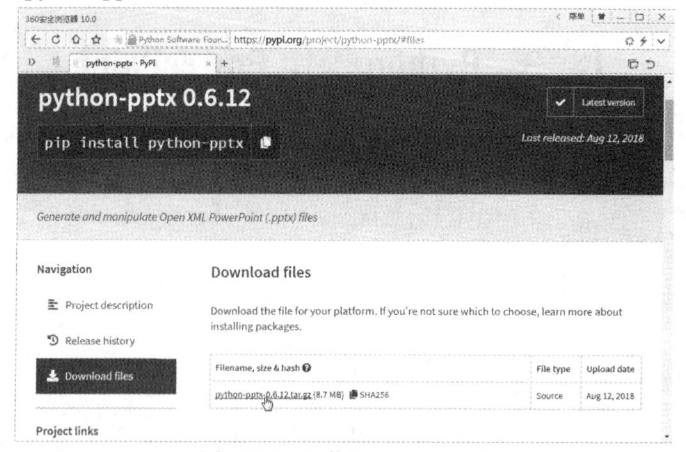

图 18.16 下载 PowerPoint 库

下载的压缩包文件名为 python-pptx-0.6.12.tar.gz，将其解压到目录：D:\Python\office\python-pptx-0.6.12，然后打开 Windows 命令行，切换至该目录下，输入语句如下：

```
python setup.py install
```

系统会自动检测安装环境是否满足要求，在先后校验了 XlsxWriter 库、Pillow 库和 lxml 库的版本后，将 PowerPoint 库所对应的 python-pptx 0.6.12 包安装进 Python 环境中，如图 18.17 所示。

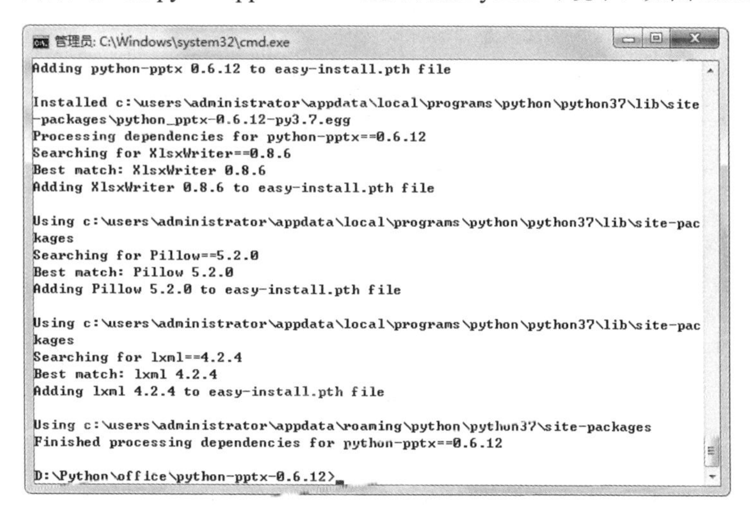

图 18.17　安装 PowerPoint 库

18.3.2　第一张幻灯片

下面用 Python 制作第一张幻灯片。

代码如下（ch18, PowerPoint, office_powerpoint_hello.py）：

```
from pptx import Presentation                           # 导入 PowerPoint 的幻灯片操作类
mypres = Presentation()
myslide_layout = mypres.slide_layouts[0]                # （1）
myslide = mypres.slides.add_slide(myslide_layout)       # （2）
main_title = myslide.shapes.title                       # （3）
sub_title = myslide.placeholders[1]
main_title.text = “我爱最新的 Python 3.7”               # 设置主标题文字
sub_title.text = “Hello!I love Python.”                 # 设置副标题文字
mypres.save(r”d:\Python\office\我爱 Python.pptx”)       # 保存幻灯片
```

说明：

（1）Python 所支持的幻灯片样式多达 48 种，全部位于 Presentation.slide_layouts[]中，编程时用下标索引指定想要使用的幻灯片样式，本例所用的.slide_layouts[0]样式是由一个主标题和一个副标题组成的幻灯片，如图 18.18 所示，其他一些常用样式的呈现效果也列于图中。

（2）将一张特定样式的幻灯片添加进当前 PowerPoint 中，用如下形式的语句：

```
幻灯片对象 = Presentation 对象.slides.add_slide(所用样式)
```

然后就可以通过幻灯片对象来引用该 PPT 中的可视元素。

（3）在 PowerPoint 中所有的元素均被当成 shape，幻灯片对象名.shapes 就表示模型类，其中的元素引用有两种方式：

① 直接通过名称：如本例所用的 slide_layouts[0]样式就只包含一个主标题元素，故可以直接引用

其名称为“.shapes.title”。

② 通过索引指定：placeholders 为幻灯片对象中的每个模型，.placeholders[1]表示第 2 个（索引序号从 0 开始）模型元素，即页面的副标题框。

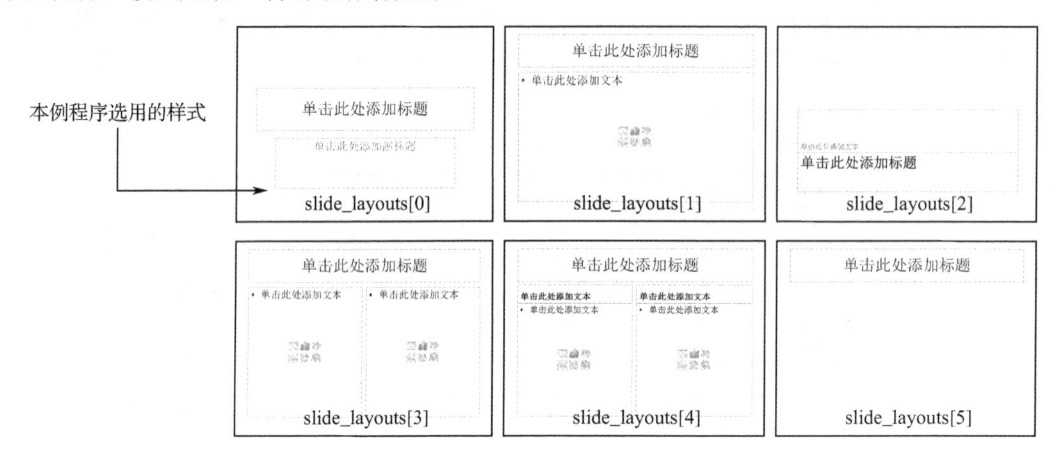

图 18.18 Presentation 支持的常用幻灯片样式

运行效果：

程序运行后在 d:\Python\office\路径下生成一个幻灯片文件“我爱 Python.pptx”，打开看到其内容如图 18.19 所示。

图 18.19 Python 制作的第一张幻灯片

18.3.3 读取幻灯片中的表格：2013—2017 年高考人数和录取率

【例 18.4】 与操作 Word 类似，Python 也能读取到幻灯片中的表格。先设计制作出一张含表格的幻灯片“2013—2017 年全国高考录取人数统计.pptx”，将其存于 d:\Python\office\下，如图 18.20 所示。该表格列出了 2013—2017 年参加高考的人数和录取率，下面通过 Python 编程将其读取出来。

图 18.20 含表格的幻灯片

代码如下（ch18, PowerPoint, office_powerpoint_readtable.py）：

```
import pptx                                                    # 导入 PowerPoint 操作库
# 打开已有的演示文档，获取第一页幻灯片中的表格对象
myppt = pptx.Presentation(r"d:\Python\office\近 5 年全国高考录取人数统计.pptx")
for one_shape in myppt.slides[0].shapes:
    if one_shape.shape_type == 19:
        mytable = one_shape
        break
print(' \t\t\t\t\t' + myppt.slides[0].shapes[0].text)          # 幻灯片第一个元素（表格标题）
# 遍历并输出单元格内容
n = 0
for one_row in mytable.table.rows:
    if n == 0:
        n += 1
        for one_cell in one_row.cells:
            print("%10s" % one_cell.text_frame.text, end='    ')
    else:
        for one_cell in one_row.cells:
            print("%12s" % one_cell.text_frame.text, end=' \t')
    print()
```

与 Python 操作 Excel 和 Word 一样，这里也用一个变量 n 来控制表格标题行与非标题行的输出格式，以达到美观、易读的显示效果。

运行效果：

程序运行后输出幻灯片表格的内容，如图 18.21 所示。

```
office_powerpoint_readtable
C:\Users\Administrator\AppData\Local\Programs\Python\Python37\python.exe C:/Users/Administrator/PycharmProjects/Test/office_powerpoint_readtable.py
                2013 — 2017年高考人数和录取率
    年份    高考人数（万）    录取人数（万）    录取率（%）
    2013        912             694             76
    2014        939             698             74.3
    2015        942             700             74.3
    2016        940             772             82.15
    2017        940             700             74.46

Process finished with exit code 0
```

图 18.21　Python 读取幻灯片表格

18.3.4 绘制柱状图表：画出 2008—2012 年高考报名人数柱状图

【例 18.5】 2008—2012 年高考报名人数连续 5 年出现了下滑的现象，可以用 Python 在幻灯片中绘柱状图来直观地呈现这一现象。

代码如下（ch18, PowerPoint, office_powerpoint_writechart.py）：

```
from pptx import Presentation
from pptx.chart.data import ChartData                          # 导入图表数据类
from pptx.enum.chart import XL_CHART_TYPE                      # 导入图表样式类
from pptx.util import Inches                                   # 导入图表尺寸类
# 创建幻灯片
mypres = Presentation()
myslide = mypres.slides.add_slide(mypres.slide_layouts[5]) # 只含一个主标题的样式
# 写幻灯片标题
mytitle = myslide.shapes.title
mytitle.text = '历史上报名考生数下滑的 5 年'
# 定义图表数据
mydata = ChartData()
mydata.categories = ['2008', '2009', '2010', '2011', '2012']
mydata.add_series('2008—2012 年高考人数（万人）', (1050, 1020, 946, 933, 915))
# 将图表添加到幻灯片
left, top, width, height = Inches(1.1), Inches(1.2), Inches(8), Inches(6)
                                                               # （1）
myslide.shapes.add_chart(XL_CHART_TYPE.COLUMN_CLUSTERED, left, top, width, height, mydata)
                                                               # （2）
mypres.save(r"d:\Python\office\2008—2012 年高考人数.pptx")
```

说明：

（1）PPT 用 4 个参量来定位图表在幻灯片中的位置和大小，即 left、top、width、height（也可以用其他变量名，但程序中要一致）分别表示图表与幻灯片的左边距、上边距、宽和高（长度单位都是英寸，以“Inches(数值)”指定），如图 18.22 所示。

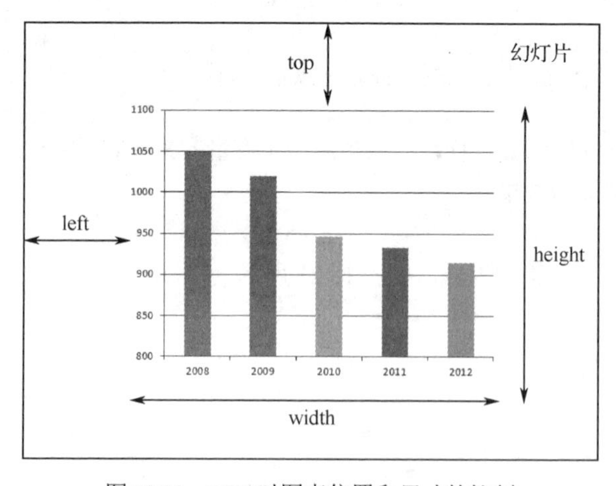

图 18.22 PPT 对图表位置和尺寸的控制

（2）XL_CHART_TYPE 参数指定图表类型，其值“.COLUMN_CLUSTERED”表示柱状图，当然也可以是其他类型的图表，如饼状图就是“.PIE”。

运行效果：

程序运行后，在 d:\Python\office\下生成 PPT 文件“2008—2012 年高考人数.pptx”，打开可看到柱状图表，如图 18.23 所示。

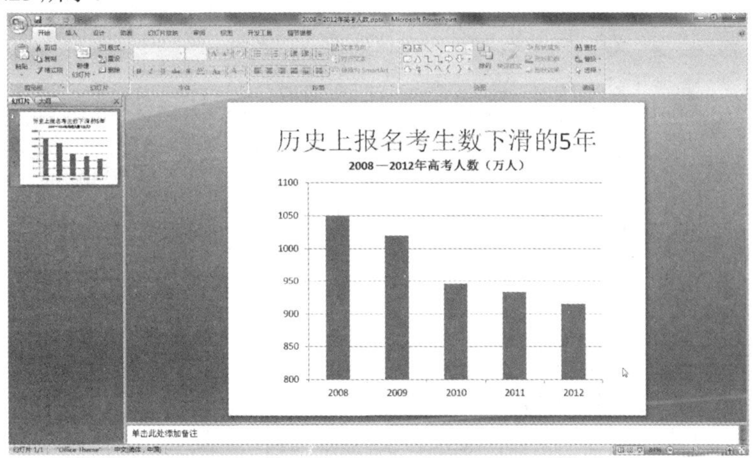

图 18.23　Python 绘制的柱状图

18.4　综合应用实例：统计并演示全国高等教育普及率

【例 18.6】 本章的最后，将结合 Python 对 Office 各个组件（Excel、Word 和 PPT）的操作，完成一个综合实例——统计并演示全国的高等教育普及率，实现思路如下：

从网络下载获得 1977—2017 年全国高考人数和录取率统计数据（以 Word 文档形式保存），用 Python 将数据读到 Excel 中，借助 Excel 的公式计算功能得到统计结果，再将结果数据以可视化的方式输出至 PPT 幻灯片中加以演示。

18.4.1　原始 Word 数据准备

Python 操作 Word 要载入的原始数据存放在 d:\Python\office\1977—2017 年全国高考人数和录取率统计.docx 中，为统计需要，在表格前加上一条文字说明信息，如图 18.24 所示。

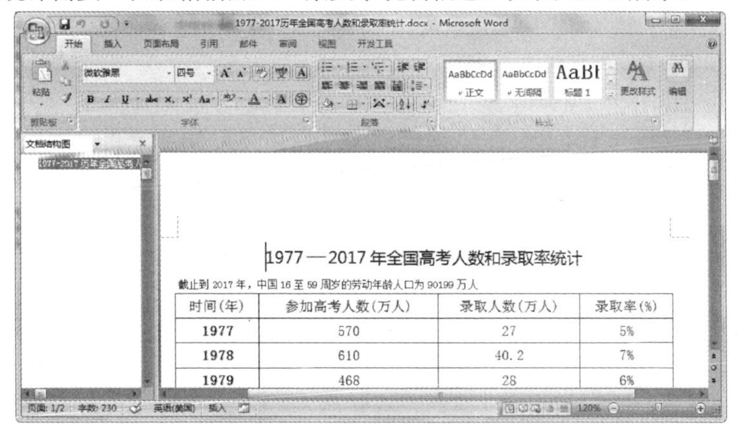

1977—2017 年全国高考人数和录取率统计

截止到 2017 年，中国 16 至 59 周岁的劳动年龄人口为 90199 万人

时间（年）	参加高考人数（万人）	录取人数（万人）	录取率（%）
1977	570	27	5%
1978	610	40.2	7%
1979	468	28	6%

图 18.24　Python 操作的 Word 文档原始数据

另外，为了可视化呈现的需要，将从网上下载素材并合成了一张展示中国名牌大学毕业生精神面貌的宣传照，存盘为 d:\Python\office\莘莘学子.jpg，如图 18.25 所示。

图 18.25 准备的图片素材

准备好数据和素材后，就开始编程实现，整个处理过程分为三个阶段，介绍如下。

18.4.2 数据转存 Excel 计算

第一个阶段，主要用到 Python 载入 Word 文档表格、操作 Excel 单元格、Excel 公式自动运算等功能。

代码如下（ch18, 综合应用, python_opt_office.py）：

```
import docx                                           # 导入 Word 文档操作库
import openpyxl                                       # 导入 Excel 表格操作库
from openpyxl import Workbook                         # 导入 Excel 工作簿类
# 第 1 步：从 Word 文档中读取历年的高考录取数据
mydoc = docx.Document(r"d:\Python\office\1977—2017 年全国高考人数和录取率统计.docx")
# 读取文字说明信息
text_title = mydoc.paragraphs[0].text                 # 第 1 个段落
text_note = mydoc.paragraphs[1].text                  # 第 2 个段落
print('标题:' + text_title)                           # 程序输出查看读取是否正确
print('备注:' + text_note)
# 第 2 步：将读到的数据保存到 Excel 表格中
datafile = r'd:\Python\office\高考大数据.xlsx'          # 创建的 Excel 文件名及路径
mywork = Workbook()
mysheet = mywork.create_sheet(title='1977—2017 高考数据')  # 创建电子表格
n = 0
r = 1                                                 # 控制行
c = 1                                                 # 控制列单元格
for table in mydoc.tables:
    for row in table.rows:
        if n == 0:
            n += 1
            for cell in row.cells:
                _ = mysheet.cell(row = r, column = c, value = cell.text)
                c += 1
```

```
        else:
            for cell in row.cells:
                if c == 4:
                    _ = mysheet.cell(row = r, column = c, value = cell.text)
                else:                                                # (1)
                    _ = mysheet.cell(row = r, column = c, value = eval(cell.text))
                c += 1
        c = 1
        r += 1
mywork.save(datafile)
print('状态:数据已保存')
# 第 3 步：打开 Excel 表格进行所需的运算
mywork = openpyxl.load_workbook(datafile)                            # 载入 Excel 工作簿
mysheet = mywork.worksheets[1]                                       # 打开第一个表格
num = str(len(table.rows) + 1)                                       # 用变量 num 定位结果单元格
mysheet['A' + num] = '合计'
# 向单元格写入公式就可以自动完成运算
mysheet['B' + num] = '=sum(B2:B' + str(len(table.rows)) + ')'
mysheet['C' + num] = '=sum(C2:C' + str(len(table.rows)) + ')'
mywork.save(datafile)
print('状态:运算完毕！')
```

说明： 用 Excel 公式计算的数据必须是数值型的，而从 Word 中读到的原始数据却是字符型，所以在写入 Excel 的时候，必须将要计算的两列（参加高考人数、录取人数）数据都转化为数值型（用 eval()方法）然后再写入 Excel 才能执行正常的运算。

中间结果：

运算生成的中间结果保存在 d:\Python\office\高考大数据.xlsx 中，打开就能看到，如图 18.26 所示。

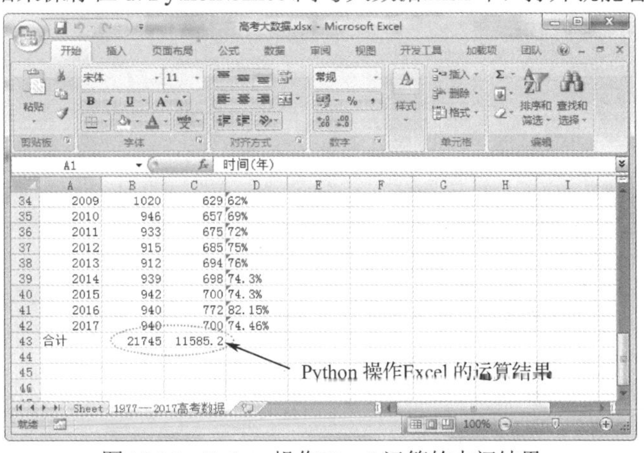

图 18.26　Python 操作 Excel 运算的中间结果

这里借助 Excel 公式计算功能，统计出了自 1977—2017 年恢复高考以来，全国参加高考的总人数和总的录取人数。

18.4.3　输出至 PowerPoint 演示

从网上查询可知，截止到 2017 年，全国总人口为 13.9008 亿（139 008 万）人，其中劳动力年龄人口（16～59 岁）有 90 199 万人，恢复高考至 2017 年刚好 40 年，为简单起见，不妨假设所有人都是长到18岁成年了才报名考大学，那么1977年首届参加高考的学生（以18岁计）已58岁，即中国所有（至少是绝大多数）大学生的年龄都在16～59岁的劳动人口年龄段内，故根据已统计出的历年大学生录取总人数，就可以比较准确地算出大学生占全体劳动人口的比例。

接下来，以可视化的方式输出演示统计结果，主要用到的知识点涉及Python对Excel单元格内容的读取，以及综合幻灯片的各种操作。

在源文件python_opt_office.py中修改、添加代码如下：

```
...
from openpyxl import Workbook
from pptx import Presentation                          # 导入PPT库的幻灯片操作类
from pptx.chart.data import ChartData
from pptx.enum.chart import XL_CHART_TYPE              # 控制图表类型
from pptx.enum.chart import XL_LEGEND_POSITION         # 控制图例说明位置
from pptx.enum.chart import XL_DATA_LABEL_POSITION
                                                       # 控制饼状图中文字标注的位置
from pptx.util import Pt                               # 导入设置字体大小的库
from pptx.util import Inches
# 第 1 步：从 Word 文档中读取高考录取数据
mydoc = docx.Document(r"d:\Python\office\1977—2017年全国高考人数和录取率统计.docx")
# 读取文字说明信息
text_title = mydoc.paragraphs[0].text
text_note = mydoc.paragraphs[1].text
print('标题:' + text_title)
print('备注:' + text_note)
# 第 2 步：将读到的数据保存到 Excel 表格中
datafile = r'd:\Python\office\高考大数据.xlsx'
'''
# 以下内容为之前运行过的代码，再次运行程序时需要先注释掉
mywork = Workbook()
...
print('状态:运算完毕！')
'''
# 第 4 步：输出至 PPT 演示
mywork = openpyxl.load_workbook(datafile, data_only=True)
mysheet = mywork.worksheets[1]
mypres = Presentation()
myslide = mypres.slides.add_slide(mypres.slide_layouts[6])  # 空白幻灯片样式
# 绘制饼状图
left, top, width, height = Inches(0), Inches(0), Inches(5.5), Inches(3.8)
mydata = ChartData()
total = 139008                                          # 中国总人口（2017 年年末）
worker = 90199                                          # 劳动年龄人口（16～59 岁）
num = str(len(mydoc.tables[0].rows) + 1)
oldyoung = (total - worker)/total                       # 孩子和老人占比
graduate = mysheet['C' + num].value/total               # 大学生占比
candidate = (mysheet['B' + num].value - mysheet['C' + num].value)/total
                                                        # 参加过高考（但没考上）的人数占比
workforce = (worker - mysheet['B' + num].value)/total
                                                        # 劳动力（未受高等教育的）占比
mydata.categories = ['孩子和老人', '劳动人口', '参加高考者', '大学生']
```

```
mydata.add_series(u'中国高等教育人口占比', (oldyoung, workforce, candidate, graduate))
mychart = myslide.shapes.add_chart(XL_CHART_TYPE.PIE, left, top, width, height, mydata).chart
                                                        # 画饼状图
mychart.has_legend = True                               # 是否含有图例说明
mychart.legend.position = XL_LEGEND_POSITION.BOTTOM     # 图例说明的位置
mychart.legend.horz_offset = 0                          # 图例说明的位移量，取值[-1, 1]，默认为 0
mychart.plots[0].has_data_labels = True                 # 饼中是否写入数值
mylabels = mychart.plots[0].data_labels
mylabels.number_format = '0%'                               # 数值显示格式
mylabels.position = XL_DATA_LABEL_POSITION.INSIDE_END       # 数值布局方式
mydata.has_title = True
mychart.chart_title.text_frame.clear()                      # 清除原标题
myparagraph = mychart.chart_title.text_frame.add_paragraph()    # 添加一行新标题
myparagraph.text = '中国高等教育人口占比'                   # 新标题
myparagraph.font.size = Pt(20)                              # 新标题字体大小
# 添加图片
imgfile = r'd:\Python\office\莘莘学子.jpg'
left, top, width, height = Inches(1), Inches(3.8), Inches(8.3), Inches(3.3)
mypic = myslide.shapes.add_picture(imgfile, left, top, width, height)
# 文字说明
left, top, width, height = Inches(5), Inches(1.5), Inches(3.5), Inches(1.5)
mytext = myslide.shapes.add_textbox(left, top, width, height)
popularity = mysheet['C' + num].value * 100/worker
note1 = text_note[0:int(len(text_note)/2)]
note2 = text_note[int(len(text_note)/2):]
mytext.text = note1 + '\n' + note2 + '\n 其中有' + str('%.2f' % (mysheet['C' + num].value/10000)) + '亿大学生，\n 高
等教育普及率为' + str('%.2f' % popularity) + '%。'
mypres.save(r"d:\Python\office\高考大数据.pptx")
```

最终演示：

运行程序后，最终生成的幻灯片 d:\Python\office\高考大数据.pptx，放映效果如图 18.27 所示。

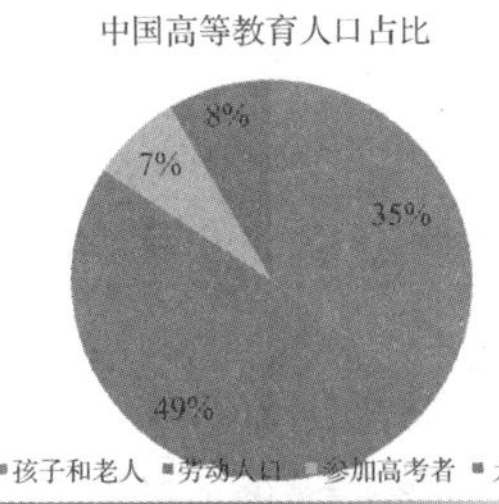

图 18.27　Python 操作 Office 演示的幻灯片

读者还可以运用本章知识，设计出更为美观的幻灯片文档。

第 19 章　图像可以这样变化：图像处理实例

Python 通过 Pillow 库（PIL）进行图像处理，该库在上一章操作 PowerPoint 时因构建开发环境的需要已被安装过了，本章直接使用其编程即可。

19.1　Python 图片基本处理

PIL 库实现和封装了很多图片处理的算法，以增强类和滤波器的方式提供给用户使用，并实现了方便的调用接口，用户只要简单地给出参数，就可以随心所欲地调整图像的任何属性，相比于原始的编程实现处理算法的方式，极大地提高了效率。

19.1.1　三种处理方式

从基础方面来说，PIL 图像处理有三种方式：模式转换、图像增强和使用滤波器，下面分别进行介绍。

1. 模式转换

所谓“模式”，就是图像所使用的像素编码格式，计算机存储的图像信息都是以二进制位对色彩进行编码的，Python 所支持的常用图像模式如表 19.1 所示。

表 19.1　Python 所支持的常用图像模式

模　式	说　明
1	黑白 1 位像素，存成 8 位
L	黑白 8 位像素
P	可用调色板映射到任何其他模式的 8 位像素
RGB	24 位真彩色
RGBA	32 位含透明通道的真彩色
CMYK	32 位全彩印刷模式
YCbCr	24 位彩色视频模式
I	32 位整型像素
F	32 位浮点型像素

在 PIL 中要想知道一个图片的模式，可通过其 mode 属性进行查看，程序中的调用方式如下：

```
图像对象名.mode
```

通过改变图像模式，可设置一个图片最基本的显示方式，如显示为黑白、真彩色等。PIL 中转换图像模式用 convert 类，程序语句如下：

```
新图像对象名 = 原图像对象名.convert(模式名称)
```

其中，“模式名称”就是如表 19.1 所示的那些模式，名称以单引号引用。

2. 图像增强

图像增强就是在给定的模式下，改变和调整图像在某一方面的显示特性，如对比度、饱和度和亮度等，使用增强手段可在很大程度上变换图像的外观，达到显著的美化效果，这也是艺术、写真、摄影领域常用的技术。PIL 的 ImageEnhance 子库专用于图像的增强，它提供了一组类分别处理不同方面的增强功能，如表 19.2 所示。

表 19.2　ImageEnhance 增强类

类　名	功　能
Contrast	增强图像对比度
Color	增加色彩饱和度
Brightness	调节场景亮度
Sharpness	增加图像清晰度

所有这些类都实现了一个统一的接口，接口中有个 enhance()方法，该方法返回增强处理过的结果图像，其调用方式是一致的，语句如下：

```
新图像对象名 = ImageEnhance.增强类名(原图像对象名).enhance(增强因子)
```

其中，“增强类名”就如表 19.2 所示的类名，用户根据需要增强的功能选用不同的类；“增强因子”表示增强效果，值越大，增强的效果越显著，若值为 1 就直接返回原图对象的拷贝（无增强），但若设为 <1 的某个小数值则表逆向的增强（减弱）效果。

3. 使用滤波器

PIL 还提供了诸多滤波器可对图像的像素进行整体处理，所有滤波器都预定义在 ImageFilter 模块中，表 19.3 列出了 Python 用于处理图像的滤波器的名称及功能。

表 19.3　Python 用于处理图像的滤波器

名　称	功　能
BLUR	均值滤波
CONTOUR	提取轮廓
FIND_EDGES	边缘检测
DETAIL	显示细节（使画面变清晰）
EDGE_ENHANCE	边缘增强（使棱线分明）
EDGE_ENHANCE_MORE	边缘增强更多（棱线更加分明）
EMBOSS	仿嵌入浮雕状
SMOOTH	平滑滤波（模糊棱线）
SMOOTH_MORE	增强平滑滤波（使棱线更加模糊）
SHARPEN	图像锐化（使整体线条变得分明）

其中，图像锐化 SHARPEN 滤波器与 ImageEnhance 库的 Sharpness 增强类在功能和处理效果上是等效的，而几个边缘检测及增强用途的滤波器如 FIND_EDGES、EDGE_ENHANCE 和 EDGE_ENHANCE_MORE 在处理的效果上也都类似于 Sharpness 增强类。读者可根据需要及使用习惯选用。

滤波器的调用语句如下：

```
新图像对象名 = 原图像对象名.filter(ImageFilter.滤波器名)
```

其中，“滤波器名”是如表 19.3 所示的那些滤波器名称。

下面，结合以上所讲的三种基本图像处理方式举两个实例。

19.1.2 模式转换：彩色照片画面作旧

【例 19.1】 清华大学创办于 1911 年，是中国著名的高等学府，考上清华大学是莘莘学子的梦想。“清华大学校门”的彩色照片如图 19.1 所示。

图 19.1 “清华大学校门”的彩色照片

为了体现清华大学这所百年名校的悠久历史，可将这张彩色照片作旧，使其看起来更像一张真实的历史老照片。这很简单，在 Python 下只须转换画面的图像模式即可呈现出这种效果。

代码如下（ch19, 彩色照片画面作旧, image_convert.py）：

```
from PIL import Image                                                  # 导入 PIL 库
myimg = Image.open("D:\Python\img\process\清华大学.jpg")               #（1）
print('原图片模式:' + str(myimg.mode))
myimg_1 = myimg.convert('1')                                           # 转换为 1 位像素的黑白图片
myimg_1.save("D:\Python\img\process\清华大学_1.jpg")                   # 保存图片
print('转换成 1 位像素:模式' + str(myimg_1.mode) + ',另存为: 清华大学_1.jpg')
myimg_1.show()                                                         #（2）
myimg_o = Image.open("D:\Python\img\process\清华大学_1.jpg")           # 重新打开
myimg = myimg_o.draft('L', (400, 300))                                 #（3）
myimg.save("D:\Python\img\process\清华大学.png")                       #（4）
print('作旧后:模式' + str(myimg.mode) + ',另存为: 清华大学.png,尺寸:' + str(myimg.size))
myimg.show()                                                           # 显示最终图片
```

说明：

（1）Image 是 Python PIL 库图像处理的最基本模块，对图片文件的基本操作功能都包含在此模块内，这里调用其 open()方法打开指定路径的图片文件，也是进行所有图像处理操作所要执行的第一步，执行方法后返回得到的是一个图像对象，接下来的程序就用这个对象做句柄，引用它来对图片做进一步的处理和变换。

（2）在 Windows 下执行 show()方法调用的实质，就是用操作系统自带的桌面图像显示应用程序（笔者所用计算机默认是“Windows 照片查看器”），打开可看到转换成黑白模式的图片，效果如图 19.2 所示。

图 19.2 转为黑白 1 位像素模式

此时可看到图片像素很明显地呈现出疏松的颗粒状黑白点，酷似年代久远的老照片。

（3）draft()方法在转换模式的同时配置一个图像文件加载器，返回的是一个与给定模式和尺寸尽可能匹配的图像版本，这里将 1 位像素的黑白图片再次转换为 8 位像素（模式 L），并匹配较小（400×300）像素的尺寸，使其看起来更像真实的历史照片。

（4）Image 模块在保存图片时可以变更图片格式，这里由 JPG 另存为 PNG，为便于管理，本章后面的实例将处理过的结果图片全都改存为 PNG 格式。

运行效果：

作旧后的“清华大学校门”的最终效果如图 19.3 所示。

图 19.3 作旧后的“清华大学校门”的最终效果

从程序的输出还可看到转换前后图片模式、存储格式及像素尺寸的变化，如图 19.4 所示。

```
image_convert
C:\Users\Administrator\AppData\Local\Programs\Python\Python37\python.exe C:/Users/Administrator/PycharmProjects/Test/image_convert.py
原图片模式:RGB
转换成1位像素:模式1,另存为:清华大学_1.jpg
作旧后:模式L,另存为:清华大学.png,尺寸:(675, 468)

Process finished with exit code 0
```

图 19.4 程序输出

19.1.3 增强与滤波：海底摄影照片美化

【例 19.2】 休闲潜水作为一项新兴的运动，近年来在国内越来越普及，普通人借助水肺装备可轻松潜入海底，在美丽的珊瑚丛中与各种海洋动物零距离地接触，用摄像机记录下这一刻无疑是美好的，但由于海水对光线的色散和吸收效应，在水下拍出的照片往往色彩都较为暗淡，且清晰度也不尽如人意，如图 19.5 所示，这是一名女潜水员与石斑鱼共舞的照片。要想用 Python PIL 库对这张照片进行美化处理，就需要使用图像增强类和滤波器功能了。

图 19.5 女潜水员与石斑鱼共舞

代码如下（ch19, 海底摄影照片美化, image_enhance.py）：

```
from PIL import Image                                              # 导入 PIL 库
from PIL import ImageEnhance                                       # 导入图像增强类库
from PIL import ImageFilter                                        # 导入滤波器模块
mypath = 'D:\Python\img\process\石斑鱼与女潜水员'
myimg = Image.open(mypath + '.jpg')
myenhancer = ImageEnhance.Contrast(myimg).enhance(1.618)           # 增强对比度
myenhancer.save(mypath + '_Contrast.jpg')                          # (1)
myimg = Image.open(mypath + '_Contrast.jpg')
myenhancer = ImageEnhance.Color(myimg).enhance(1.2)                # 增强饱和度
myenhancer.save(mypath + '_Color.jpg')
myimg = Image.open(mypath + '_Color.jpg')
myenhancer = ImageEnhance.Brightness(myimg).enhance(0.9)           # 适当降低亮度
myenhancer.save(mypath + '_Brightness.jpg')
myimg = Image.open(mypath + '_Brightness.jpg')
myenhancer = ImageEnhance.Sharpness(myimg).enhance(2.618)          # 增加清晰度
```

```
    myenhancer.save(mypath + '_Sharpness.jpg')                          #（2）
    myimg = Image.open(mypath + '_Sharpness.jpg')
    myfilter = myimg.filter(ImageFilter.SMOOTH)                         # 平滑滤波
    myfilter.save(mypath + '_SMOOTH.jpg')
    myimg = Image.open(mypath + '_SMOOTH.jpg')
    myfilter = myimg.filter(ImageFilter.DETAIL)                         # 丰富画面细节
    myfilter.save(mypath + '.png')
    myfilter.show()                                                     # 最终呈现
```

说明：

（1）为使读者清楚地看到整个处理过程的每一环节，对生成的中间图片都进行了保存（文件以“_增强类名”或“_滤波器名”作后缀命名），本步骤使用 ImageEnhance.Contrast 增强景物之间的对比度，使画面的物体更加鲜明，处理前后的效果对比如图 19.6 所示。

图 19.6　对比度增强

对比度增强后，可以看出作为画面主体的人和鱼都从背景中很明显地区分出来，成为整个照片中的主角。

（2）增强清晰度实际就是使画面中的物体轮廓锐化，在经锐化处理后的图片中可以很清楚地看出场景中珊瑚礁的枝丫及海藻的茎干，如图 19.7 所示。

图 19.7　清晰度增加

运行效果：

最终经美化处理后得到的照片效果，如图 19.8 所示。

图 19.8 美化后的照片效果

与图 19.5 比照，发现无论是女潜水员身穿的潜水服、石斑鱼身上的花纹，还是背景海水及珊瑚的颜色都更加丰富绚丽了，整个画面呈现出美轮美奂的艺术视觉效果。

19.2 多图合成技术

在实际应用中，为了某种需要，常将多张图片合成为一张图，PIL（Pillow）库也实现了这类功能。

19.2.1 图像合成的两种方式

Python PIL 库的图像合成有两种方式，分别适用于两类场合。

1. 透明插值

这是较简单的方式，只是将两幅图像按照不同的透明度进行简单叠加，PIL 库用 blend()方法实现这种叠加，程序写法如下：

```
合成图像对象名 = Image.blend(原图对象 1, 原图对象 2, α )
```

其中，α 为透明度参数，取值范围为 0～1.0，blend()方法根据给定的两张原图及 α 值，用插值算法合成为一张新图，运算公式为：

```
合成图像素值=原图 1 像素值×(1-α)+原图 2 像素值×α
```

特别地，当 $\alpha = 0$ 时，合成图像就等同于原图 1；当 $\alpha = 1$ 时，合成图像等同于原图 2。

2. 通道重组

RGB 模式图像的每个像素色值都由光的三原色，即红（R）、绿（G）、蓝（B）构成，它在实现上通过三个独立的颜色通道的变化，以及通道相互之间的叠加得到人类视力所能感知的几乎所有颜色。PIL 库可将一张彩色 RGB 图像的每个像素中内含的 R、G、B 三个通道的颜色值单独分离出来，再由用户指定分别用于不同的处理需求。将一个 RGB 图像的三个通道分离出来的语句如下：

```
r, g, b = 图像对象 1.split()
```

r、g、b 这三个变量就可以单独作为图像对象来使用，并可以将它们中的任何一个与其他图像进行合成，例如：

```
新图像对象名 = Image.composite(图像对象 1, 图像对象 2, r)
```

这里将分离出的 r 通道值作为掩码参数，与图像对象 2 插值融合成一张图。

19.2.2　插值合成：杂技演员动作合成

【例 19.3】 柔术软功是中国传统杂技中的一门古老技艺，自汉代起传承两千多年至今，成为中华民族表演艺术的一枚瑰宝。修习此种技艺的女孩子都要从幼年就开始艰苦的魔鬼训练，她们以超常的毅力将人体的柔韧性发展到了极致。艺成之后就能够做出种种在常人看来很不可思议的动作，尽显东方女性的阴柔之美。如图 19.9 所示，这是一个柔术演员表演下腰倒立劈叉的动作，这个动作可分解为前后两个阶段来完成。

第一阶段
下腰撑地、单腿朝天蹬

第二阶段
倒立作塌腰顶、双腿呈竖叉打开

图 19.9　柔术演员表演下腰倒立劈叉动作的分解

为了更好地展示这一动作的连贯性，通过 PIL 的透明插值算法将两张照片合成为一张。

代码如下（ch19, 杂技演员动作合成, image_blend.py）：

```
from PIL import Image
myimg1 = Image.open("D:\Python\img\process\形体动作 01.jpg")
print('图片 1 格式为:.' + str(myimg1.format) + ',分辨率:' + str(myimg1.size) + ',模式:' + str(myimg1.mode))
myimg2 = Image.open("D:\Python\img\process\形体动作 02.jpg")
print('图片 2 格式为:.' + str(myimg2.format) + ',分辨率:' + str(myimg2.size) + ',模式:' + str(myimg2.mode))
                                                          #（1）
myimg12 = Image.blend(myimg1, myimg2, 0.618)              # 插值合成
print('合成图片格式:.' + str(myimg12.format) + ',分辨率:' + str(myimg12.size) + ',模式:' + str(myimg12.mode))
myimg12.save("D:\Python\img\process\动作合成.png")
myimg = Image.open("D:\Python\img\process\动作合成.png")
print('另存为格式:.' + str(myimg.format) + ',分辨率:' + str(myimg.size) + ',模式:' + str(myimg.mode))
myimg.show()
```

说明： Python PIL 在插值合成图片时，要求用于合成的两张原图格式和尺寸必须完全一样，这里用“图片对象名.format”获得图片格式；用“图片对象名.size”获得图片的分辨尺寸。如果两者不一致，必须先用图像处理软件将其设为一致后再另存。

运行效果：

合成的效果如图 19.10 所示，合成后的照片在向观众展示女孩柔美身形的同时，也能清楚地看出这一复杂形体动作的基本构成方式。

图 19.10 柔术形体动作合成的效果

另外，从程序的输出信息中，也可以看到两张原图及合成图的分辨率尺寸都是一致的，如图 19.11 所示。

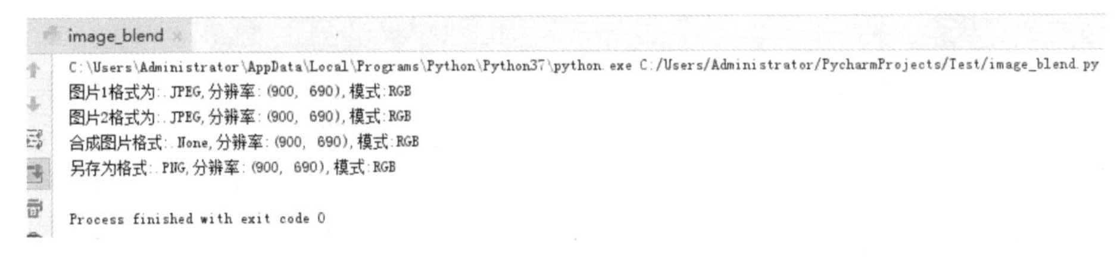

图 19.11 程序输出

19.2.3 通道合成：人鱼美照融入背景

【例 19.4】 当要合成的两张图色调相似，且又要以其中一张做背景时，用简单插值的方法合成的效果并不好，这时候就要使用到通道组合的合成方式，下面通过一个实例说明。

现有两张主色调均为蓝色的美人鱼照片，其中一张是年轻貌美的小美人鱼，如图 19.12 所示。

图 19.12 小美人鱼

另一张是人鱼在一起游弋的群体照，如图 19.13 所示。

图 19.13　人鱼传说

现在想把第二张人鱼传说作为第一张小美人鱼的背景，但因这两张照片都是蓝色基调，故不能简单地叠加，需要先对其中的一张进行色彩分解。

代码如下（ch19，人鱼美照融入背景，image_split.py）：

```
from PIL import Image
myimg1 = Image.open("D:\Python\img\process\人鱼传说.jpg")
myimg2 = Image.open("D:\Python\img\process\小美人鱼.jpg")
r, g, b = myimg1.split()                              # 分离出 R、G、B 三个方向的色彩分量
r.show()                                              # （1）
myimg = Image.composite(myimg1, myimg2, r)            # 以红色（R）通道为掩码进行组合
myimg.save("D:\Python\img\process\美人鱼家族.png")
myimg.show()                                          # 输出合成的图片
```

说明：在分离出三个通道后，对各通道分别采用“通道名.show()”的方法单独输出，结果发现图像在 R 通道方向上的分量色彩最深，如图 19.14 所示。

R通道

G通道

B通道

图 19.14　图像 R 通道分量色彩最深

因此，决定选用此通道作为与主图（小美人鱼）组合的掩码。

运行效果：

合成后的梦幻效果如图 19.15 所示，可以看到，由于正确选用了背景图中像素最深的通道分量做掩码，使合成图中既能清楚地看到背景人鱼群（尤其坐在礁石上的大人鱼），又很好地凸显了作为画面主角的小美人鱼形象，整个照片呈现出美轮美奂的梦幻情境。

图 19.15 合成后的梦幻效果

19.3 图像截取与抓拍

19.3.1 图像截取：人物肖像轮廓提取

【例 19.5】 达·芬奇的《蒙娜丽莎》是人类历史上最伟大的艺术作品之一，画中蒙娜丽莎神秘的微笑更是千百年来人们探讨不尽的一个谜题，如图 19.16 所示。

图 19.16 蒙娜丽莎的微笑

本例用 PIL 的图像截取功能来获取蒙娜丽莎的脸部轮廓，展现传说中神秘的微笑。

代码如下（ch19, 人物肖像轮廓提取, image_cropaste.py）：

```
from PIL import Image
from PIL import ImageFilter
def darker(x):                                          #（1）
    return x * 2.5
myimg = Image.open("D:\Python\img\process\蒙娜丽莎.jpg")
region = (100, 40, 220, 190)                            #（2）
# 将 myimg 表示的图片对象复制到 myface 中，大小为 region
```

```
    myface = myimg.crop(region)
    print('截取图像区域的尺寸: ' + str(myface.size))
    myface = myface.resize((160, 200))                                    # 重设尺寸放大显示
    myface = Image.eval(myface, darker)                                   # 像素加深
    myface = myface.filter(ImageFilter.EDGE_ENHANCE_MORE)                 # 使边缘增强显示
    myface = myface.filter(ImageFilter.CONTOUR)                           # 提取脸部轮廓
    myimg.paste(myface, (170, 180, 330, 380))                             # 粘贴进原图比照
    myimg.save("D:\Python\img\process\脸部素描.png")
    myimg.show()
```

说明：

（1）PIL 支持用户对一幅图的每一个像素用某种算法进行统一的处理，只要预先定义好一个函数（这里是 darker 函数），该函数有个参数 x（代表图中任一像素点），其中写好对 x 处理的算法（本例“x * 2.5”即对每个像素颜色加深 2.5 倍），就可在编程中调用此算法来作用于图片中的每一个像素，写法如下：

```
结果图像对象 =Image.eval(待处理图像对象, 函数名)
```

（2）确定需要截取的区域大小。该区域用一个四元组(x_1, y_1, x_2, y_2)表示，其中各参数的意义如图 19.17 所示。

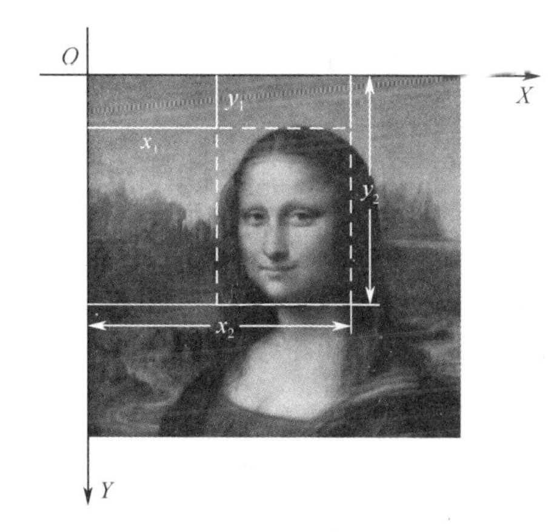

图 19.17　PIL 图像截取规则

截取的图像区域，可先对其进行各种变换和处理，然后再粘贴到原图或其他图片中的任何位置，语句写法如下：

```
目标图片对象.paste(图像片段, 粘贴区域)
```

其中，“图像片段”也就是截取的图片区域（处理过或维持原样）；“目标图片对象”将此图像片段粘贴到的目标图（不一定是截取片段的原图）；“粘贴区域”是一个四元组，要求其大小必须与将要粘贴的图像片段相匹配，如本例中的四元组如下：

$$(m1,n1,m2,n2) = (170,180,330,380)$$

而截取的图像片段在处理后已重设尺寸如下：

$$(x,y) = (160,200)$$

显然，有：

$$m2 - m1 = 330 - 170 = 160 = x$$
$$n2 - n1 = 380 - 180 = 200 = y$$

因而两者是匹配的，可以执行粘贴操作。若不匹配，PIL 会提示输出错误的信息。

运行效果：

运行程序后，将《蒙娜丽莎》上截取的面部轮廓，处理后贴于原图进行对比，如图 19.18 所示。

图 19.18 提取面部轮廓

从放大的面部轮廓可以看到，原画中一直保持着“高冷范儿”的蒙娜丽莎此时似乎是真的笑起来了。

19.3.2 画面抓拍：艺术体操表演抓拍

【例 19.6】 艺术体操（Rhythmic Gymnastics）是一项艺术性很强的女子竞技体育项目，起源于 19 世纪末 20 世纪初的欧洲，是奥运会、亚运会的重要比赛项目。参赛者一般在音乐的伴奏下手持彩色绳带或球圈，做出一系列富有艺术性的跳跃、平衡、波浪形及高难度技巧动作。由于艺术体操表演的动作都极富韵律、节奏畅快，观众往往难以看清动作间的衔接方式，而用 Python 的 Pillow 库就可对高速变换的动态图像按帧进行定点抓拍，轻松记录下运动员的每一个表演细节。

1. 准备资源

从网上下载获取一段艺术体操运动员表演带操的 GIF 动图，如图 19.19 所示。

图 19.19 艺术带操的 GIF 动图

先用 Windows 的画图程序做一个 2220×360（像素）的空白画布，保存为 JPG 格式，如图 19.20 所示。

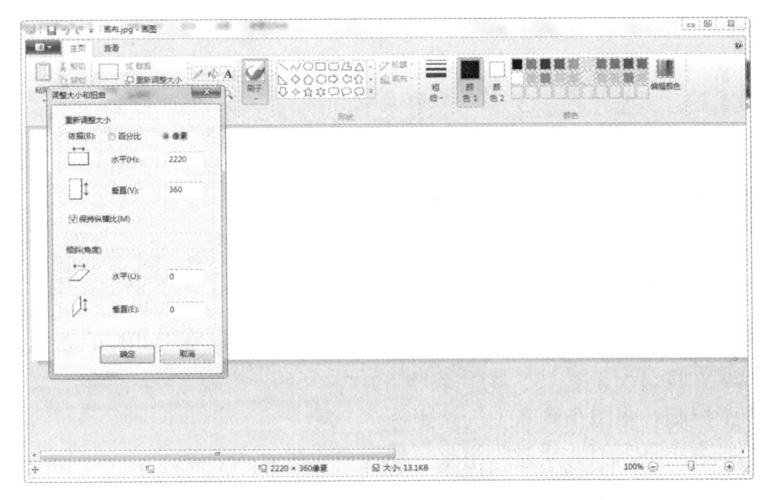

图 19.20　准备空白画布

接下来就可以先编程抓取所需的动作图片，然后再粘贴到画布上仔细欣赏。

2. 程序抓取

代码如下（ch19，艺术体操表演抓拍，image_gifsnap.py）：

```
from PIL import Image
from PIL import ImageEnhance
from PIL import ImageFilter
myimg = Image.open("D:\Python\img\process\艺术体操.gif")
mycav = Image.open("D:\Python\img\process\画布.jpg")
print('图片格式为:' + str(myimg.format) + ',分辨率:' + str(myimg.size) + ',模式:' + str(myimg.mode))
width = myimg.size[0]                                                  # 存储图片宽度值
height = myimg.size[1]                                                 # 存储图片高度值
mysnap = myimg.convert('RGBA')                                         # 输出第 0 帧
mysnap = ImageEnhance.Contrast(mysnap).enhance(1.618).filter(ImageFilter.DETAIL)
                                                                       #（1）
x = 10                                                                 #（2）
mycav.paste(mysnap, (x, 7, x + width, 7 + height))
mycav.show()                                                           #（3）
x = x + width + 10
myimg.seek(3)                                                          #（4）
mysnap = myimg.convert('RGBA')                                         # 输出第 3 帧
mysnap = ImageEnhance.Contrast(mysnap).enhance(1.618).filter(ImageFilter.DETAIL)
mycav.paste(mysnap, (x, 7, x + width, 7 + height))
mycav.show()
x = x + width + 10
myimg.seek(16)
mysnap = myimg.convert('RGBA')                                         # 输出第 16 帧
mysnap = ImageEnhance.Contrast(mysnap).enhance(1.618).filter(ImageFilter.DETAIL)
mycav.paste(mysnap, (x, 7, x + width, 7 + height))
mycav.show()
x = x + width + 10
myimg.seek(19)
mysnap = myimg.convert('RGBA')                                         # 输出第 19 帧
mysnap = ImageEnhance.Contrast(mysnap).enhance(1.618).filter(ImageFilter.DETAIL)
mycav.paste(mysnap, (x, 7, x + width, 7 + height))
```

```
mycav.show()
x = x + width + 10
myimg.seek(22)
mysnap = myimg.convert('RGBA')                                    # 输出第 22 帧
mysnap = ImageEnhance.Contrast(mysnap).enhance(1.618).filter(ImageFilter.DETAIL)
mycav.paste(mysnap, (x, 7, x + width, 7 + height))
mycav.save("D:\Python\img\process\艺术体操.png")
mycav.show()
```

说明：

（1）为了保证图片质量，需要对原始图片进行适当处理，可以使用 PIL 的增强类和滤波器，先增加图像的对比度，再用 DETAIL 滤波丰富图像的细节。

（2）变量 x 用于控制各张图在画布上的横坐标。

（3）每张图都要调用.show()方法显示出来，使用户实时看到效果。

（4）PIL 用“图片对象.seek(帧数)”抓取 GIF 中某一帧的图片，如果不指定帧数，默认抓取的是第 0 帧（起始图片）。

运行效果：

本例选择抓取图像的第 0、3、16、19、22 共 5 帧图片，程序启动运行后每抓一帧就会实时输出，如图 19.21 所示。

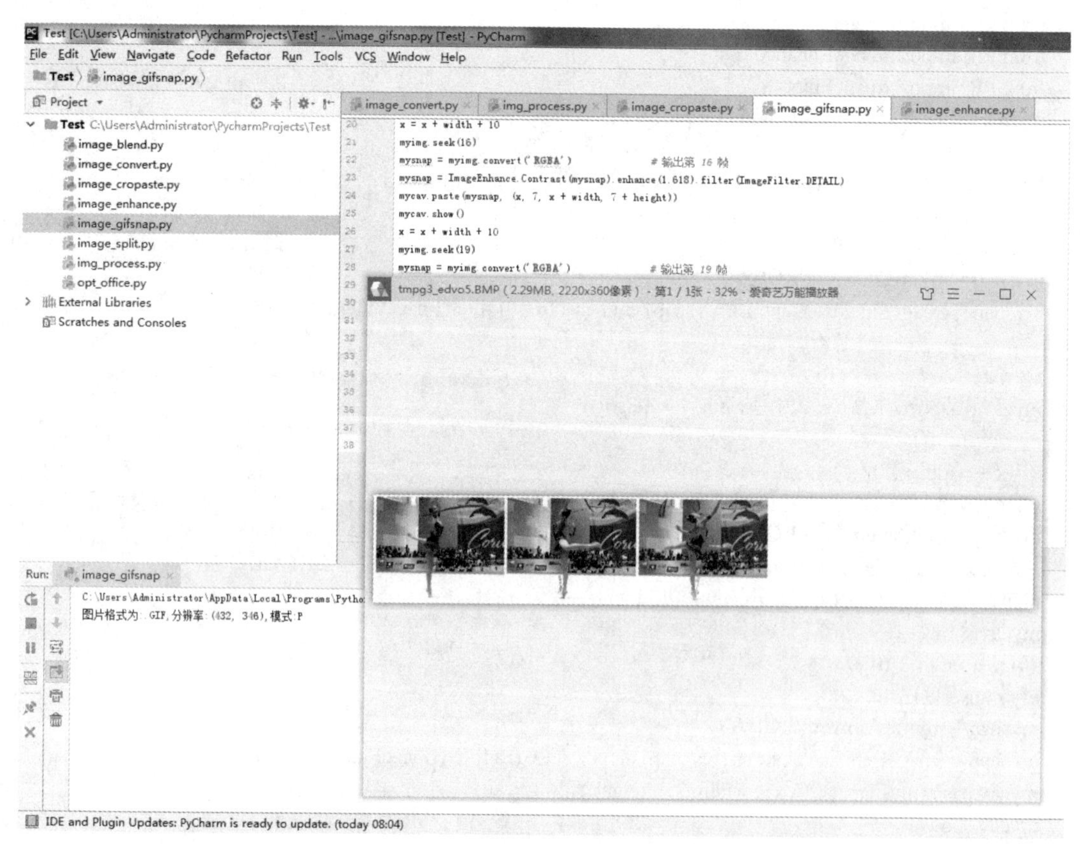

图 19.21 程序运行过程中的输出

最终保存生成的 5 张图片，依次贴在画布上的效果如图 19.22 所示。

图 19.22　最终生成的图片

可以很清楚地看到艺术体操运动员身体旋转过程中每一个优雅的瞬间，真是让人赏心悦目啊！

19.4　综合应用实例：长白山天池水怪研究

【例 19.7】 在本章的最后，将 Python PIL 图像处理技术应用于研究一个著名的自然界未解之谜——天池水怪。

19.4.1　背景知识

太千世界无奇不有，尽管在 21 世纪的今天，在最熟悉的地球上，依然有很多地方是人类未曾涉足的。在世界各地很多深水湖泊中，就不时传出有人目击到不明生物（水怪）的事件。

长白山坐落在吉林省东南部，是形成于 1200 万年前地质造山运动的一座休眠火山。在漫长的地质年代里，长白山经多次喷发使其火山口被拓成一个巨型伞面体，经长年累月积水成湖，形成了十余平方千米的浩瀚水面，也就是今日所见的天池，如图 19.23 所示。天池海拔为 2189.1 米，略呈椭圆形，被 16 座山峰环绕，像一块瑰丽的碧玉镶嵌在雄伟的长白山群峰之中。天池南北长为 4.4 千米，东西宽为 3.37 千米，水面面积为 9.82 平方千米，总蓄水量为 20.4 亿立方米，湖周长为 13.1 千米，平均水深为 204 米，最深处达 373 米。它是中国最深的湖泊，也是世界上最深的高山湖泊，宽广的湖泊面积加上莫测的水深，使天池成为众多人类尚未探明的新物种及大型不明水生动物繁衍栖息的天堂。

图 19.23　美丽的天池

近年来，在天池景区不断出现有游客目击到水怪的报道，最近的一次是在 2013 年 11 月 24 日，有近百名游客现场目睹了浮出水面体型硕大的不知名动物，有人还拍下了照片，其中的一张如图 19.24 所示。

天池水怪的发现很容易让人联想到著名的尼斯湖水怪，尼斯湖（Loch Ness）位于英国苏格兰高原北部大峡谷中，湖面积并不大，却很深，平均深度为 200 米，与天池的生态环境有着诸多相似之处，同为高山深水湖。

图 19.24 天池水怪目击照片

动物学界有一种假说，认为尼斯湖水怪是已经灭绝的史前动物蛇颈龙的后代。蛇颈龙是生活在 1 亿至 7000 多万年前的一种巨大水生爬行动物，也是恐龙的远亲。根据已发掘的化石材料用计算机合成的蛇颈龙形态三维复原图，如图 19.25 所示，可以看到它有一个细长的脖子、椭圆形的身体和长长的尾巴，嘴里长着利齿，以鱼类为食，是中生代海洋的霸主。

图 19.25 蛇颈龙的三维复原图

那么，长白山天池水怪与尼斯湖水怪是否为同一物种，它们是幸存至今的蛇颈龙或其近亲的后代吗？这需要将天池水怪、尼斯湖水怪及蛇颈龙的照片加以比对，从形态学上进行细致的分析才能提供破解谜题的线索。而目击者拍摄的水怪照片往往由于距离遥远，影像模糊不清，这时候 Python 作为一款功能完善的图像处理工具，其强大作用就愈发显示了出来，下面将用 Python PIL 对水怪目击照片进行处理，根据处理的结果来探究以上这些疑问。

为进行对比，找到了有关尼斯湖水怪的历史资料和照片，如图 19.26 所示，这是 1934 年 4 月，英国医生威尔逊途经尼斯湖遇水怪时抢拍的照片，被认为是迄今为止有关尼斯湖怪存在的最有力证据。

图 19.26　尼斯湖水怪的历史照片

19.4.2　处理水怪的影像

将以上三张照片用 PIL 编程处理，代码如下（ch19，长白山天池水怪研究, image_monster.py）：

```
from PIL import Image
from PIL import ImageEnhance
from PIL import ImageFilter
# 载入各原始资料图片
mylake = Image.open("D:\Python\img\process\美丽的天池.jpg")
myfoss = Image.open("D:\Python\img\process\化石.jpg")
myness = Image.open("D:\Python\img\process\尼斯湖水怪.jpg")
mytian = Image.open("D:\Python\img\process\天池水怪.jpg")
mysnake = Image.open("D:\Python\img\process\蛇颈龙.jpg")
# 生成背景和缩略图
mylake = mylake.resize((1560, 1170))                              # 设置背景图尺寸
myfoss = ImageEnhance.Contrast(myfoss).enhance(2.618)
myfoss = myfoss.filter(ImageFilter.EMBOSS)
myfoss.thumbnail((300,300))
mylake.paste(myfoss, (5, 5))
# 处理尼斯湖水怪的历史照片                                         #（1）
myness = myness.resize((500, 400))
myness = ImageEnhance.Brightness(myness).enhance(1.2)
myness = myness.filter(ImageFilter.DETAIL).filter(ImageFilter.SHARPEN)
mylake.paste(myness, (20, 740, 520, 1140))
# 处理天池水怪目击照片                                             #（2）
region = (230, 100, 380, 220)
mytian = mytian.crop(region)
mytian = mytian.resize((500, 400))
mytian = ImageEnhance.Contrast(mytian).enhance(2.618)
mytian = ImageEnhance.Color(mytian).enhance(1.618)
mytian = ImageEnhance.Brightness(mytian).enhance(1.2)
mytian = mytian.filter(ImageFilter.DETAIL)
mytian = mytian.filter(ImageFilter.BLUR)
mytian = mytian.filter(ImageFilter.SHARPEN)
```

```
mytian = mytian.convert('F')
mylake.paste(mytian, (530, 740, 1030, 1140))
# 处理蛇颈龙化石的三维复原图
mysnake = mysnake.transpose(Image.FLIP_LEFT_RIGHT)                    #（3）
mysnake = mysnake.resize((500, 400))
mysnake = ImageEnhance.Contrast(mysnake).enhance(2.618)
mysnake = ImageEnhance.Brightness(mysnake).enhance(2.618)
mysnake = mysnake.convert('F')
mylake.paste(mysnake, (1040, 740, 1540, 1140))

mylake.save("D:\Python\img\process\长白山天池水怪研究.png")
mylake.show()
```

说明：

（1）为便于对比，将所有照片都用 resize()方法重设为 500×400（像素）。因尼斯湖水怪照片是历史老照片，处理方式为：用 Brightness 增强类提高其亮度，用 DETAIL 和 SHARPEN 滤波器显示细节并增加清晰度。

（2）天池水怪照片由于现场拍摄的距离较远，可以采用 PIL 图像截取技术，先将有疑似水怪的部分剪切下来加以放大，然后用一系列增强类 Contrast、Color 和 Brightness 增加图像的对比度、色彩饱和度和亮度，再通过一系列滤波器 DETAIL、BLUR 和 SHARPEN 增加细节和提高清晰度。为与尼斯湖水怪的历史照片进行对比，还要将最终照片转换为黑白的，这里转换为“F”（32 位浮点型像素）是为了尽可能不损失原照片的信息。

（3）用 transpose()方法对照片进行翻转操作，这里用参数“Image.FLIP_LEFT_RIGHT”执行左右水平方向翻转，以使蛇颈龙的头与两张水怪的头部朝向一致，便于比较。

19.4.3 观察、研究及结论

运行程序，输出画面如图 19.27 所示。

图 19.27 两种水怪与蛇颈龙的形态比较

图片下方从左往右依次为：尼斯湖水怪、天池水怪及蛇颈龙。从形态上看，天池水怪与尼斯湖水怪极为相似，都伸着长长的倒钩状脖子、脑袋很小，再从它们的生活环境都是“高山深水湖泊”这一点推断：两者很有可能是同一个属的物种。

但无论是尼斯湖水怪还是天池水怪，它们皆有隆起露出水面的宽大脊背，这一点与右边的蛇颈龙在体态上存在显著的差异。蛇颈龙的躯体呈扁椭圆形、较小，虽然其颈部形状与两水怪相似，但当它将脖子伸出水面时，为保持躯干的平衡，是无法同时在水面上露出背脊的，故不能断定天池水怪一定与蛇颈龙是同一个属的物种。

总之，奇妙大自然存在着太多的未解之谜，除水怪外，还有神农架野人、南极 Ningen、UFO 现象等，学会了 Python PIL 图像处理技术，读者朋友就可以用本章介绍的这个方法结合互联网上丰富的图片信息资源，去探索其中的奥秘。

第20章 其他也精彩：音频、动画、视频与C++实例

Python作为一门通用程序设计语言，其应用场合还有很多，本章将列举Python语言在音频处理、动画制作、视频剪辑、与外部程序（如C/C++语言）互操作，以及调用DLL库功能等应用，让大家一窥Python技术的诸多神奇魅力。

20.1 音频处理：流行歌曲串烧

20.1.1 歌曲介绍

【例20.1】 老男孩筷子兄弟的《小苹果》和凤凰传奇的《最炫民族风》是近年来红遍中国大江南北的歌曲，也是众多广场舞爱好者乃至年轻人舞蹈、健身首选的伴奏曲，这两首歌的歌词内容如图20.1所示。

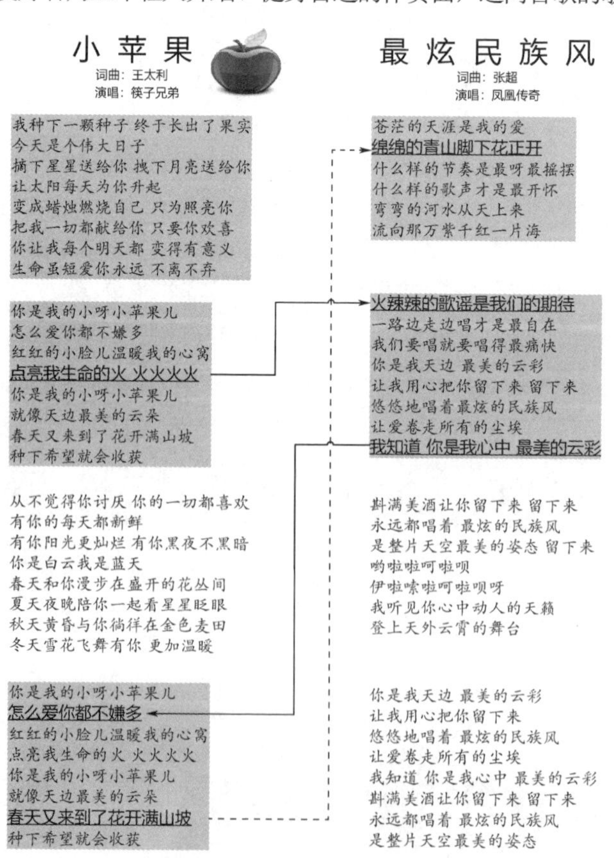

图20.1 两首歌在歌词意蕴间的关联

从歌词中很容易发现，它们在意蕴上存在多处相关联的地方，利用这一点，可将这两首歌的曲段巧妙地衔接融合成一首歌。下面就来做这样的尝试。

20.1.2　Python 音频处理模块

Python 的音频模块包括音频处理库和音频播放库。本章使用的音频处理库是 pydub，它的下载地址为 https://pypi.org/project/pydub/#files；使用的音频播放库是 PyAudio，下载地址为 https://www.lfd.uci.edu/~gohlke/pythonlibs/，如图 20.2 所示。

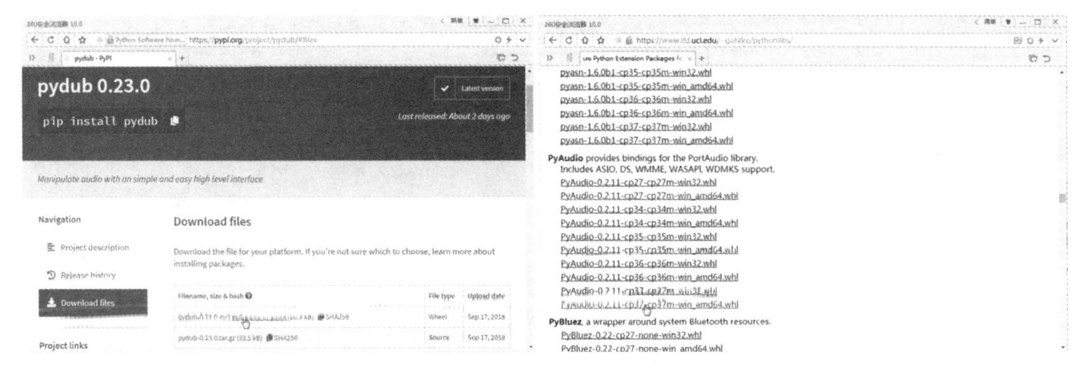

图 20.2　下载 Python 的音频模块

下载得到的都是.whl 格式的安装文件，在 Windows 命令行下输入执行安装进程的语句如下：

```
pip install D:\Python\software\pydub-0.23.0-py2.py3-none-any.whl
pip install D:\Python\software\PyAudio-0.2.11-cp37-cp37m-win_amd64.whl
```

命令行操作界面如图 20.3 所示。

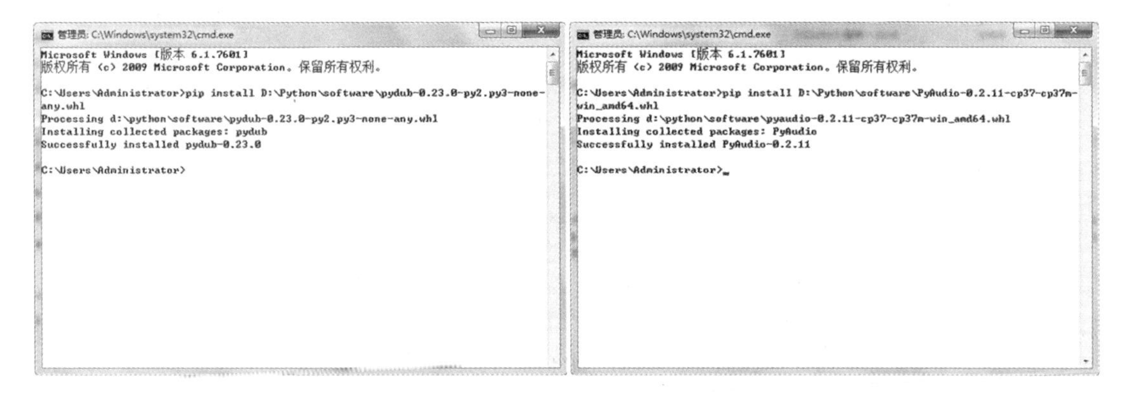

图 20.3　命令行安装 pydub 和 PyAudio 库

20.1.3　用 Python 实现歌曲串烧

首先从网上下载两首歌曲的 WAV 格式文件：“小苹果.wav”“最炫民族风.wav”。

代码如下（ch20，音频，audio_applegend.py）：

```
from pydub import AudioSegment                    # 导入 pydub 音频处理库
import pyaudio                                    # 导入 PyAudio 播放库
import wave                                       # 导入 Python 内置音频库
```

```
mysong_apple = AudioSegment.from_wav("D:\Python\media\小苹果.wav")
                                                                    #（1）
mysong_legend = AudioSegment.from_wav("D:\Python\media\最炫民族风.wav")
seg0_apple = mysong_apple[:63000]
seg1_legend = mysong_legend[46000:57000]                            #（2）
seg1_legend -= 3          # 适当降低凤凰传奇女声音量，以便实现两段音乐的平滑过渡
seg1_legend = seg0_apple + seg1_legend                              # 将两段音频拼接起来
inter1_legend = mysong_legend[:23000]                               # 插入凤凰传奇旋律一
seg1_legend = seg1_legend.append(inter1_legend, crossfade=7500)     # 交叉淡化处理
seg2_legend = mysong_legend[57000:76000]
seg2_legend = seg1_legend + seg2_legend
seg3_apple = mysong_apple[51500:61700]
seg3_apple += 2          # 适当提高筷子兄弟歌声音量，以便实现两段音乐的平滑过渡
seg3_apple = seg2_legend + seg3_apple                          # 再次转接入小苹果歌词
seg3_apple = seg3_apple.fade_out(100)                          # 0.1s 的淡出以便接续插入旋律
inter2_apple = mysong_apple[155000:170500]                     # 插入小苹果旋律二
seg3_apple += inter2_apple.fade_in(500)                        # 0.5s 淡入旋律，使衔接更自然
seg4_apple = mysong_apple[63200:74500]
seg4_apple = seg3_apple + seg4_apple
seg5_legend = mysong_legend[26850:37800]
seg5_legend = seg4_apple + seg5_legend                         # 又接入最炫民族风片段
inter3_legend = mysong_legend[182000:198900].fade_out(100)     # 凤凰传奇旋律二
seg5_legend += inter3_legend.fade_in(500)                      # 0.5s 淡入旋律，使衔接更自然
seg6_legend = mysong_legend[38200:60500]
seg6_legend = seg5_legend + seg6_legend
seg7_apple = mysong_apple[51500:70300]
seg7_apple = seg6_legend + seg7_apple                          # 回到小苹果
seg8_legend = mysong_legend[-20000:] + 4                       # 最后 20s 由凤凰传奇唱结尾
seg8_legend = seg7_apple + seg8_legend
seg8_legend.export('D:\Python\media\最炫苹果风.wav', format='wav')       #（3）
mysong_applegend = wave.open(r"D:\Python\media\最炫苹果风.wav", 'rb')
                                                                        #（4）
pa = pyaudio.PyAudio()
# 打开音频输出流
mystream = pa.open(format = pa.get_format_from_width(                   # 取样量化格式
                   mysong_applegend.getsampwidth()),
                   channels = mysong_applegend.getnchannels(),          # 声道数
                   rate = mysong_applegend.getframerate(),              # 取样频率
                   output = True)                                       # 开启输出流
# 通过写输出流来播放
chunk = 1024
while True:
    mdata = mysong_applegend.readframes(chunk)                          # 读取音频数据
    if mdata == "":
        break
    mystream.write(mdata)
mystream.close()                                                        # 关闭音频流
pa.terminate()
```

说明：

（1）AudioSegment 是 pydub 库的一个不可变对象，它能够将一个音频打开成 AudioSegment 的对

象实例并返回，然后用户就可以使用各种方法对音频实例进行处理。AudioSegment 的基本调用格式如下：

```
音频实例名 = AudioSegment.from 方法(含路径的文件名)
```

说明：“音频实例名”是打开的音频引用，供用户在程序中进一步处理的音频对象（可以是一首歌，也可以是一首歌中的某个片段）；“from 方法”根据打开音频格式的不同会有不同的方法名称，例如：

```
AudioSegment.from_wav("文件名.wav")          # 打开 WAV 音频
AudioSegment.from_mp3("文件名.mp3")          # 打开 MP3 音乐
AudioSegment.from_flv("文件名.flv")          # 打开 FLV
```

需要特别指出的是：pydub 库默认只支持通用的 WAV 音频格式，若要打开其他格式的音频，还必须另外安装 ffmpeg 库，与之配合使用才行。

（2）在获得了返回的 AudioSegment 实例后，就可以引用其对音频进行各种处理操作，最常用的是音频截取，即从一段完整乐曲中单独切下某个片段。pydub 以 Python 数组切片的方式来截取音频片段，基本用法有如下三种：

```
新实例名 = 音频实例名[:终止时刻]              # 取开头至终止时刻的音频片段
新实例名 = 音频实例名[起始时刻:终止时刻]      # 取指定起止时间段的音频片段
新实例名 = 音频实例名[-时长:]                 # 取音频末尾特定时长的片段
```

说明：“起始时刻”“终止时刻”“时长”皆以 ms 为单位，获取返回得到的仍是一个 AudioSegment 类型的对象实例，对应截取到的新音频片段的引用。本例程序中所确定的各个起止时刻及时长信息，都是笔者通过“爱奇艺万能播放器”看到的，如图 20.4 所示，打开音频文件进行播放，在播放器左下方就可以看到表示当前所处时刻的进度条，按照编程需要记录下来（换算成 ms）即可，当然在写程序时还要根据实际截取片段的音效，对程序中的时刻点参数值进行略微调整才能获得满意的结果。

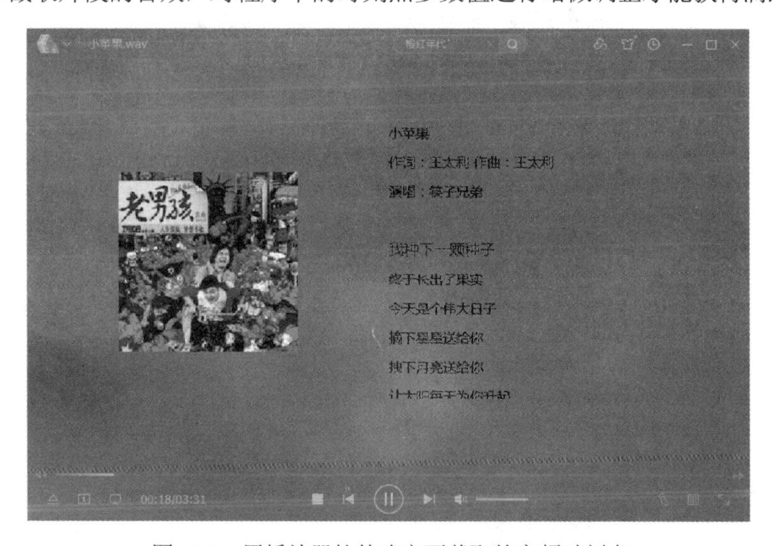

图 20.4 用播放器软件确定要截取的音频时刻点

（3）调用 AudioSegment 实例 export()方法保存处理过的结果音频，保存时必须以 format 参数指定音频的存储格式。

（4）wave 是 Python 语言内置的音频处理类，但它的使用比较麻烦，要设置很多参数，且功能上也不如 pydub 库强大，故在实际应用中多用于打开已处理好的音频文件，再配合 PyAudio 播放出来。

20.1.4 合成的新曲

为合成的新曲取名为《最炫苹果风》，它是《小苹果》《最炫民族风》的融合，其乐章结构如图 20.5 所示。在本书附带的资源中提供了此曲的.wav 音频文件，读者可以听一听非常有趣。

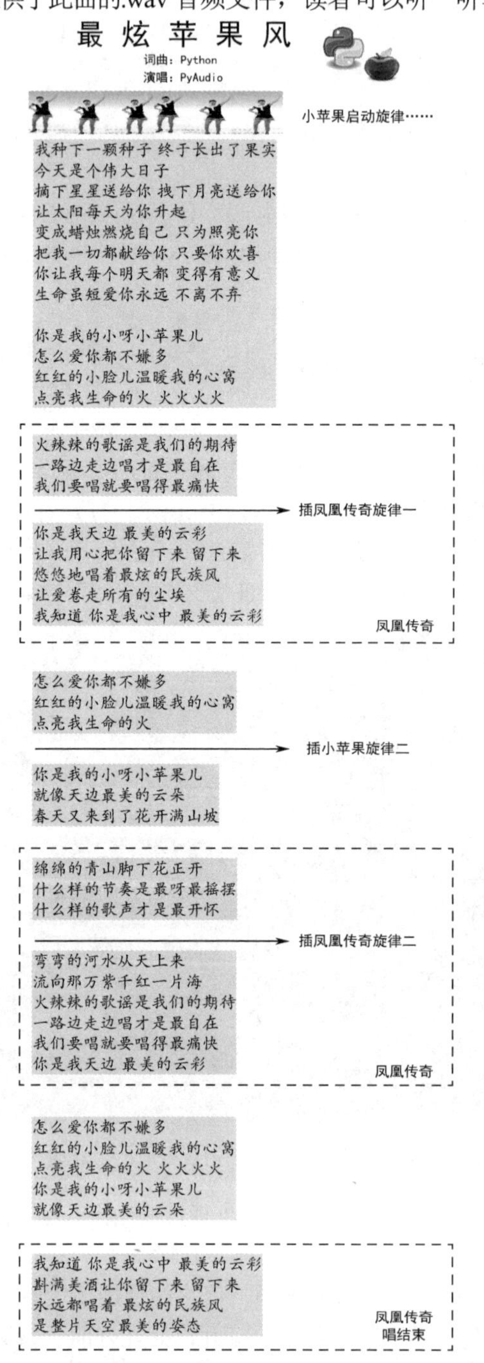

图 20.5 《小苹果》《最炫民族风》合成的《最炫苹果风》

除了本节介绍的音频库，Python 还有很多其他第三方库能支持更为高级的音频编辑功能，如 ffmpeg

库（与 pydub 配合）可支持 MP3、MP4、FLV、WMA、OGG 等广泛的音频格式；pyttsx（与 pywin32 配合）可实现文字转语音输出等，限于篇幅，在此不再过多展开，有兴趣的读者可自行试用。

20.2　动画制作：阿基米德螺线的生成演示

20.2.1　动画相关组件

【例 20.2】 Python 的 moviepy 组件可用于制作动画，与之相关的组件还包括 decorator、imageio、tqdm、numpy 和 pillow，系统在安装时会自动检测这些关联组件是否都已安装，若没有，会自动联网下载安装。在 Windows 命令行输入命令如下：

```
pip install moviepy
```

开始安装过程，如图 20.6 所示。

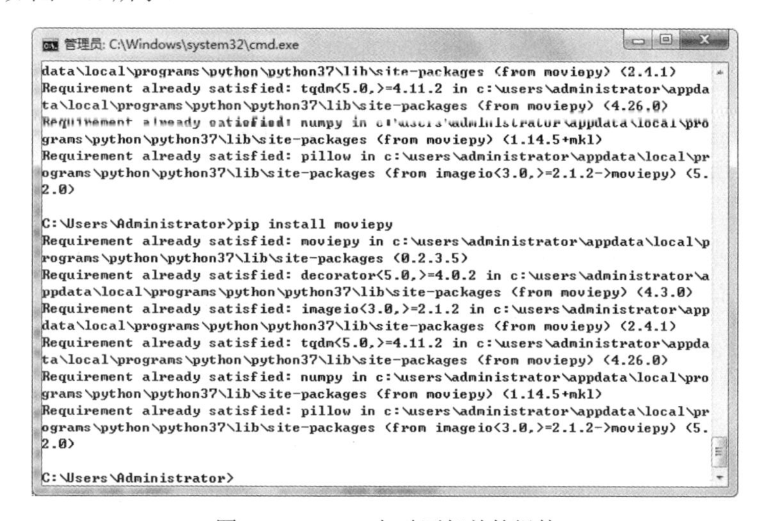

图 20.6　Python 与动画相关的组件

安装完成并校验无误之后，就可以用 moviepy 来制作动画了。

20.2.2　程序实现

在第 11 章中绘制了阿基米德螺线，本节将 moviepy 与 Python 的二维绘图库 MatPlotLib 一起配合使用，采用动画的方式演示出阿基米德螺线的生成过程。

代码如下（ch20, 动画, move_spiral.py）：

```
import numpy as npy
import matplotlib.pyplot as pyt                                # 导入 MatPlotLib 绘图库
from moviepy.video.io.bindings import mplfig_to_npimage        # 导入动态图像绘制库
import moviepy.editor as mpy                                   # 导入动画编辑库
pyt.rcParams['font.sans-serif'] = ['SimHei']                   # 正常显示中文
pyt.rcParams['axes.unicode_minus'] = False                     # 正常显示坐标值负号
# 先用 MatPlotLib 绘制一个 Figure 对象
myfg = pyt.figure(figsize = (8, 8))
myaxs = myfg.add_axes([0.1, 0.1, 0.8, 0.8])                    # 添加坐标轴
myaxs.set_xlim(-40, 40)                                        # 限定 X 轴范围
```

```
myaxs.set_ylim(-40, 40)                                     # 限定 Y 轴范围
pyt.title("阿基米德螺线生成过程")
# 接受一个时间参数 T，以它为周期，每更新一次产生一幅 GIF 图像
def generate_frame_mpl(T):
    t = npy.linspace(1, T * 2 * npy.pi, 100000)             # 阿基米德螺线方程的参数
    # 阿基米德螺线方程
    x = (1 + 0.618 * t) * npy.cos(t)
    y = (1 + 0.618 * t) * npy.sin(t)
    myaxs.plot(x, y, label="$Archimedes$", color="red", linewidth=0.9)
                                                            # 画螺线
    myaxs.set_xlabel('螺旋圈数 {0}'.format(int(T)))          # 实时显示当前圈数
    return mplfig_to_npimage(myfg)                          # 所有的 GIF 图像都在同一个 Figure 对象上
myanimation = mpy.VideoClip(generate_frame_mpl, duration = 10)
                                                            # duration 表示螺线圈数
myanimation.write_gif("阿基米德螺线生成.gif", fps = 8)       # fps 为每圈采样帧数
```

20.2.3 演示效果

运行程序，先由 moviepy 调用 imageio 组件将每一帧采样图像逐一写入 GIF 文件，程序输出显示该进程，如图 20.7 所示。

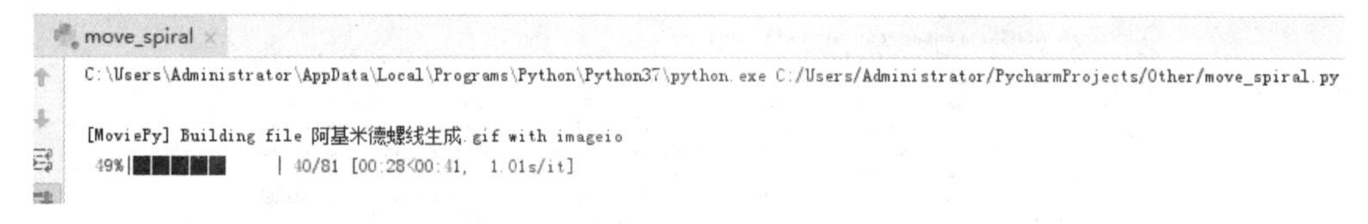

图 20.7 写入 GIF 文件

待进度条行进到头后，在项目目录下可看到一个“阿基米德螺线生成.gif”文件，打开该文件可看到螺旋线一圈一圈逐步生成的动画，如图 20.8 所示。

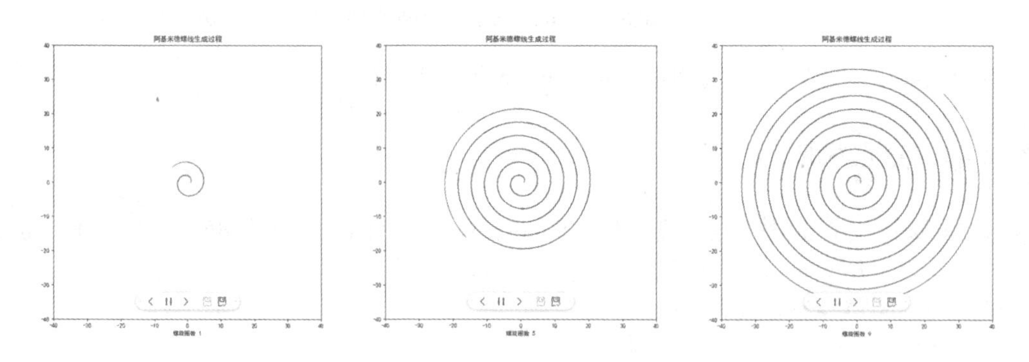

图 20.8 阿基米德螺线生成过程（动画）

20.3 视频处理：海洋馆潜水员表演视频剪辑

【例 20.3】 本节将通过对一段潜水员水下表演视频的剪辑创作，介绍 Python 强大的视频处理功能。

20.3.1　Python 视频模块

Python 视频内容处理模块主要是 Opencv 库和 PIL 库，但将处理后的视频片段合成为完整的影视作品还要用到 moviepy 库和 ffmpeg 库。Opencv 下载地址为 https://www.lfd.uci.edu/~gohlke/pythonlibs/，如图 20.9 所示。

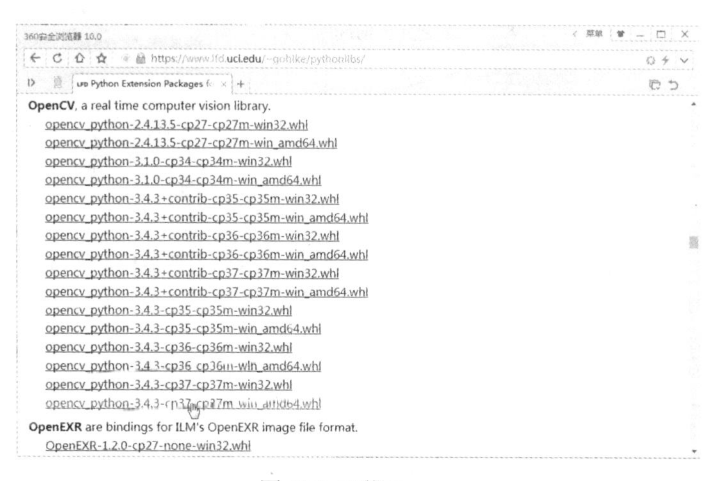

图 20.9　下载 Opencv

下载得到.whl 格式的安装文件，在 Windows 命令行下输入语句如下：

```
pip install D:\Python\software\opencv_python-3.4.3-cp37-cp37m-win_amd64.whl
```

即可完成安装；ffmpeg 库则直接通过"Available Packages"窗口进行在线搜索安装，如图 20.10 所示。

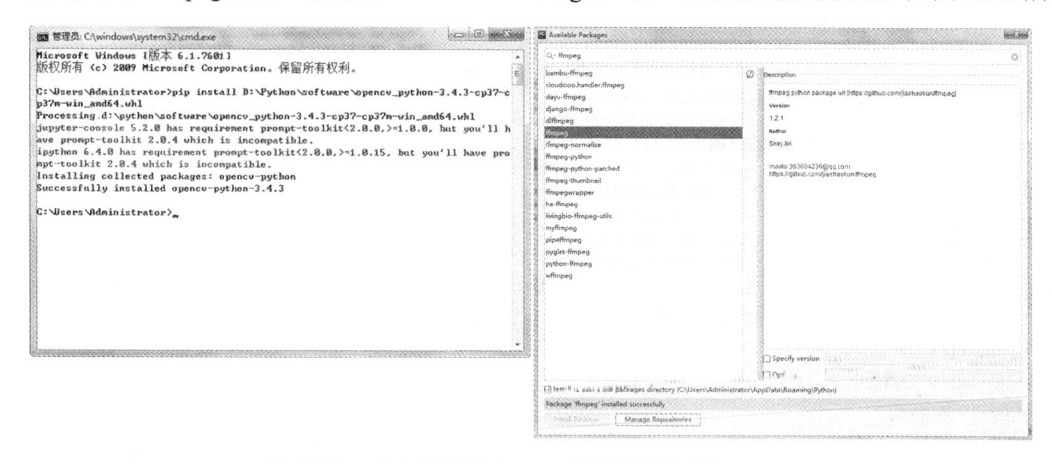

图 20.10　命令行安装 Opencv 及在线搜索安装 ffmpeg

20.3.2　本例视频处理需求

现有一段潜水员在海洋馆进行水下表演的视频。视频使用专业的水下高清摄像机拍摄，从事表演的潜水员年轻帅气，除展示一系列高难度动作外，还进行了水下倒立 1 个小时的挑战！

由于潜水员所表演的每段动作之间都有转换过渡的间隙，且在挑战中又长时间地维持倒立的姿势且纹丝不动，故录制的原始视频文件很大（1.52GB），如图 20.11 所示。

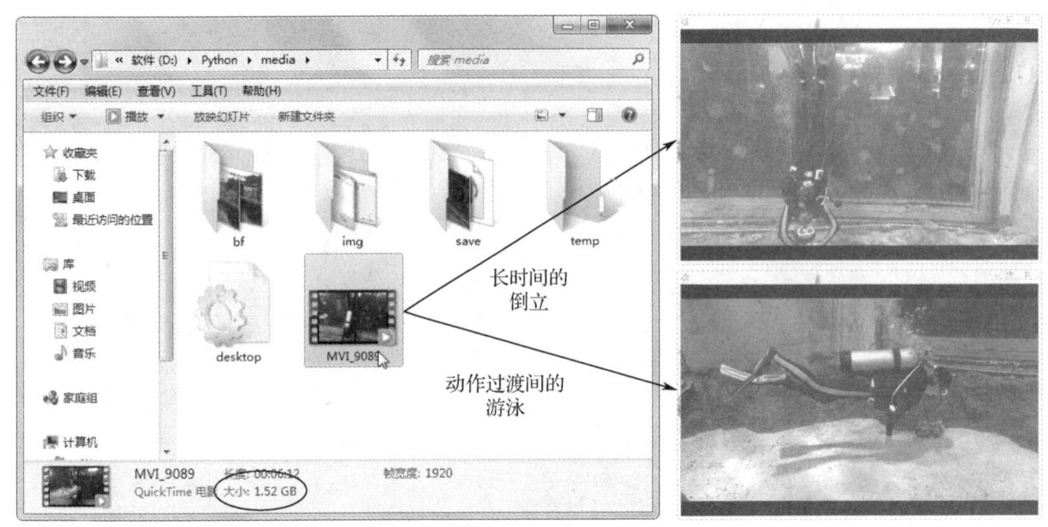

图 20.11 完整的原始视频文件很大

只有对原始视频进行一系列的后期处理，才能得到满意的效果。从上面分析可知本例处理的需求如下：

① 压缩视频文件大小；

② 对表演动作之间过渡的冗余段使用快进；

③ 对表演中的精彩片段做美化处理，并配字幕说明；

④ 给视频加上片头和片尾，使作品主题鲜明；

⑤ 将所有剪辑段合成为一个完整的作品。

20.3.3 格式转换

原始视频是.MOV 格式的（此制式的压缩比不高），下面先将其转换压缩，并另存为标准通用的MP4 格式，可极大地节省存储空间。

代码如下（ch20, 视频, video_convert.py）：

```
import cv2                                                          # 导入 Opencv 库
src_video = cv2.VideoCapture("D:\Python\media\MVI_9089.MOV")
frame_total = int(src_video.get(cv2.CAP_PROP_FRAME_COUNT))          # 获取原始视频总帧数
print('视频总长:' + str(frame_total) + '帧')
count = 0
tmp_path = 'D:/Python/media/temp/snap_'
print('开始捕获:')
while True:
    ret, frame = src_video.read()                                   # 循环读取每一帧
    if not ret:
        break
    frame_capture = cv2.resize(frame, (768, 432), interpolation=cv2.INTER_AREA)
    cv2.imwrite(tmp_path + str(count) + '.jpg', frame_capture)
    count += 1                                                      # 帧计数
    print("save frame {} / {}".format(count, frame_total))
src_video.release()
rate = 10                                                           # (1)
myfourcc = cv2.VideoWriter_fourcc('m', 'p', '4', 'v')
```

```
print('生成 MP4 格式视频...')
dst_video = cv2.VideoWriter('D:\Python\media\BoyDiver.mp4', myfourcc, rate, (768, 432))
                                                                # 写入.mp4 文件
for n in range(0, count):
    frame_save = cv2.imread(tmp_path + str(n) + '.jpg')
    dst_video.write(frame_save)
print('生成完毕！ ')
cv2.destroyAllWindows()
```

说明：将新生成 MP4 视频的帧速率设为 10，便于对视频内容按时长进行精确定位。

运行及处理结果：

运行程序，获取原始视频共 8934 帧，统一提取暂存于 D:/Python/media/temp 目录下，如图 20.12 所示。

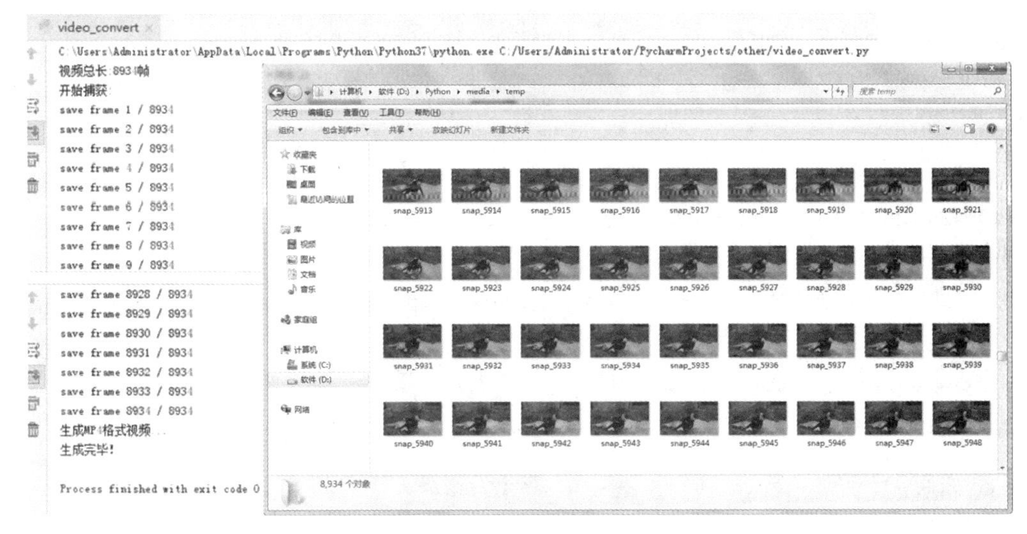

图 20.12　提取原视频的帧

经转换格式后的视频仅为 195MB，压缩为原来的 12.5%，可见通过转换格式提高视频存储效率的措施还是很有效的，如图 20.13 所示。

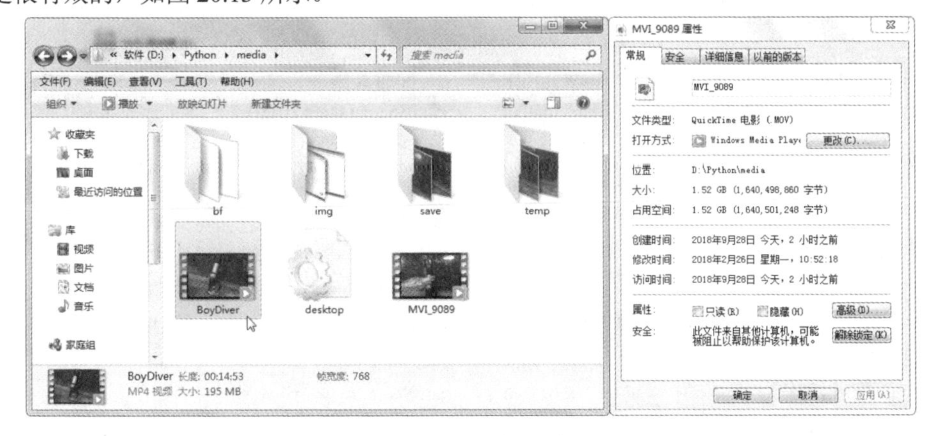

图 20.13　视频格式转换后大小的对比

20.3.4 冗余帧采样

对于视频中潜水员表演过渡间隙的冗余部分，可以用采样的方式压缩、加速其播放进度。代码如下（ch20, 视频, video_sampling.py）：

```
import cv2                                    # 导入 Opencv 库
from PIL import Image, ImageDraw, ImageFont, ImageEnhance, ImageFilter
import numpy as npy
video_in = cv2.VideoCapture('D:\Python\media\BoyDiver.mp4')
start_index = 7250                            # 起始帧
end_index = 8450                              # 终止帧
s_rate = 5                                    # 采样率
video_caption = '侧卧、分腿'                   # 设置本段视频的字幕内容
myfont = ImageFont.truetype('simkai.ttf', 30, encoding='utf-8')    # 设置字幕字体
cur_index = 0                                 # 当前帧
count = 0                                     # 帧计数
tmp_path = 'D:/Python/media/temp/snap_'
print('视频采样中...')
while True:
    ret, frame = video_in.read()
    if not ret:
        break
    if cur_index < start_index:               # 尚未定位至采样处
        cur_index += 1
        continue
    if cur_index == end_index:                # 至采样结束处
        break
    frame_capture = cv2.resize(frame, (768, 432), interpolation=cv2.INTER_AREA)
    if (cur_index - start_index) % s_rate == 0:
        '''以下对采到的帧图像进行处理'''
        frame_img = Image.fromarray(cv2.cvtColor(frame_capture, cv2.COLOR_BGR2RGB))
                                              # OpenCV 转 PIL 格式
        mydraw = ImageDraw.Draw(frame_img)
        mydraw.text((475, 267), video_caption, (255, 255, 255), font=myfont)
                                              # 字幕文字所在位置/内容/颜色/字体
        frame_img = ImageEnhance.Contrast(frame_img).enhance(1.618)    # 增强对比度
        frame_img = ImageEnhance.Color(frame_img).enhance(1.2)         # 增强饱和度
        frame_img = frame_img.filter(ImageFilter.DETAIL).filter(ImageFilter.SHARPEN)
                                                                       # 增加细节和清晰度
        frame_capture = cv2.cvtColor(npy.array(frame_img), cv2.COLOR_RGB2BGR)
                                                                       # PIL 转回 OpenCV 格式
        '''处理完毕'''
        cv2.imwrite(tmp_path + str(count) + '.jpg', frame_capture)
        count += 1
        print("save frame {} / {}".format(count, int((end_index - start_index) / s_rate)))
    cur_index += 1
```

```
video_in.release()
f_rate = 25                                         # 生成新视频的帧速
myfourcc = cv2.VideoWriter_fourcc('m', 'p', '4', 'v')
video_out = cv2.VideoWriter('D:\Python\media\diver11_游动.mp4', myfourcc, f_rate, (768, 432))
                                                    # （1）
for n in range(0, count):
    frame_save = cv2.imread(tmp_path + str(n) + '.jpg')
    video_out.write(frame_save)
print('采样完毕！')
cv2.destroyAllWindows()
```

说明：先将整个原始视频按内容进行划分，如表 20.1 所示，其中每个片段可以是一个阶段连贯动作的表演，也可以是各阶段间的衔接过渡（此时段内表演者只是游动、变换体位，而不做实质性表演动作），对于前者，必须完整保留视频中的每一帧，对其进行美化；而后者则以一定速率采样抽取其中一些帧，实际播放时就可以达到快进效果，使整个表演过程更加紧凑。

表 20.1　视频划分剪辑及内容编排

时段（mm:ss）	起 止 帧	配 套 字 幕	处 理 方 式	生 成 文 件
0～15	0～150	潜水员表演	采样	diver00_闪亮登场.mp4
15～35	150～350	潜水员表演	美化	diver01_面对观众倒立.mp4
35～2:10	350～1300	身贴展窗倒立	采样	diver02_反身.mp4
2:10～3:15	1300～1950	身贴展窗倒立	美化	diver03_背贴窗倒立.mp4
3:15～5:45	1950～3450	前滚翻	采样	diver04_前滚翻.mp4
5:45～6:50	3450～4100	徒手倒立、分腿	美化	diver05_徒手倒立.mp4
6:50～7:30	4100～4500	徒手倒立、分腿	采样	diver06_游动.mp4
7:30～9:12	4500～5520	水底仰卧	美化	diver07_仰卧.mp4
9:12～9:35	5520～5750	趴伏	采样	diver08_趴伏.mp4
9:35～10:15	5750～6150	翻身	采样	diver09_翻身.mp4
10:15～12:05	6150～7250	侧卧、分腿	美化	diver10_侧卧分腿.mp4
12:05～14:05	7250～8450	侧卧、分腿	采样	diver11_游动.mp4
14:05～14:38	8450～8780	倒立 1 小时的挑战	美化	diver12_持久倒立.mp4
14:38～结束	8780～末帧	动态计时效果	特殊处理	diver13_坚持.mp4

在处理每一段的时候，读者只须按表在程序代码中设置起止帧、字幕文字内容及要生成的目标视频文件名就行了。

运行及处理结果：

以表 20.1 的第一段（0～150 帧）为例进行采样处理，结果如图 20.14 所示。

采样提取的每一帧画面都存储在 D:/Python/media/temp/目录下，同时使用 PIL 库进行了美化，处理前后视频画面的截图对比如图 20.15 所示，可见效果还是很明显的。

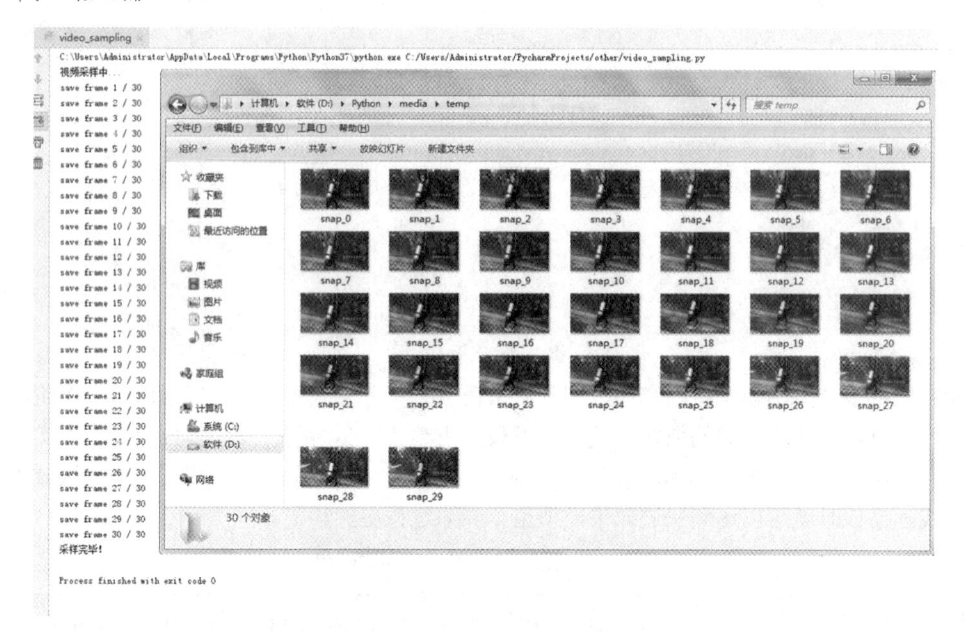

图 20.14 对第一段视频执行采样处理

原视频画面截图

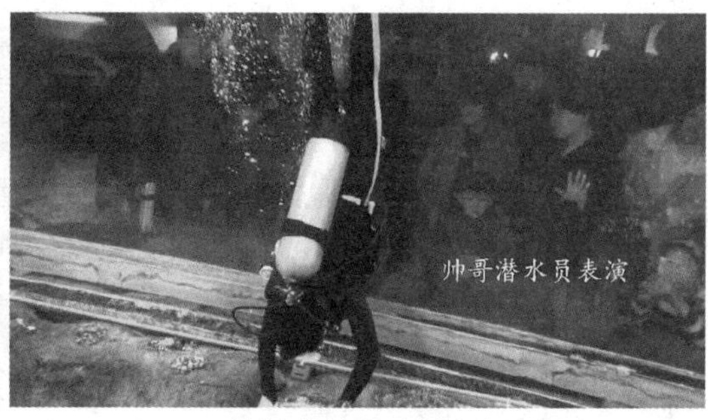

美化添加字幕后的画面

图 20.15 美化处理前后

20.3.5 必要帧处理

表演中每一组连贯的动作过程都是必要的帧段，不能用采样快进，只能在原样的基础上做美化处理。

代码如下（ch20，视频，video_processing.py）：

```
import cv2                                                        # 导入视频库
from PIL import Image, ImageDraw, ImageFont, ImageEnhance, ImageFilter
import numpy as npy
video_in = cv2.VideoCapture('D:\Python\media\BoyDiver.mp4')
start_index = 8450                                                # 起始帧
end_index = 8780                                                  # 终止帧
video_caption = '倒立 1 小时的挑战'                                  # 设置本段视频的字幕内容
myfont = ImageFont.truetype('simkai.ttf', 30, encoding='utf-8')   # 设置字幕字体
cur_index = 0                                                     # 当前帧
count = 0                                                         # 帧计数
tmp_path = 'D:/Python/media/temp/snap_'
```

```
print('视频处理中...')
while True:
    ret, frame = video_in.read()
    if not ret:
        break
    if cur_index < start_index:                              # 尚未定位至处理开始处
        cur_index += 1
        continue
    if cur_index == end_index:                               # 至处理结束处
        break
    frame_capture = cv2.resize(frame, (768, 432), interpolation=cv2.INTER_AREA)
    '''以下对采到的帧图像进行处理'''
    frame_img = Image.fromarray(cv2.cvtColor(frame_capture, cv2.COLOR_BGR2RGB))
                                                             # OpenCV 转 PIL 格式
    mydraw = ImageDraw.Draw(frame_img)
    mydraw.text((475, 267), video_caption, (255, 255, 255), font=myfont)
                                                             # 字幕所在位置/内容/颜色/字体
    frame_img = ImageEnhance.Contrast(frame_img).enhance(1.618)   # 增强对比度
    frame_img = ImageEnhance.Color(frame_img).enhance(1.2)   # 增强饱和度
    frame_img = frame_img.filter(ImageFilter.DETAIL).filter(ImageFilter.SHARPEN)
                                                             # 增加细节和清晰度
    frame_capture = cv2.cvtColor(npy.array(frame_img), cv2.COLOR_RGB2BGR)
                                                             # PIL 转回 OpenCV 格式
    '''处理完毕'''
    cv2.imwrite(tmp_path + str(count) + '.jpg', frame_capture)
    count += 1
    print("save frame {} / {}".format(count, end_index - start_index))
    cur_index += 1
video_in.release()
f_rate = 25                                                  # 生成新视频的帧速
myfourcc = cv2.VideoWriter_fourcc('m', 'p', '4', 'v')
video_out = cv2.VideoWriter('D:\Python\media\diver12_持久倒立.mp4', myfourcc, f_rate, (768, 432))
for n in range(0, count):
    frame_save = cv2.imread(tmp_path + str(n) + '.jpg')
    video_out.write(frame_save)
print('处理完毕！')
cv2.destroyAllWindows()
```

以上对每一帧画面的处理方式与之前采样画面的处理方式是一致的，这么做是为了使最后完成视频的画面风格统一协调。

20.3.6 特殊处理

表演的最后，潜水员要做倒立 1 小时的挑战，为使画面看起来生动些，将在其上做出一个动态计时的字幕功能，每秒更新一次。由于视频统一以国家影视标准的 25 帧速播放，故只要编程对每 25 幅画面使用相同的文字即可。

代码如下（ch20，视频, video_special.py）：

```
import cv2                                                   # 导入视频库
from PIL import Image, ImageDraw, ImageFont, ImageEnhance, ImageFilter
import numpy as npy
video_in = cv2.VideoCapture('D:\Python\media\BoyDiver.mp4')
start_index = 8780                                           # 起始帧
```

```
end_index = 8934                                                    # 终止帧
video_caption = '倒立 1 小时的挑战'                                  # 设置本段视频的字幕内容
myfont = ImageFont.truetype('simkai.ttf', 30, encoding='utf-8')     # 设置字幕字体
myfont_s = ImageFont.truetype('simhei.ttf', 24, encoding='utf-8')
myfont_l = ImageFont.truetype('simkai.ttf', 50, encoding='utf-8')
cur_index = 0                                                       # 当前帧
count = 0                                                           # 帧计数
tmp_path = 'D:/Python/media/temp/snap_'
print('视频处理中...')
while True:
    ret, frame = video_in.read()
    if not ret:
        break
    if cur_index < start_index:                                     # 尚未定位至处理开始处
        cur_index += 1
        continue
    if cur_index == end_index:                                      # 至处理结束处
        break
    frame_capture = cv2.resize(frame, (768, 432), interpolation=cv2.INTER_AREA)
    '''以下对采到的帧图像进行处理'''
    frame_img = Image.fromarray(cv2.cvtColor(frame_capture, cv2.COLOR_BGR2RGB))
                                                                    # OpenCV 转 PIL 格式
    mydraw = ImageDraw.Draw(frame_img)
    mydraw.text((475, 267), video_caption, (255, 255, 255), font=myfont)
                                                                    # 字幕所在位置/内容/颜色/字体
    mydraw.text((475, 300), '计时：00:00:' + '%02d' % int((cur_index - start_index) / 25), (0, 255, 255),
font=myfont_s)                # 每 25 帧进行一次计时字幕的更新
    mydraw.text((475, 325), '坚持！加油！', (255, 0, 0), font=myfont_l)
                                                                    # 添加红色大号字
    frame_img = ImageEnhance.Contrast(frame_img).enhance(1.618)     # 增强对比度
    frame_img = ImageEnhance.Color(frame_img).enhance(1.2)          # 增强饱和度
    frame_img = frame_img.filter(ImageFilter.DETAIL).filter(ImageFilter.SHARPEN)
                                                                    # 增加细节和清晰度
    frame_capture = cv2.cvtColor(npy.array(frame_img), cv2.COLOR_RGB2BGR)
                                                                    # PIL 转回 OpenCV 格式
    '''处理完毕'''
    cv2.imwrite(tmp_path + str(count) + '.jpg', frame_capture)
    count += 1
    print("save frame {} / {}".format(count, end_index - start_index))
    cur_index += 1
video_in.release()
f_rate = 25                                                         # 生成新视频的帧速
myfourcc = cv2.VideoWriter_fourcc('m', 'p', '4', 'v')
video_out = cv2.VideoWriter('D:\Python\media\diver13_坚持.mp4', myfourcc, f_rate, (768, 432))
for n in range(0, count):
    frame_save = cv2.imread(tmp_path + str(n) + '.jpg')
    video_out.write(frame_save)
print('处理完毕！')
cv2.destroyAllWindows()
```

视频效果：

放映效果如图 20.16 所示，持续倒立 1 个小时——这位潜水员的意志力很强，还是挺有能耐的哟！

图 20.16　字幕动态计时效果

20.3.7　制作片头和片尾

作为一个完整的视频作品，必须有片头和片尾，用于反映视频内容主题及制作花絮，为简单起见，本例的片头和片尾都只是一张图片，通过 PIL 库处理复制为 100 帧画面（约 4s）。首先制作片头和片尾所用的图片，如图 20.17 和图 20.18 所示。

图 20.17　片头图片

图 20.18　片尾图片

代码如下（ch20，视频，image_processing.py）：

```
import cv2                                                    # 导入视频库
from PIL import Image, ImageEnhance, ImageFilter              # 导入 PIL 库
rootpath = 'D:\Python\media'
myimg = Image.open(rootpath + '\head.jpg')
myimg = ImageEnhance.Contrast(myimg).enhance(1.2)             # 增强对比度
myimg = ImageEnhance.Color(myimg).enhance(1.2)                # 增强饱和度
myimg = myimg.filter(ImageFilter.DETAIL)                      # 增加细节
for i in range(0, 100):                                       # 复制拓展为 100 帧画面
    myimg.save(rootpath + '\\temp\snap_' + str(i) + '.jpg')
tmp_path = 'D:/Python/media/temp/snap_'
count = 100
f_rate = 25                                                   # 生成新视频的帧速
myfourcc = cv2.VideoWriter_fourcc('m', 'p', '4', 'v')
video_out = cv2.VideoWriter('D:\Python\media\diver00_片头.mp4', myfourcc, f_rate, (768, 432))
for n in range(0, count):
    frame_save = cv2.imread(tmp_path + str(n) + '.jpg')
    video_out.write(frame_save)
print('处理完毕！')
cv2.destroyAllWindows()
```

运行结果：

运行程序，在 D:/Python/media/temp 目录下自动生成 100 张图，并合成对应的视频，如图 20.19 所示。

图 20.19 生成的帧并自动合成片头

20.3.8　合成作品

经以上一系列的处理后，可得到剪辑后的视频片段，如图 20.20 所示。

计算机 ▸ 软件 (D:) ▸ Python ▸ media ▸ video

名称	日期	类型	大小	长度
diver00_片头	2018/9/28 星期五 19:02	MP4 视频	1,000 KB	00:00:04
diver00_闪亮登场	2018/9/28 星期五 14:50	MP4 视频	2,126 KB	00:00:01
diver01_面对观众倒立	2018/9/28 星期五 14:57	MP4 视频	11,164 KB	00:00:08
diver02_反身	2018/9/28 星期五 15:02	MP4 视频	14,744 KB	00:00:07
diver03_背贴着倒立	2018/9/28 星期五 15:08	MP4 视频	32,595 KB	00:00:26
diver04_前滚翻	2018/9/28 星期五 15:14	MP4 视频	23,130 KB	00:00:12
diver05_徒手倒立	2018/9/28 星期五 15:20	MP4 视频	34,797 KB	00:00:26
diver06_游动	2018/9/28 星期五 15:26	MP4 视频	5,911 KB	00:00:03
diver07_仰卧	2018/9/28 星期五 15:31	MP4 视频	49,208 KB	00:00:40
diver08_趴伏	2018/9/28 星期五 15:44	MP4 视频	3,650 KB	00:00:01
diver09_翻身	2018/9/28 星期五 15:47	MP4 视频	6,490 KB	00:00:03
diver10_侧卧分腿	2018/9/28 星期五 15:53	MP4 视频	62,915 KB	00:00:44
diver11_游动	2018/9/28 星期五 16:01	MP4 视频	17,359 KB	00:00:09
diver12_持久倒立	2018/9/28 星期五 16:07	MP4 视频	16,194 KB	00:00:13
diver13_坚持	2018/9/28 星期五 16:31	MP4 视频	7,426 KB	00:00:06
diver14_片尾	2018/9/28 星期五 19:04	MP4 视频	982 KB	00:00:04

16 个对象

图 20.20　剪辑得到的视频片段

将这些片段拼接在一起就是最终的完整作品，拼接处理使用 Python 的 moviepy 库。代码如下（ch20，视频, video_composite.py）：

```
from moviepy.editor import *                                  # 导入 moviepy 库
import os                                                     # 导入 Python 内置操作系统库
L = []
for root, dirs, files in os.walk('D:/Python/media/video'):
    files.sort()                                              # 按文件名排序
    # 遍历所有文件
    for file in files:
        if os.path.splitext(file)[1] == '.mp4':
            filePath = os.path.join(root, file)               # 拼接成完整路径
            video = VideoFileClip(filePath)                   # 载入视频
            L.append(video)                                   # 添加到数组
final_clip = concatenate_videoclips(L)                        # 拼接视频
final_clip.to_videofile("D:/Python/media/video/BoyDiver.mp4", fps = 25, remove_temp = False)
                                                              # 生成目标视频文件
```

运行及播放效果：

运行程序，输出进度条显示合成拼接的进度，如图 20.21 所示。

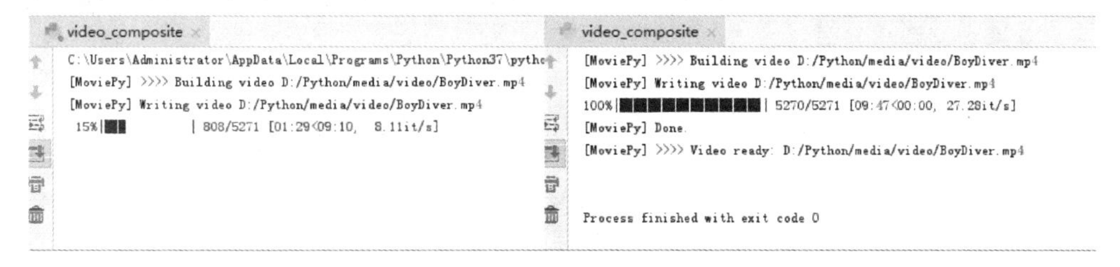

图 20.21　视频合成拼接进度

稍候片刻，待进度条走满格后，在 D:/Python/media/video 目录下看到已经生成了一个 BoyDiver.mp4 文件，这就是最终生成的作品。整个 MP4 视频文件仅有 96.3MB，是原始视频文件的十几分之一。这段视频完美地呈现了本领高强的潜水员整个的表演过程，播放效果如图 20.22、图 20.23 所示。

图 20.22　播放效果（侧卧）

图 20.23　播放效果（侧卧、分腿）

本书提供格式转换后的原 MP4 视频文件，读者在以上各小节所讲内容的指导下就可以做出完整的作品来。当然，有兴趣的读者还可以运用 Python 更多视频功能对这个作品进一步优化，做出自己想要的特效来，欢迎大家踊跃尝试。

20.4　Python 与 C++互操作

作为一门开放的通用程序设计语言，Python 提供了对其他语言（如 C、C++、C#和 Java 等）的互操作接口，本节将以 C++为例演示 Python 的这类功能。

20.4.1 C++调用 Python 模块功能

采用 Windows 7 操作系统的微软 VS 2013 作为 C++的编译运行环境。

1. 环境配置

先要对平台环境进行一系列配置，步骤如下：

（1）打开 VS 2013 开发环境，选择主菜单“文件”→“新建”→“项目”，打开“新建项目”对话框，如图 20.24 所示，展开左侧树状视图“已安装”→“模板”→“Visual C++”→“Win32”，选择中央列表的“Win32 控制台应用程序”项，下方“名称”栏填写项目名为“C_Python”，单击“确定”按钮。

图 20.24 新建 C++项目工程

在接下来的向导界面中，分别单击“下一步”“完成”按钮，创建一个 C++控制台类型的应用程序项目，如图 20.25 所示。

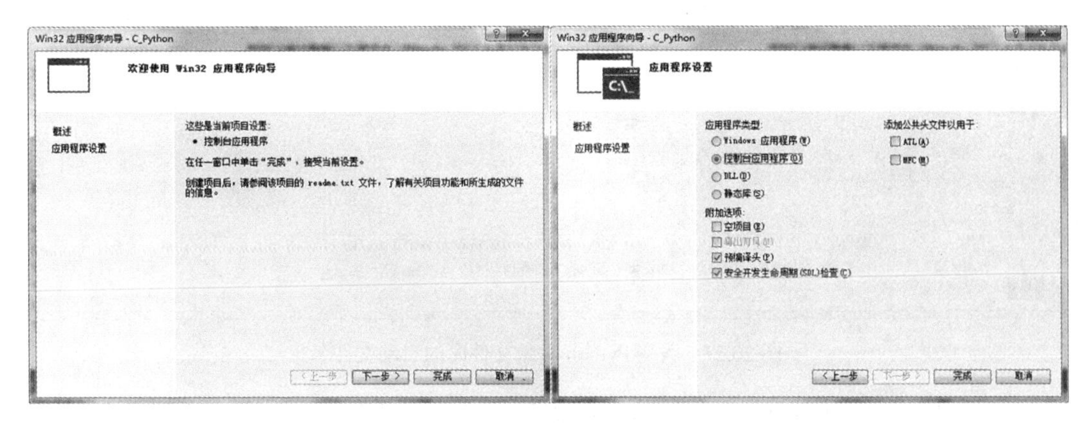

图 20.25 创建控制台类型的项目

（2）建好 C++项目后，将 Python 安装目录（笔者计算机上为“C:\Users\Administrator\AppData\Local\Programs\Python\Python37”）下的 include 和 libs 两个文件夹，复制到刚刚创建的 C++项目启动文件“C_Python.sln”所在的目录，如图 20.26 所示。

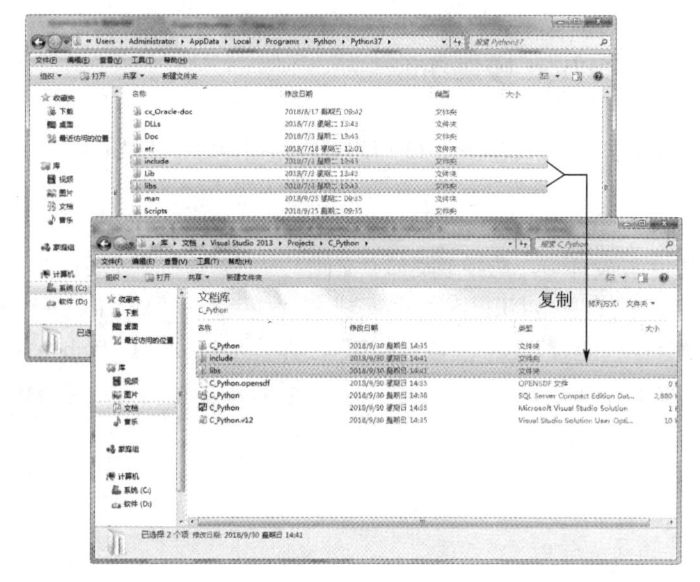

图 20.26 将 Python 平台的两个文件夹复制到 C++项目

然后再将 libs 文件夹中的 python37.lib 文件改名为 python37_d.lib，如图 20.27 所示。

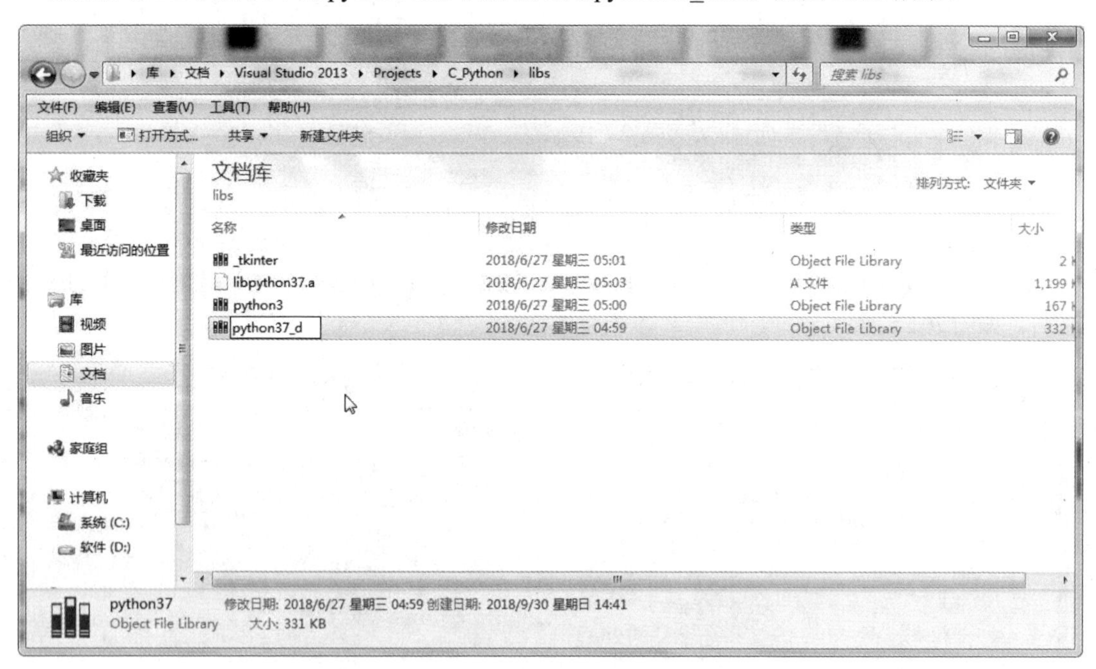

图 20.27 改变 Python 对象文件库的启动文件名

（3）回到 VS 2013 环境中，右击 C_Python 项目，选择“属性”→“C_Python 属性页”对话框，如图 20.28 所示，展开右侧树状视图中的“配置属性”→“C/C++”→“常规”，点选中间列表中“附加包含目录”项右侧的下拉列表，单击“编辑”菜单，弹出“附加包含目录”对话框，在其中选择添加 C++项目中的 include 目录。

图 20.28　添加对 Python 的 include 库依赖

用同样的方法，单击“配置属性”→“链接器”→“常规”→“附加库目录”添加 libs 目录，操作过程如图 20.29 所示。

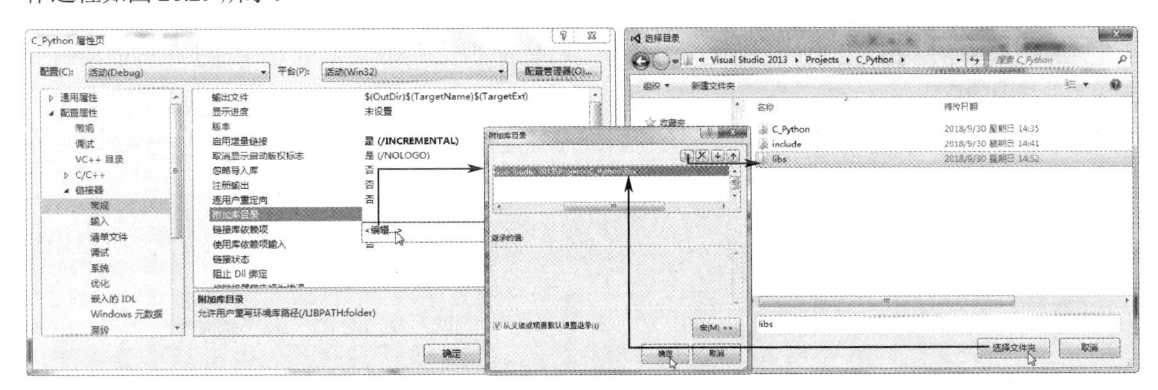

图 20.29　添加对 Python 的 libs 库依赖

同理，单击“配置属性”→“链接器”→“输入”→“附加依赖项”，添加“python37_d.lib”，操作过程如图 20.30 所示。

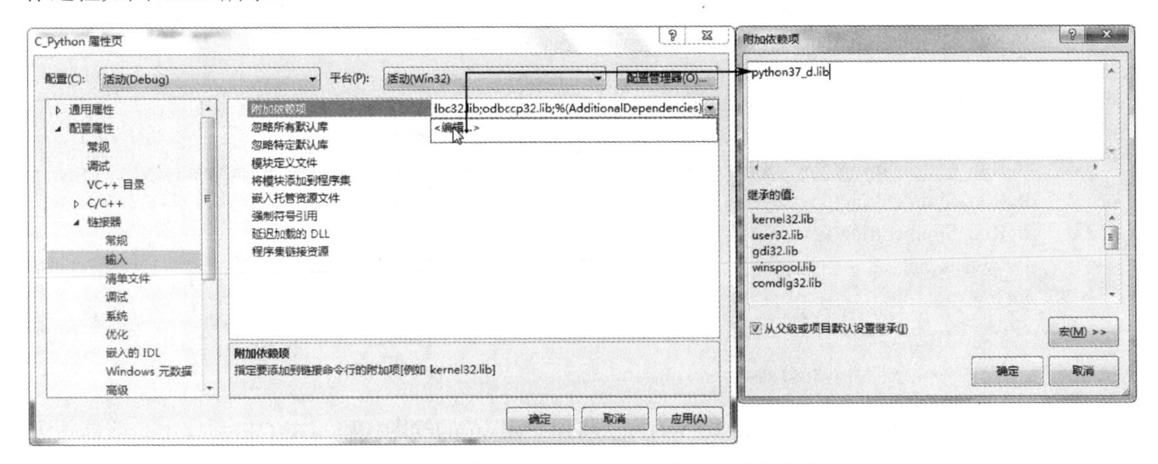

图 20.30　添加对 python37_d.lib 启动文件的依赖

（4）在“C_Python 属性页”对话框中，将平台配置改为 64 位，操作过程如图 20.31 所示。

图 20.31 将平台配置改为 64 位

2. C++程序用 Python 绘图

本书已经展示了 Python 库强大的绘图能力，作为底层语言的 C++是不具备这种能力的，故实际应用中经常在 C++程序中调用 Python 库的功能来绘制漂亮的图形。下面将演示 C++通过 Python 绘制正弦函数曲线图的应用。

在 C++项目源文件中输入代码如下（ch20, 与 C++互操作/C++调用 Python/C_Python/C_Python/, C_Python.cpp）：

```
// C_Python.cpp: 定义控制台应用程序的入口点
//
#include "stdafx.h"
#include <python.h>
#include <iostream>
using namespace std;
int main()
{
    Py_Initialize();                    // 调用 Py_Initialize()进行初始化
    PyRun_SimpleString("print('y=sin(x)')");
    PyRun_SimpleString("import numpy as npy");
    PyRun_SimpleString("import matplotlib.pyplot as pyt");
    PyRun_SimpleString("pyt.rcParams['axes.unicode_minus'] = False");
    PyRun_SimpleString("myaxs = pyt.figure().add_axes([0.2, 0.2, 0.6, 0.6]) ");
    PyRun_SimpleString("x = npy.linspace(-2 * npy.pi, 2 * npy.pi, 1000) ");
    PyRun_SimpleString("myaxs.plot(x, npy.sin(x), label = '$y=sinx$', color = 'blue', linewidth = 1.2) ");
    PyRun_SimpleString("pyt.legend()");
    PyRun_SimpleString("pyt.show()");
    Py_Finalize();                      // 调用 Py_Finalize(与 Py_Initialize 相对应)
    int e;
    cin >> e;
    return 0;
}
```

可见，编程时通过 PyRun_SimpleString()方法将原 Python 的绘图代码写在 C++程序中，就能很方便地绘制出图形来。

3. 运行效果

程序运行结果如图 20.32 所示。

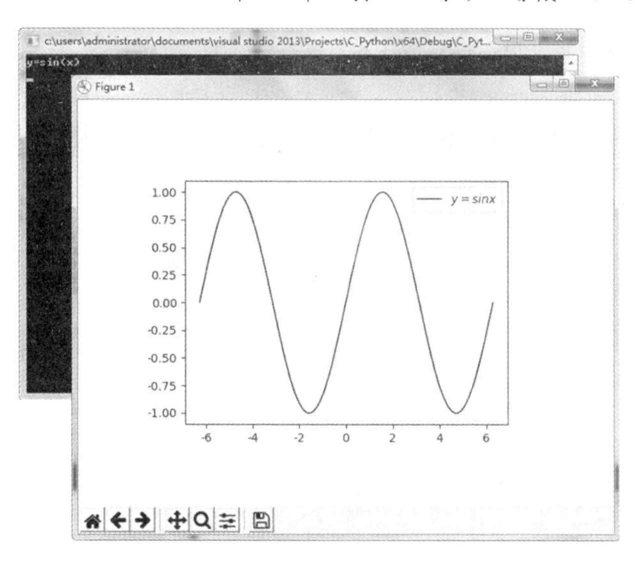

图 20.32　C++程序调用 Python 绘图

20.4.2　Python 使用 C++的 DLL 库

C++作为一种运行在操作系统底层的语言，比上层的 Python 运行效率要高得多，对各种计算机系统资源的利用率也更高，故 Python 也常常需要 C++来完成一些高性能计算处理过程。在实际应用中常常将 C++程序代码封装为 DLL 库的形式，供 Python 程序使用。本节将通过调用 C++的 DLL 库来计算完成给定半径的圆面积和周长。

1. 创建 DLL 项目

打开 VS 2013 开发环境，选择主菜单“文件”→“新建”→“项目”，弹出“新建项目”对话框，如图 20.33 所示，展开左侧树状视图“已安装”→“模板”→“Visual C++”→“Win32”，选择中央列表的“Win32 控制台应用程序”项，在下方“名称”栏填写项目名为“Python_Dll”，单击“确定”按钮。

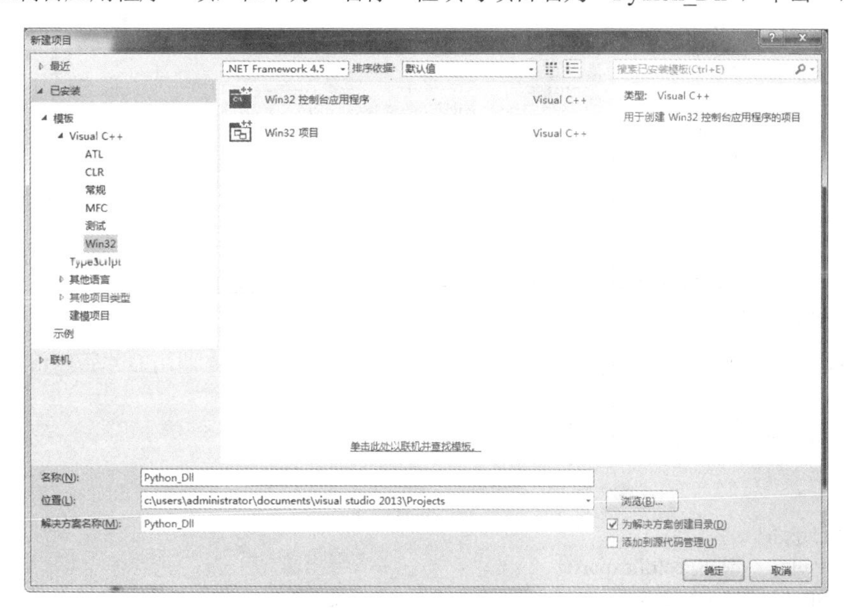

图 20.33　创建 C++项目工程

在向导的“应用程序设置”页，选择应用程序类型为“DLL”，如图 20.34 所示，单击“完成”按钮。

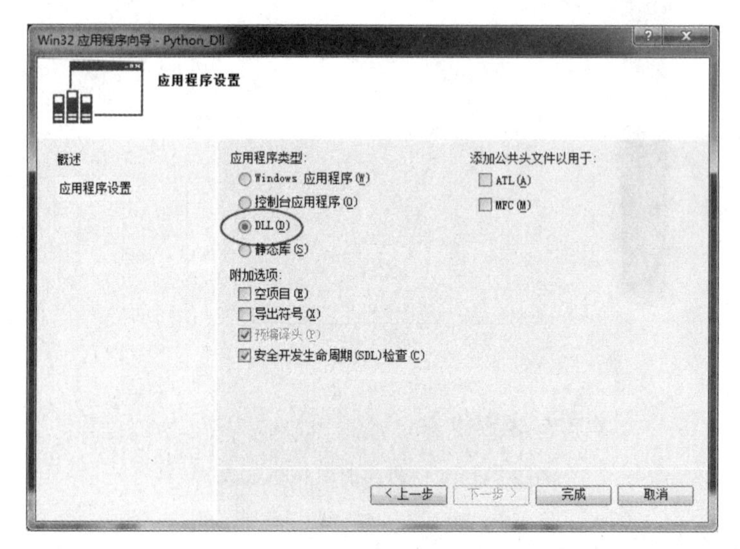

图 20.34 设置应用程序类型

然后，用如图 20.31 所示的方法将本项目的适用平台改为 64 位，修改后如图 20.35 所示。

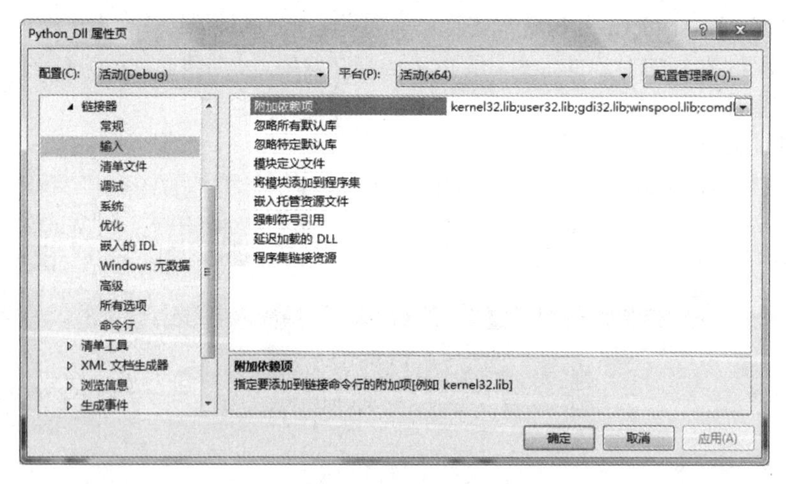

图 20.35 设置 DLL 项目适用的平台为 64 位

经这样设置后，64 位的 Python 就可以加载这个兼容位数的 DLL 库了。

2. 编写 DLL 程序

在 DLL 项目的源文件中输入代码如下(ch20, 与 C++互操作/Python 调用 Dll 库/Python_Dll/Python_Dll/, Python_Dll.cpp)：

```
// Python_Dll.cpp : 定义 DLL 应用程序的导出函数
//

#include "stdafx.h"
#define EXPORT __declspec(dllexport)                    // 导出函数
#define _USE_MATH_DEFINES                               // 使用数学函数需要先定义该声明
#include<iostream>                                      // 输入输出流
```

```
#include <math.h>                                  // 包含数学函数库（为使用圆周率）
using namespace std;

class MyCircle{                                    // 计算圆面积的类
public:
    void area(int r);                              // 方法：计算圆面积
};

void MyCircle::area(int r) {
    float a = M_PI*r*r;
    cout << a << endl;
}

extern "C" {
    MyCircle mc;
    EXPORT void area(int r) {
        mc.area(r);
    }
    EXPORT void circu(int r) {                     // 计算圆周长的方法
        float c = 2*M_PI*r;
        cout << c << endl;
    }
}
```

3. 编译 DLL 库

右击“项目”→“生成”开始编译 DLL 库，稍候片刻，可看到 VS 2013 下方子窗口输出如图 20.36 所示的信息，表明 DLL 库编译成功。

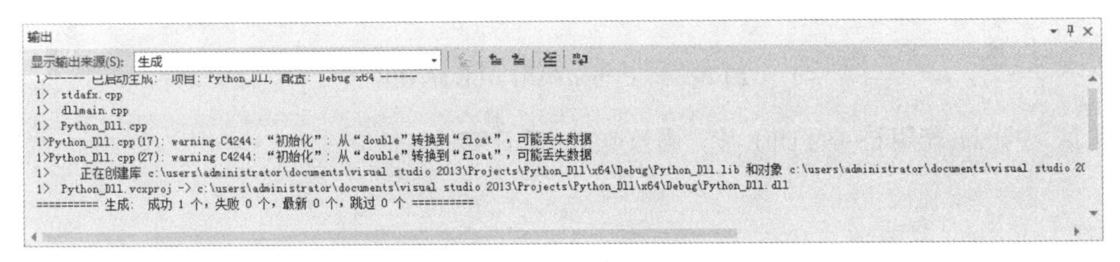

图 20.36　编译 DLL 库

输出信息中同时给出了编译完成的 DLL 库所在的项目路径，这里是“c:\users\administrator\documents\visual studio 2013\Projects\Python_Dll\x64\Debug\Python_Dll.dll”，进入该目录，可看到已编译好的 DLL 库，名为“Python_Dll.dll”，如图 20.37 所示。

将此 DLL 库文件复制到 D:\Python\C 待用。

4. Python 调用 DLL 库

代码如下（ch20，与 C++互操作/Python 调用 Dll 库/, mainpy_dll.py）：

```
import ctypes
mydll = ctypes.cdll.LoadLibrary('D:/Python/C/Python_Dll.dll')
r = 5
print('圆半径为 ' + str(r))
print('周长为:')
mydll.circu(r)
print('面积为:')
mydll.area(r)
```

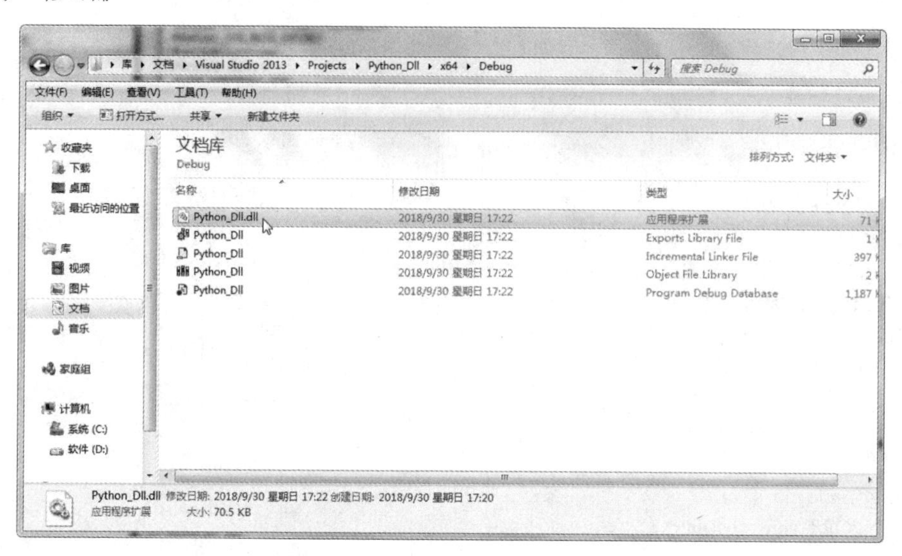

图 20.37 已经编译好的 DLL 库

运行效果：

运行程序，输出如图 20.38 所示。

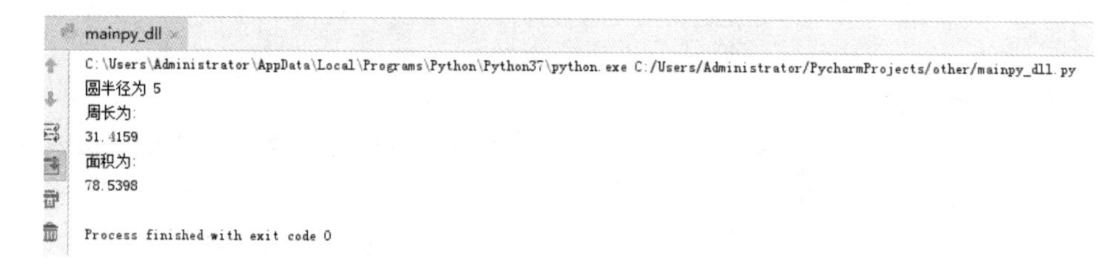

图 20.38 Python 调用 DLL 库输出

可见，Python 调用 C++的 DLL 库，高效地完成了计算任务。

第三部分　实　　验

实　验　1

【实验 1.1】 参考本章内容，构建 Python 命令环境。

（1）下载并安装 Python3.7。

（2）配置（显示）操作系统环境变量 path。

（3）进入 Python3.7 的 IDLE 命令环境。

（4）执行 Python 命令，如图 T1 所示。

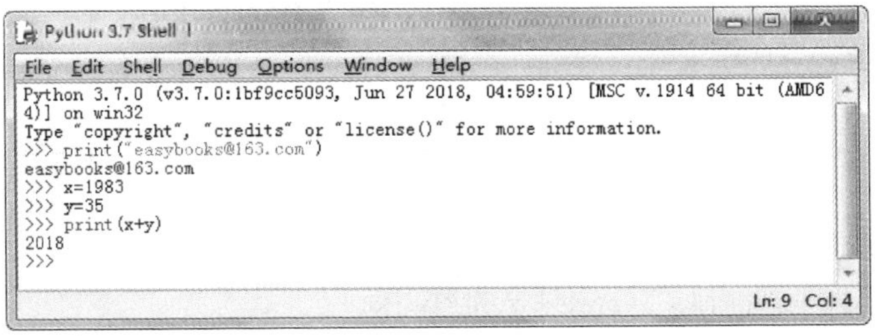

```
Python 3.7 Shell
File  Edit  Shell  Debug  Options  Window  Help
Python 3.7.0 (v3.7.0:1bf9cc5093, Jun 27 2018, 04:59:51) [MSC v.1914 64 bit (AMD6
4)] on win32
Type "copyright", "credits" or "license()" for more information.
>>> print("easybooks@163.com")
easybooks@163.com
>>> x=1983
>>> y=35
>>> print(x+y)
2018
>>>
                                                        Ln: 9  Col: 4
```

图 T1　命令执行

【实验 1.2】 参考本章内容，构建 Python 编程环境。

（1）在网站下载 PyCharm。

（2）安装 PyCharm。

（3）配置 PyCharm 的环境：改变编辑窗口背景颜色、把工作目录调整为与 Python3.7 工作目录相同等。

（4）创建工程，工程文件存放目录为 E:\python\sy01，Python 源文件为 CalAdd.py。

输入 Python 演示程序。

代码如下：

```
print("easybooks @ 163.com")
x=1983
y=35
print(x+y)
```

（5）运行程序，观察运行结果。

【实验 1.3】 安装扩展库。

（1）下载 numpy 扩展库对应的安装文件。

（2）在 Windows 命令窗口用 pip 命令安装扩展库。

（3）查看 numpy 扩展库是否已经安装完成。

实 验 2

【实验 2.1】 在 IDLE 环境中完成下列任务：

（1）x=100。

（2）计算二进制、八进制、十六进制的数分别放到对应的变量 y2、y8、y16 中。

（3）把 x 转换为对应的 ASCII 字符。

（4）输出上面的计算结果。

【实验 2.2】 在编程环境中实验下列程序。

```
import math
a =int(input("a="))
s=str(a)
b, c = map(int, input("b,c=").split(','))
d=math.sqrt(b**2-4*a*c)
print("a,b,c=",a,b,c)
print("十进制%d,转换为十六进制=%x，看作十六进制=%u"%(a,a,int(s,16)))
print("sqrt(b**2-4*a*c)=%6.2f"%d)
```

观察运行结果：

a=12

b,c=16,3

a,b,c=12　16　3

十进制 12，转换为十六进制=c，看作十六进制=18

sqrt(b**2-4*a*c)=10.58

【实验 2.3】 根据习题编程，在编程环境实验中观察运行结果。

（1）输入一个华氏温度，计算输出摄氏温度，结果取两位小数。

（2）输入三角形三条边，输出其符合三角形的条件。

（3）输入 $ax^2+bx+c=0$ 方程的系数，假使它们符合算术平方根的条件，计算其的两个根。

实 验 3

【实验 3.1】 比较数的大小。

（1）嵌套结构比较并显示两数的大小。

代码如下：

```
a=int( input( "a=" )) ; b=int( input( "b=" ))
if a!=b:
    if a>b:
        print( "a>b" )
    else:
        print( "a<b" )
else:
    print( "a=b" )
```

（2）多分支选择比较并显示两数的大小。

代码如下：

```
a=int( input( "a=" )) ; b=int( input( "b=" ))
if a!=b and   a>b:
    print( "a>b" )
elif a!=b and a<b:
    print( "a<b" )
else:
    print( "a=b" )
```

（3）编写程序，输入 3 个整数，求其中的最大值。

（4）编写程序，输入 3 个整数，比较并显示其的大小。

（5）编写程序，输入 3 个整数，按从小到大进行排序。

【实验 3.2】 随机出 5 个两个整数相加题，统计答题正确的题数和用时多少。

1. 参考代码运行程序

代码如下（ex_time.py）：

```
import time,random
t1= time.time()                          # 取当前时间
jok=0;                                   # 记录正确答题数
for i in range( 0,5) :
    n1=random.randint(1,10)              # 产生两个随机数
    n2= random.randint(1,10)
    sum=n1+n2;
    print( " %d+%d = " %( n1,n2))
    mysum= int( input())                 # 输入答案
    if( mysum<0):
        break                            # 输入负值中途退出
    elif mysum== sum:
     jok=jok+1
if ( mysum<0) :
    print("你中途退出！");
else:
    t2 = time.time();
    t=float(t2-t1)                       # 计算用时
    print('5 题中，你答对%d 题，用时%5.2f 秒'   %(jok, t))
```

输入程序，运行程序答题，观察结果。

2. 按照要求修改程序运行，每题均以原代码为基础

（1）每个整数于 100 以内，该题目为 10 题，加法变成减法，加正确率输出。

（2）循环条件永为真，答完 5 题结束，可以中途退出。

（3）显示结果放在循环内完成。

（4）每 5 题为一组，一次完成 4 组，每组统计结果，最后包含总结果。每一次运行，题目相同。

实 验 4

【实验 4】 对 10 个 10～100 随机整数进行因数分解。

代码如下：

```
from random import randint
from math import sqrt
```

```
lst= [randint(10,100) for i in range(10) ]
maxNum=max(lst)                                  # 随机数中的最大数
# 计算最大数范围内的所有素数
primes= [ p for p in range (2,maxNum) if 0 not in
        [ p%d for d in range (2,int (sqrt (p))+1 ) ]]
for num in lst:
    n=num
    result=[ ]                                   # 存放所有因数
    for p in primes:
        while n!=1:
            if n%p==0:
                n= n/p
                result.append(p)
            else:
                break
        else:
            result= '*'.join (map (str, result))  #（1）
            break
    print (num, '= ',result, num==eval(result))   #（2）
```

运行程序，观察结果。

练习：

（1）把上述 10 随机整数改成 50，运行程序，并观察结果。

（2）为了不重复计算，将存放随机整数的列表改成集合，运行程序，并观察结果。

（3）将计算最大数范围内所有素数，不采用列表推导式生成方法实现。

（4）将不重复计算的随机整数存放在元组中，将对应的因数分解结果存放到列表中，所有因数分解结束后输出字典内容。

实 验 5

【实验 5.1】 某课程 40 个学生给上课老师评教打分，分数划分为 1～10 个等级，编写程序统计课程评教结果。数据直接赋值给数组。

```
等级    票数        票数图
 1       5          *****
 2       10         **********
 3       7          *******
 …
________________________________
总计    总票数      总分数
```

分析：采用二维数组，一个老师占一列，最后统计出班的总成绩。

进一步：采用三维数组，存放所有班的评价成绩。

【实验 5.2】 对学生成绩进行管理。

（1）用数组通过直接赋值存放学生的成绩，一门课程一列。

（2）对数组进行统计计算，用列表存放每门课程<60，60～69，70～79，80～89，90～100 分数段人数、最高分、最低分、平均分。输出课程按照分数从大到小排序结果。

（3）对数组进行统计计算，用数组存放每个学生的平均成绩、总排名。输出按照学生排名从大到小输出排序结果。

实　验　6

【实验 6.1】 计算两个字符串匹配的准确率。

代码如下：

```
s1="1234-abcd=+-*/"
s2="1234-Abcd=+-*/"
if not (isinstance (s1,str) and isinstance(s2,str)):
    print ('两个必须都是字符串！')
else:
    right= sum ((1 for c1,c2 in zip (s1,s2) if c1==c2))
    rate=round ( right/len(s1) ,2)
    print("rate=", rate*100,"%")
```

运行程序，并观察结果。

修改程序，练习：

（1）在 s2 字符串前加一个空格，运行程序，观察结果。在“A”之前加一个空格，运行程序，并观察结果。修改程序，去除比较字符串前后的空格，然后匹配准确率。

（2）在其中一个字符串中增加一个字符，运行程序，并观察结果。修改程序，将字符串变成列表进行比较，对增加一个字符后面相同的仍然认为匹配。

（3）统计各字符的出现次数。

【实验 6.2】 在一段英文字符串中，按照下列要求编程，然后实验。

（1）统计出单词和出现的位置，采用列表记录，然后输出。

（2）统计出现的单词，采用集合记录，然后输出。

（3）统计出单词和出现的次数，采用字典记录，然后输出。

【实验 6.3】 在公司联系方式字符串中得到联系方式，然后输出。

代码如下：

```
import re
info= '''本公司的联系方式：
            固定电话：025-85412391,
            移动电话：13851516136,
            QQ：958456961
              泰州分公司：0523-6612315.'''        # 多行字符串
print(info)
pattern=re.compile(r'(\d{3,4})-(\d{7,8})')          # 匹配正则表达式
index=0
while True:
    result= pattern.search( info,index)             # 从指定位置开始匹配
    if not result:
        break
    print ('匹配内容 ：',result.group(0) , \
        ' 在 ', result.start(0) , \
        ' 和 ',result.end (0) , \
        '之间 ：', result.span (0))                    # 多行语句代码
    index=result.end(2)                             # 指定下次匹配的起始位置
```

运行程序，并观察结果。

练习：

（1）把联系方式字符串、连续数字串输出。

（2）同时分辨出固定电话、移动电话和 QQ 输出。

实 验 7

【实验 7.1】 解一元二次方程 $ax^2+bx+c=0$。

代码如下：

```
from math import sqrt
def fx2(a,b,c=1):
    d=b*b-4*a*c
    if a==0:
        x1=-c/b
        return ([x1])
    elif d==0:
        x1= (-b)/(2*a)
        return ([x1])
    elif d>0:
        x1= (-b+sqrt(d))/(2*a)
        x2=(-b-sqrt(d))/(2*a)
        return (x1,x2)
    else:
        return ( )
a,b,c= map(int, input("a,b,c=").split(','))
x= fx2(a,b,c)
if not x:
    print("没有实数根！")
else:
    print("%dx2+%dx+%d 方程：" % (a, b, c))
    if len(x)==1:
        print("x1=%6.2f"%(x[0]))
    else:
        print("x1=%6.2f"%(x[0]))
        print("x2=%6.2f"%(x[1]))
```

运行结果：

a, b, c=-1,4,2

-1x2+4x+2 方程：

x1=-0.45

x2= 4.45

练习：

（1）修改程序，if c==1: x= fx2(a,b)，输入“x,x,1”，观察运行结果。

（2）将 b*b-4*a*c 计算采用 lambda 表达式。

```
drt= lambda a,b,c=1: b*b-4*a*c
```

（3）把存放计算根的元组放在调用 fx2 函数的程序中。

（4）将函数作为 fx2.py 文件保存。

代码如下：

```
def fx2(a,b,c=1):
    d=b*b-4*a*c
     if a==0:
         x1=-c/b
         return ([x1])
     elif d==0:
         x1= (-b)/(2*a)
         return ([x1])
     elif d>0:
        x1= (-b+sqrt(d))/(2*a)
        x2=(-b-sqrt(d))/(2*a)
        return (x1,x2)
     else:
        return ( )
```

实　验　8

【实验 8.1】 输入下列程序：

```
class Circle(object):
     def __init__( self, radius) :
          self.__radius = radius
     def area (self):
           return 3.14 * self.__radius ** 2
     def setradius(self,vradius):
          self.__radius=vradius
     def Cout(self):
          print(self.__radius)
c=Circle(1.0)
c.setradius(3.0)
c.Cout()                    # 3.0    修改了私有数据成员值
print(c.area)               # 28.26
print(c.radius)             # 不能显示
c.radius=4.0                # 不能修改
```

运行程序，并观察结果。

练习：

（1）将 radius 设置为可修改，初始后计算面积。修改半径后计算面积。

（2）修改圆类变成椭圆类，修改程序，实例数据测试运行。

（3）将圆作为子类继承椭圆类，设计程序，实例数据测试运行。

【实验 8.2】 设计一个形状类，类名：shape。

属性：三条边（a,b,c）、周长、面积、坐标、填充色。

方法：初始化（a,b=0,c=0）。

计算周长：如果 b==0, c==0，按照正方形计算；

　　　　　如果 c==0，按照长方形计算；

　　　　　否则按照三角形计算。

计算面积：用 pass 语句模拟。

填色：用 pass 语句模拟。

分别设计三角形、长方形、正方形子类，继承形状类（shape）利用多态性编程，重新定义各形状的求面积方法。

在主程序中创建不同类的对象，并求不同形状的面积。

实 验 9

【实验 9.1】 输入下列程序:

```
fo= open("File1.txt","wb+")
fo.write(bytes("0123456789 是十进制符号\n",encoding='utf-8'))
fo.seek(0,10)
print(fo.readline(),fo.tell())
fo.seek(-17,2)
print(fo.readline(),fo.tell())
fo.close()
```

运行程序，并观察运行结果。

练习：

（1）修改程序，仅仅显示“十进制”。

（2）修改程序，使 File1.txt 文件内容为“01234567 是八进制符号\n”

【实验 9.2】 输入下列程序，并观察运行结果。

代码如下：

```
import pickle, pprint
fpick=open( 'FileTest5.pkl' ,'wb+' )
list1=[ -23, 5.0, 'python', 12.8e+6 ]
pickle.dump(list1,fpick, -1)
fpick.seek(0,0)
list1= pickle.load( fpick)
pprint.pprint(list1)
fpick.close ( )
```

运行程序，并观察运行结果。

练习：

（1）把数据存放列表改成元组，修改程序，并运行。

（2）在文件中增加集合数据，修改程序，并运行。

【实验 9.3】 操作文本文件。

（1）编写程序，创建一个文件 myfile.txt，向文件输入：Hello! 吃饭没？

（2）用 Windows 记事本查看文件内容。

（3）编写程序，修改文件 myfile.txt 文件内容为：Hello! 吃过了。

【实验 9.4】 操作二进制文件。

（1）创建一个文件 myfile.dat，输入 3 条记录，每一条记录包括 string 数据、int 数据、float 数据。

（2）用二进制文件读/写软件，查看写入的内容。

（3）读取文件 myfile.dat，将其中的内容显示出来，对比与输入的内容是否相同。

实 验 10

【实验 10】 输入下列程序。

```
try:
    x = int(input ( 'x= ' ))
    y = int(input ( 'y= ' ))
    assert x <= y, ' x 必须小于等于 y ！'
    z = x / y
except Exception as ex:
     print('程序捕捉到异常:',ex.args)
else:
     print("x/y=%8.2f"   %z )
pass
```

练习：

1．输入下列数据，观察运行结果。

（1）x=2, y=1，

（2）x=1, y=2

2．输入下列数据，观察运行结果。

（1）x=1, y=0

（2）注释 print('程序捕捉到异常:',ex.args)，输入 x=1, y=0

3．把 else 语句移入 try 中。

实 验 11

【实验 11.1】 按照本章内容的指导，绘制螺旋曲线。

（1）安装、导入 MatPlotLib 绘图库。

（2）用 figure()函数创建绘图对象。

（3）用 Axes 对象的 plot 方法绘制曲线。

（4）给图表加上主题和标注，运行结果如图 T11 所示。

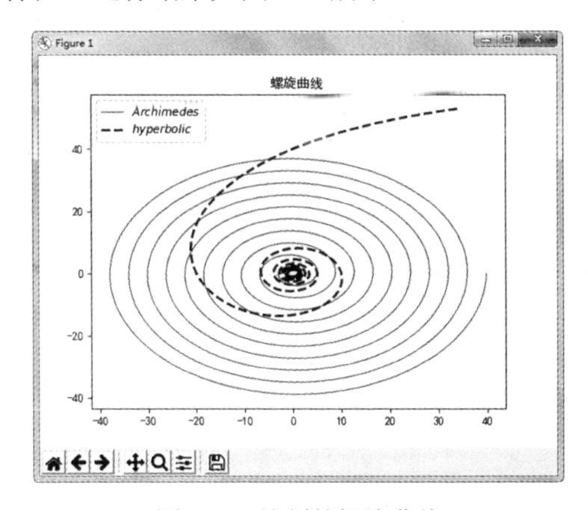

图 T11 绘制的螺旋曲线

【实验 11.2】 在【实验 11.1】的基础上，对程序进行如下修改，看看呈现的效果有什么不同。

（1）改变螺旋曲线的圈数。

代码如下：

```
t = npy.linspace(1, 圈数*2*npy.pi, 100000)                    # 生成参数
```

（2）改变螺旋曲线的颜色和线型。

代码如下：

```
myaxs.plot(x, y, "y--", label = "$ Archimedes$", linewidth = 1.8)        # 黄色虚线
```

（3）将两条螺旋曲线的图例标注都变为中文。

【实验 11.3】 用多个子图在同一图表上展示三角函数及其反函数的图像，分别绘制以下三组函数（每组中的正反函数画在同一个子图上）的曲线并加以比较。

（1）正弦和反正弦：$y = \sin x$，$y = \sin^{-1} x$。

（2）余弦和反余弦：$y = \cos x$，$y = \cos^{-1} x$。

（3）正切和反正切：$y = \tan x$，$y = \tan^{-1} x$。

实 验 12

【实验 12.1】 按照本章综合应用实例的指导，用斐波那契法计算黄金分割数的精确值，并通过 MatPlotLib 绘图对其进行研究。

（1）了解黄金分割数的相关历史背景知识及其理论值推导。

（2）运用 NumPy 的 reduceat()方法生成任意长度的斐波那契数列。

代码如下：

```
f0 = npy.array([1, 1])                                          # 初始 2 项
# 迭代开始
f1 = npy.add.reduceat(f0, indices = [0, 1, 0])                  # 生成前 3 项
f2 = npy.add.reduceat(f1, indices = [0, 1, 2, 1])               # 生成前 4 项
f3 = npy.add.reduceat(f2, indices = [0, 1, 2, 3, 2])            # 生成前 5 项
f4 = npy.add.reduceat(f3, indices = [0, 1, 2, 3, 4, 3])         # 生成前 6 项
f5 = npy.add.reduceat(f4, indices = [0, 1, 2, 3, 4, 5, 4])      # 生成前 7 项
...
f5.shape = -1, 1
```

（3）综合应用 NumPy 强大的数组处理能力，对斐波那契数列构成的数组进行拓展、转置、切取等一系列操作。

代码如下：

```
f5 = f5.repeat(2, axis = 1)              # 拓展
f5.shape = 1, −1                         # 转置
g = f5[:, 1:2 * (n − 1) + 1]             # 切取
g.shape = −1, 2                          # 转置
```

（4）用 NumPy 的 reduce()方法执行计算。

代码如下：

```
df = npy.array(g, dtype = npy.float)             # 先转为浮点型，才能在数组上应用除法
d = npy.true_divide.reduce(df, axis = 1)         # 用 reduce 方法计算黄金分割数序列
```

（5）绘制曲线如图 T12 所示。

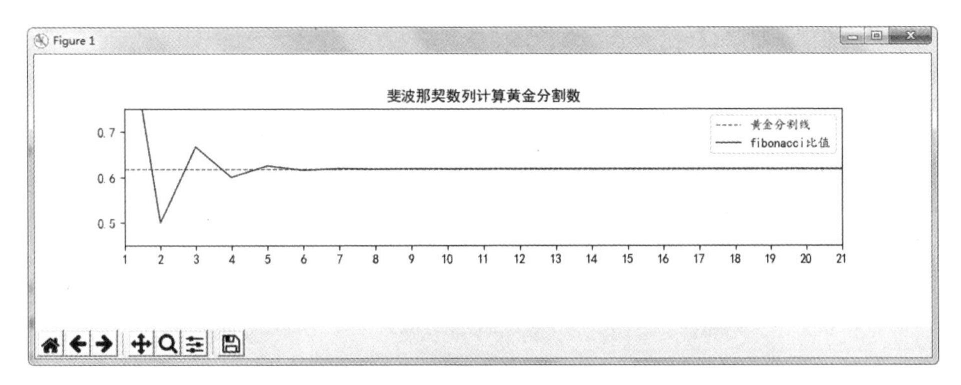

图 T12 计算值与理论值对比曲线

【实验 12.2】 在完成【实验 12.1】的基础上，对算法及黄金分割数进一步研究。

（1）根据书中讲解，结合程序试验，理解 reduceat()方法和 reduce()方法的运算规则。

（2）使用更长的斐波那契数列执行计算，看看计算机的存储位长最多能支持到多少项数列和精确至多少位的黄金分割数值。

（3）用 Axes 坐标轴对象的.set_ylim()方法变更调整图表纵向的刻度范围，观察黄金分割值曲线的微小波动。

实 验 13

【实验 13.1】 用 TVTK 绘制一个高为 5，底半径为 2.5，底面圆以 120 边形作为近似的圆锥。

（1）创建一个圆锥数据源。

代码如下：

```
mysrc = tvtk.ConeSource(height = 5.0, radius = 2.5, resolution = 120)
```

（2）数据映射。

代码如下：

```
mymap = tvtk.PolyDataMapper()
configure_input(mymap, mysrc)
```

（3）创建一个 Actor（模型实体）。

代码如下：

```
myact = tvtk.Actor(mapper = mymap)
```

（4）创建场景，将 Actor 添加到场景。

代码如下：

```
myren = tvtk.Renderer(background = (0.6, 0.8, 1.0))
myren.add_actor(myact)
```

（5）创建图形窗口，将场景添加进窗口。

代码如下：

```
mywin = tvtk.RenderWindow(size = (500, 300))      # 创建的同时设置窗口尺寸
mywin.add_renderer(myren)
```

（6）给窗口增加交互能力。

代码如下：

```
myint = tvtk.RenderWindowInteractor(render_window = mywin)
```

（7）初始化、启动窗口，打开交互。

代码如下：

```
myint.initialize()
myint.start()
```

运行程序，显示如图 T13.1 所示。

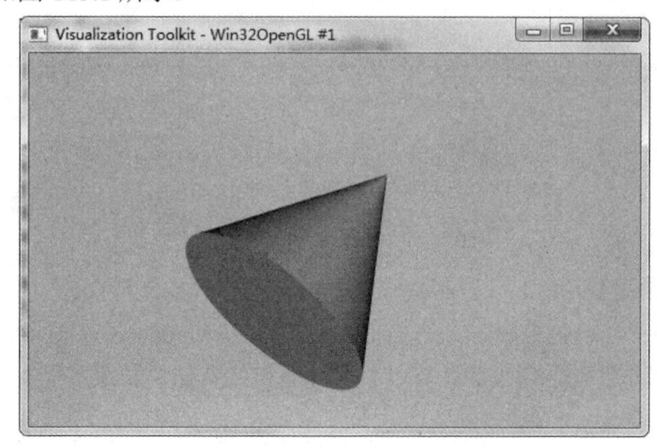

图 T13.1　TVTK 绘制的圆锥体

【实验 13.2】 在【实验 13.1】的基础上，完成以下练习。

（1）用 VTK 方式重写这个程序，显示完全一样的圆锥体，比较两个程序在编程方式上的异同和代码实现的差异。

（2）给这个程序加上 IVTK 浏览器，并使用它对圆锥体的各项属性进行修改，改变其外观。

（3）编写程序向场景中再加入一个圆柱体，用鼠标拖曳其相对位置，观察效果。

【实验 13.3】 从 STL 文件（queen.stl）载入一个童话女王的雕塑模型，如图 T13.2 所示。

图 T13.2　载入的模型

对该三维模型进行如下操作：

（1）操纵 TVTK 系统的照相机，从不同视角观赏女王雕像，在自己最满意的角度记录照相机的 position 属性值。

（2）在程序中用代码将这个视角设为初始呈现的场景。

（3）用 IVTK 浏览器修改模型的属性为女王塑像上色彩，并适当设定场景的背景色以达到自己想要的三维呈现效果。

实 验 14

【实验 14.1】 用 interp2d 对以下 X-Y 平面上的函数图像进行插值运算：

$$(x+y)e^{-3(x^2+y^2)}$$

编程时，将 X-Y 平面分成 20×20 的网格，先计算每个网格点的函数值，然后再计算 150×150 网格的插值。

代码如下：

```
...
def func(x, y):
    return (x+y)*npy.exp(-3.0*(x**2 + y**2))

# X-Y 轴分为 20*20 的网格
x,y = np.mgrid[-1:1:20j, -1:1:20j]
fvals = func(x,y) # 计算每个网格点的函数值

# 二维插值
newfunc = interpolate.interp2d(x, y, fvals, kind='cubic')

# 计算 150*150 的网格的插值
xnew = np.linspace(-1,1,150)
fnew = newfunc(xnew, xnew)
...
```

插值前后的效果如图 T14.1 所示。

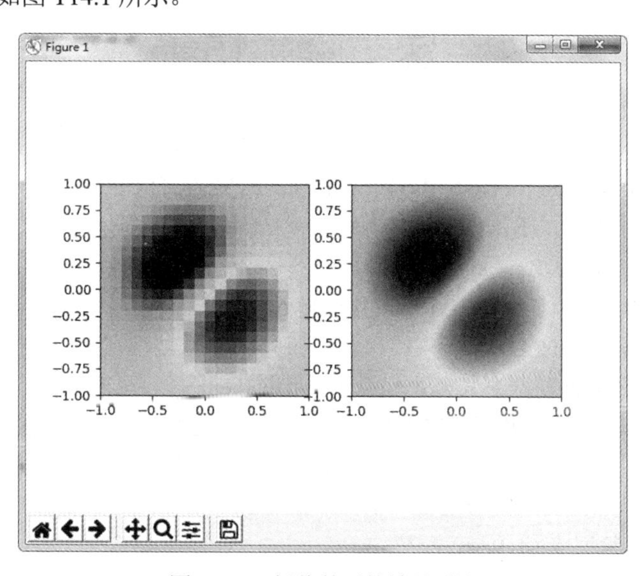

图 T14.1 插值前后的效果对比

在此程序基础上，尝试如下修改：

（1）改变插值前后网格的等分尺寸，观察插值效果有什么变化。

（2）SciPy 库中还有一个 Rbf（径向基）函数，可对随机散列的取样点进行插值，参考 SciPy 库的文档试用这个函数，观察插值的效果有什么不同。

【实验 14.2】 按照书上的指导，使用 SciPy 库和 Mayavi 库配合，完成蝴蝶效应的演示程序，运行结果如图 T14.2 所示。

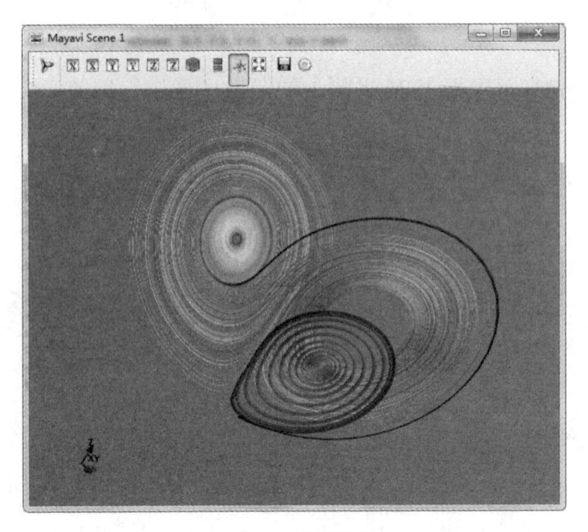

图 T14.2 蝴蝶效应

在此基础上，进行如下研究：

（1）取两组初值（2.0, 1.99, 2.0）和（2.0, 2.0, 2.0），观察初值的微小变化对整个系统状态走势的影响。

（2）逐渐改变洛伦茨方程中的参数μ，观察系统分别是在什么时间点出现分岔、极限环乃至最终走向混沌的过程。

实 验 15

【实验 15.1】 按照本章内容指导，在个人计算机上分别安装以下数据库及其 Python 驱动：

（1）MySQL 5.6 及 Navicat for MySQL 10.1，驱动：PyMySQL-0.9.2。

（2）MongoDB 4.0，驱动：PyMongo-3.7.1。

（3）PostgreSQL 10.5，驱动：Psycopg2-2.7.5。

（4）SQL Server 2008，驱动：PyMsSQL-2.1.4.dev5。

（5）Oracle 12c，驱动：cx_Oracle-6.4.1。

注意： Oracle 12c 还需要额外安装客户端引擎 instantclient。

安装完成后，试着在以上各数据库管理系统中建表，向表中录入几条测试数据，并执行增、删、改、查操作，参照各数据库官方文档学会其基本操作和使用方法。

【实验 15.2】 对以上安装完成的数据库系统，编写 Python 程序执行以下相同的功能。

（1）创建人员信息数据库 MyPerson。

（2）在数据库中创建人员信息表 Person（包含有三个字段，分别为姓名、年龄和评分）。

（3）向 Person 表中录入如下 3 条记录。

代码如下：

```
周何骏 35 98.5
周骁珏 13 61.5
Jack 15 95.0
```

（4）对表中数据执行增、删、改等操作，先后包括：

① 将“周何骏”的年龄减 20。

② 将“周骁珏”名字改为“周骁瑀”，得分改为 99。

③ 对表中所有人员的得分统一加上 1。

④ 删除得分数小于 100 的人员的记录。

（5）完成以上操作后要求对表中所有人员的信息进行查询和显示。

实　验　16

【实验 16.1】 用 Tkinter 结合 MySQL 数据库开发桌面版“人员信息管理系统”，步骤如下：

（1）安装 MySQL 数据库环境及其 Python 驱动。

（2）创建人员信息数据库 MyPerson，在其中建立 Person 表，如图 T16.1 所示。

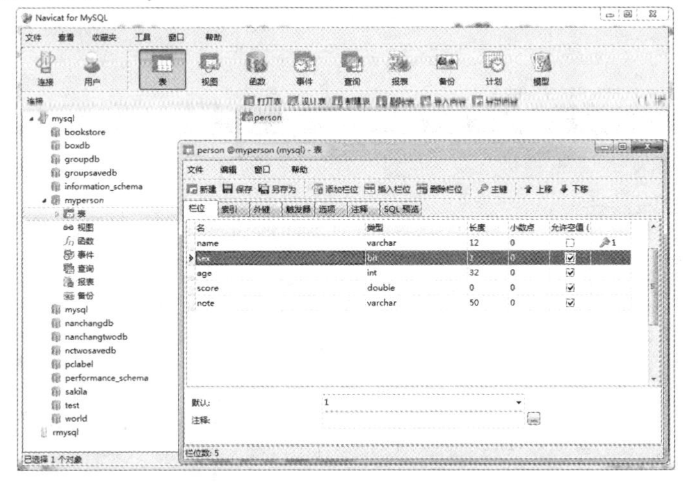

图 T16.1　创建数据库表

（3）用 Tkinter 设计程序界面，如图 T16.2 所示，编程实现人员信息的增、删、改、查功能（读者可参考本章综合应用实例的程序源代码）。

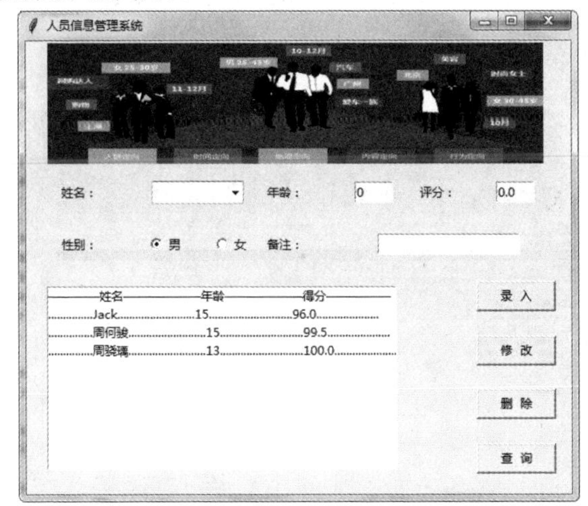

图 T16.2　“人员信息管理系统”界面

（4）在以上程序运行成功的基础上，尝试更换后台数据库，请读者分别换用 MongoDB、PostgreSQL、SQL Server 及 Oracle 存储人员信息，分析对其中数据进行访问，需要对程序做怎样的修改，Python 程序对哪种数据库的适应性最强。

（5）试着将对数据库访问的程序代码中，与具体数据库类型密切相关的代码提取分离出来，单独封装为类模块，在 Python 程序中调用，使程序应用逻辑与底层数据库类型隔离，设计出与后台数据库无关的移植性强的 Python“人员信息管理系统”。

实 验 17

【实验 17.1】 用 Requests 库爬取并解析天气预报信息。

（1）使用“中国天气”网（http://www.weather.com.cn/weather/101190101.shtml）数据，如图 T17.1 所示。

图 T17.1 天气预报信息来源

（2）定位资源。通过浏览器“开发人员工具”定位所要获取的资源路径，如图 T17.2 所示。

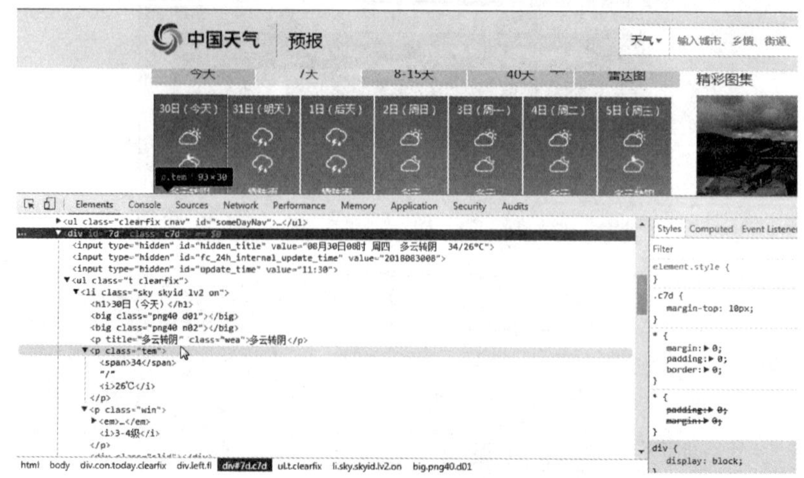

图 T17.2 定位资源路径

（3）爬取未来 7 天的天气信息并解析。

代码如下（详细请参考书中本章内容）：

```
myurl = 'http://www.weather.com.cn/weather/101190101.shtml'
htmsrc = requests.get(myurl, timeout = 10)
htmsrc.encoding = htmsrc.apparent_encoding
myhtm = htmsrc.text
mysoup = BeautifulSoup(myhtm, 'html.parser')
mydata = mysoup.body.find('div', {'id': '7d'}).find('ul')
day_list = mydata.find_all('li')
```

（4）用同样的程序改为爬取北京未来 15 天的天气情况，有关定位资源、编写程序的方法，请读者自己尝试。

实　验　18

【实验 18.1】 从网上搜索某年清华大学、北京大学在全国各省录取人数、录取率数据汇总表，如图 T18.1 所示。

2017年清华北大在各省市区录取人数及录取率汇总

省市区	合计	北京大学	清华大学	考生数（万）	录取率
北京市	553	257	296	6.06	0.913%
河南省	397	199	198	86.58	0.046%
浙江省	350	200	150	29.13	0.120%
湖北省	308	162	146	36.20	0.085%
江苏省	307	152	155	33.01	0.093%
四川省	327	141	186	58.28	0.056%
山东省	301	141	160	58.30	0.052%
湖南省	333	192	141	41.08	0.079%
河北省	267	137	130	43.62	0.061%
广东省	276	148	128	75.70	0.036%
安徽省	234	124	110	49.86	0.047%
陕西省	243	126	117	31.90	0.076%
重庆市	206	112	94	24.75	0.083%
山西省	214	114	100	31.70	0.068%
辽宁省	254	112	142	20.85	0.122%
上海市	220	122	98	5.00	0.440%
江西省	183	106	77	36.49	0.050%
福建省	186	101	85	[illegible]	[illegible]

图 T18.1　清华大学、北京大学在全国各省的录取数据

综合运用 Python 的 Office 操作功能，完成以下练习。

（1）将图 T18.1 中内容录入 Word 文档中。

（2）编写程序从 Word 文档中读取表格数据，并写入 Excel 中暂存。

（3）用 Excel 电子表格的公式，计算清华大学、北京大学分别在全国录取的总人数及平均录取率。

（4）编写程序，在幻灯片中绘制各省录取人数柱状图，清华大学、北京大学录取人数全国占比的饼状图，再配以清华大学、北京大学校景，如图 T18.2 所示，制作出一张精美的幻灯片来。

图 T18.2　清华大学、北京大学校门

实 验 19

【实验 19】 现有一张潜水员姐姐与石斑鱼共舞的美照，如图 T19 所示。

图 T19 潜水员姐姐与鱼共舞

用本章所学图像处理技术，进行以下练习：

（1）用模式转换将其作旧处理为类似 20 世纪 80 年代的老照片。

（2）用 ImageEnhance 类结合 ImageFilter 滤波器增强画面中人物、鱼与背景的对比度，提高色彩的饱和度，加强清晰度，制作出具艺术特效的唯美水下摄影写真。

（3）将潜水员姐姐的身形单独截取下来，做旋转、缩放处理后再粘贴至原图上，改变人与鱼的相对位置和大小。

实 验 20

【实验 20】 现有一段视频，其中有潜水员做水下前滚翻的表演，如图 T20 所示为视频截图。

图 T20 潜水员表演

用本章所学的视频处理技术，进行以下尝试。

（1）将潜水员的前滚翻动作以慢镜头播放展示。

（2）将潜水员所做的前滚翻动作改为后滚翻。

（3）给视频配上《小苹果》的动感音乐旋律。

（4）给表演过程配上解说词。

注意：慢镜头可通过在程序中设置较低的帧速率实现；前滚翻变后滚翻实际就是视频倒播，可以用程序处理将采到的帧画面按相反的序号重命名，再合成为新视频即可。

第四部分　习　　题

习　题　1

一、选择题

1．Python 是一门跨平台、开源、免费的______型高级动态编程语言。

A．解释　　　　　　　　　　B．编译

2．Python 3.x 和 Python 2.x 语句是_________。

A．完全兼容　　　　　　　　B．不完全兼容

3．Python 支持将源代码伪编译为________来优化程序提高加载和运行速度，并对源代码进行保密。

A．字节码　　　　　　　　　B．二进制码

4．Python 程序____________________运行。

A．可以跨平台（操作系统）　　B．不可以跨平台

5．Python 不支持______。

A．命令式编程　　B．函数式编程　　C．面向对象编程　　D．编译连接后运行

6．Python 程序对缩进要求_______。

A．每次缩进 4 个字符　　　　B．每次缩进相同个字符

7．_______不能作为 Python 的变量名。

A．关键字　　　　　　　　　B．汉字

8．数字加__________可方便阅读，不改变其值。

A．打头下画线　　　　　　　B．中间下画线

二、填空题

1．本章介绍的命令执行环境是_________________________。

2．本章介绍的编程环境是_________________________。

3．Windws 环境扩展库安装采用_______________命令，显示已经安装扩展库采用______________命令。

4．在 Python 导入扩展库 abc 采用____________________命令。

5．Python 采用____________管理应用程序文件。

6．Python 语言源程序的扩展名为________。

7．在一行上写多条语句时，每个语句之间用_______符号分隔。

8．一个多行的语句采用___________作为非最后一行结束符。

三、编程题

1．在命令环境下实现：

分别赋值给变量 *x*、*y*，然后输出“*x*+*y*=”后面紧跟计算结果。

2．在编程环境下实现：

分别赋值给变量 *x*、*y*，然后输出“*x*+*y*=”后面紧跟计算结果。

习　题　2

一、选择题

1．Python 变量名不能以____________打头。

A．字母　　B．下画线　　C．关键字　　D．标点符号

2．关于 Python 变量名，不正确的说法是_________。

A．不需要事先声明变量名及其类型

B．直接赋值就可以创建任意类型的变量

C．不可以改变变量的类型

D．修改变量值实际上就是重新创建变量

3．下面属于合法变量名的是_________。

A．_1　　B．1xyz　　C．or　　D．A-b

4．下面属于不正确的整常数的是_________。

A．10　　B．0x1A　　C．0O18　　D．0b1101

5．内置函数 input()把用户的键盘输入一律作为______返回。

A．字符串　　B．字符　　C．数值　　D．根据需要变化

6．下列_________为真。

A．not False　　B．0j　　C．None　　D．空字符串

7．a=2, b=1, ________为假。

A．a-b!=1 | a-1 & b-1　　B.～b

C．str(b-1)　　D．0b010-2

8．在不包括圆括号的表达式中，下列最后计算运算符_________。

A．//　　B．and　　C．+　　D．! =

二、填空题

1．Python 字符串与___________串之间可以互相转换

2．__________可以改变表达式运算顺序。

3．表达式 int('1101',2)=________；int('1101',3)=________。

4．表达式 print(chr(ord('B')-1))________。

5．x=7，表达式 x/3,x//3=____________。

6．(3.5+6)/2**2%4 =____________。

7．x=1.2，abs(x-1.0-0.2)==0= ____________。

8．用分数表达 0.5______________________________。

9．公式 $\dfrac{\sin(\sqrt{x^2})}{ab}$ 对应的表达式___________________________。

10．*x*=*y*=*z*=6 ，*x*%=*y*+*z*，*x*=_________。

11．*x*=1，*y*=2， *x*&*y*=____， *x*|*y*=_____， *x*^*y*=_____， ～*x*&*y*=_____， *x*<<*y*=_____，*x*>>*y*=_____。

12．同时输入 3 个浮点数给 *x*、*y*、*z* 变量，用逗号分隔语句___________________________。

三、编程题

1．从键盘输入一个不超过 120 的数字字符串，把它转换为十进制、二进制、八进制、十六进制的数输出，然后将其转换为对应的字符串后连接起来输出。

2．输入一个华氏温度，计算输出的摄氏温度，结果取两位小数。

3．用键盘同时输入三角形三条边，输出它们是否符合三角形的条件。

4．输入 $ax^2+bx+c=0$ 方程的系数，假使符合算术平方根的条件，计算它们的两个根。

习 题 3

一、选择题

1．__________实现多重分支

A．if…else…在 if 中再加 if　　B．if…else…在 else 中再加 if

C．if…elif…else…　　D．if…else…

2．循环中不包含__________。

A．循环条件一直为真　　B．pass

C．else　　D．交叉

3．关于循环，______________不正确。

A．循环体可以一次不执行　　B．循环可以多重嵌套

C．循环可能死循环　　D．循环体代码的缩进必须相同

二、填空题

1．以下程序的输出结果是__________。

```
a=1;  b=2;c=-3;
if (a<b):
    if (c>0):       c-=1;
    else:   c+=1;
else:
    c=1
print(c)
```

2．执行下面的程序后，输出结果是__________。

```
k=3;s=0
while( k) :
    s+=k;
    k-= 1;
print( " s=",s )
```

3．执行下面的程序后，输出结果是__________。

```
j=1
for a in range( 1,51) :
    if( j>= 10) :break;
    if(a%3==1):
        j+= 3 ; continue ;
    else:
        j-=2
print(j)
```

三、编程题

1．有一段函数如下，输入 x 值，计算 y 值输出。

$$y=\begin{cases}1-2x^2 & x<10\\ 2x^3 & 10\leqslant x<20\\ 2x^2-1 & x\geqslant 20\end{cases}$$

2．求 100～200 的所有完数。“完数”是指一个数恰好等于其因子之和。

3．输入整数 n，将 n 反序排列输出。例如，输入 n =2863，则输出 3682。

4．利用下列近似公式计算 e 值，误差应小于 10^{-5}。

$$e=1+\frac{1}{1!}+\frac{1}{2!}+\cdots+\frac{1}{n!}$$

5．输入整数 n，1～n 能被 7 整除，但不能被 5 整除的所有整数，每 5 个数为一行。

6．已知三角形的两边长及其夹角，求第三边长。

7．任意输入 3 个整数，按大小顺序输出。

8．解一元二次方程 $ax^2+bx+c=0$ 的根，a，b，c 的值没有范围限制。

习　题　4

一、选择题

1．判断条件为 True 的是__________________。

A．空列表、空元组、空集合、空字典、空 range 对象

B．{}、[]、()

C．''、""、'''　'''

2．关于序列，___________说法是错误的。

A．当增加和删除元素时，列表对象自动进行内存的扩展和收缩

B．列表、元组和字符串支持双向索引，正反向均从 0 开始

C．字典支持使用“键”作为下标访问其中的元素值

D，集合不支持任何索引，因为集合是无序的

3．关于序列，___________说法是错误的。

A．切片不能用于集合，可用于列表、元组、字典、range 对象、字符串等

B．列表是可变的，元组是不可变的

C．字典的“键”和集合的元素都不允许重复

D．字符串

4．序列不能进行的操作___________。

A．in　　　　B．is　　　　C．len　　　　D．+

二、填空题

1．数组和矩阵需要______________扩展库支持。

2．range(2)函数返回一个________。

3．表达式：[1,3] not in [1,2,3] =________。

4．lst =[1,2,3,4,5,6,7,8]，切片 lst[2:5] =_______，lst[-2::] = _______，lst[::-2] =_______，lst[0] = _______。

5．a=[13.2],b = a.sort(reverse=True) =__________， a =____________。

6．tup1= (1,3,2)*2， tup1 =____________________，tup1(1) = ____________。

7．k=['name','sex','age'], v=['王平','女',38], dict(zip(k,v)) =_________________。

8．d= {'name': '王平', 'sex': '女', 'age': 38}, d['age'] = _________________。

9．a={1,2,3};b={3,4,5};c={1,3,6,7,8}, a > (a | b) & c = _________________。

三、编程题

1．有一个列表 lst=[1,2,3,4,5,6]，将列表中的每个元素依次向前移动一个位置，第一个元素移到列表的最后，并输出这个列表。

2．生成一个有 30 个元素的列表，每个元素是 0～100 的一个随机整数，输出 0～59、60～69、70～79、80～89、90～100 各段元素，并统计个数。

3．s=" The Python Dict: Key=1, Val=10 "，统计 s 字符串中字母、数字、其他字符的个数，并输出。

4．s=" The Python Dict: Key=1, Val=10"，删除左右两边空格，中间有连续的两个及其以上空格保留一个，输出新的字符串。

5．在一段英文字符串中，按照下列要求编程，然后实验。

（1）统计出单词和出现的位置，采用列表记录，然后输出。

（2）统计出现的单词，采用集合记录，然后输出。

（3）统计出单词和出现的次数，采用字典记录，然后输出。

6．对学生成绩进行管理。

（1）用列表通过直接赋值存放学生的基本信息，项目包括：学号、姓名、性别、出生日期、专业、总学分。

（2）用列表通过直接赋值存放课程的基本信息，项目包括：课程号、课程名、学分、平均成绩、最高分、最低分。

（3）用列表通过键盘输入课程学生成绩的信息，包括项目：课程号、学号、成绩。

根据成绩统计课程平均成绩、最高分、最低分。

根据成绩累计学生总学分、成绩>60、总学分+课程学分。

（4）按成绩从大到小输出课程的学号、姓名、成绩。

（5）按照姓名输出学生的各项信息。

（6）查询输出指定年龄范围的女生信息。

习 题 5

一、选择题

1．关于数组，________________说法是错误的。

A．标准库 Array 数组是一维的　　B．NP 数组是多维的

C．矩阵是 NP 数组的一个特例　　D．Array 数组可以采用 np 库方法

2．关于矩阵，________________说法是错误的。

A．矩阵是 NP 的二维数组　　B．Matrix 是矩阵类

C．矩阵加.H 得到共轭矩阵　　D．仅仅包含 1 个元素不是矩阵

3．对于 matrix 和 array，________________。

A．均可切分　　B．均可转置

C．元素均可修改　　　　　　　　　　D．array 功能包含 Matrix

二、填空题

1．a = np.array([[1,2],[3,4]); b = np.array([[−1, −2],[−3, −4]]); np.vstack((a,b)) = ________________; np.hstack((a,b)) = ____________________。

2．np.ones((2,2)) =____________________。

3．np.linspace(1,11,5) =____________________。

4．a = np.array([[1,2],[3,4],[5,6]])； a[:2] = ____________； a.ndim =______; a.size =______。a*3 = ____________； a>3 = ____________。

5．b = np.arange(6); b[0:4:2] ____________________。

三、编程题

1．某课程有 40 个学生给老师评教打分，分数划分为 1～10 等级，编写程序统计课程评教结果。数据直接赋值给数组。

等级	票数	票数图
1	5	*****
2	10	**********
3	7	*******
…		
总计	总票数	总分数

分析：采用二维数组，一个老师占一列，最后统计出全班的评教总成绩。

进一步：采用三维数组，存放所有班级的评价成绩。

2．对学生成绩进行管理，完成下列功能。

（1）用数组通过直接赋值存放学生的成绩，一门课程为一列。

（2）对数组进行统计计算，用列表存放每门课程<60，60～69，70～79，80～89，90～100 分数段人数、最高分、最低分、平均分。输出课程按照分数从大到小排序。

（3）对数组进行统计计算，用数组存放每个学生平均成绩、总排名。输出按照学生排名从大到小输出排序结果。

习　题　6

一、选择题

1．字符串属于 Python 有序序列，不支持____________。

A．下标访问其中的字符　　　　　　　B．双向索引

C．切片操作　　　　　　　　　　　　D．修改其中字符

2．下列说法____________是错误的

A．一个汉字作为 1 个字符计算

B．+、−是字符串运算符

C．内置函数也支持

D．用字符串方法对字符串操作

二、填空题

1．字符串属于 Python________序列。

2．UTF-8 使用________表示一个汉字。

3．字符串可以使用____________转换为字节串。

4．在字符串前加____________表示原始字符串。

5．在 s 字符串的 *n* 位置加入一个空格语句：____________________________________。

6．str1='Python 排版编辑 String'，str1[: 6] =______________，str1[8: 10] =____________。

7．str1="+"; list1=['-1', '2', '-3', '4', '-5']; str1.join(list1) =___________________________。

8．dir1='/ E:/ Python/v3-6'; pdir2.split ('/') =______________________。

9．n=80 ; print("%e"%n)输出__________。print("%x"%(n+101)) 输出__________。

三、编程题

1．编写程序，统计字符串中字母、数字、汉字、其他字符的个数。

2．编写程序，统计字符串词的个数，词存放在字典中，由词分隔的子字符串统一计算其他。

习 题 7

一、选择题

1．关于函数定义，___________是错误的。

A．不需要指定参数类型　　B．不需要指定函数的返回值类型

C．可以嵌套定义函数　　D．没有 return 语句，函数返回 0

2．关于函数，___________是错误的。

A．lambda 表达式可定义命名函数

B．函数外调用变量在函数执行结束后会自动释放

C．包含 yield 语句的函数不会连续执行

D．局部变量不会隐藏同名的全局变量

二、填空题

1．函数参数有普通位置参数、____________、关键参数和可变长度参数等类型。

2．在函数内部可以通过关键字________来定义全局变量。

3．计算 *b*x+*c*=0 方程根的 lambda 表达式：_____________________________________。

4．生成器对象的__________方法得到第 1 个元素。

5．myfunc.Py 文件通过____________________________导入。

6．对于*参数，实参存放在____________，对于**参数，实参存放在____________。

三、阅读程序

1．下列程序输出结果：____________________。

```
def drt(a,b,c):
    d=b*b-4*a*c
    return d
dic={1: 'a',2: 'b',3: 'c'}
print( drt(*dic) )
```

2．下列程序输出结果：____________________。

```
def poutkx(**x):
    for item in x.items() :
        print(item)
poutkx(a=1,b=2,c=3)
```

3. 下列程序输出结果：________________。

```
lst=[1,-2,3,-4]
def func(val):
    if val>= 0:
        val= (val+1)*(-2)
    else:
        val= (val+1)* 3
    return val
print( [func(val)+1 for val in lst   if val>0] )
```

4. 下列程序输出结果：________________。

```
def fun():
    yield from ['one','two','three']
s=fun()
next(s)
next(s)
```

四、编程题

1. 编写函数，求两数的最大公约数与最小公倍数。

2. 编写函数，可以接收任意多个整数并用字典输出最大值、最小值、平均值和所有整数之和。对应的关键字为“max”“min”“avg”“sum”。

3. 输入一个字符串，采用非递归和递归方式反向输出。

4. 利用列表和递归函数产生并输出杨辉三角形，如图所示。

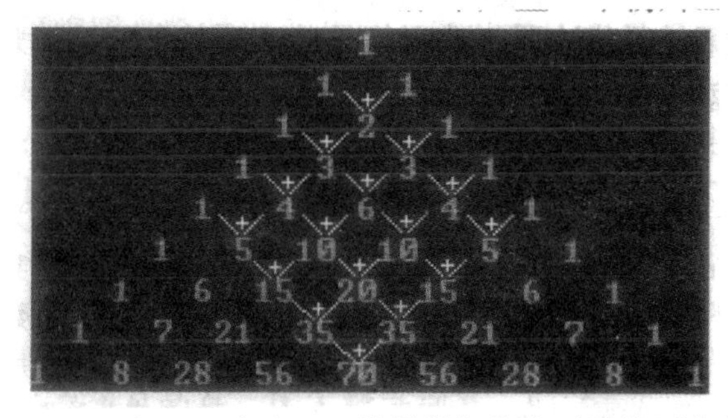

5. 编程证明哥德巴赫猜想：任何一个大于 2 的偶数都能表示成为两个素数之和。

习 题 8

一、选择题

1. 关于面向对象编程的说法，不正确的是________________。

A. 类是抽象的，对象是具体的

B. 子类需要继承类

C. 属性是对象状态，方法是操作

D. 所有的操作符都可以重载

2. 关于类________________说法是错误的。

A. 在类外可以用下画线打头作为普通变量名

B. 在类内可以操作自己的以__打头的变量

C. 公有方法并在任何位置均可调用

D．类的多态性就是它的不同性

二、编程题

1．设计一个类 MyTime：得到当前或者指定时间的年、月、日、时、分、秒。

2．设计一个圆类，类名：Circle。

属性：圆心坐标，圆的半径。

方法：设置和获取圆的坐标、半径。

　　计算圆的周长和面积。

用圆类计算两个圆的周长和面积。

3．设计一个形状类，类名：shape。

属性：三条边（a,b,c）、周长、面积、坐标、填充色。

方法：初始化（a,b=0,c=0）

　　计算周长：如果 b==0, c==0，按照正方形计算。

　　　　　　如果 c==0，按照长方形计算。

　　　　　　否则按照三角形计算。

　　计算面积：用 pass 语句模拟。

　　填色：用 pass 语句模拟。

分别设计一个三角形、长方形、正方形子类，继承形状类（shape）利用多态性编程，重新定义各形状的求面积方法。

在主程序中创建不同类的对象，并求不同形状的面积。

4．对学生成绩进行管理，完成下列功能。

（1）创建学生类，存放各学生基本信息。

项目包括：学号、姓名、性别、出生日期、专业、总学分。

在程序中列表存放初始数据，然后用这些数据初始化学生对象。

（2）创建课程类，存放各课程基本信息。

项目包括：课程号、课程名、学分、平均成绩、最高分、最低分。

在程序中列表存放初始数据，然后用这些数据初始化课程对象。

（3）用列表存放课程学生成绩信息。

项目包括：课程号、学号、成绩

根据成绩统计课程平均成绩、最高分、最低分。

根据成绩累计学生总学分、成绩>60、总学分+课程学分。

（4）按照姓名输出学生的各项信息。

（5）按成绩从大到小输出课程的学号、姓名、成绩。

习　题　9

一、填空题

1．文本文件用__________工具打开，二进制文件可以用__________工具打开。

2．文本文件和二进制文件的不同：______________________________________。

3．文件需要________________，文件的内容才能真正写入。

4．序列化的作用是________________________。

5．with 语句的作用是________________________。

6．解析下列语句。

myf= open("File1.txt","w+")表示：________________________。

lst1 = ['1 ' , '2' , '3 '];　s=' hello';　lst2 = [1,2,3]

myf.writelines(lst1) 表示：________________________。

myf.writelines(s) 表示：________________________。

myf.writelines(lst2) 表示：________________________。

7．解析下列语句。

import pickle, pprint 表示：________________________。

fpick=open('File2.pkl' ,'wb+')

list1=[-23, 5.0, 'python', 12.8e+6]

pickle.dump(list1,fpick, -1) 表示：________________________。

fpick.seek(0,0) 表示：________________________。

list1= pickle.load(fpick) 表示：________________________。

pprint.pprint(list1) 表示：________________________。

fpick.close ( ) 表示：________________________。

二、编程题

1．操作文本文件。

（1）编写程序，创建一个文件 myfile.txt，向文件输入：Hello! 吃饭没？

（2）编写程序，修改文件 myfile.txt 文件内容：Hello! 吃过了。

2．操作二进制文件。

（1）创建一个文件 myfile.dat，输入 3 条记录，每一条记录包括 string 数据、int 数据、float 数据。

（2）读取文件 myfile.dat，将其中的内容显示出来，观察与输入的内容是否相同。

3．对学生成绩进行管理，完成下列功能。

（1）先编写文件写入程序，创建学生成绩信息文件。项目包括：课程号、学号、成绩。学生信息放在列表中，从列表中读取，然后写到学生成绩信息文件中。

（2）编写文件读取程序，把学生成绩信息读到列表中，然后计算各科的平均分、最高分、最低分。

（3）编写文件查找程序，查找指定学生各科的成绩。

（4）编写文件修改程序，修改指定学生指定课程的成绩。

习　题　10

一、填空题

1．异常一般是指程序____________发生的错误。

2．程序员可以________________语句显式引发异常。

3．在异常处理结构中，____________块中的代码总会执行。

4．当 try 块中的代码没有出现任何错误时，执行____________块中的代码。

5．Python 上下文管理语句为____________，它的作用是____________。

二、编程题

用异常处理结构编程计算 $ax^2+bx+c=0$，不考虑 $a=0$ 的情况。

1．运行程序，输入 $a=0$，观察程序出现状态。

2．把 $a=0$ 的情况放在异常处理完成。

3．完善程序，考虑 a,b,c 的各种情况，运行程序观察结果。

习　题　11

一、选择题

1．MatPlotLib 最擅长绘制______。

A．2D 图像　　B．3D 图形　　C．2D 图表　　D．3D 动画

2．MatPlotLib 中最常使用的子库是________。

A．mlab　　B．pyplot

3．通过________的 add_axes()方法为图表添加坐标轴。

A．Figure 对象　　B．Axes 对象

4．绘图结束后使用________方法为其添加图例标注。

A．.title("...")　　B．.legend()

5．以下提取子图的方案中，表示“add_subplot(233)”是________。

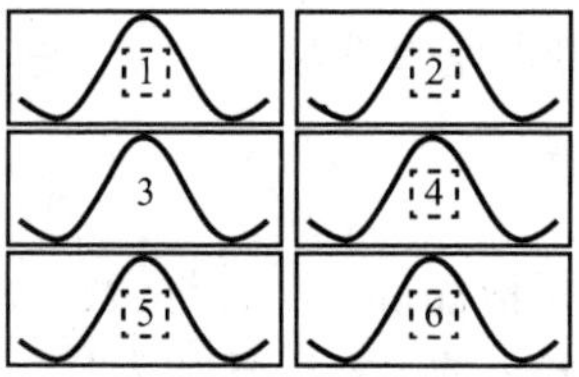

A 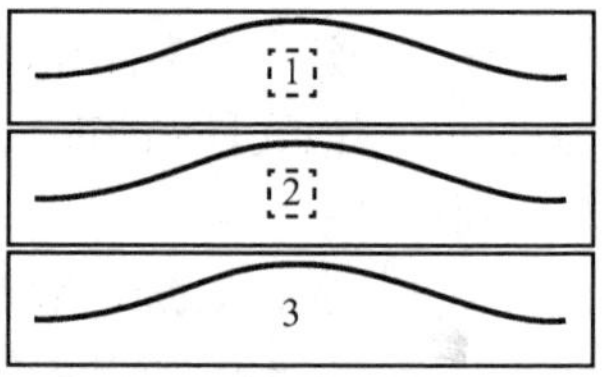　　B

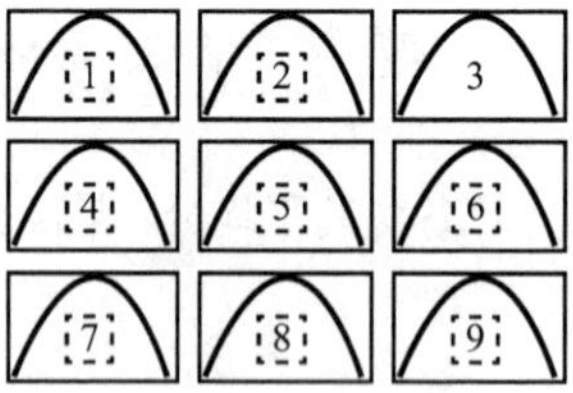

C 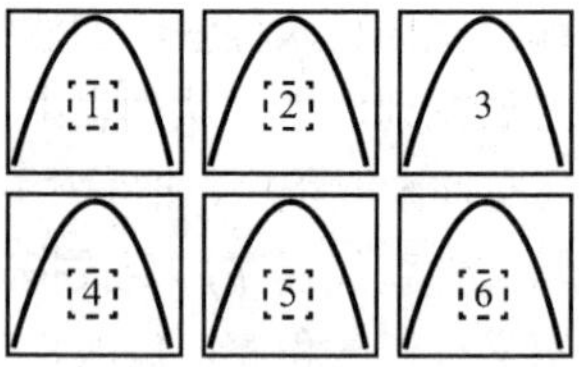　　D

6．绘图时，获取 Y 轴刻度文本应当使用的语句是________。

A．.yaxis.get_ticklabels()　　B．.yaxis.get_ticklines()

C．.yaxis.get_major_ticks()　　D．.yaxis.get_minor_ticks()

二、填空题

1．在程序中导入 MatPlotLib 绘图库的语句是________________________。

2．创建一个绘图对象使用________函数。

3．用如“myaxs.plot(x, y, "...", label = "$...$", linewidth = ...)”的绘图语句画出一条线型为红色虚线、线宽 1.8、标注文本为“sinx”的正弦曲线，语句应写为：____。

4．若要使用 MatPlotLib 库的全部类，需要用导入语句________________________。

三、问答题

1．用 MatPlotLib 绘制单幅图的一般步骤是什么？试结合一个简单绘图程序的代码加以说明。

2．如何应用 MatPlotLib 的字体管理器在图表标注中显示中文，进行设置的步骤是什么？

习 题 12

一、选择题

1．以下用于创建数组的函数中，（　　）不是由 NumPy 提供的。

A．arange()　　B．array()　　C．linspace()　　D．logspace()

2．现有一数组 d=[1 2 3 4 5 6 7 8 9 10]，要求取出其中的所有奇数元素构成一新数组，以下写法是不正确的________。

A．d[:9:2]　　B．d[slice(None, 9, 2)]　　C．d[:10:2]　　D．d[0::2]

3．关于 NumPy 数组函数，不正确的说法是________。

A．可以由用户定义的函数生成数组元素

B．内置 ufunc 函数可以对整个数组的数据一次性地进行并行处理

C．用户可以编写自定义函数，然后转换为 ufunc 函数使用

D．原生 Python 语言 math 库函数的性能要比用户自定义转换的 ufunc 函数好

二、填空题

1．以下代码的输出结果为：____________________________________。

```
d = npy.arange(5, 40, 5)
print(d)
```

2．以下代码的输出结果为：____________________________________。

```
d = npy.linspace(0, 1, 6)
print(d)
```

3．现有一个二维数组 d：

```
[ [ 5 10 15 20 25
  [30 35 40 45 50] ]
```

执行以下代码后，数组 d 的内容为：____________________________________。

```
d0 = d.reshape(5, 2)
d0[2, 1] = 100
```

4．数组的三种最基本存取方法是_______、_______和_______。

二、编程题

1．编写程序，使用切片法取出下面这个二维数组标示两块区域中的数据元素。

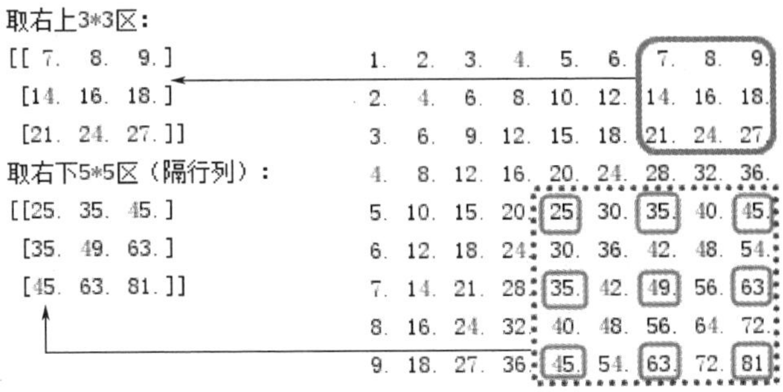

```
取右上3*3区:
[[ 7.  8.  9.]
 [14. 16. 18.]
 [21. 24. 27.]]
取右下5*5区（隔行列）:
[[25. 35. 45.]
 [35. 49. 63.]
 [45. 63. 81.]]

1.  2.  3.  4.  5.  6.  7.  8.  9.
2.  4.  6.  8. 10. 12. 14. 16. 18.
3.  6.  9. 12. 15. 18. 21. 24. 27.
4.  8. 12. 16. 20. 24. 28. 32. 36.
5. 10. 15. 20. 25. 30. 35. 40. 45.
6. 12. 18. 24. 30. 36. 42. 48. 54.
7. 14. 21. 28. 35. 42. 49. 56. 63.
8. 16. 24. 32. 40. 48. 56. 64. 72.
9. 18. 27. 36. 45. 54. 63. 72. 81.
```

2．编写程序，用整数序列法取下面“九九乘法表”数组的对角线平方数。

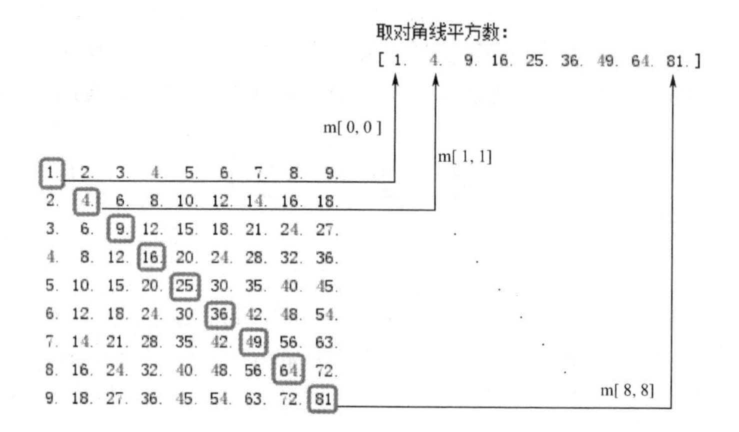

习 题 13

一、选择题

1．VTK/TVTK 绘图中，对程序员可见的是__________。

A．可视化流水线（VP） B．图形流水线（GP）

2．VTK/TVTK 的绘图对象不包括__________。

A．Actor（实体对象） B．PolyDataMapper（数据映射器）

C．Renderer（场景对象） D．RenderWindow（窗口对象）

3．对于 VTK 与 TVTK 的说法，______________不正确。

A．是两种完全不同的 3D 绘图库

B．TVTK 可在创建对象的同时指定其属性值

C．两种方式所绘出的三维图形完全一样

D．TVTK 在底层实际就是用 VTK 操作的

4．关于 IVTK，正确的说法是______________。

A．是另一种全新的 3D 绘图库

B．是对 TVTK 的进一步包装库

C．底层基于 VTK 操作的图形库

D．是一种用于交互式地操作 VTK/TVTK 中各绘图对象的可视化工具

二、填空题

1. 在进行三维绘图时，映射器送出的图形数据依次通过 VTK 中的________、________、________、________4 个对象。

2．创建三维数据源时，以下方法各对应创建的几何体形状为：

（1）ArrowSource()：________。

（2）CubeSource()：________。

（3）ConeSource()：________。

3．绘制一个圆柱，高度为 3.0、底半径为 0.5，底面圆采用内接正 120 边形近似的分辨率，分别用以下两种方式编程实现，请将代码补充完整。

（1）VTK 方式：

```
mysrc = vtk.____________
mysrc. ________                      # 设置高度
mysrc. ________                      # 设置底半径
mysrc. ________                      # 设置底面圆分辨率
```

（2）TVTK 方式：

```
mysrc = tvtk.________(height = ___, radius = ___, resolution = ___)
```

三、问答题

1．简述用 VTK/TVTK 进行 3D 绘图的基本步骤。

2．用 VTK 与 TVTK 在编程方式上有什么差异？举例说明。

3．TVTK 如何配置映射器的输入，试写出关键的代码语句来说明。

习　题　14

一、选择题

1．用于实现插值优化功能的函数是_________。

A．medfilt ()　　B．leastsq()　　C．interp2d()　　D．odeint()

2．mlab 所绘制的空间曲面信息皆存储于___________中。

A．Array2Dsource 对象　　B．ImageData 对象

3．Mayavi 库中的______函数适用于绘制空间中复杂的曲面。

A．surf()　　B．mesh()

4．Mayavi 库中用于描绘空间标量场的函数是___________。

A．contour3d()　　B．contour_surf()

二、填空题

1．Python 的科学计算功能主要得益于________和________两大扩展库。

2．用 Mayavi 库在 X-Y 平面上绘制一个等距网格，取 x、y 坐标区间范围（−30, 30），分别沿两坐标轴方向等分 500 份，程序语句为________________________________。

3．用 surf() 函数绘制一个三维空间曲面，该曲面投影在 X-Y 平面的坐标满足方程“$e=\sin(\sqrt{x^2+y^2})$”，曲面高度缩放倍率为 1.5，程序语句为________________________________。

4．若要以 25 条等高线重绘以上曲面，改用 contour_surf 函数实现，则程序语句写成________________________________。

5．虫洞形状类似单页双曲面，其参数方程为：

$$\begin{cases} x = a\cosh u\cos v \\ y = b\cosh u\sin v \\ z = c\sinh u \end{cases}$$

现取 $a=b=0.5, c=0.8$，试将以下程序补充完整：

```
[u, v] = npy.mgrid[-3:3:du, 0:(2*npy.pi + dv):dv]
x = ______________________
y = ______________________
z = ______________________
m = mlab. _______________
```

三、问答题

1．简述 Python 中 Mayavi 绘图库与 MatPlotLib 及 VTK/TVTK 相比有哪些优势？

2．简述使用 mlab 的 mesh 函数绘制空间给定参数方程曲面的一般步骤。

习 题 15

一、选择题

1．当前 Web 开发中最为常用的 MySQL 数据库所对应的 Python 扩展库驱动程序名是________。

A．PyMsSQL　　B．PyMySQL

C．Pymongo　　D．Psycopg2

2．Python 在访问以下________数据库时，其扩展库还需要额外借助于由 DBMS 厂商提供的客户端引擎所公开的 API 接口。

A．PostgreSQL　　B．MongoDB

C．SQL Server　　D．Oracle

3．Python 语言所使用的内置数据库是__________。

A．MongoDB　　B．SQLite 3

C．PostgreSQL　　D．MySQL

二、填空题

1．根据各数据库类型及厂商提供接口的不同，Python 语言对数据库的访问主要有三种方式：____________________、____________________和 ____________________。

2．向数据库中一次插入多条记录使用__________函数，对于不同类型的数据库系统，插入 SQL 语句有不一样的书写格式，现假设要向数据库 Person 表中插入一条记录，该表有 3 个字段（name、age 和 score，分别对应为字符串类型、整型和整型），试将下面的程序语句补充完整：

```
mysql = "insert into Person values__________"      # 插入 SQLite
mysql = "insert into Person values__________"      # 插入 SQL Server
mysql = "insert into Person values__________"      # 插入 Oracle
```

3．某用户想从数据库 Person 表中查出全部记录并以自己希望的格式输出，每一条记录的数据项之间皆以分号“;”分隔，请将以下程序段填写完整：

```
mysql = "select * from ________"
cur.execute(mysql)
mydb = cur. ________
for val in mydb:
    for item in __:
        print(_____, end=____)
    print()
```

4．用 Python 的 PIP3 工具联网安装 MySQL 驱动库，所用的命令为__________________。

5．与通常使用的关系数据库不同，MongoDB 操作数据对象的方法是在调用时指明其要检索的键值及其所要执行的操作类型及内容的，请分别说明以下语句所执行操作的含义：

```
mytb.update_one({'name':'周何骏'}, {"$inc":{'age':-20}})
# 操作含义：________________________________
mytb.update_one({"name":'周骁珏'}, {"$set":{"name":'周骁瑀', "score":99}})
# 操作含义：________________________________
mytb.update_many({}, {"$inc":{'score':1}})
# 操作含义：________________________________
mytb.delete_many({'score':{'$lt':100}})
# 操作含义：________________________________
```

三、问答题

1．试画出 Python 三种不同数据库访问方式各自所对应的体系结构原理图，并加以解释说明。

2．简述 Python 对数据库操作的一般通行步骤，并用关键的程序语句进行说明。

习　题　16

一、选择题

1．Tkinter 的单选按钮以_________属性值进行分组，组与组间的选择是互斥的，同组的按钮在其中一个被选中之后，剩余的也都会自动选中。

A．variable　　　　B．value

2．如图中箭头所指，其上显示的图书名称是_________类型的控件。

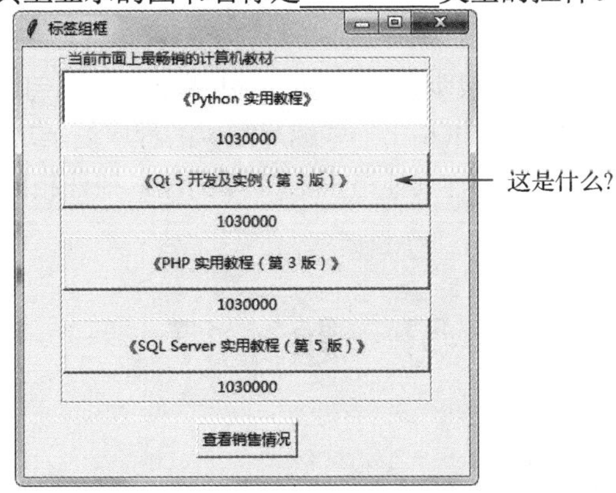

A．单选按钮（Radiobutton）　　　　B．命令按钮（Button）

C．标签（Label）　　　　D．标签组框（LabelFrame）

二、填空题

1．在 Python 3 中使用 Tkinter 库开发具有图形界面的桌面应用程序，要在程序的开头导入 GUI 库，导入语句为_______________________。

2．若在界面上输出“Hello!我爱你 Python。”试将下面的代码补充完整：

```
master = ______                                          # 主窗口声明
master.title('Hello')                                    # 设置主窗口标题
myicon = PhotoImage(file = "D:\Python\pylogo.gif")       # 加载图片
myimg_label = Label(____, image = ____)                   # 一个显示图片的标签控件
myimg_label.pack(side = LEFT)
mytxt_label = Label(____,                                # 一个显示文本的标签控件
                text = ________________________,
                justify = RIGHT,
                padx = 15)
mytxt_label.pack(side = RIGHT)
_______________________ ___                          # 进入消息循环
```

3．要在界面上实现单击按钮显示对应的 Python 版本号，将以下代码语句填写完整：

```
def myPython():
    myvar.set('Python  版本为新版 3.7')
master = Tk()
myfrm1 = Frame(____)
myfrm2 = Frame(____)
```

```
myvar = StringVar()
myvar.set('Python 版本为经典 2.7')
myicon = PhotoImage(file = "D:\Python\pylogo.gif")
myimg_label = Label(____, image = ____)              # 一个显示图片的标签控件
myimg_label.pack(side = LEFT)
mytxt_label = Label(____,                           # 一个显示文本的标签控件
                    ________ = myvar,
                    justify = RIGHT)
mytxt_label.pack(side = RIGHT)
myfav_button = Button(____, text = "新版入口", command = ______)
myfav_button.pack()
...
```

4．Tkinter 中 Entry 控件的“validate”属性作用是________________；“validatecommand”属性作用是________________；“invalidcommand”属性作用是________________。

三、问答题

1．用 Tkinter 开发 GUI 程序的一般步骤是什么？并用关键代码语句进行说明。

2．Tkinter 最常用的控件有哪些？试举出一些编写简单的程序演示功能。

3．Tkinter 的输入框（Entry 控件）与其他语言 GUI 库的输入控件相比有什么特色功能？举例说明其应用。

习 题 17

一、选择题

1．以下关于网络爬虫说法不正确的是__________。

A．互联网上任何一家网站都十分欢迎爬虫对其访问

B．当前，爬虫是很多搜索引擎和 Web 服务提供商从互联网内容生产者处获取信息内容的重要渠道

C．使用爬虫可以极大地提高对互联网信息采集的效率

D．某些功能强大的商用爬虫几乎能从任何站点轻易地爬取到海量资源

2．以下________爬虫库在 Python 中是无须安装就可直接使用的。

A．Requests　　　　B．Urllib

C．BeautifulSoup　　　　D．lxml

二、填空题

1．Python 爬虫爬取信息的基本流程包括请求页面、获取响应、________和输出信息。

2．通过浏览器“开发人员工具”功能获得信息资源路径的操作为：右击“开发人员工具”窗口底部的高亮部分代码，选择“______”→“______”，再打开 Windows 记事本，粘贴即可。

3．用 Requests 库结合 BeautifulSoup 和 lxml 解析网页，请将以下程序补充完整：

```
myurl = 'http://www.fundiving.com/'          # “FunDiving 中国休闲潜水网”网址
htmsrc = requests.______                     # GET 方式获取网页全部内容
mysoup = BeautifulSoup(______, 'lxml')
mydata = mysoup.select('#posts-list-widget-3 > div > ul > li > div > div > a')
for topic in mydata:
    articles = {
        '标题': topic.____,
        '链接': topic.____,
```

```
        '编号': re.findall(____, ____)
    }
```

4．在“FunDiving 中国休闲潜水网”搜索关键词为“沉船潜水”的文章，将以下程序补充完整：

```
key = {}                                          # 存放搜索关键词的字典
key['s'] = '沉船潜水'
keyword = urllib.parse.urlencode(____)
myurl = 'http://www.fundiving.com/?'
myaddr = ____________________                     # 将关键词参数附加到请求 URL 中
htmsrc = urllib.request.urlopen(____).read()
htmsrc = htmsrc.decode('UTF-8')
```

四、问答题

1．如何在 Python 中定位要爬取的资源路径？举例说明。

2．Urllib 爬虫库有哪些主要的功能？用简单的程序演示说明。

习　题　18

一、选择题

1．下面这种样式的幻灯片所对应的模型元素是__________。

单击此处添加标题

单击此处添加副标题

A．slide_layouts[0]　　　　B．slide_layouts[1]

C．slide_layouts[2]　　　　D．slide_layouts[5]

2．Python 绘制幻灯片图表，用 XL_CHART_TYPE 参数指定图表的类型，若要绘制饼状图，该参数取值为________。

A．.COLUMN_CLUSTERED　　　　B．.PIE

二、填空题

1．若要读出电子表格中用公式计算的数值，使用如下语句：

```
myexcel = openpyxl.load_workbook(filename, ______=True)
```

2．Python 对操作 Word 的环境要求较 Excel 严格，需要预先安装________库。

3．以段落方式向 Word 文档中写入文字“Hello!我爱你 Python。”，使用的语句为：

```
mydoc = Document()                               # 创建 Word 文档
mydoc. _________('Hello!我爱你 Python。')          # 向 Word 文档中添加段落文字
```

4．载入 Word 文档中的表格输出显示，将以下程序段补充完整：

```
mydoc = docx.Document(r"d:\Python\office\1977—2017 年全国高考人数和录取率统计.docx")
table_title = '\n'.join([mytitle.text for mytitle in _________])
print('        ---------------' + table_title.strip() + '---------------')
# 读取表格内容
n = 0                                            # 控制标题行的输出效果
```

```
for mytable in __________:
    for one_row in __________:
        if__________:                         # 标题行输出
            n += 1
            for one_cell in __________:
                print(__________ one_cell.text, end='   \t')
        else:                                 # 非标题行输出
            for one_cell in __________:
                print("%10s" % one_cell.text, end=________)
        print()                               # 换行
```

5．Python 对幻灯片的操作，需要 3 种组件库的配合使用，分别是__________、__________和__________。

三、问答题

1．对照本章书中各个实例的程序代码，比较 Python 读写 Excel、Word 和 PPT 的方式，说说它们之间有什么相似的地方。

2．按照书中指导完成最后的综合应用实例，说说 Excel、Word 和 PPT 三者在这个应用中分别有什么作用。

习　题　19

一、选择题

1．要将一张图片变清晰，下面不正确的是__________。

A．ImageEnhance 库 Sharpness　　B．ImageEnhance 库 Brightness

C．ImageFilter 滤波器 DETAIL　　D．ImageFilter 滤波器 SHARPEN

2．享誉世界的俄罗斯柔术女王泽拉塔拥有“世界上最柔软女人”的光荣称号，现将她的两幅柔术表演照合成，程序写为：

```
myimg1 = Image.open("D:\Python\img\process\下腰.jpg")
myimg2 = Image.open("D:\Python\img\process\三折.jpg")
myimg12 = Image.blend(myimg1, myimg2, 1)              # 插值合成
```

合成后，将看到她做出__________姿势。

A．下腰　　B．三折

C．下腰与三折的复合动作　　D．看不到任何动作

下腰

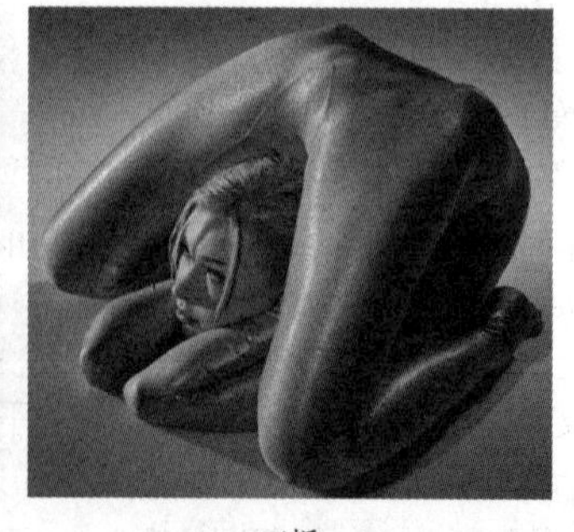

三折

3．截取蒙娜丽莎的脸部、放大后，再粘贴到原图上，程序写为：

```
myimg = Image.open("D:\Python\img\process\蒙娜丽莎.jpg")
```

```
region = (100, 40, 220, 190)
myface = myimg.crop(region)
myface = myface.resize((180, 220))          # 放大

...                                         # 进行一系列处理
myimg.paste(myface, (170, __, __, 380))     # 粘贴进原图
```

代码中的空缺处应填写的数值为____________。

A. 120、150　　B. 350、160

C. 160、350　　D. 180、220

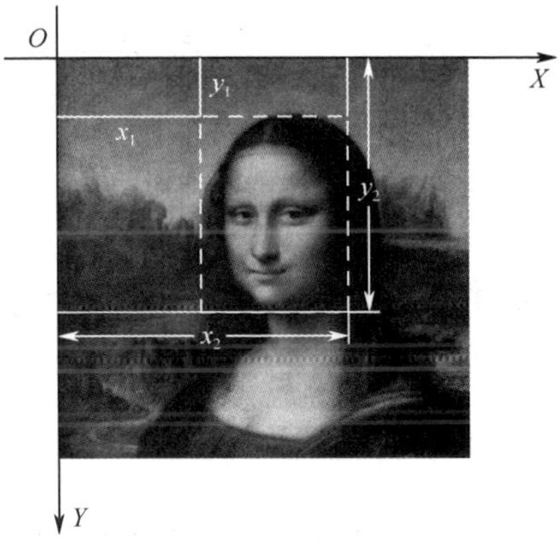

二、填空题

1. 从基础方面说，PIL 库的图像处理有三种方式，分别是__________、___________和___________。

2. 若要将一幅彩色照片作旧，转换为 1 位像素的黑白照，程序语句写为：

```
myimg = Image.open("D:\Python\img\process\蒙娜丽莎.jpg")
myimg_1 = myimg.__________
```

3. 对某段 GIF 动图抓取一帧图片进行处理，执行这条语句：

```
mysnap = ImageEnhance.Contrast(mysnap).enhance(1.618).filter(ImageFilter.DETAIL)
```

它表示对图片执行____处理。

4. 对天池水怪照片进行如下处理：

```
mytian = Image.open("D:\Python\img\process\天池水怪.jpg")
mytian = ImageEnhance.Contrast(mytian).enhance(1.618)
mytian = ImageEnhance.Sharpness(mytian).enhance(1.2)
```

若改用滤波器 ImageFilter 实现同样的功能，则以上程序代码可写为：

```
mytian = mytian.filter(ImageFilter.________)
mytian = mytian.filter(ImageFilter.________)
```

三、问答题

1. Python PIL 库的图像合成有哪两种方式？举例说明它们各自的原理与应用场合。

2. 从互联网上搜集世界各地著名水怪的目击照片，如新疆喀纳斯湖怪、刚果泰莱湖水怪、加拿大欧肯那根湖怪等，模仿本章综合应用实例的方法，将它们的照片进行处理，再与历史上各种古生物（邓氏鱼、克柔龙、泰坦蟒、沧龙、龙王鲸等）的复原照片进行比对，确定各水怪所属的物种。

习 题 20

一、选择题

1．Python 实现动画制作的库是____________。

A．PyAudio　　B．pydub

C．DLL　　D．moviepy

2．Opencv 库的主要作用是____________。

A．打开音频　　B．处理视频

C．与外部程序互操作　　D．以上都不是

二、填空题

1．AudioSegment 是______库中的对象，它能够将一个音频文件打开成 AudioSegment 的对象实例并返回，将以下语句补充完整：

```
AudioSegment.______("文件名.wav")            # 打开 WAV 音频文件
AudioSegment.______("文件名.mp3")            # 打开 MP3 音乐文件
AudioSegment.______("文件名.flv")            # 打开 FLV 文件
```

2．截取《小苹果》开头 63 秒的音频片段，《最炫民族风》第 46～57 秒的音频片段，请将下面程序代码补充完整：

```
mysong_apple = AudioSegment.from_wav("D:\Python\media\小苹果.wav")
mysong_legend = AudioSegment.from_wav("D:\Python\media\最炫民族风.wav")
seg0_apple = mysong_apple[______]
seg1_legend = mysong_legend[______]
```

三、问答题

1．现有一段好几个 GB 大小的.MOV 视频，要对它进行处理，以压缩其占用的存储空间、提高画面质量、为其中关键情节添加主题说明，需要分哪几个处理步骤？试结合关键的程序代码加以阐述。

2．C++调用 Python 模块功能，需要对环境进行怎样的配置？列出配置步骤。

第五部分 附 录

附录 A 磨刀不误砍材工——Pycharm 环境调试 Python 程序

本书的命令均在 Python 系统自带的 IDLE 环境下进行的。IDLE 环境可进行程序设计，而且提供了调试程序的方法。但就设计看，目前比较推崇 Pycharm。本书的所有程序均在 Pycharm 环境完成。下面简单介绍 Pycharm 环境下程序的调试。

Python 程序错误一般包括语法错误和运行错误。

A.1 Python 程序语法错误标识

初学者一开始编程经常会出现语法错误，Pycharm 会在错误位置用红色标出。

1. 语法错误显示

例如：下面是在 Pycharm 中输入一段程序，系统显示如图 A.1 所示。

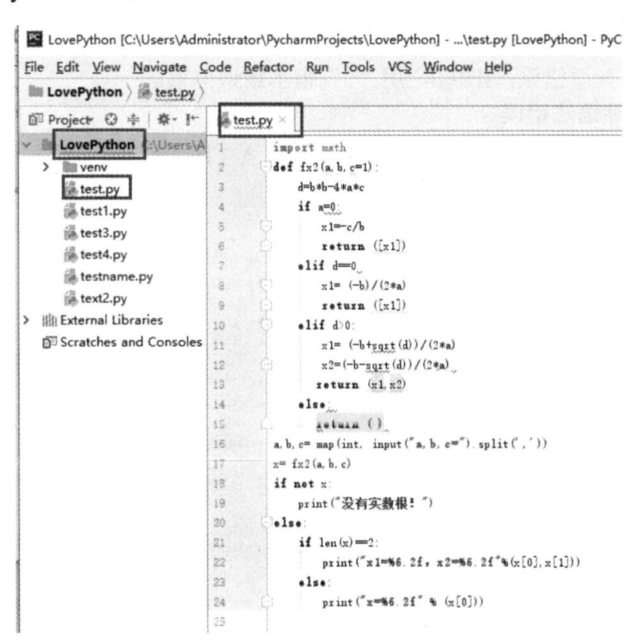

图 A.1 程序编辑同步标识错误

具体表现：

（1）因为当前程序为“test.py”， 程序包含语法错误，test.py 程序标签显示红色波浪线。

（2）左侧资源管理对应该文件显示红色波浪线。

（3）当前工程“LovePython”包含语法错误，“LovePython”工程名显示红色波浪线。

2. 程序中语法错误

（1）判断 a==0，写成 a=0，出现红色波浪线。

（2）elif d==0：缺少冒号“:”，出现一点红色波浪线。

（3）由于包含 sqrt 函数的模块在第一行采用“import math”方法导入，所以使用时需要加模块名前缀。即 math.sqrt(d)，或者修改模块导入方式如下：

```
from math import sqrt
```

（4）因为 Python 通过缩进对应语句块，else: 语句前后缩进对应有问题，所以前后的 return 语句后面均标了红。

3. 执行包含语法错误程序

因为 Python 是解析型语言，所以即使程序包含语法错误，它仍然可以执行，仅是遇到语法错误时，程序就会显示错误信息，停止程序执行。

单击“Run”→“Run test”，或者按右键，选择“Run test”项，系统开始执行 test.py 程序。窗口下部显示错误如图 A.2 所示。

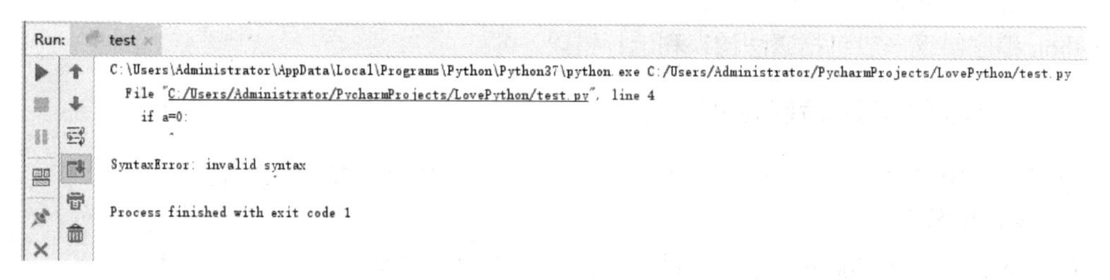

图 A.2　运行语法错误程序

系统指出遇到的第一个错误：if a=0，用“^”指示错误位置。

4. 修改程序，去除语法错误

根据发现的问题，修改程序，去除语法错误后如图 A.3 所示。

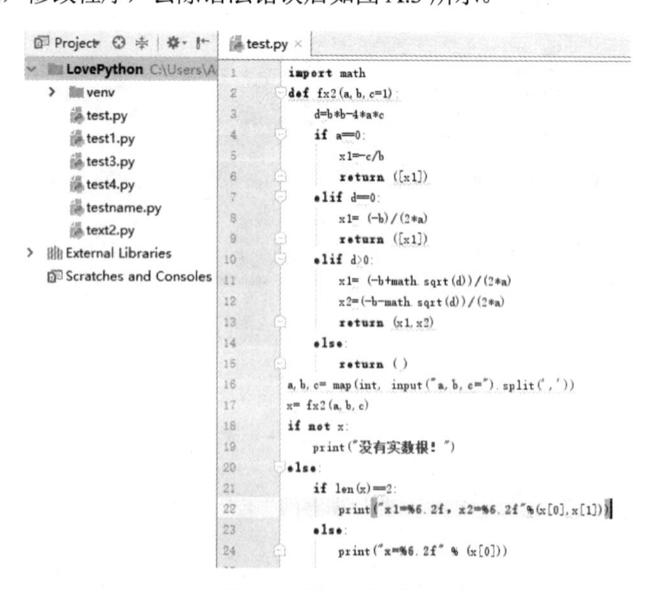

图 A.3　没有语法错误

A.2 Python 程序调试基本方法

1. 进入调试

单击“Run”→“Debug”，进入 test.py 程序调试执行状态。

2. 设置断点

在程序中设置断点的目的是让程序在此处暂停，以便观察此时有关变量的值。

在程序左侧需要设置断点的语句前单击，系统显示一个粉红色圆点，表示该语句前加入了断点。

3. 跟踪运行

程序只有设置了断点，才能让程序在断点处停下来，然后从此处跟踪运行。在到达断点后，窗口下部的跟踪运行就会可用，如图 A.4 所示。

图 A.4 跟踪运行

这些按钮都有键盘上的功能键对应，常用的按键如下。

（1）单步执行按“F7 键”。

每次执行一条语句，遇到函数进入函数中。

（2）单步执行按“F8 键”。

每次执行一条语句，遇到函数不进入函数中，而是整个函数执行。但如果函数中存在断点，则执行到函数的断点处。

（3）可执行下一个断点按“Shift+F8”组合键。

（4）运行到光标处按“Alt+F9”组合键。在程序运行的当前位置，将光标处移动到程序关注语句处，按键，程序就会从当前位置执行到光标处。

另外，通过操作键盘对应功能键组合，还有很多功能。

（5）程序中途可停止运行按“Ctrl+F2”组合键

4. 观察当前变量的值

（1）在整个程序调试期间，在 Debugger 窗口时刻显示当前存在的变量的值。在 Console 窗口进行用户的交互输入和输出。

（2）按“Alt+F8”组合键可定义表达式，显示其的值。按“Ctrl+Shift+回车”组合键可将该表达式加入跟踪显示中。

A.3 Python 实例程序运行调试

1. 设置断点

（1）在自定义函数 fx2 中的“d=b*b-4*a*c”语句前。

（2）在调用自定义函数 fx2 语句“x= fx2(a,b,c)”前。

如图 A.5 所示。

2. 调试程序

（1）单击“Run”→“Debug test”，在屏幕下方 Console 窗口中输入 a、b、c 的值，如图 A.6 所示。然后按回车键，完成输入。

（2）程序执行到“x= fx2(a,b,c)”断点，“Debugger”窗口“Variables”中显示当前存在的变量，如图 A.7 所示。

```
1  import math
2  def fx2(a,b,c=1):
3      d=b*b-4*a*c
4      if a==0:
5          x1=-c/b
6          return ([x1])
7      elif d==0:
8          x1= (-b)/(2*a)
9          return ([x1])
10     elif d>0:
11         x1= (-b+math.sqrt(d))/(2*a)
12         x2=(-b-math.sqrt(d))/(2*a)
13         return (x1,x2)
14     else:
15         return ()
16 a,b,c= map(int, input("a,b,c=").split(','))   a: 1  b: 4  c: 2
17 x= fx2(a,b,c)
18 if not x:
19     print("没有实数根！")
   if not x
```

图 A.5　设置断点

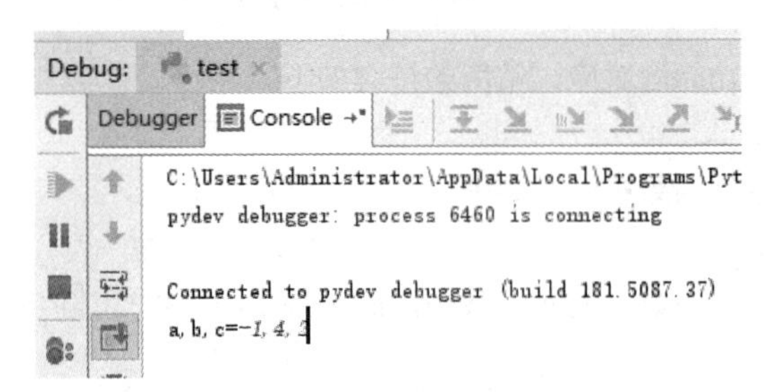

图 A.6　Console 输入

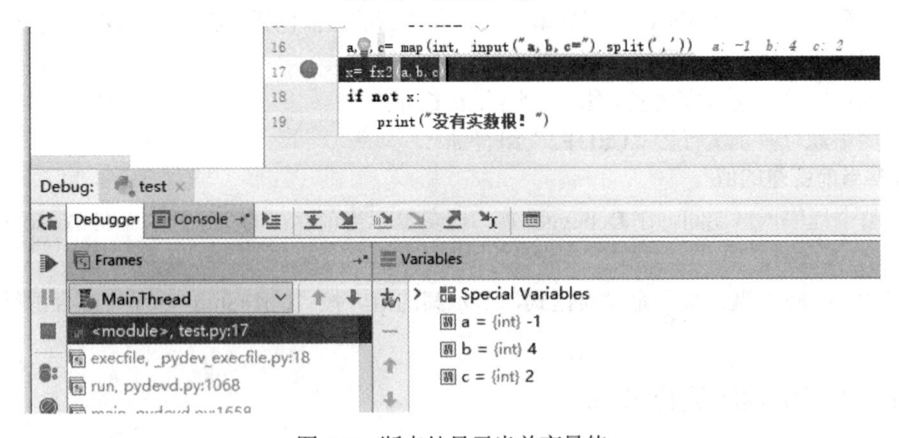

图 A.7　断点处显示当前变量值

其中，a、b、c 就是刚才输入的值。

3. 单步跟踪运行

（1）按“F8 键”或者单击 按钮，进入 fx2 函数中的断点，如图 A.8 所示。

观察变量的窗口多了显示 d 的值，d 是上一句“d=b*b-4*a*c”语句运算的结果。

（2）按“Alt+F8”组合键，增加对表达式“math.sqrt(d)”的关注，如图 A.9 所示。

按“Ctrl+Shift+回车”组合键，可将该表达式加入跟踪显示中，如图 A.10 所示。

（3）按“Shift+F8”组合键，执行函数其他语句后，回到调用程序的断点。

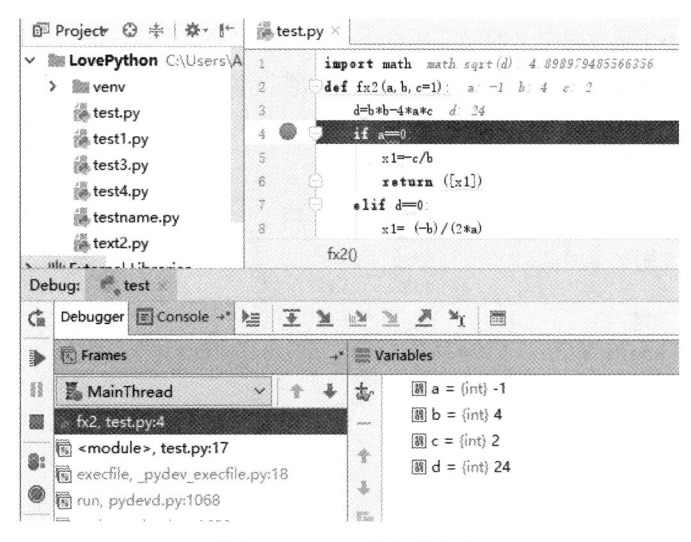

图 A.8　fx2 函数中的断点

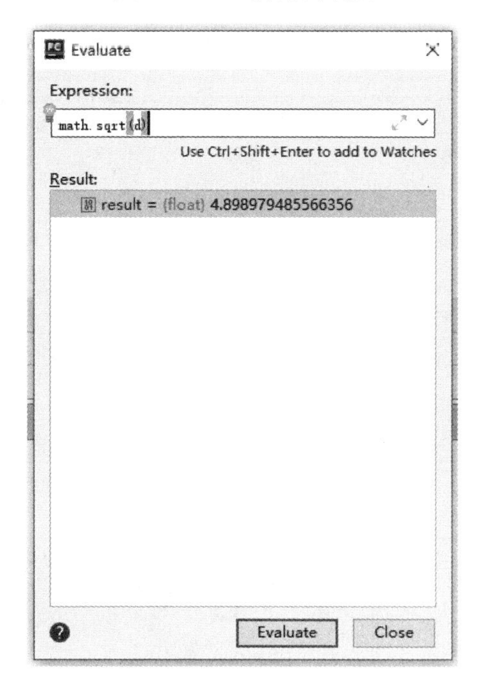

图 A.9　对表达式计算

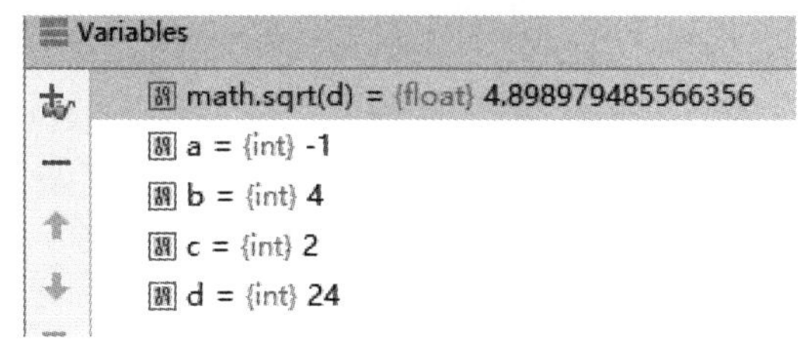

图 A.10　加入跟踪表达式

（4）按“F7”键或者按“F8”键，执行下一语句，观察变量的窗口多了显示 x 的值，同时 d 变量消失。因为 *d* 变量是 fx2 函数内定义的局部变量，而 *x* 元组中是函数返回时带回符的 *x*1、*x*2 的值。

（5）按“F8”键，执行断点后的一句（if not x :），按“Shift+F8”组合键，因为后面没有断点，所以可以执行完成。在屏幕下方 Console 窗口中显示结果，如图 A.11 所示。

```
a, b, c=-1, 4, 2
x1= -0.45，x2=  4.45
```

图 A.11 运行结果